ter der Tarnung – Dance me to the End of Love – Gaumenzäpfchen,

seits der Laute – Nachtigallen und Kanarienvögel mit Flossen – Nicht nur Gebrüll –

stank – Tödliche Düfte – Stallgeruch – Eine Sache der Vibrationen

# Francesca Buoninconti

## Tierisch laut

Foto: Michele Soprano

## DIE AUTORIN

**Francesca Buoninconti** hat Naturwissenschaften mit Schwerpunkt Ornithologie studiert und schreibt als Wissenschaftsjournalistin für verschiedene Print- und digitale Medien, u. a. für *La Repubblica*, *Micron* und *Vanity Fair*, und arbeitet für den Rundfunk.
Bei Folio erschien: *Grenzenlos. Die erstaunlichen Wanderungen der Tiere* (2021).

## DIE ÜBERSETZERIN

**Karin Fleischanderl** übersetzt aus dem Italienischen und Englischen, u. a. Gabriele D'Annunzio, Pier Paolo Pasolini, Giancarlo De Cataldo. Österreichischer Staatspreis für literarische Übersetzung.

# FRANCESCA BUONINCONTI

# TIERISCH LAUT

## DIE WUNDERSAME WELT
## DER KOMMUNIKATION
## IM TIERREICH

Aus dem Italienischen von Karin Fleischanderl
Illustriert von Federico Gemma

FOLIO VERLAG
WIEN • BOZEN

*Für Pietro Greco,
den unersetzbaren Lehrer und
großartigen Wissenschaftsjournalisten,
in ewiger Dankbarkeit*

*Das ganze Problem ist also folgendes: wie die eigene Einsamkeit durchbrechen, wie mit anderen kommunizieren.*

Cesare Pavese, Das Handwerk des Lebens,
deutsch von Maja Pflug, Frankfurt a. M. 1990

# Inhalt

# Prolog

Die Vögel sind daran schuld. Wenn Sie wissen wollen, warum ich ein Buch über die Kommunikation der Tiere geschrieben habe, dann lautet meine persönliche Antwort: Die Vögel sind daran schuld. Sie sind der Grund, warum ich mehr über die Kommunikation der Tiere herausfinden wollte. Ich kann mich nicht erinnern, wann genau ich diesen Wunsch zum ersten Mal verspürte, doch bereits bei den ersten *Birdwatching*-Exkursionen habe ich mir ein paar Fragen gestellt: Warum tauschen Haubentaucher Algen und Wasserpflanzen aus und tanzen dabei? Warum führen alle Enten einen ähnlichen Tanz auf? Warum singen Vögel? Singen sie aus Instinkt oder müssen sie es lernen? Was teilen sie sich mit? Seit gut zehn Jahren gehe ich diesen Fragen nach und versuche zugleich, mehr über die tierische Kommunikation ganz allgemein in Erfahrung zu bringen.

Mein Beruf hat sich seitdem verändert: Ich arbeite nicht mehr rein wissenschaftlich, sondern als Wissenschaftsjournalistin. Deren Aufgabe ist es zu erzählen, zu erklären, bisweilen Behauptungen zu entkräften und Zweifel zu zerstreuen; dies mit unterschiedlichen Methoden und in einer Sprache, die dem Thema ebenso gerecht wird wie dem Publikum: kurz, eine Gratwanderung zwischen wissenschaftlicher Disziplin und Verständlichkeit. Ich hoffe sehr, mit meinem Buch einen gelungenen Mittelweg gefunden zu haben, um zu erklären, was Tiere sagen, wie sie kommunizieren und warum.

In diesem Buch habe ich nicht nur über bekannte und weniger bekannte Strategien geschrieben, die Tiere anwenden, um mithilfe visueller, auditiver, olfaktorischer und taktiler Signale zu kommunizieren, sondern auch versucht, die Geschichte dieses Wissenschaftszweigs oder zumindest seiner wichtigsten Wegmarken zu erzählen. Die Wissenschaft von der Kommunikation der Tiere ist eng mit Verhaltensforschung, Anatomie und Genetik verbunden, sie stützt sich auf Erkenntnisse aus der Embryonalforschung, Chemie und Physik und natürlich auf alles, was wir über Evolution wissen.

Und nein, ich stelle keinen Anspruch auf Vollständigkeit. Nicht nur, weil die Kommunikation der Tiere ein unendlich weites Feld ist, sondern auch, weil alle Arten (wir sprechen von fast 1,4 Millionen bekannten Arten) kommunizieren, und zwar auf unterschiedlichste Weise. Oft können wir ihre Sprache nicht „lesen" oder entziffern, einfach, weil sie nur von den Tieren selbst verstanden wird, und das ist auch gut so. Und längst wissen wir auch nicht alles darüber, wie die Kommunikation der einzelnen Arten funktioniert. Doch das ist der vergnüglichste Teil, denn es bedeutet, dass wir uns weiterhin Fragen stellen, neugierig sein, forschen und beobachten müssen.

# Einführung

## Verschlüsselte Botschaften

Seien wir ehrlich, wir, der *Homo sapiens*, sind eine Gattung, die keine Minute schweigen kann. Auch wenn wir nichts sagen, kommunizieren wir dennoch über Gesten, Mimik und Körperhaltung. Sogar mit dem Parfum, das wir auflegen. Wir kommunizieren ständig, mit unterschiedlichen Personen, die entweder weit weg oder ganz nah sind. Wir kommunizieren in unterschiedlichen Sprachen, mithilfe von Handys und Apps, wir verwenden ein elaboriertes System von Gesten, Mimik, Phonemen und Worten, die wir aneinanderreihen, um Sätze mit genauen Grammatikregeln zu bilden, die wir uns in der Schule mühsam angeeignet haben. Doch selbst wenn der Satz korrekt formuliert ist oder die Emoticons richtig gewählt wurden, kann einiges schiefgehen. Unser Gesichtsausdruck oder Tonfall kann dem Gesagten widersprechen, wir zögern oder verhaspeln uns, und schon droht ein Missverständnis. Das ist wohl jedem von uns schon einmal passiert. Und wenn Sie glauben, dass dem nicht so ist … dann haben Sie es wahrscheinlich nicht bemerkt.

Und die Tiere? Haben Vögel, Insekten, Amphibien und andere Säugetiere dieselben Schwierigkeiten beim Kommunizieren wie wir? Können sie lügen? Wie erkennen sie ihre Gefährten? Wie erkennen zum Beispiel Bienen oder soziale Wespen, dass ihre Schwestern in das Nest zurückkehren und nicht fremde Eindringlinge? Was für eine Sprache sprechen die sprichwörtlich „stummen" Fische? Warum singen Vögel und warum sind wir uns eigentlich sicher, dass es sich immer um Gesang handelt? Wir könnten uns noch eine Menge solcher Fragen stellen, doch die grundlegende Frage lautet: Sind Tiere imstande zu *kommunizieren?*

Diese Frage haben sich Wissenschaftler seit jeher gestellt, auch Charles Darwin, einer der bedeutendsten Naturforscher der Geschichte. Am 26. November 1872 veröffentlichte er *The Expression oft the Emotions in Man and Animals* (dt. *Der Ausdruck der Gemütsbewegungen bei Menschen und Tieren).* Wie seine früheren Werke wurde auch dieses Buch augenblicklich ein Bestseller mit mehr als 5.200 verkauften Exemplaren.[1] Darwin fand heraus, dass beim Menschen jeder Gesichtsausdruck und jede Haltung eine eigene Bedeutung hat und mit einem Gefühl, einem Gemütszustand einhergeht. Das ist auch bei vielen Tieren der Fall. Außerdem gibt es eine „Universalität" des Ausdrucks. Oft ähnelt der Gesichtsausdruck von Tieren jenem der Menschen und umgekehrt. „Jugendliche und Alte unterschiedlicher Rassen, sowohl bei den Menschen als auch bei den Tieren, bringen ein und dieselbe Stimmung mit denselben Bewegungen zum Ausdruck (…) Die Tatsache, dass so mancher Gesichtsausdruck bei unterschiedlichen, wenn auch verwandten Gattungen ein und derselbe ist (…) wird verständlich, wenn wir uns eingestehen, dass sie dieselben Vorfahren haben."[2] Der englische Naturwissenschaftler hat zwar die Vorstellung widerlegt, die Arten hätten sich nicht entwickelt, blieb jedoch einem anderen, seinerzeit weitverbreiteten Gedanken treu: Selbst für den Vater der Evolutionstheorie war die Kommunikation der Tiere untrennbar mit Gefühlen verbunden. Oder besser gesagt, Darwin zufolge hatten die Tiere kein Kommunikationssystem im eigentlichen Sinn, sondern ihre Stimmen und Haltungen waren Ausdruck ihrer Emotionen. Eine Amsel zum Beispiel, die einen Raubvogel kommen sieht, fliegt aus *Angst* davon und gibt das typische Tixen von sich, um die anderen Vögel in der Nähe *unwillkürlich* zu warnen. Heute weiß man, dass es sich in Wirklichkeit anders verhält,

---

1     K. Francis, *Charles Darwin and The Origin of Species*, Westport (CT) 2007.

2     „Ausdruck der Gemüthsbewegungen bei dem Menschen und den Thieren", aus dem Englischen übersetzt von J. Victor Carus, Stuttgart 1877, S. 11.

doch das herauszufinden hat lange gedauert. Und vor allem hat es lange gedauert, zu definieren, was Kommunikation eigentlich ist. Ein einfaches Beispiel: Erröten ist eine menschliche Verhaltensweise, die einem Betrachter genaue Hinweise auf unseren Gefühlszustand gibt. Doch wenn wir erröten, kommunizieren wir nicht: Wir wollen nicht erröten. Spontan und unwillkürlich teilen wir jedoch etwas über unseren Gefühlszustand mit. Die Vorsätzlichkeit[3] ist also das einzige Kriterium, um zwischen Botschaft und Kommunikation zu unterscheiden. Dasselbe gilt auch für Tiere: Von Kommunikation spricht man nur, sofern es eine Absicht gibt, doch zu diesem Ergebnis ist die Wissenschaft erst nach vielen Überlegungen, Untersuchungen und Studien gekommen.

Darwins Text geriet nach der Veröffentlichung bald in Vergessenheit, und erst mit der Verhaltensforschung wurde der Faden wieder aufgenommen. Dank Konrad Lorenz, Nikolaas Tinbergen und Karl von Frisch, die 1973 den Nobelpreis erhielten, wurde die Vergleichende Verhaltensforschung nach dem Zweiten Weltkrieg zu einer eigenen wissenschaftlichen Disziplin. In den 1950er- und 1960er-Jahren prägte dieses *dream team* mithilfe eleganter Experimente Begriffe wie „Instinkt", „angeborenes und erlerntes Verhalten" und „Reiz". Und legte den Grundstein für die Wissenschaft, die sich mit der Kommunikation der Tiere befasst: Welche Sprachen sind angeboren, welche erlernt; in welchem Ausmaß und in welcher Zeitspanne werden sie erlernt; welche Signale lösen eine Reaktion aus, was fungiert als Schlüsselreiz und so weiter.

So entstand die Wissenschaft von der tierischen Kommunikation: Karl von Frisch beschäftigte sich vor allem mit der Kommunikation der Bienen und ihrem „Tanz", während Nikolaas Tinbergen den Charakter eines Reizes definierte und vor allem vier Fragen formulierte, die man sich bei der Untersuchung jeglichen Verhaltens, auch der Kommunikation, stellen müsse: Als erstes muss der physiologische Mechanismus verstanden werden (welche Reize

---

3   Menschliche Vorsätzlichkeit darf man jedoch nicht mit jener der Tiere verwechseln.

verurschen eine Reaktion?); dann die Phylogenese des Verhaltens (hat es sich im Verlauf der Stammesgeschichte verändert?); worin besteht der unmittelbare Nutzen des Verhaltens für das Individuum (inwiefern dient es dem Individuum zum Überleben oder zur Fortpflanzung?); und schließlich, wie ist das Verhalten im Verlauf der Individualentwicklung entstanden?

Die Frage, ob Tiere kommunizieren oder nicht, stellt man sich also systematischer erst seit gut 50 Jahren. Und wie so oft in der Wissenschaft ist die Antwort nicht sofort gefunden worden. Nehmen wir das von Darwin zitierte Beispiel: Eine Amsel sitzt auf einem Zweig und sieht, wie ein Sperber, ein Raubvogel, geflogen kommt. Sie fliegt augenblicklich davon, doch beim Davonfliegen stößt sie einen Warnschrei aus, einen Ton, der sich mithilfe von Schallwellen in der Luft verbreitet. Warum macht sie das? Wäre es nicht besser, still und heimlich davonzufliegen, ohne aufzufallen? Die einfachste Antwort darauf wäre natürlich Ja. Doch die Amsel stößt ihren typischen Warnschrei aus, weil sie sehr konkrete Empfänger hat: ihre Artgenossen, die ebenfalls davonfliegen. Allerdings stößt die Amsel den Alarmschrei nicht aus reiner Großzügigkeit aus: Wenn mehrere Vögel davonfliegen, stürzt sich der Raubvogel vielleicht auf einen anderen und lässt sie in Frieden. Sie hat also einen Vorteil.

Dieses Beispiel sagt bereits eine Menge über Kommunikation aus: Ein Sender, die Amsel, sendet mithilfe eines Mediums (Luft) eine Botschaft. Die Botschaft ist standardisiert, kodifiziert: Der Warnschrei ist immer gleich, verändert sich nicht im Lauf der Zeit. Und es gibt mindestens einen Empfänger, einen Adressaten derselben Art, der imstande ist, die Botschaft zu empfangen und zu reagieren, indem er seinerseits flüchtet. Also einen Empfänger, der einen Vorteil aus der erhaltenen Information zieht und sein Verhalten ändert. Anders als Darwin dachte, stößt die Amsel ihren Schrei also nicht nur aus Angst aus. Sicher, bei Warnrufen spielt immer auch eine Empfindung eine Rolle, doch nicht deshalb gibt ein Tier diese Art von Signal ab. Wüsste unsere Amsel, dass sie ganz allein ist, würde sie angesichts eines Raubtiers gar keinen Laut von sich geben, sondern still und leise davonfliegen.

Diese unterschiedlichen Verhaltensweisen sind nicht zufällig und liefern uns zwei wesentliche Hinweise. Erstens, das Verhalten der Amsel ändert sich, wenn Publikum vorhanden ist. Zweitens, ihre Botschaft ist für einen Empfänger bestimmt und somit vorsätzlich. Die Aufgabe der Verhaltensforscher bestand also mehr oder weniger darin nachzuweisen, dass es sich bei der tierischen Kommunikation um das vorsätzliche Senden einer Botschaft handelt, und dass genau diese Botschaft eine Reaktion, eine Antwort bewirkt. Natürlich nicht nur in Gefahrensituationen, sondern immer.

Tiere kommunizieren also, lassen einander vorsätzlich sehr unterschiedliche Botschaften zukommen: visuelle, auditive, olfaktorische und taktile Botschaften, die nicht nur mithilfe von Berührungen, sondern auch mithilfe von Schwingungen, sogar elektrischen, wahrgenommen werden. Die Art der Botschaften hängt natürlich vom Habitat des Tieres ab: Wenn es in der Dunkelheit lebt und blind ist, macht es keinen Sinn, bunt zu sein, sich auf optische Reize zu verlassen wäre keine gute Idee. Wenn es hingegen im Dunkeln lebt und sehr gut sieht, ist es eine hervorragende Idee, wie ein Glühwürmchen Lichtblitze zu produzieren. Die Art der Signale hängt also vom Habitat der Art, aber auch von deren bisheriger Anpassung ab. Hat man einen Kehlkopf und Ohren, ist ein Geräusch ein ideales Signal. Hat man hingegen keine Ohren, doch einen gut entwickelten Geruchssinn, sind olfaktorische Signale besser geeignet, und so weiter.

In Gianni Rodaris Worten ist das Studium der tierischen Kommunikation ein „Akt der Fantasie": Wir Menschen sehen keine UV-Strahlen, wir hören keinen Infra- und keinen Ultraschall. Und wir haben auch keinen besonders gut entwickelten Geruchssinn. Deshalb bleibt uns ein Großteil der tierischen Kommunikation verborgen. Doch die Fähigkeit, mit anderen Individuen effizient zu kommunizieren, spielt für alle Lebewesen eine äußerst wichtige Rolle. Und wir können uns diese Fähigkeit zunutze machen, wenn wir Tiere einer bestimmten Art zählen oder Schädlinge verjagen wollen. Wie man noch sehen wird, beruhen viele Methoden, für die Landschaft oder den Menschen schädliche Insekten zu vertreiben, auf Gerüchen und olfaktorischen Tricks. Und das Studium der tierischen Kommunikation dient auch dazu, neue Erkenntnisse über die Evolution zu erhalten, und hin und wieder kann man so auch Arten unterscheiden: Jede Art hat ihre eigene, aus Tönen, aber auch aus visuellen und olfaktorischen Signalen bestehende „Stimme".

Genau wie wir kommunizieren Tiere auf unterschiedliche Art und Weise und in verschiedenen Situationen: um einander zu erkennen, um Konflikte zu lösen, um das Revier zu markieren und vor Rivalen zu schützen, indem man seine Präsenz kundtut. Natürlich gibt es auch zahlreiche Botschaften, die die Sexualität betreffen: Man teilt einem potenziellen Partner mit, dass man paarungsbereit ist, oder umwirbt ihn. Hin und wieder sogar mit ritualisierten Tänzen. Man kommuniziert, um eine Familie zu gründen und die Nachkommen aufzuziehen, und sogar die Jungen sind hervorragend beim Kommunizieren: Sie teilen ihren Eltern mit, dass sie hungrig sind und ihr Magen knurrt. Für soziale Arten ist es fundamental, eine gute Beziehung zur Gruppe aufrechtzuerhalten, der soziale Zusammenhalt muss gewährleistet, die Beziehungen müssen gefestigt werden, unter Umständen muss man den anderen mitteilen, dass man eine Futterquelle gefunden hat; oder man kommuniziert mit der Gruppe, um bei Ortswechseln beisammenzubleiben oder beim Jagen die Manöver zu synchronisieren, oder um die Bewegungen eines fliegenden Schwarms zu koordinieren. Oder man will wie die Amsel seine Artgenossen auf eine Gefahr hinweisen. Und außerdem gibt es Signale aus der Sphäre der sogenannten Autokommunikation: etwa die Echoortung der Fledermäuse und der Wale (und manch anderer Tiere), die ein Signal, eine Schallwelle, senden, die reflektiert wird und Informationen zur unmittelbaren Umgebung liefert.

In all diesen Fällen handelt es sich immer um Kommunikation zwischen Individuen ein und derselben Art bzw. um innerartliche

Kommunikation. Doch die Ausnahme bestätigt die Regel. Vögel zum Beispiel verstehen sehr gut den Warnschrei vieler anderer Arten, nicht nur den eigenen. Das verschafft ihnen einen Vorteil; ihre Chancen, von einer Gefahr zu erfahren und davonzufliegen, erhöhen sich. Auch Mobbing – die Gesamtheit der aggressiven und drohenden Verhaltensweisen – wird von allen Tieren verstanden: ebenfalls ein Beispiel zwischenartlicher Kommunikation. Blumen – damit befinden wir uns allerdings im Pflanzenreich – tragen Markierungen oder Muster auf den Blütenblättern, die für Menschen nur im UV-Licht zu sehen sind. Solche „Nektarführer" helfen Bienen und anderen Bestäubern, den Nektar zu finden, und dabei zugleich Pollen zur nächsten Blüte zu transportieren. Nektarführer erhöhen die Chancen der Bienen, sich zu stärken, aber auch die der Blüten, bestäubt zu werden. Man kommuniziert also mit Artgenossen, aber auch mit Individuen anderer Arten, und zwar in einer Vielzahl unterschiedlicher Situationen. Kurz und gut kann man sagen, Tiere kommunizieren, um zu leben und zu überleben.

Vor allem ist klar: Mithilfe von Kommunikation verschafft man sich wechselseitige Vorteile. Beide Partner müssen davon profitieren, sonst rentiert es sich nicht, ein Kommunikationssystem zu entwickeln. Und damit es einen wechselseitigen Vorteil gibt, muss das Signal ehrlich sein: Der Sender muss die Wahrheit über seinen Gesundheitszustand, sein Alter, seinen Aufenthaltsort und seine Absichten sagen. Ein Paradiesvogel mit dichtem, auffälligem Gefieder fliegt zum Beispiel viel langsamer, ist unbeholfener und somit verwundbarer. Ein Raubvogel wird ihn im dichten Gebüsch sicher leichter ausmachen. Dasselbe gilt für Duftmarken und Laute: Man riskiert, ein potenzielles Raubtier auf sich aufmerksam zu machen.

Amotz Zahavi[4] ist der Meinung, die lange, bunte Federnschleppe des männlichen Pfaus sei im Falle des Falles ein Handicap, ein

---

4   A. Zahavi, *Mate Selection – A Selection for a Handicap*, in "Journal of Theoretical Biology", 53, 1975, S. 205–214.

Aufwand im Dienst der sexuellen Auslese: Das Rad des Pfaues sei deutlich sichtbar und ziehe die Aufmerksamkeit der Raubtiere auf sich, es sei eine schwere Last, die der Pfau hinter sich herschleppen müsse, und erschwere die Flucht. Deshalb habe nur ein gesunder, starker männlicher Pfau mit guten Genen eine lange Schleppe und könne sich zugleich vor Raubtieren in Sicherheit bringen. Laut Zahavi ist die Schleppe somit ein ehrliches Signal, ein Indikator für die „Qualität" des Männchens. Inzwischen weiß man jedoch, dass sich die Sache nicht ganz so verhält: Die Schleppe macht den Pfau aufgrund des höheren Energieverbrauchs nicht schwerfällig, sondern ist sogar ein Vorteil. Sie besteht aus ungefähr 150–200 Deckfedern, die, bis zu eineinhalb Metern lang, am unteren Ende des Rückens angewachsen sind und den eigentlichen Schwanz bedecken: 20 kurze braune Federn, die Steuerfedern genannt werden. Wenn der Pfau seinen eigentlichen Schwanz hebt, heben sich auch die Deckfedern und er schlägt ein Rad. In seiner sexuell aktiven Zeit, in der die Schleppe voll entwickelt ist, braucht er für die Fortbewegung sogar weniger Energie als im Rest des Jahres, wenn ihm die Federn ausfallen, wie neuere Forschungen herausfanden. Die Stoffwechselkosten sind also möglicherweise andere und haben vielleicht mit der Entwicklung dieser Eigenschaft oder einer besseren Sichtbarkeit für Feinde zu tun.[5] Ein Signal zu entwickeln ist immer kostspielig, denn damit geht ein größerer Energieverbrauch einher und Gefahren müssen in Kauf genommen werden. Die mit der Kommunikation verbundenen Vorteile müssen also die Nachteile überwiegen. Es muss der Mühe wert sein, eine Botschaft, ein Signal zu senden. Und zwar nicht nur für den Sender, sondern auch für den Empfänger. Bevor wir klären, wie Kommunikation funktioniert, wozu sie gut ist und warum es sinnvoll ist, sie zu untersuchen, müssen wir jedoch einen grundlegenden Punkt klären: Was genau ist ein Signal?

---

5    N. K. Thavarajah et al., *The Peacock Train Does Not Handicap Cursorial Locomotor Performance*, in "Scientific Reports", 6, 2016, https://doi.org/10.1038/srep36512.

Dazu müssen wir einen feinen Unterschied beachten: den zwischen den eigentlichen Signalen und den *Cues*[6] oder Schlüsselreizen, wie der Österreicher Konrad Lorenz, der Vater der Verhaltensforschung, sie 1939 definierte. Cues sind nicht vorsätzlich gesendete Signale, die dem Empfänger dennoch eine Information übermitteln und ihm oft einen Vorteil verschaffen. Das Kohlenstoffdioxid, das wir ausatmen, ist ein Cue: Es erlaubt den Mücken, uns zu finden und eine Blutmahlzeit zu nehmen. Cues sind auch unser Erröten in einem emotionalen Augenblick, graue oder weiße Haare, Falten im Gesicht. Sie offenbaren Scham, die wir gern verbergen würden, oder das Alter eines Menschen. Sie sind Reize, die wir nicht unter Kontrolle haben, nicht willentlich steuern können: Wir können nicht verhindern, rot zu werden, wir können die Haare nicht daran hindern, weiß zu werden, und auch nicht die Kohlenstoffdioxidmenge verringern. Signale im eigentlichen Sinn hingegen unterliegen der vollen Kontrolle des Senders, sie können verändert oder sogar moduliert werden: z. B. Töne, deren Lautstärke, Höhe, Frequenz usw. verändert werden kann, oder Duftmarken, die viele Insekten und Säugetiere hinterlassen, um ihr Revier zu markieren. Wichtig ist jedoch, dass sowohl Sender als auch Empfänger davon profitieren. Signale sind im Lauf der Evolution eigens entwickelt worden, um das Verhalten der anderen zu beeinflussen, und unterliegen noch immer einem sehr starken Selektionsdruck.

Signale unterscheiden sich von den Cues insofern, als Letztere nicht entstanden, um zu kommunizieren und eine Reaktion auszulösen, während Erstere im Lauf der Evolution genau zu diesem Zweck entwickelt wurden: um eine Reaktion auszulösen, das Verhalten des anderen zu beeinflussen. Und zweifellos hat sich ein derart ausgefeiltes und vielfältiges Kommunikationssystem nicht von einem Tag auf den anderen herausgebildet. Auch Signale haben

---

6   M. E. Laidre und R. A. Johnstone, *Animal Signals*, in "Current Biology", 23, 2013, S. 829–833, https://doi.org/10.1016/j.cub.2013.07.070.

sich mit der Evolution und aufgrund wechselseitiger Anpassung entwickelt und je nach der jeweiligen Art und deren Habitat perfektioniert. Aber wie? Das herauszufinden war ebenfalls ein wissenschaftliches Abenteuer.

Gleich zu Beginn müssen wir feststellen, dass bei Sender wie Empfänger – wie schon gesagt – bestimmte Voraussetzungen erfüllt sein müssen, damit ein Signal entwickelt und über längere Zeit beibehalten wird. Um ein Lautsignal zu senden, braucht man ein Organ wie den Kehlkopf, Stimmbänder, ein Atemsystem und einen Mund, in dem der Ton widerhallt. Der Empfänger hingegen braucht ein Gehör, gut entwickelte Ohren, um die Nachricht zu empfangen. Dasselbe gilt für Farbsignale: Man braucht Licht und Augen. Jedes Signal benötigt sozusagen spezifische Voraussetzungen zur Wahrnehmung. Doch damit nicht genug: Um sich zu entwickeln und im Lauf der Zeit zu bewähren, muss ein Signal in gewisser Weise die Aufmerksamkeit des Empfängers wecken, etwa indem es von einer angeborenen Vorliebe profitiert sowie von einem bereits existierenden Sinnessystem, das zu einem anderen Zweck als dem der Kommunikation entwickelt wurde.

Michael Ryan hatte 1990 als Erster diese Idee, die in der Folge als „Hypothese von der Nutzbarmachung des Sinnesapparats"[7] bezeichnet wurde. Ryan zufolge hat der Empfänger latente Vorlieben, die vom Sender genutzt werden, um vor allem bei der sexuellen Auslese neue Signale zu schaffen. Wasserläufer zum Beispiel sind dank ihrer langen Beine imstande, aufgrund der Oberflächenspannung über das Wasser zu gleiten. Ganz allgemein profitieren Wasserläufer von den Vibrationen des Wassers, um herauszufinden, ob Beutetiere in der Nähe sind. Doch in der Paarungszeit nutzen die Männchen gerade diesen Sinnesapparat, der eigentlich der Nahrungssuche dient, um mit den Weibchen zu kommunizieren und sie zu umwerben. Sie ziehen ihre Aufmerksamkeit auf sich,

---

7    M. J. Ryan, *Sexual Selection, Sensory Systems and Sensory Exploitation*, http://biology. nekhbet.com/ss_textbook.pdf; M. J. Ryan et al., *Sexual Selection for Sensory Exploitation in the Frog* Physalaemus pustulosus, in "Nature", 343, 1990, S. 66–67.

indem sie sie mit Nahrung locken. Dasselbe machen Hähne, wenn sie um ein Huhn balzen: Sie machen *tidbitting* (vom englischen *tidbit*: Leckerbissen). Sie picken am Boden, bis sie einen Leckerbissen finden, tun aber oft auch nur so, als würden sie einen finden. Dann lassen sie ihn fallen und geben dabei ein rhythmisches Schnalzen von sich: eine an die Henne gerichtete Aufforderung. Als ob sie sagten: „Hallo, Schöne, schau, was ich esse!" Mithilfe von *tidbitting* ziehen sie die Aufmerksamkeit der Henne auf sich, indem sie sich die typischen Gesten und Laute der Nahrungssuche zunutze machen. Es reicht jedoch nicht, dass ein Sender ein Sinnesorgan oder eine Vorliebe seines Artgenossen für eine x-beliebige Nachricht nutzt. Und auch nicht, dass der Empfänger reagiert. Um zu gewährleisten, dass sich ein Signal entwickelt und über eine längere Zeitspanne behauptet, also immer denselben Effekt hervorruft, muss es ritualisiert, zu einem unverwechselbaren Code werden. Der Warnschrei der Amsel klingt immer gleich, ist kodifiziert, hat sich im Lauf der Zeit herausgebildet und wird seit Jahrtausenden von allen Artgenossen und nicht nur ihnen verstanden. Dasselbe gilt auch für uns: Unsere Sprache ist kodifiziert, sie befolgt bestimmte grammatikalische und phonetische Regeln. Wenn ein verliebter Mann zu seiner Angebeteten „Liebe dich ich" sagte und nicht „Ich liebe dich", würde er gewiss nicht den gewünschten Effekt erzielen. Es sind also Zeit, Geduld und zahlreiche Versuche vonnöten. Das Signal muss auch nicht unbedingt neu sein. Es kann eine Vereinfachung oder Übertreibung eines bereits vorhandenen Verhaltens oder einer Pose sein, die Wiederholung einer Geste oder eines Lauts. Damit die Chancen, beim Empfänger eine Reaktion zu bewirken, möglichst hoch sind, muss es jedoch mit Nachdruck vorgetragen und öfter in gleicher Weise wiederholt werden. Und der Empfänger seinerseits muss sich an diese spezielle Kommunikation erinnern. Damit also ein neues Signal beibehalten wird, muss es die Regeln der natürlichen Auslese befolgen: Es muss sowohl dem Sender als auch dem Empfänger einen Vorteil bei der Flucht vor einem Raubtier, der Nahrungssuche, der Fortpflanzung, der Brutpflege oder dem Leben im Rudel verschaffen. Sowohl das Signal als auch die Reaktion darauf unterliegen dem Prozess der Koevolution: Jedem Signal folgt eine entsprechende Reaktion. Der Wahrheit zuliebe müssen wird jedoch hinzufügen, dass vor allem beim Balzen nicht jedes Signal eine unmittelbare Reaktion auslöst. Bei vielen Arten lässt sich der Empfänger des Signals jede Menge Zeit, um abzuwägen und erst dann zu antworten, und das hat das Leben der Wissenschaftler sehr kompliziert gemacht. Ein Beispiel: Haben Sie schon einmal die Kommunikation der Türkentauben *(Streptopelia decaocto)* beobachtet? Das Männchen muss seinem Täubchen oft stundenlang Avancen machen: Es gurrt, plustert sich auf, verbeugt sich mehrmals, läuft immer wieder mit aufgefächertem Schwanz auf und ab und scharrt am Boden. All das in einem anhaltenden Zustand nervöser Erwartung.

In diesem Fall ziert das Taubenweibchen sich jedoch nicht, sondern das Balzritual des Männchens hat die Funktion, das Weibchen für die Begattung vorzubereiten. Der visuelle und auditive Reiz des balzenden Männchens aktiviert den Hypothalamus des Weibchens, seine Hypophyse produziert Gonadotropine. Diese stimulieren die Eierstöcke, die ihrerseits Östrogen produzieren, und unter dem Einfluss dieser Hormone erfolgt der Eisprung. Nach ungefähr einem Tag werden die Geduld und die Hartnäckigkeit des Männchens vielleicht belohnt: Wenn das Weibchen der Paarung zustimmt, sucht das frischgebackene Paar sich einen Ort für den Nestbau und nistet. Doch das Balzen des Männchens ist damit noch lange nicht beendet, sondern wird während des Nestbaus und der Paarung fortgeführt.

Nach diesem kurzen Ausflug ins mühevolle Liebesleben der Tauben müssen wir jedoch noch einen anderen Aspekt klären. Bevor ein Signal ritualisiert, wiederholt, verfeinert, vom Empfänger verstanden und an die nachfolgenden Generationen weitergegeben wird, muss es erst einmal entstehen. Die Frage ist, wie? Warum werden ausgerechnet dieser Laut und jene Körperhaltung zum Signal? Manche Rufe, Gesänge oder Displays – Ausdrucksverhalten wie eine Darbietung, Pose oder ein von einem Tier aufgeführter Tanz – sind derart elaboriert oder bizarr, dass kaum nachvollziehbar ist, wie genau diese Abfolge von Lauten oder Schritten entstanden ist. Es lässt sich jedoch beobachten, dass bei unterschiedlichen, allerdings eng miteinander verwandten Arten die Displays sehr ähnlich sind und kaum Varianten aufweisen, und das hilft uns, die Geschichte ihrer Entwicklung zumindest teilweise zu rekonstruieren. Die Drohgebärden vieler Huftiere gehen auf mehr oder weniger identische Weise mit einer Präsentation der „Waffen", Hörner oder Stoßzähne, einher. Manche Bewegungen, die bei Drohgebärden oder Balztänzen eingefügt werden, stammen jedoch aus einem anderen Repertoire: Bewegungen, die in anderen Kontexten ausgeführt werden, etwa die Gefiederpflege, leiten manche Balzrituale ein. Die Gefiederpflege ist mittlerweile ein kodifiziertes Verhalten, doch ursprünglich war es eine reine Ersatzhandlung bzw. ein unangemessenes Verhalten, das in dem gegebenen Kontext völlig fehl am Platz war. Wenn man sich paaren will, ist es mitunter keine gute Idee, sich das Gefieder oder das Fell zu putzen, außer man besitzt ein perfektes Federkleid, und wenn man sich ablenken lässt, wird man auch schnell mal von einem anderen verdrängt. Wenn dieses Verhalten jedoch in das Balzverhalten integriert und kodifiziert ist, dient es vielleicht dazu, dem Weibchen das Gefieder zu zeigen, damit es überprüfen kann, wie sauber und frei von Parasiten es ist, und anhand dessen es auf den Gesundheitszustand des Anwärters schließen kann.

Hin und wieder wird auch eine neurovegetative Reaktion wie die Piloerektion – das sich Aufstellen von Härchen oder Federn – zu einem Signal oder einem Teil eines Signals: Das balzende Taubenmännchen plustert sein Gefieder auf, um es zur Schau zu stellen und größer und gesund zu wirken. In diesem Fall ist die sogenannte „Gänsehaut" eine absichtliche, nicht von einer Empfindung ausgelöste Aktion, das heißt Federn und Flaumfedern werden auf immer dieselbe Weise aufgeplustert, unabhängig vom Wunsch des Männchens, sich fortzupflanzen, und auch unabhängig von der positiven oder negativen Reaktion des Weibchens. Die – ursprünglich unwillkürliche – Piloerektion wird zu einer absichtlichen Aktion, zum Teil eines stilisierten und stereotypen Signals, und deshalb gibt sie keinen Aufschluss über den Gemützustand des Senders. Bereits 1957 hat Desmond Morris[8] die These aufgestellt, dass stark ritualisierte Signale sich vielleicht genau deshalb entwickelt haben, weil sie Informationen über den Gefühlszustand verbergen. Mithilfe eines ritualisierten Signals manipuliert der Sender den Empfänger, ohne allzu viel über sich preiszugeben. Kommunikation ist wirklich eine schwierige Angelegenheit, dennoch ist sie für ausnahmslos alle Lebewesen sehr wichtig. Sogar unsere Zellen kommunizieren: Leben bedeutet unter anderem zu kommunizieren. Wir bestehen aus Botschaften, chemischen Signalen, aus Atemzügen, die sich in Worte verwandeln, aus Lauten und Melodien, die in uns entstehen oder von außen an unser Ohr gelangen, unser Gehirn stimulieren und eine Reaktion hervorrufen. Und das gilt für alle Lebewesen. Ein einziges Signal kann gleichzeitig mehrere Botschaften transportieren. Es kann die Identität, den Aufenthaltsort, das Geschlecht, das Alter des Kommunizierenden preisgeben. Und ein und dasselbe Signal kann je nach Kontext eine andere Bedeutung annehmen. Das Brüllen des Löwen ist ein soziales Signal, innerhalb des Rudels trägt es zum Zusammenhalt der Gruppe bei und lockt Löwinnen an. Außerhalb dieser spezifischen Gruppe hat es die Funktion, das Revier zu markieren, den Gesundheitsstatus zu bestätigen und andere Rudel zu vertreiben.

Signale entwickeln sich auch durch wechselseitige Anpassung, werden im Lauf der Zeit selektiert und unterscheiden sich je nach Gattung. Und bei diesem Prozess ist Angeborenes genauso wichtig wie Erlerntes. Viele Grundzüge der Kommunikation werden in den ersten Lebensphasen erlernt und manchmal kann Erfahrung sogar eine genetische „Prägung" modifizieren.

---

8    D. Morris, *"Typical Intensity" and Its Relation to the Problem of Ritualisation*, in "Behaviour", 11, 1957, S. 1–12, https://doi.org/10.1163/156853956X00057.

Manchmal werden auch mehrere Signale kombiniert, um ein anderes Ergebnis zu erzielen. Wenn eine Zebrastute drohend dreinschaut, gleichzeitig aber einem Hengst das Hinterteil darbietet, ist das keine Drohung, sondern eine Aufforderung zur Paarung.

Mehrere Signale zu kombinieren kann sich aus vielen Gründen lohnen. Der Sender muss keine neuen erfinden und der Empfänger muss keine neuen lernen. Man fügt einfach zwei alte zusammen und fertig. Dasselbe gilt für Doppelsignale: Für gewöhnlich ist Kommunikation nicht eindimensional, besteht nicht nur aus optischen Reizen oder aus Klängen, taktilen oder olfaktorischen Reizen. Und so werden akustische Signale oft mit speziellen Haltungen kombiniert, bzw. bei speziellen Displays spielen auch Geräusche eine Rolle. Wie beim Pfauenrad: Die Pfauenhenne achtet nicht nur auf die Größe des Rades, auf die Anzahl der „Augen" und somit der Federn, wie bunt und ob sie symmetrisch sind, sondern lauscht auch einer Melodie mit einer Frequenz zwischen 22 und 28 Hertz, die vom Rasseln der Pfauenfedern verursacht wird, die wie bunte und gefiederte Saiten einer Lyra vibrieren und widerhallen, während das Männchen … sich spreizt wie ein Pfau.[9] Doch wie kann der Empfänger eines Signals sichergehen, dass der Sender es ehrlich meint und es sich nicht um eine – vielleicht tödliche – Falle handelt? Wie kann man die eigenen Zweifel besiegen und dem Sender vertrauen? Das ist wahrhaftig ein Dilemma, doch für gewöhnlich beruht jede Kommunikation auf einer Annahme: der Vertrauenswürdigkeit des Signals.

Ein Signal ist für gewöhnlich kostspielig, deshalb empfiehlt es sich, aufrichtig zu sein. Ein Vogel singt nicht einfach so, denn damit setzt er sich der Gefahr aus, einem Raubtier zum Opfer zu fallen. Damit ein Signal entwickelt wird und sich im Lauf der Evolution bewährt, muss es vertrauenswürdig sein, denn sonst würde der wechselseitige Vorteil hinfällig werden, der der Evolution der

9    R. Dakin et al., *Biomechanics of the Peacock's Display: How Feather Structure and Resonance Influence Multimodal Signaling*, in "Plos One", 2016, https://doi.org/10.1371/journal.pone.0152759.

tierischen Kommunikation zugrunde liegt. Zwei Nachtigallen zum Beispiel singen nicht mit identischer Lautstärke, und in diesem Fall hat der Empfänger, also das Weibchen, die Möglichkeit, das bessere Signal und somit den Partner zu wählen, der ihm besser gefällt. Im Allgemeinen sind die Gesänge aller Arten aufwendige und ehrliche Signale, Indikatoren für Größe und Gesundheitszustand des Tiers. Deshalb kann man einem Sender mit Fug und Recht Vertrauen schenken. In der tierischen Kommunikation siegt Aufrichtigkeit.

Ausnahmen bestätigen jedoch die Regel, und wie es so schön heißt, ist nicht alles Gold, was glänzt. Auch bei Tieren gibt es Bluffer: Arten oder Individuen, die lügen oder vorgeben zu sein, was sie nicht sind. So wie ein einfaches Gespräch zwischen Menschen eine unvermutete Wendung nehmen kann, ist auch die tierische Kommunikation bisweilen kein Honiglecken und kann den Empfänger teuer zu stehen kommen.

1978 haben Richard Dawkins und John Krebs als Erste Zweifel an der bedingungslosen Aufrichtigkeit eines Signals geäußert.[10] Tatsächlich gibt es viele betrügerische Signale, bei denen die Interessen des Senders nicht mit jenen des Empfängers übereinstimmen, sondern diesen im Gegenteil völlig zuwiderlaufen. Eine Kommunikation wie eine Einbahnstraße, bei der der Sender absichtlich eine falsche Botschaft sendet und so einen oder mehrere Empfänger zu seinem Vorteil manipuliert: Der andere soll nicht informiert, sondern manipuliert werden. In diesem Fall handelt es sich um ein Wettrüsten zwischen manipulativen Sendern und misstrauischen Empfängern, zwischen Raub- und Beutetier, zwischen Wirt und Parasit, einen Wettlauf, der auch und vor allem mithilfe von Kommunikation funktioniert. Bei manchen Arten beruht die Fortpflanzungsstrategie auf Täuschung und List, die sich entwickelt

---

10 R. Dawkins und J. R. Krebs, *Animal Signals: Information or Manipulation?*, in J. R. Krebs und N. B. Davies (Hrsg.), *Behavioural Ecology*, Blackwell Scientific Publications, Oxford, 1978, S. 282–309; M. S. Dawkins und T. Guilford, *The Corruption of Honest Signalling*, in "Animal Behaviour", 41, 1991, S. 865–873.

haben, um das Verhalten des Empfängers ausschließlich zum eigenen Vorteil zu manipulieren. Es gibt mickrige Männchen, die sich mit kräftigen Männchen umgeben, um eine potenzielle Partnerin anzulocken, und manche tun so, als wäre ein Raubtier im Anflug, und versetzen das ganze Rudel in Aufruhr, um zu einer Gratismahlzeit zu kommen. Manche geben sich als ein anderer aus: Mithilfe von Geräuschen, Gerüchen oder dem Aussehen ahmen sie einen anderen nach und täuschen den Artgenossen. Und auch die, die sich um jeden Preis fortpflanzen wollen, bluffen manchmal: Hähne melden manchmal einen interessanten Leckerbissen, obwohl sie der zukünftigen Partnerin gar keinen anzubieten haben.[11] Doch sie gehen auf Nummer sicher: Die Henne muss weit genug entfernt sein, um den Betrug nicht zu bemerken, um nicht zu sehen, dass es gar kein Maiskorn zu picken gibt. Damit der Bluff funktioniert, muss er weniger häufig angewandt werden als die ehrliche Kommunikation. Man kann die Karten nicht offen auf den Tisch legen. Ja, auch die tierische Kommunikation beruht auf Tricks und Bluffs. Auch Tiere können lügen; vor allem bei der Fortpflanzung und beim Fressen ersparen sie einander nichts. In der Liebe und … bei Tisch ist alles erlaubt, und Tiere stellen oft unter Beweis, dass ihre soziale Kompetenz unserer in nichts nachsteht. Willkommen also in einer Welt aus Ehrlichen, Lügnern, Egoisten und Angebern.

---

11   M. Gyger und P. Marler, *Food Calling in the Domestic Fowl,* Gallus gallus: *The Role of External Referents and Deception*, in "Animal Behaviour", 36, 1988, S. 358–365, https://doi.org/10.1016/S0003-3472(88)80006-X.

**Teil I**
**Das Auge isst mit**

# Kapitel 1
## Meisterhafte Tänzer

Sie singen wunderbar, schwingen sich in den Himmel auf oder fliegen mit kräftigem Flügelschlag davon. Sie stürzen, wie der Wanderfalke, mit über 300 Stundenkilometern herab, und im Wasser können sie lange die Luft anhalten und tauchen. Auf ihrer Wanderung legen sie Zehntausende Kilometer im Flug zurück, trotzen Wind und Wetter und überqueren die höchsten Gipfel der Welt. Sie haben ein auffälliges buntes Gefieder, und außerdem können sie auch noch tanzen. Als im Lauf der Evolution die Anmut verteilt wurde, standen die Vögel in der ersten Reihe. Uns gewöhnlichen Sterblichen bleibt nichts übrig, als ihre Schönheit und Eleganz zu bewundern.

Vielleicht kommt ihnen hin und wieder jemand nahe. Erinnern Sie sich an die wunderbaren Stepptänze von Ginger Rogers und Fred Astaire, die Anfang der 1930er-Jahre zuerst Amerika und dann Europa bezauberten? Es wird Sie vielleicht wundern, aber auch Vögel steppen. Nein, das ist kein Scherz, in der Natur gab es den Stepptanz schon lange, bevor er nach Hollywood kam.

Die Prachtfinken der *Uraeginthus*-Gattung sind die Ginger Rogers und Fred Astaires unter den Vögeln: eine winzige Gruppe kleiner afrikanischer Vögel mit himmelblauem oder violettem Bauch und bräunlichem Rücken, Verwandte der bekannteren Zebrafinken *(Taeniopygia guttata)*, die in jeder Tierhandlung zu finden sind. Trotz ihres bunten Gefieders und ihrer Anmut tragen diese Vögel im Englischen einen lächerlichen Namen: *Cordon bleu.* Ja, wie das mit Schinken und Käse gefüllte Schnitzel. Doch ungeachtet seines Namens steppt der Blaukopfastrild *(Uraeginthus cyanocephalus)*, der ungefähr zehn Zentimeter groß ist und auch Blaukopfschmetter-lingsfink genannt wird, wenn er ein Weibchen erobern möchte. Mit bloßem Auge erscheint uns das Balzen der Prachtfinken wie banales Hüpfen, doch wenn man ihren Tanz in Zeitlupe betrach-tet, auf Aufnahmen mit mehr als 300 Bildern pro Sekunde, stellt man fest, dass sie einen trippelnden Tanz aufführen. Beim Balzen setzt sich das Männchen neben das Weibchen auf einen Zweig, mit einem kleinen Ast für den zukünftigen Nestbau im Schnabel, und beginnt zu singen und zu hüpfen. Bei jedem Sprung trippelt es drei- bis viermal auf dem Zweig, und zwar alle 65 Millisekunden. Diesen Stepptanz wiederholt es 25- bis 50-mal in der Sekunde, und dazu singt es wie in einem Musical.[12] Und das Weibchen antwor-tet: Es singt und tanzt gemeinsam mit dem Männchen. Die beiden Tänzer, Männchen wie Weibchen, steppen paarweise und trippeln auf dem Ast und produzieren dabei nicht vokalische Laute,[13] genau wie wir Menschen, wenn wir mit Tanzschuhen mit verstärkten Ab-sätzen und Spitzen steppen. Es handelt sich um ein multimodales Signal, das sich in der Familie der Prachtfinken[14] mehrmals und unabhängig voneinander entwickelt hat und sich vor allem visuel-le Reize – Tanz und buntes Gefieder – und in zweiter Linie akus-tische – Gesang und Rhythmus der Schritte – zunutze macht. Das Tüpfelchen auf dem i ist die Anwesenheit eines Publikums: Als geübte Tänzer geben sowohl das Männchen als auch das Weibchen vor Publikum eine Reihe von Zugaben. Und zwar nicht, um von den Anwesenden bemerkt zu werden, sondern um dem eigenen Partner zu verstehen zu geben, dass er/sie bereits vergeben ist: eine

---

12 N. Ota, M. Gahr und M. Soma, *Tap Dancing Birds: The Multimodal Mutual Court-ship Display of Males and Females in a Socially Monogamous Songbird*, in "Scientific Reports", 5, 2015, https://doi.org/10.1038/srep16614.

13 N. Ota, M. Gahr und S. Soma, *Songbird Tap Dancing Produces Non-vocal Sounds*, in „Bioacoustics", 26, 2017, S. 161–168, https://doi.org/10.1080/09524622.2016.1231080.

14 M. Soma und L. Z. Garamszegi, *Evolution of Courtship display in Estrildid finches: Dance in Relation to Female Song and Plumage Ornamentation*, in "Frontiers in Eco-logy and Evolution", 2015, https://doi.org/10.3389/fevo.2015.00004.

direkte Kommunikation in eigener Sache.[15] Blaukopfastrilden nehmen die Monogamie ernst.

Doch nicht nur afrikanische Prachtfinken erinnern an menschliche Balletttänzer. Auf der anderen Seite des Atlantiks, in den Urwäldern Zentralamerikas und im Norden Südamerikas, gibt es ebenfalls einen hervorragenden gefiederten Tänzer: den Gelbhosenpipra *(Ceratopipra mentalis)* aus der Familie der Schnurrvögel *(Pipras)*. Um zu verstehen, warum dieser ca. zehn Zentimeter große Sperlingsvogel berühmt geworden ist, müssen wir einen Schritt zurück in die legendären 1980er-Jahre machen.

Am 25. März 1983 brachte der US-amerikanische Sänger Michael Jackson eine Single heraus, die in die Musikgeschichte eingehen sollte: *Billie Jean*. In schwarzem Sakko, Hochwasserhose, weißen Socken und straßbesetztem Handschuh auf der linken Hand steigt Michael Jackson im Civic Auditorium in Pasadena auf die Bühne der Emmy Awards, wo die TV-Spezialsendung *Motown 25: Yesterday, Today, Forever* aufgenommen wird. Zum ersten Mal führt er seinen Moonwalk auf: einen Tanzschritt, bei dem die Beine Vorwärtslaufen simulieren, während sie sich in Wirklichkeit rückwärts bewegen. Der Sänger schien sich über die Schwerkraft hinwegzusetzen, als ob er sich auf einer unsichtbaren Rolltreppe bewegte. Der Moonwalk wird augenblicklich berühmt und Michael Jackson zum Idol. Sogar Fred Astaire, der die von der NBC – National Broadcasting Company – ausgestrahlte Sendung sieht, bezeichnete Jackson als „größten Tänzer aller Zeiten". Aus dem Mund Astaires, der ebenfalls mit einem großen Ego gesegnet war, ein riesengroßes Kompliment.

Sechs Jahre später schrieben Gary Stiles und Alexander F. Skutch in *A Guide to the Birds of Costa Rica*, dass ein kleiner tropischer Sperlingsvogel, der nur 15 Gramm wog, „ohne die Beine zu

---

15  N. Ota, M. Gahr und M. Soma, *Couples Showing Off: Audience Promotes Both Male and Female Multimodal Courtship display in a Songbird,* in "Science Advances", 4, 2018, https://doi.org/10.1126/sciadv.aa4779.

bewegen rückwärtsging",[16] um ein Weibchen zu umwerben. So wurde das Gelbhosenpipra-Männchen zum „Vogel, der den Moonwalk tanzt".

Die Männchen dieser Art, mit samtigem schwarzem Gefieder, strahlend rotem Kopf und kanariengelb gefiederten Beinen, wenden eine einzigartige Methode an, um die olivgrünen Weibchen zu umwerben. Sie tanzen auf einer regelrechten Bühne. Jedes Männchen hat eine eigene Bühne in einem bestimmten Abstand von der der anderen Männchen, die es jedoch nie aus den Augen verliert. Dem Gelbhosenpipra-Männchen reicht ein Zweig oder ein gut sichtbarer blattloser Ast. Nach einem S-förmigen Flug lässt es sich darauf nieder, schlägt die Flügelspitzen aneinander und führt den Moonwalk auf, das heißt, er erweckt den Eindruck rückwärtszugehen, ohne sich von der Stelle zu rühren. Manchmal auch seitlich.[17] So trippeln die Männchen mehrmals vor den Weibchen auf und ab, die die Darbietung beurteilen und den besten Tänzer auswählen. Diese Art der Balz – bei der eine bestimmte Anzahl von Männchen sich auf eine Balzarena aufteilt, dabei in Blick- und Hörkontakt bleibt und vor den Weibchen ein Ritual vollführt, die daraufhin ihren Partner wählen – bezeichnet man als *Lek,* was auf Schwedisch *Spiel* bedeutet. Als *Lek* bezeichnet man sowohl die Balzarena als auch die Methode der Werbung, die viel weiter verbreitet ist, als man glauben möchte, und nicht nur von Vögeln, sondern auch von Säugetieren, Amphibien, Fischen und sogar Insekten praktiziert wird.

In der Balzarena häufig anzutreffen ist eine Gruppe berühmter gefiederter Tänzer aus den Regenwäldern Neuguineas. Das ist die Heimat einer großen Vogelfamilie mit auffälligem, luftigem Gefieder und schillernden Federn: der Paradiesvögel, zu denen außergewöhnliche Tänzer gehören wie die Strahlenparadiesvögel *(Parotia).*

---

16   F. G. Stiles und A. F. Skutch, *A Guide to the Birds of Costa Rica*, Ithaka, N.Y., 1989, S. 299–300.

17   R. O. Prum, *Phylogenetic Analysis of the Evolution of Display Behavior in the Neotropical Manakins (Aves, Pipridae)*, in "Ethology", 84, 1990, S. 202–231.

Es handelt sich um insgesamt sechs Arten, die zwischen 25 und 40 Zentimeter groß werden. Die Männchen vollführen hoch ritualisierte und komplexe Tänze und tragen dabei ein „Tutu".

Weibliche Paradiesvögel haben ein unscheinbares rötlich-braunes Gefieder. Die Männchen hingegen sind tiefschwarz, mit einem Band irisierender Federn auf der Stirn, im Nacken und am Hals, die in blaugrünen bis bronzefarbenen Tönen schillern. Die Farben werden von den Nanostrukturen der Federn erzeugt. Hinter jedem Auge befinden sich auf der Höhe der Ohrdecken Federohren aus verlängerten, spitz zulaufenden Federn (Strahlen) wie lange Wimpern, nach denen die Art benannt ist. Die Männchen tanzen bei der Balz. Ihre Balztänze sind die einfachste und wirkungsvollste Art und Weise, sich darzubieten, sie erlauben es den Weibchen, ihre Statur und die Qualität ihres Gefieders zu beurteilen. Der Tanz der Paradiesvögel besteht jedoch nicht einfach in der Wiederholung eines einzigen Schrittes, ihm liegt eine wahre Choreografie mit mehreren Figuren und Posen zugrunde. Nichts wird dem Zufall überlassen oder improvisiert, jeder einzelne Schritt wird in einer genau festgelegten Abfolge aufgeführt.

Als Erstes muss jedoch eine geeignete Bühne gefunden werden. Die Männchen der Strahlenparadiesvögel oder Arfak-Paradiesvögel (*Parotia sefilata*) suchen die Bühne, auf der sie sich darbieten – ein kleiner Platz auf dem Boden –, sehr sorgfältig aus. Vor jeder Darbietung säubern sie ihn auf geradezu manische Weise: Sie entfernen kleine Äste, Wurzeln, Blumen und Blätter, die auf den Boden gefallen sind, oft sogar – man glaubt es kaum – mit einem Blatt oder Zweiglein im Schnabel. Sie ebnen alle Löcher ein und entfernen jedes Hindernis, über das sie stolpern könnten, was ihre Darbietung und die daraus folgenden sexuellen Genüsse zunichtemachen würde. Sie glätten sogar den Ast „in der ersten Reihe", über dem Balzplatz, auf dem das Weibchen Platz nehmen wird, um sie zu beurteilen.

Sobald alles fertig ist, warten sie. Kaum ist das Weibchen da, beginnt die Show. Das Männchen beginnt seine Darbietung mit einer tiefen Verbeugung, dreht den Kopf zur Seite und betrachtet mit seinen lapislazuliblauen Augen das Weibchen. Dann verändert sich plötzlich die Farbe der Augen, sie werden gelb, und der Tanz beginnt. Das Männchen schüttelt den Kopf, was die Schmuckfedern in Schwingung versetzt, und streift das Tutu über: Die schwarzen Brust- und Flankenfedern sträuben sich und schließen sich ringförmig über dem Rücken, sodass sie tatsächlich wie das Tutu einer Ballerina wirken. Mit seinem neuen Röckchen beginnt das Männchen nun auf dem Platz hin und her zu trippeln: ein paar Schritte nach links, ein paar nach rechts, und das mehrmals. Eine Szene, die weniger an *Schwanensee* denn an das Torkeln eines Betrunkenen erinnert. Aus der privilegierten Perspektive des Weibchens wirkt das tanzende Männchen jedoch wie ein Ring aus schwarzen Federn, mit einem irisierenden Streifen auf dem Nacken und sechs hypnotisierenden schwarzen Punkten, die sich kreisförmig bewegen: den Endpunkten der sechs hinter den Augen angewachsenen Federn. Nun zeigt das Männchen seinen glänzenden Halsspiegel aus schillernden Federn. Es ruckelt mit dem Kopf wie der große Komiker Totò, zeigt die Federn auf der Kehle, und hin und wieder geht es in die Knie, sträubt und breitet sein Tutu aus und streckt die schillernden Federn auf seiner Kehle nach oben. Von oben gesehen wird der schwarze Kreis so von einem hellen Lichtfleck durchbrochen. Wenn der Tanz gut aufgeführt wird, ist das Weibchen fasziniert und gestattet die Paarung.

Raffiniert ist auch die Choreografie des männlichen Kragenparadiesvogels *(Lophorina superba)*. Auch er ist völlig schwarz, nahezu unsichtbar. 2018 hat man festgestellt, dass seine dunklen Federn aufgrund ihrer Struktur 99.95 Prozent des Lichts absorbieren.[18] Dieses gefiederte „schwarze Loch" ist jedoch mit zwei schillernden Lichtpunkten versehen: zwei himmelblau schimmernden erbsenförmigen Erhebungen auf dem Kopf und einem Fleck auf der Kehle.

---

18  D. McCoy et al., *Structural Absorption by Barbule Microstructures of Super Black Bird of Paradise Feathers*, in "Nature Communications", 9, 2018, https://doi.org/10.1038/s41467-017-02088-w.

Nachdem der Paradiesvogel sorgfältig den Balzplatz gesäubert hat, auf dem er sich präsentieren wird, beginnt das Männchen die Weibchen anzulocken, es reißt den Schnabel auf, wobei es dessen zitronengelbes Innere zeigt, und sträubt sein schillerndes Brustgefieder. Sobald das Weibchen da ist, beginnt das Männchen seinen Tanz. Es schließt den Schnabel und hebt einige Brust- und Rückenfedern, sodass diese einen Kranz um seinen Kopf bilden. Von vorne betrachtet wirkt der Kranz wie ein schwarzes Oval, mit zwei Höckern und einem hellblau leuchtenden Band. Nun beginnt der Tänzer mit angelegten Flügeln und nach oben gesträubtem Schwanzgefieder nach rechts und links zu hüpfen. Er nähert sich immer mehr dem Weibchen und schnalzt dabei mit den Flügeln.[19] Die sehr wählerischen Weibchen sehen sich ungefähr 15 bis 20 Darbietungen an, bevor sie sich hingeben.[20]

Es ist unmöglich, jede einzelne Choreografie zu beschreiben. Es gibt ungefähr 40 Paradiesvogelarten, die genauso viele Tänze und Varianten aufführen. Oft ist es extrem schwierig, diese Vögel und ihre Choreografien zu studieren, und man stellt erst nach vielen Jahren fest, dass eine Art mit einem einzigen Tanz in Wirklichkeit zwei Arten sind, die einander jedoch so ähneln, dass man sie für eine hielt und dass sich ihr Tanz nur in einigen winzigen Details unterscheidet. Dies ist der Fall beim Vogelkop-Paradiesvogel *(Lophorina niedda)*, der lange als Unterart der *Lophorina superba* galt und erst 2018 eben aufgrund seines in einigen Details abweichenden Tanzes in den Rang einer eigenen Art erhoben wurde.[21]

Einen der romantischsten Tänze kann man allerdings auch hierzulande beobachten: Haubentaucher *(Podiceps cristatus)* führen einen leidenschaftlichen Tanz auf dem Wasser auf.

---

19  D. W. Frith und C. B. Frith, *Courtship Display and Mating of the Superb Bird of Paradise* Lophorina superba, in "Emu", 88, 1988, S. 183–188, https://doi.org/10.1071/MU9880183.

20  B. Beehler, *Frugivory and Polygamy in Birds of Paradise*, in "The Auk", 100, 1983, S. 1–12.

21  E. Scholes und T. G. Laman, *Distinctive Courtship Phenotype of the Vogelkop superb Bird-of-Paradise Lohorina niedda Mayr*, 1930 confirms new species status, in "PeerJ", 2018, https://doi.org/10.7717/peerj.4621.

Anfängliche Verbeugung
des Männchens

Trippeln mit aufgespanntem „Tutu"

Kopfruckeln

Das Weibchen beobachtet
den Tanz von oben.

Schließlich zeigt das Männchen den Halsspiegel

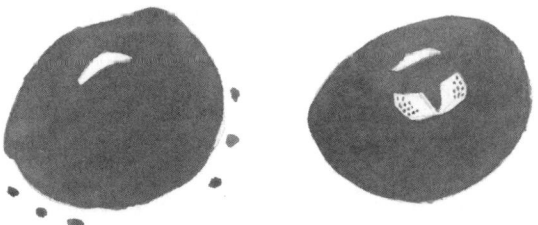

Von oben gesehen

**Balztanz des männlichen Strahlenparadiesvogels** *(Parotia)*

Die Vögel aus der Familie der Lappentaucher *(Podicipedidae)* sind ca. 40 Zentimeter große Wasservögel, die in fast allen europäischen Seen anzutreffen sind. Sie sind begabte Taucher, die lange unter Wasser schwimmen können, und ernähren sich zum Großteil von Fischen, die sie als Ganzes, samt Schuppen und Gräten, fressen, und dann als kleinen trockenen Pfropfen wieder hervorwürgen. In dieser Beschreibung wirken sie nicht sehr faszinierend, doch die Vögel mit der äußerst eleganten Silhouette führen einen wunderbaren Hochzeitstanz mit wahrlich königlichen Posen auf, die von den Farben des Gefieders noch verstärkt werden.

Bauch und Vorderseite des langen Halses der Haubentaucher sind strahlend weiß, die Flanken rot und der Rücken ist braunschwärzlich. Zwischen dem zarten, scharfen Schnabel und dem rotumrandeten Auge liegt ein dünner schwarzer Streifen. Der Kopf ist von einem Kragen rot-braun-schwarzer Federn umgeben. Im Frühling, in der Paarungszeit, bietet ihr Tango auf dem Wasser ein außergewöhnliches Schauspiel. Zuerst ruft das Männchen krächzend das Weibchen, die Rufe werden *croaking calls* genannt. Sobald das Weibchen sich interessiert zeigt, beginnt der Tanz. Die Partner beäugen sich abwechselnd: Sie tauchen unter und wieder auf und beobachten den anderen, der gerade mit gebogenem Hals und gehobenen Flügeln die „Katzenpose" einnimmt, und schlagen dabei mit ihren Füßen mit den lappenartigen Häuten auf das Wasser. Nach der ersten Kontaktaufnahme beginnt eine komplexere Phase: Die beiden nähern sich einander, für gewöhnlich nimmt das Männchen nun mit herausgestreckter Brust die „Pinguinpose" ein und hebt sich fast vollständig aus dem Wasser, um sich dann auf die Höhe des Weibchens herabzusenken. Die beiden blicken einander an, strecken ihre schwarz-roten Hälse, stoßen Rufe aus und schütteln sehr lange die Köpfe, als wollten sie Nein sagen, hin und wieder putzen sie das Gefieder, wobei eine oder zwei Flügelfedern nach oben gezogen, geputzt und poliert werden. Diese Phase dauert mitunter sehr lange. Mehr als zehn Minuten sind die beiden Haubentaucher ganz mit ihrem Liebestanz beschäftigt und achten nicht auf ihre Umgebung. Wenn jeder Schritt korrekt ausgeführt wurde, besiegeln die beiden Partner schließlich ihren Liebespakt: Sie schwimmen Seite an Seite, tauchen unter und sammeln am Boden des Sees Algen und Wasserpflanzen. Sobald sie mit dem Material im Schnabel wieder aufgetaucht sind, schwimmen sie aufeinander zu, bis sie sich, flach auf der Wasseroberfläche treibend, einander gegenüber befinden. Sobald sie einander ganz nah sind, erheben sie sich in die „Pinguinpose" und präsentieren dem anderen beim *weed dance,* dem Algentanz, ein Büschel Wasserpflanzen. So verharren sie, aufrecht, einander gegenüber, schlagen mit den lappenartigen Schwimmhäuten, sodass das Wasser schäumt. Sie schütteln den Kopf und zeigen stolz ihr Algenbüschel, als wäre es eine rote Rose, wie Tangotänzer sie einander schenken, schütteln die „Beute", bis sie sie zerfetzt haben, und oft tauschen sie sie aus: Diese Geste besiegelt ihr Versprechen auf Monogamie, ist eine Art Verlobungsring.

Viele Haubentaucher vollführen komplexe Balzrituale, ihre Tänze unterscheiden sich von Art zu Art nur wenig. Beim Ohrentaucher *(Podiceps auritus)* zum Beispiel, einer Art, die in nördlicheren Breiten, von Nordamerika bis Asien brütet und nur den Winter im Nordosten Italiens verbringt, endet der *weed dance* mit einem *weed rush.*[22] Nachdem die Ohrentaucher einander ihr Algenbüschel gezeigt haben, verharren sie nicht einander gegenüber, sondern schwimmen ca. zehn Meter Seite an Seite auf der Wasseroberfläche. Den spektakulärsten *weed dance,* allerdings ohne Wasserpflanzen im Schnabel, führen der Renntaucher *(Aechmophorus occidentalis)* und der Clarktaucher *(Aechmophorus clarkii)* auf, zwei nordamerikanische Arten, deren Balzritual so beginnt: Aufrecht, mit gut sichtbarem Hals, stoßen beide raue Rufe aus und blicken einander in die Augen; in dieser Phase scheint der Blickkontakt ein wichtiger Teil der komplexen Choreografie zu sein. Dann nähern

---

22  R. W. Storer, *The Behavior of the Horned Grebe in Spring,* in "The Condor", 71, 1969, S. 180–205, https://doi.org/10.2307/1366078

sich die Partner mit gesenktem Kopf, schütteln den Kopf und be-
spritzen einander mit dem Schnabel. Und schließlich beginnt der
Lauf übers Wasser. Mit Trippelschritten, in einem Rhythmus von
16 bis 20 Schritten in der Sekunde, tauchen die Renntaucher völlig
aus dem Wasser auf, mit nach oben gerecktem Hals und aufgerich-
tetem Schnabel, als wollten sie den Himmel berühren, hoch ge-
reckten, aber nicht gespreizten Flügeln. So laufen sie nebeneinander auf der Wasseroberfläche, zeigen ihre strahlend weiße Brust,
rund um sie spritzt das Wasser. Sie legen auf diese Weise ungefähr
20 Meter zurück, dann tauchen sie unter. Nun folgt ihre Version
des „Algentanzes". Hin und wieder nähert sich dem zukünftigen
Paar ein dritter Renntaucher und man sieht eine laufende Dreier-
formation. Oder auch zwei Männchen: Vielleicht versuchen sie auf
diese Weise, den noch unentschlossenen Weibchen die eigene Fitness zu beweisen.[23]

Eine weitere, viel komplexere Variante dieses Tangos auf dem
Wasser, doch diesmal ohne rote Rose oder Algen im Schnabel,
wird vom südamerikanischen Cousin der hiesigen Haubentaucher
aufgeführt: dem Goldscheiteltaucher *(Podiceps gallardoi).* Mit Ausnahme des dunklen Rückens ist er völlig weiß, ein schwarzes Band
bedeckt Hals, Wangen und Kopf, auf dem ein roter Schopf sitzt.
Der Goldscheiteltaucher ist der wahre Champion unter den Tango-
tänzern. Und es gibt keinen schöneren Ort zum Tangotanzen als
die Vulkanseen in der Steppe Patagoniens, die zwischen 500 und
1.200 Meter über dem Meeresspiegel liegen.

Der Goldscheiteltaucher lebt zwar in abgelegenen Regionen
und wurde erst 1974 als eigene Art entdeckt und beschrieben, wird
aber dennoch von der IUCN, der Weltnaturschutzunion, als ge-
fährdet eingestuft. Er wird von invasiven Arten – vor allem vom
amerikanischen Nerz, der Eier und Küken frisst – und von der
Klimaerwärmung bedroht, infolge derer sich der Wasserspiegel der

---

23  G. L. Nuechterlein und R. W. Storer, *The Pair-Formation Displays of the Western Grebe*,
in "The Condor", 84, 1982, S. 351–369, https://doi.org/10.2307/1367437.

Katzenpose

Pinguinpose

*Head-shaking ceremony*

*Der Algentanz/Weed dance*

Der „Balztango" des Haubentauchers

Seen ändert. Was hat der Wasserstand damit zu tun? Nun, er darf nicht zu hoch, aber auch nicht zu niedrig sein. Er muss genau in der Mitte liegen, damit das Tausendblatt *(Myriophyllum)*, eine Süßwasserpflanze aus der Familie der *Haloragaceae,* über die Wasseroberfläche hinauswachsen und die Nester der Goldscheiteltaucher tragen kann. Vom Wasserspiegel und diesen Pflanzen hängt somit die Fortpflanzung ganzer Kolonien ab: Wenn das Wasser zu hoch steht, gehen die Nester samt Eiern und Küken unter oder werden vom Wind oder der Strömung umgekippt. Vor 40 Jahren, in den 1980er-Jahren, wurden noch zwischen 3000 und 5000 erwachsene Goldscheiteltaucher gezählt, mittlerweile gibt es nur noch zwischen 650 und 800.[24]

Doch zurück zum argentinischen Tango: zum Jawort des Goldscheiteltauchers, einer innigen und leidenschaftlichen Abfolge von zackigen und impulsiven Bewegungen. Am auffälligsten ist die „Katzenpose" mit gespreizten Flügeln: Während der eine sich verbeugt, sich aufplustert und die Flügel spreizt, taucht der andere auf groteske Weise unter, legt den Kopf nach hinten, bis er den Rücken berührt, als ob er vor dem Untertauchen einen Anlauf nähme. Darauf folgt die merkwürdige *head-shaking ceremony*: Die beiden Partner stehen Brust an Brust und werfen abwechselnd Kopf und Hals nach hinten, bis sie mit dem Nacken den Rücken berühren, worauf sie wieder in die aufrechte Position zurückschnellen. Das machen sie abwechselnd und so schnell, als wären sie verrückt geworden. Dann richten sie sich, noch immer Brust an Brust, im Wasser auf, nehmen die „Pinguinpose" ein und drehen wie zwei professionelle Tangotänzer mehrmals den Kopf nach rechts und links, perfekt synchron, während sie mit den gelappten Füßen auf das Wasser schlagen.

Das Beispiel der Haubentaucher und Paradiesvögel hat klar gezeigt: Balztänze – innerhalb ein und derselben Gruppe, Art oder

24  BirdLife International, Podiceps gallardoi. *The IUCN Red List of Threatened Species 2019,* 2019, https://dx.doi.org/10.2305/IUCN.UK.2019-3.RLTS. T22696628A145837361.en.

Familie – weisen alle dieselben Elemente auf, die sich zwar manchmal etwas unterscheiden oder anders angeordnet, aber doch sehr, sehr ähnlich sind. Das war auch Konrad Lorenz aufgefallen, als er das Balzritual einiger Schwimmenten untersuchte: das der Stockenten *(Anas platyrhynchos)*, der Schnatterenten *(Mareca strepera)* und der Krickenten *(Anas crecca).*[25] Im Winter legen die männlichen Stockenten kollektive Balzrituale an den Tag, bei denen sie spezielle Posen einnehmen und sich dabei um die beste Position streiten, um den Weibchen zu imponieren. Sie beginnen den Tanz, indem sie den Schnabel schütteln und den Kopf heben, schütteln den Schwanz, heben sich aus dem Wasser und stoßen einen Pfeifton aus, dann schlagen sie mit dem Schnabel auf das Wasser und spritzen das Weibchen an: *grunt-whistle.* Dann heben sie den Schwanz, plustern sich auf, nehmen die sogenannte *head-up-tail-up*-Pose ein und drehen sich zum Weibchen um. Dasselbe Verhalten legen auch die Schnatterente und die Krickente an den Tag. Doch es gibt noch viele andere Posen, die von vielen Entenarten bei der Balz eingenommen werden, zum Beispiel das *preening behind wing*, also Gefiederputzen hinter dem Flügel, oder mehrmaliges Kopfschlagen auf das Wasser, oder so zu tun, als würde man trinken. Was einzig und allein bedeutet: Die gemeinsame Choreografie ist der Beweis der Koevolution.

Dennoch stellt sich die Frage: Warum haben sich ausgerechnet diese Tänze und speziellen Posen im Verlauf der Evolution entwickelt? Woher kommt die Bemühung um derart genaue und stereotype Choreografien? In all diesen Fällen handelt es sich nicht nur um einen Beweis körperlicher Fitness, und gewiss nicht um eine eitle Darbietung. Was also? In Wirklichkeit transportieren alle diese Tänze ganz genaue Botschaften. Um das Warum zu verstehen, müssen wir uns in Erinnerung rufen, dass tierische Kommunikation sehr sparsam ist: Wenn es bereits eine wohlbekannte Geste

---

25 K. Z. Lorenz, *The Evolution of Behavior*, in "Scientific American", 199, 1958, S. 67–82, https://www.jstor.org/stable/24944850.

gibt, die zu einem anderen Zweck eingesetzt wurde, braucht man keine neuen Gesten erfinden, es reicht, die alten weiterzuverwenden. Und wenn sich diese Geste im Lauf der Evolution bewährt, wird sie zu einem kodifizierten Standardsignal, das dem zukünftigen Partner viele Informationen liefert. Doch die Evolution hat kein Ziel, keine Absicht und schon gar kein Ende: Sie ist eine äußerst komplizierte Geschichte, die aus Zufällen und auch aus Irrtümern besteht, aus Aufwand und Vorteilen, aus Abzweigungen, die glücklicherweise im richtigen Augenblick genommen wurden. Und deshalb sind auch die komplizierten Tanzrituale, die Auslese ihrer Eigenschaften, Schritte und deren wechselseitige Kombination ein Ergebnis des Zufalls: Bewegungen, die sich aufgrund der natürlichen und der sexuellen Auslese mit der Zeit herausgebildet haben.[26] Eigenschaften und Bewegungen haben bei einem oder mehreren Weibchen Gefallen gefunden, die Männchen profitierten von der angeborenen Vorliebe des Weibchens für Farben[27] und Bewegungen, oder vielleicht erleichterten sie den Weibchen die Beurteilung der Männchen, die sie vor sich hatten.

Das Sammeln von Wasserpflanzen oder das Vortäuschen von Trinken könnte ein Indikator für die Fähigkeit sein, Nahrung für sich und die zukünftige Nachkommenschaft zu besorgen. Es könnte ein Indikator dafür sein, wie sehr die Männchen zur Brutpflege bereit sind. Das *preening* und das Radschlagen der *Parotia*-Paradiesvögel wurden möglicherweise übernommen, weil sie den Weibchen erlauben, aufmerksam den Zustand des Gefieders des Männ-

---

26  M. Kirkpatrick, T. Price und S. J. Arnold, *The Darwin-fisher Theory of Sexual Selection in Monogamous Birds*, in "Evolution", 44, 1990, S. 180–193, https://doi.org/10.1111/j.1558-5646.1990.tb04288.x; S. V. Edwards et al., *Speciation in Birds: Genes, Geography, and Sexual Selection*, in "Proceedings of the National Academy of Sciences", 102, 2005, S. 6550–6557, https://doi.org/10.1073/pnas.0501846102; N. Seddon et al., *Sexual Selection Accelerates Signal Evolution During Speciation in Birds*, in "Proceedings of the Royal Society B", 280, 2013, http://doi.org/10.1098/rspb.2013.1065.

27  K. E. Omland, *Female Mallard Mating Preferences for Multiple Male Ornaments*, in "Behavioral Ecology and Sociobiology", 39, 1996, S. 353–360, https://doi.org/10.1007/s002650050300.

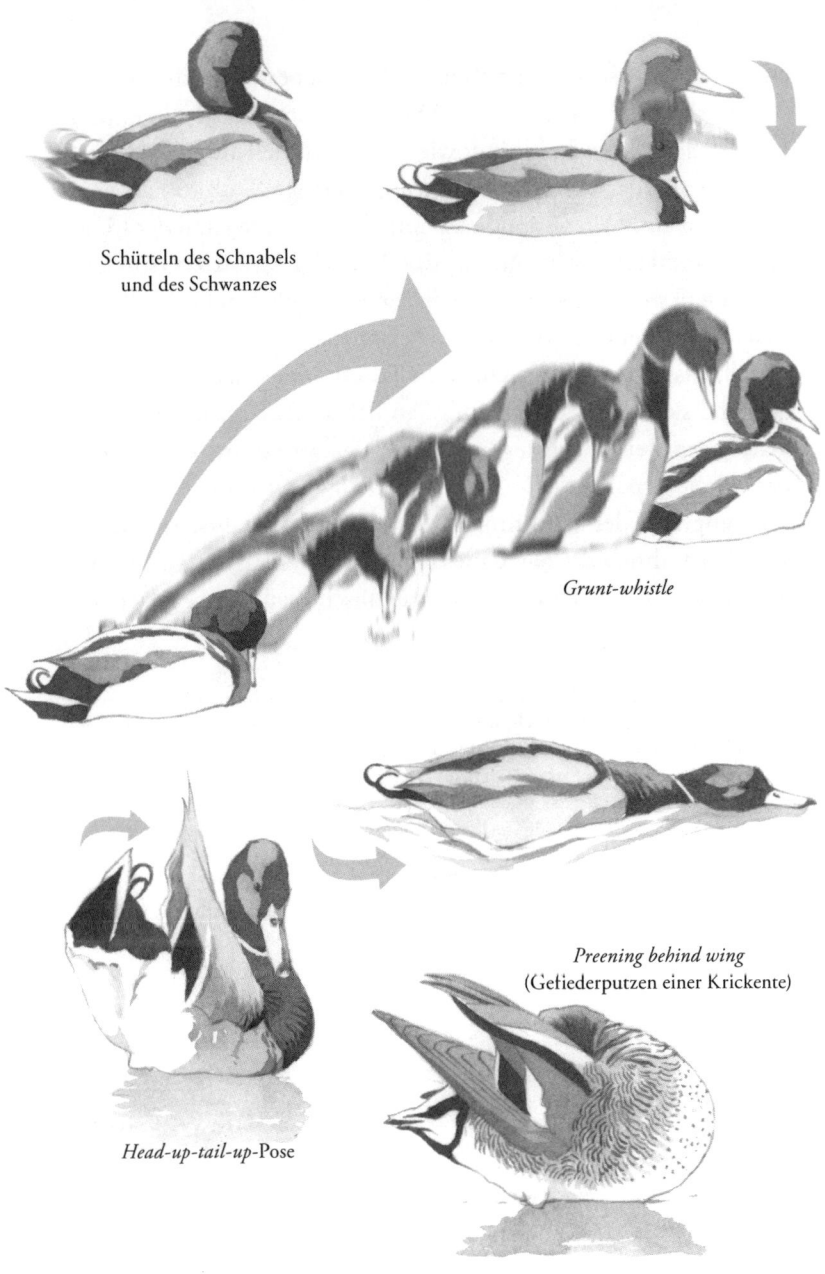

Schütteln des Schnabels
und des Schwanzes

*Grunt-whistle*

*Preening behind wing*
(Gefiederputzen einer Krickente)

*Head-up-tail-up*-Pose

**Balztanz der Stockente, samt Posen, die allen Enten gemeinsam sind**

chens in Augenschein zu nehmen: ob es sauber oder schäbig und verschlissen ist, ob nach der Mauser schon neue Federn und Flaumfedern gewachsen sind, wie leuchtend die Farben sind (was oft auch von der richtigen Ernährung abhängt[28]), ob es Parasiten hat oder nicht. Der Zustand des Gefieders lässt aufgrund der Mauser Rückschlüsse nicht nur auf das Alter des Anwärters, sondern auch auf dessen Körperbau und den augenblicklichen Gesundheitszustand zu[29]: ein hervorragender Personalausweis. Und es ist kein Zufall, dass Enten ausgerechnet die Federn hinter dem Flügel pflegen und sich somit zwingen, ihn zu heben: Alle oben genannten Gattungen weisen den sogenannten Flügelspiegel auf, eine besondere Gefiederpartie – die Schwungfedern – mit lebhaften Farben und aufgrund der Struktur des Gefieders oft metallischen Reflexen.[30] Jede Entenart hat dabei eine charakteristische Farbe: Bei Stockenten ist der Flügelspiegel metallisch blau mit schwarzwei-

---

28    Die Farben des Gefieders sind bei Vögeln teilweise genetisch bedingt, teilweise – vor allem wenn sie metallisch schimmern – handelt es sich um strukturell erzeugte Farben, die von der Nanostruktur der jeweiligen Feder und der Reflexion des Sonnenlichts abhängen. Die Farbe hängt nicht zuletzt auch von der richtigen Ernährung ab: Die Ernährung ist für das Wachstum der Federn immer wichtig, vor allem während der Mauser. Die Ernährung spielt jedoch eine noch größere Rolle, wenn es sich um die Aufnahme von Pigmenten wie Karotinoide handelt. Ein berühmtes Beispiel sind Flamingos: Bei ihrer Geburt sind sie weißgrau, sie brauchen mindestens drei Jahre, um dank einer an Karotinoiden reichen Ernährung ihre typische Farbe anzunehmen. Mit ihrem großen Schnabel filtern Flamingos das Wasser der Tümpel und Sümpfe, in denen sie leben, und lesen so kleine Muscheln, Wasserinsekten und Krustentiere aus. Diese, vor allem ein kleiner rosa Krebs namens *Artemia salina,* liefern ihnen Karotinoide.

29    K. P. Johnson, *The Evolution of Bill Coloration and Plumage Dimorphism Supports the Transference Hypothesis in Dabbling Ducks,* in "Behavioral Ecology", 10, 1999, S. 63–67, https://doi.org/10.1093/beheco/10.1.63; A. Peters et al., *Trade-Offs Between Immune Investment and Sexual Signaling in Male Mallards,* in "The American Naturalist", 164, 2004, https://doi.org/10.1086/421302; G. Hegyi, L. Z. Garamszegi und M. Eens, *The Roles of Ecological Factors and Sexual Selection in the Evolution of White Wing Patches in Ducks,* in "Behavioral Ecology", 19, 2008, S. 1208–1216, https://doi.org/10.1093/beheco/arn085.

30    C. M. Eliason, R. Maia und M. D. Shawkey, *Modular Color Evolution Facilitated by a Complex Nanostructure in Birds,* in "Evolution", 69, 2014, S. 357–367, https://doi.org/10.1111/evo.12575.

ßem Rand, bei Krickenten ist er grünschwarz, mit einem breiten weißen Streifen darüber, und bei Schnatterenten ist er weiß; bei der Spiessente *(Anas acuta)* ist er schwärzlich-grün mit weißem Rand und einem rötlichen Streifen darüber; bei der Löffelente *(Spatula clypeata)* ist er dunkelgrün, während der obere Teil des Flügels himmelblau ist; bei der Pfeifente *(Mareca penelope)* ist er grün.

Nicht immer sind komplexe Rituale und Töne vonnöten, um zu kommunizieren. Hin und wieder „steht uns ins Gesicht geschrieben", was wir sagen möchten, und dasselbe passiert auch in der Welt der Vögel, vor allem der Sperlinge, denen es „auf die Brust geschrieben steht". Aber was? Diese Frage haben sich Ornithologen seit Jahrzehnten gestellt. Das Folgende ist ein Paradebeispiel, wie kompliziert es wirklich ist, die Signale der Tiere zu verstehen, und außerdem ein gutes Beispiel dafür, wie Wissenschaft funktioniert. Zuvor müssen wir jedoch klären, wovon wir eigentlich sprechen, denn wenn man einfach Sperling sagt, macht man es sich zu einfach. Insgesamt gibt es fast 30 Sperlingsarten, doch wir beschränken uns fürs Erste auf den Haussperling *(Passer domesticus)*, auch Hausspatz genannt, der in Europa weitverbreitet ist.

Bei genauerer Betrachtung hat der männliche Hausspatz einen schwarzen Brustlatz, der unterhalb des Schnabels beginnt und bis tief auf die Brust reicht. Im Winter wird dieser Brustlatz teilweise von schwarzen Federn mit schmutzig weißen Rändern verdeckt, die nach der Mauser gewachsen sind: Der helle Rand fällt auf die schwarzen Federn darunter, bis das Schwarz fast völlig verdeckt ist. Im Sommer ist der helle Rand jedoch abgetragen und der schwarze Brustlatz zeigt sich in seiner ganzen Größe. Über die Ausmaße dieses *badge* oder *bip*, wie der Latz auf Englisch genannt wird, hat man sich lange den Kopf zerbrochen. Manche Männchen haben im Sommer einen kleinen Brustlatz, bei manchen nimmt er die ganze Brust ein, und bei anderen wiederum ist er mittelgroß.

Seitdem dieses spezielle Merkmal und seine Varianten das Interesse der Ornithologen geweckt hatten, galten die Badges als Statussymbol. Ein großer, tiefschwarzer Brustlatz galt als ehrliches

Dominanzsignal,[31] das sehr aufwendig herzustellen ist und mit dem Alter und der Nährstoffversorgung korreliert: Ältere Tiere hatten einen größeren Brustlatz als junge; Nährstoffunterversorgung während der Mauser und der Entwicklung des Latzes sorgten für einen kleineren *badge*.[32] Man glaubte, ein gutgenährter Spatz mit einem schönen großen Latz würde im Frühling früher eine Gefährtin finden und könne bessere Nistplätze mit tieferen und sichereren Nestern beziehen, aus denen die Küken nicht herausfallen können.[33] Und er hätte ein aktiveres Sexualleben, könne sich im Vergleich zu seinen Artgenossen mit kleinerem Brustlatz öfter mit seiner Gefährtin paaren und sich hin und wieder auch einen kleinen Seitensprung erlauben.[34]

Lange Zeit galt der Brustlatz der Hausspatzen also als Paradebeispiel, wie ein Gefiedermerkmal die Rangordnung innerhalb einer Population widerspiegelt. Doch nach der Jahrtausendwende begann man langsam an diesem scheinbar so perfekten Modell zu zweifeln, das in jedem Lehrbuch der vergleichenden Verhaltensforschung zu finden war. Genauere Studien an einer größeren Anzahl von Tieren zeigten, dass etwas nicht stimmte. Beim Vergleich von

---

31  A. P. Møller, *Variation in Badge Size in Male House Sparrows* Passer domesticus: *Evidence for Status Signalling,* in "Animal Behaviour", 35, 1987, S. 1637–1644, https://doi.org/10.1016/S0003-3472(87)80056-8; A. P. Møller, *Social Control of Deception Among Status Signalling House Sparrows* Passer domesticus, in "Behavioral Ecology and Sociobiology", 20, 1987, S. 307–311, https://doi.org/10.1007/BF00300675.

32  J. P. Veiga und M. Puerta, *Nutritional Constraints Determine the Expression of a Sexual Trait in the House Sparrow,* Passer domesticus, in "Proceedings of the Royal Society B", 263, 1996, https://doi.org/10.1098/rspb.1996.0036; J. P. Veiga, *Badge Size, Phenotypic Quality and Reproductive Success in the House Sparrow: A Study on Honest Advertisement,* in "Evolution", 47, 1993, S. 1161–1170, https://doi.org/10.1111/j.1558-5646.1993.tb02143.x.

33  A. P. Møller, *Badge Size in the House Sparrow* Passer domesticus: *Effects of Intra- and Intersexual Selection,* in "Behavioral Ecology and Sociobiology", 22, 1988, S. 373–378, https://www.jstor.org/stable/4600164.

34  A. P. Møller, *Sexual Behavior is Related to Badge Size in the House Sparrow* Passer domesticus, in "Behavioral Ecology and Sociobiology", 27, 1990, S. 23–29, https://doi.org/10.1007/BF00183309; J. P. Veiga, *Honest Signaling and the Survival Cost of Badges in the House Sparrow,* in "Evolution", 49, 1995, S. 570–572, https://www.jstor.org/stable/2410281.

34 Männchen – sowohl mit kleinem als auch mit großem Brustlatz –, deren Paarungs- und Fortpflanzungserfolg untersucht wurde, fand man heraus, dass gut 41 Prozent aller Männchen möglicherweise getäuscht worden waren: Sie zogen Junge groß, die
nicht ihre eigenen waren, die das Weibchen möglicherweise von
einem Nachbarn mit kleinerem Latz empfangen hatte. Die angeblich dominanten Männchen, die stolz ihren schwarzen Brustlatz
präsentierten, wurden also genauso oft von ihren Gefährtinnen
betrogen wie Männchen mit kleinem Brustlatz, die bislang als untergeordnet galten.[35] Etwas später zeigte eine andere Studie, dass
Weibchen, die sich mit Männchen mit mittelgroßem Brustlatz paaren, sich früher fortpflanzen und mehr Eier legen als Weibchen,
die sich mit Männchen mit größerem Brustlatz paaren. Doch bei
den Paaren, bei denen das Männchen einen mittelgroßen Brustlatz
hatte, schlüpften einige Jungen nicht, die Brutzeit war länger und
die Küken befanden sich in einem schlechteren gesundheitlichen
Zustand als das Gelege der Männchen mit größerem und deutlicher sichtbarem Brustlatz. Die Größe des Brustlatzes bei Spatzen
scheint also verschiedene Fortpflanzungsstrategien widerzuspie-
geln: Besser ausgestattete Männchen kümmern sich mehr um die
Markierung des Reviers und bemühen sich, Weibchen anzulocken,
produzieren jedoch kleinere Gelege und pflanzen sich später fort;
Männchen mit kleinerem Brustlatz widmen sich mehr der Brutpflege, ohne jedoch bessere Erfolge zu erzielen. Sie ziehen nicht
mehr Küken auf als Männchen mit überdurchschnittlich großem
Brustlatz. Die Weibchen können sich also frei und aufgrund anderer Faktoren wie der körperlichen Fitness des Männchens und
dem sozioökologischen Kontext für eine der beiden Strategien entscheiden.[36]

---

35  R. R. Whitekiller et al., *Badge Size and Extra-Pair Fertilizations in the House Sparrow*,
    in "The Condor", 102, 2000, S. 342–348, https://doi.org/10.1093/condor/102.2.342.
36  R. Václav und H. Hoi, *Different Reproductive Tactics in House Sparrows Signalled by
    Badge Size: Is There a Benefit to Being Average?*, in "Ethology", 108, 2002, S. 569–582,
    https://doi.org/10.1046/j.1439-0310.2002.00799.x.

Diese Untersuchungen des Fortpflanzungserfolgs haben weitere Zweifel bezüglich der Bedeutung des Brustlatzes der Spatzen als Statussymbol geweckt. Eine Metaanalyse, bei der die Ergebnisse mehrerer Studien zusammengefasst werden, um daraus ein statistisch aussagekräftigeres Ergebnis zu berechnen, hat den Zusammenhang zwischen Größe des Brustlatzes und Fortpflanzungserfolg endgültig infrage gestellt. Wissenschaftler haben die Größe des Brustlatzes mit sechs verschiedenen Parametern in Verbindung gebracht, vom Aggressionsverhalten bis zur Brutpflege, vom Alter bis zum Gesundheitszustand, vom Fortpflanzungserfolg bis zur tatsächlichen Vaterschaft des Geleges, und haben herausgefunden, dass die Größe nachweislich nur mit dem Aggressionsverhalten korreliert und erst in zweiter Linie mit Alter und körperlicher Fitness. Der Brustlatz könnte jedoch eine wichtige Rolle bei der gleichgeschlechtlichen Konkurrenz spielen: Er könnte eine Botschaft an die Konkurrenten und nicht an die zukünftigen Partnerinnen sein, steht also offenbar nicht im Dienst der sexuellen Auslese.[37]

Allerdings hat man herausgefunden, dass Größe des Brustlatzes und Spermaqualität korrelieren. Männchen mit sichtbarem Brustlatz weisen ein weniger oxidiertes und beweglicheres Sperma auf. Die Größe des Brustlatzes spiegelt somit wahrscheinlich die phänotypische und genetische Qualität des Männchens wider.[38] Andere wiederum sind der Meinung, dass man den Schnabel betrachten sollte, um die Potenz des Spatzes zu beurteilen. Die Farbe des Schnabels und nicht die Größe des Brustlatzes gäben Aufschluss über den Testosteronspiegel im Blut des Hausspatzes.[39] Und schließ-

---

37  S. Nakagawa et al., *Assessing the Function of House Sparrows' Bib Size Using a Flexible Meta-analysis Method*, in "Behavioral Ecology", 18, 2007, S. 831–840, https://doi.org/10.1093/beheco/arm050.

38  A. R. Mora et al., *Badge Size Reflects Sperm Oxidative Status Within Social Groups in the House Sparrow* Passer domesticus, in "Frontiers in Ecology and Evolution", 2016, https://doi.org/10.3389/fevo.2016.00067.

39  S. Laucht, B. Kempenaers und J. Dale, *Bill Color, Not Badge Size, Indicates Testosterone-related Information in House Sparrows*, in "Behavioral Ecology and Sociobiology", 64, 2010, S. 1461–1471, https://doi.org/10.1007/s00265-010-0961-9.

lich haben Forscher – allerdings in einer weniger bedeutenden Zeitschrift – anhand einer neuen Metaanalyse publizierter und unpublizierter Studien eine neue provokante These aufgestellt, mit der sie die ganze Theorie ad acta legen wollen.[40]

Die Situation hat sich also sehr verkompliziert, doch so ist es nun einmal in der Wissenschaft. Hypothesen werden aufgestellt und verifiziert, und wenn es genügend Beweise gibt, werden manche zugunsten von anderen wieder verworfen. Das Gewicht der einzelnen Studien wird nicht nur anhand der Kompetenz der Autoren, sondern auch der Bedeutung der Zeitschrift bemessen, in der sie veröffentlicht wurden, sowie anhand der Glaubwürdigkeit der Statistiken, etwa der Anzahl der erhobenen Daten. Reviews und Metaanalysen hingegen, die ein Allgemeinbild liefern, sorgen für Klarheit. Fürs Erste kann man feststellen, dass die 2007 in „Behavioral Ecology" erschienene Metaanalyse die umfangreichste und glaubwürdigste ist: Die Größe des Brustlatzes beim Hausspatz ist ein Indikator für seine Konfliktfähigkeit und nur zum Teil ein Hinweis auf sein Alter und seine Fitness. Das Signal gilt höchstwahrscheinlich anderen Männchen und nicht Weibchen.

Derartige Signale unterliegen natürlich nicht der bewussten Kontrolle des Senders, sie gehören zu den Cues, den nicht absichtlich gesendeten Reizen und Signalen. An dieser Stelle möchte ich eine merkwürdige Geschichte erzählen. Wir Menschen sind gewöhnt zu erröten oder jemanden erröten zu sehen: Die Wangen röten sich aus Scham, Verlegenheit, Schüchternheit. Diese Emotionen assoziieren wir mit diesem unbewussten Signal, mithilfe dessen wir unserem Gegenüber unseren Gemütszustand mitteilen.

In manchen Fällen wird das ganze Gesicht rot, sogar die Ohren färben sich aufgrund des größeren Blutzuflusses knallrot. Das ist ein unbewusstes, ehrliches Signal, das wir nicht verbergen können, da unser Gesicht anders als bei vielen Säugetieren nicht mit Fell

---

40  A. Sánchez-Tójar et al., *Meta-analysis Challenges a Textbook Example of Status Signalling and Demonstrates Publication Bias*, in "eLife", 2018, https://doi.org/10.7554/eLife.37385.

bedeckt ist. Deshalb bezeichnete Charles Darwin das Erröten als „speziellsten und menschlichsten aller Gesichtsausdrücke". Es gibt jedoch auch Tiere, die auf einer Stange sitzen und genauso erröten wie wir Menschen: Papageien, genauer gesagt Gelbbrustaras *(Ara ararauna)*.

Mit einer Länge von 80 Zentimetern auf eineinhalb Kilo Gewicht gehören diese wunderbaren Papageien zu den größten der Welt, und wie ihr Name schon sagt, sind Hals, Brust und Bauch gelb, während Rücken, Nacken und Hinterkopf blau gefärbt sind. Ihre Stirn ist grün, Schnabel und Kinn sind schwarz. Auffällig ist das weiße, unbefiederte Gesicht, auf dem nur einzelne schwarze Federn sprießen und rund um die Augen ein Muster bilden. Gelbbrustaras sind vor allem in den tropischen Wäldern Südamerikas heimisch, aber auch in Brasilien, Venezuela, Peru, Bolivien, Ecuador und Paraguay, dort sind sie allerdings nahezu ausgerottet. Aufgrund ihrer leuchtenden Farben, ihrer Größe und ihres freundlichen Wesens werden sie als Haustiere gehalten, auch in Europa findet man sie oft in Tierhandlungen, Parks und Zoos. Und in einem Zoo, dem Zooparc de Beauval in Saint-Aignan-sur-Cher im Loiretal, hat die Universität Tours eine interessante Studie durchgeführt.[41] Sie hat das Verhalten von fünf Gelbbrustaras untersucht, die seit ihrer Geburt in Gefangenschaft lebten und Stars einer Flugshow sind. Die Forscher haben die Reaktionen der Gelbbrustaras in zwei verschiedenen sozialen Situationen untersucht: Die als emotional positiv bewertete Situation bestand in einer Interaktion mit ihren Pflegern; bei der zweiten, negativ bewerteten Situation hingegen drehten die Pfleger den Tieren schweigend den Rücken zu. Das Team der Universität beobachtete die – aufrechte oder gesenkte – Position der Federn auf dem Kopf und im Nacken der Aras und die Farbe der Wangen auf der unbefiederten Haut. In allen positiv erlebten Situationen sträubten die Vögel die Federn

---

41    A. Bertin et al., *Facial Display and Blushing: Means of Visual Communication in Blue-and-yellow Macaws* (Ara ararauna*)?*, in "Plos One", 2018, https://doi.org/10.1371/journal.pone.0201762.

am Kopf und „erröteten". Die Haut der Wangen färbte sich rosig. Warum, bleibt jedoch ein Geheimnis. Man weiß nicht, ob ihr Erröten einem Gefühl entspricht, ob es sich wirklich um eine positive oder eine negative Emotion handelt, und vor allem weiß man weder, ob die Gelbrustaras sich untereinander auch so verhalten, noch, ob alle Gelbbrustaras dies tun. Ob sie einander unter dem Kronendach des Amazonas, im Laub der Bäume begrüßen, indem sie erröten. Fürs Erste muss es uns genügen zu wissen, dass wir nicht die einzigen Tiere sind, die erröten. Ein Fazit erlaubt die erste Vorstudie nicht, auch weil sie an einer sehr kleinen Stichprobe in Gefangenschaft durchgeführt wurde. Wissenschaft besteht jedoch darin, über einen längeren Zeitraum hinweg mithilfe wiederholbarer Experimente, die immer wieder zu denselben Ergebnissen führen, sichere Beweise zu finden. Kurz: Es wird noch etwas dauern, bis man sagen kann, warum Gelbbrustaras erröten.

## Kapitel 2
## Bleib mir fern

In Tier-Dokus oder bei einem Waldspaziergang ist Ihnen wahrscheinlich schon aufgefallen, dass viele Huftiere ein helles Hinterteil haben, das sich deutlich vom übrigen Fell abhebt: einen weißen, mehr oder weniger vom Schwanz bedeckten Fellfleck, der sich Spiegel nennt. Der Spiegel ist typisch für Gazellen und Antilopen, aber auch für heimische Rehe, Hirsche und Damhirsche. Manchmal sind die Haare gesträubt und der Schwanz hoch erhoben, sodass das Hinterteil größer erscheint. Bei manchen Tieren wechselt der Spiegel je nach Jahreszeit die Farbe. Bei Rehen *(Capreolus capreolus)* zum Beispiel ist er im Winter reinweiß (auch viele Nagetiere haben einen weißen Spiegel) und im Sommer gelblicher. Mithilfe des Spiegels kann man auch die Geschlechter unterscheiden: Bei Böcken ist er oval, bohnen- oder nierenförmig, bei Geißen hat er die Form eines umgekehrten Herzens.

Bei Huftieren hat der Spiegel, das Hinterteil, das im hohen Gras von Wiesen und Savannen und sogar im Wald gut sichtbar ist, die Funktion eines Signals: Er ist eine innerartliche Botschaft, die den Mitgliedern des Rudels zu verstehen gibt, ob man entspannt, aufmerksam oder in Alarmbereitschaft ist, weil Gefahr im Verzug ist. Beim Damhirsch *(Dama dama)* ist der Spiegel weiß mit schwarzem Rand, in der Mitte liegt der Schwanz, der ebenfalls einen schwarzen Längsstreifen hat. Die Botschaft hängt davon ab, ob der Schwanz sich bewegt und wie sichtbar der Spiegel ist. Wenn das Tier ruhig und ungestört ist, hängt er herab oder wird locker seitlich bewegt. Nervöse Damhirsche halten ihren Schwanz ruhig und leicht gebogen in die Waagrechte, der Spiegel wird dadurch zweigeteilt. Damhirsche, die in Rudeln leben, verstehen anhand des Hinterteils ihrer Artgenossen, ob sie ruhig weiter äsen können oder ob jemand aufgrund eines Geräuschs, eines Geruchs oder einer Bewegung beunruhigt ist und sie die Augen offen halten müssen. Wenn die Spannung steigt, weil ein Damhirsch ein Raubtier oder eine andere Gefahr entdeckt, stellt er den Schwanz waagrecht, sodass der Spiegel zur Gänze sichtbar wird. Bei höchster Gefahr wird der Schwanz senkrecht aufgestellt und dient gewissermaßen zur Verlängerung des Spiegels: Er ist also ein zusätzliches Warnzeichen, das je nach Notwendigkeit gehoben oder gesenkt werden kann, was die Intensität des Signals steigert oder verringert.[42]

Das veränderliche Signal des Spiegels hat sich gleichzeitig bei mehreren Huftierarten entwickelt, offenbar korreliert es mit dem Gemeinschaftssinn und zum Teil auch mit der Körpergröße der Art. Eine neue phylogenetische Untersuchung der Huftiere hat gezeigt, dass deutlich sichtbare Spiegel häufig bei sozialen Gattungen und bei mittelgroßen Tieren[43] vorkommen und die Funktion eines innerartlichen Signals haben.[44] Für viele grasfressende Huftiere stellt es einen großen Vorteil dar, im Rudel zu leben: Viele Augen behalten beim Äsen das Gebüsch besser im Auge; wenn Gefahr im Verzug ist, gibt es ein eindeutiges Warnzeichen und im Rudel verringert sich die Gefahr, einem Raubtier zu Opfer zu fallen – je größer das Rudel, desto geringer ist die Wahrscheinlichkeit, selbst angegriffen zu werden.

Aber was geht im Kopf einer Gazelle vor, die das Warnsignal empfängt und – von einem Raubtier verfolgt – nicht mit den anderen flüchtet, sondern zu hüpfen beginnt? Und zwar nicht so, als würde sie über ein Hindernis springen wollen, sondern in Form eines stereotypen Sprungs: Das Tier katapultiert sich mit rundem

42    F. Alvarez et al., *The Use of the Rump Patch in the Fallow Deer (*D. dama*)*, in "Behaviour", 56, 1976, S. 298–308.

43    Die Größe der Huftiere reichen von ein Kilo schweren Hirschferkeln (*Tragulus sp.*) die im Südosten Asiens heimisch sind, bis zu 700 Kilo schweren Elchen oder 900 Kilo schweren amerikanischen Bisons.

44    T. Caro, H. Raees und T. Stankowich, *Flash behavior in mammals?*, in "Behavioral Ecology and Sociobiology", 74, 2020, https://doi.org/10.1007/s00265-020-2819-0.

Rücken und steifen Läufen hoch in die Luft, den Schwanz nach oben gereckt, das Hinterteil entblößt.

Dieses Prellspringen nennt man im Englischen *stotting* oder *pronking. Stotting* leitet sich vom schottischen *to stot,* „springen", ab, *pronk* bedeutet auf Afrikaans[45] „sich zur Schau stellen", „angeben". Viele Huftiere wenden die Methode des *stottings* oder *pronkings* an. Am berühmtesten ist die Thomson-Gazelle *(Eudorcas thomsonii)*: In vielen Natur-Dokus sieht man, wie sie von Geparden verfolgt wird. Doch auch Damhirsche, Maultierhirsche und Gabelböcke vollführen Prellsprünge, außerdem Gazellen und Antilopen wie der Springbock *(Antidorcas marsupialis)* und sogar Hausziegen und Nagetiere wie der Große Pampashase *(Dolichotis patagonum)*. Der Springbock, der als einziger seiner Verwandtschaft zwei Meter hoch springen kann, verdankt diesem Verhalten seinen Namen.

Eine Zeit lang hat dieses Prellspringen die Wissenschaftler vor ein wahres Dilemma gestellt: Elf Hypothesen sind aufgestellt und fast alle widerlegt worden. So hat man zum Beispiel angenommen, das Prellspringen könne beim Raubtier einen Überraschungseffekt bewirken, es verwirren und der Gazelle Zeit zur Flucht geben. Oder es könne dazu dienen, andere Artgenossen anzulocken und somit die Wahrscheinlichkeit zu verringern, selbst dem Raubtier zum Opfer zu fallen, oder schlichtweg ein Durcheinander bei der wilden Flucht zu erzeugen. Außerdem hat man angenommen, die Gazellen könnten auf diese Weise von oben schauen, ob sich im hohen Gras weitere Raubtiere verbergen, und einen sicheren Fluchtweg finden, oder es handle sich um ein übertriebenes Warnsignal, um die Artgenossen auf die Anwesenheit eines mittlerweile nahen Raubtiers hinzuweisen. Wenn der hochgestellte Schwanz nicht reicht, springt man eben. Oder wie Gandalf in *Herr der Ringe*

---

45    Afrikaans hat sich aus dem Holländischen entwickelt: Im 17. Jahrhundert war es die Sprache der holländischen Kolonialherren, es weist portugiesische und englische Einflüsse sowie Einflüsse afrikanischer Sprachen auf. Afrikaans ist eine Verschmelzung aus *afrikaan hollands,* „afrikanisches Holländisch", es wird heute in ganz Südafrika, Namibia, Botswana und Zimbabwe gesprochen.

sagt: „Flieht, ihr Narren!" Doch keine dieser Hypothesen wurde ausreichend durch Fakten bestätigt. Raubtiere scheinen sich von diesem Verhalten weder verwirren noch überrumpeln zu lassen; Gazellen springen in hohem und niedrigem Gras, allein und im Rudel, und ihr Verhalten bewirkt gewiss nicht, dass sich andere Artgenossen nähern. Also, wozu ist Prellspringen gut?

Wir müssen noch zwei weitere Mosaiksteine hinzufügen: Erstens, Thomson-Gazellen legen dieses spezielle Verhalten nur an den Tag, wenn sich das Raubtier in einer bestimmten Distanz, einer Entfernung von 30 bis 40 Metern befindet, und zweitens, beim Sprung drehen sie dem Raubtier das weiße Hinterteil, also den Rücken zu. Gewiss keine gute Haltung, wenn man herausfinden will, ob man angegriffen wird oder nicht. Prellspringen ist also kein innerartliches, sondern ein zwischenartliches Verhalten, es gibt dem Raubtier und gibt dem Angreifer zu verstehen, dass das Beutetier es gesehen hat und der Angriff nicht unerwartet kommt. Und es ist ein ehrliches Signal, ein Indikator für die Fitness des Tieres. Gazellen, die aufgrund des spärlichen Nahrungsangebots in der trockenen Jahreszeit schwächer sind, neigen weniger zum Prellspringen (immerhin ein aufwendiges Signal, das viel Energie verbraucht): Sie springen weniger hoch und weniger häufig als fitte Gazellen.

Man könnte Prellspringen so übersetzen: „Ich habe dich gesehen, schau, wie gut ich in Form bin, ich lasse mich nicht so einfach fangen, bist du dir sicher, dass es Sinn macht, mir nachzulaufen?" Und tatsächlich lässt das Raubtier nach einem gut ausgeführten Prellsprung von seinem Vorhaben ab und überlegt, ob es nicht ein anderes Tier jagen soll. Es hat kapiert, dass das Beutetier zu gut in Form ist, und um keine wertvolle Energie zu vergeuden, nimmt es schwächere – ausgezehrte, kranke, alte oder sehr junge – Individuen ins Visier, die man leicht fangen kann.

Doch damit nicht genug. Aus der Perspektive der Gazellen ist Prellspringen sehr aufwendig und muss klug eingesetzt werden, um den größtmöglichen Erfolg zu erzielen. Man muss sich genau überlegen, wann man lieber so schnell wie möglich flüchten und wann man eine außergewöhnliche Show bieten soll. Konkret fällt die Entscheidung je nach Art des Raubtiers und der Entfernung, aus der es wahrgenommen wird. Thomson-Gazellen haben zwei Hauptfeinde: den Gepard *(Acinonyx jubatus)*, der im Hinterhalt lauert und dann auf kurzen Strecken mit einer Geschwindigkeit von bis zu 90 Stundenkilometern[46] die Beute verfolgt, und den Afrikanischen Windhund *(Lycaon pictus)*, der weniger schnell ist, aber im Rudel unermüdlich seine Beute hetzt, bis er sie erlegt.

Auch Thomson-Gazellen sind sehr schnell, sie können bis zu 80 oder 90 Stundenkilometer laufen, doch bei der Kosten-Nutzen-Rechnung müssen sie zwei Parameter berücksichtigen: die Entfernung, in der sie das Raubtier wahrgenommen haben, und dessen Ausdauer. Wenn das Raubtier in einer Entfernung von 30 bis 40 Metern wahrgenommen wird, kann man es wahrscheinlich leicht abschütteln, auch der Gepard weiß, dass seine Chancen gering sind. In diesem Fall empfiehlt sich Prellspringen: Der entdeckte Gepard wird sehr wahrscheinlich das Opfer laufen lassen und sich ein neues suchen. Denn auch für das Raubtier hängt die Wahl der Beute und ob sie sich auszahlt von verschiedenen Faktoren ab: von seinem Hunger und der Jahreszeit, ob es Junge füttern muss und von der Verfügbarkeit anderer Beutetiere. Doch für gewöhnlich funktioniert *stotting* als Abschreckung, deshalb führen die Gazellen vor allem dann spektakuläre Sprünge auf, wenn sie Afrikanische Windhunde sehen, gefürchtete Verfolger, die ihrerseits das Prellspringen der Gazellen sorgfältig einschätzen: Sie verfolgen die, die weniger hoch, kürzer und langsamer springen.[47] Im

---

46   Bis zum Jahr 2000 glaubte man, Geparden könnten mit einer Geschwindigkeit von bis zu 120 Stundenkilometern laufen, doch nach einem Anfangssprint, bei dem die Geschwindigkeit höher als 100 Stundenkilometer ist, pendelt sich ihre Geschwindigkeit bei 80 Stundenkilometern mit Spitzen über 90 Stundenkilometer ein.

47   T. Caro, *The Functions of Stotting in Thomson's Gazelles: Some Tests of the Predictions*, in "Animal Behaviour", 34, 1986, S. 663–684, https://doi.org/10.1016/S0003-3472(86) 80052-5; T. Caro, *The Functions of Stotting: A Review of the Hypotheses*, in "Animal Behaviour", 34, 1986, S. 649–662, https://doi.org/10.1016/S0003-3472(86)80051-3; C. D. FitzGibbon und J. H. Fanshawe, *Stotting in Thomson's Gazelles: An Honest Signal of Condition*, in "Behavioral Ecology and Sociobiology", 23, 1988, S. 69–74.

Zweifelsfall, sofern es nicht schon zu spät und das Raubtier ganz nah ist, empfiehlt es sich immer zu hüpfen.

Hin und wieder hüpfen junge oder unerfahrene Tiere etwas planlos. Hin und wieder ist es wie bei Hausziegen ein Spiel: ein stereotypes Verhalten, das in Augenblicken großer Freude oder Aufregung an den Tag gelegt wird. Bei anderen Gelegenheiten hat man jedoch festgestellt, dass erwachsene Weibchen Prellspringen vor allem zu bestimmten Jahreszeiten und aus gutem Grund praktizieren.

So kommunizieren die Weibchen der Kropfgazellen *(Gazella subgutturosa)*, einer asiatischen Gazellenart, mithilfe von Posen und Signalen mit ihren Jungen. In Gefahrensituationen bevorzugen sie Signale wie das Heben des Schwanzes und das Zurschaustellen des weißen Spiegels. Im August, am Ende der *hiding period* – in der die Jungen unbeweglich in ihrem Versteck verharren und auf die Mutter warten, die immer wieder vorbeikommt, um sie zu säugen –, praktizieren die Mütter *stotting* viel häufiger als Männchen. Möglicherweise bringen sie den Jungen auf diese Weise bei, wie sie Raubtiere erkennen und fliehen können; noch dazu sind diese Gazellen sehr gut imstande, die unterschiedlichen Raubtiere (Füchse, Wölfe, Menschen mit Hunden etc.) zu erkennen und entsprechend auf die jeweilige Gefahr zu reagieren.[48]

Allerdings gibt es noch viel merkwürdigere Signale als das Prellspringen beim Anblick eines Raubtiers. Manche machen noch absurdere Dinge: Sie „grüßen" das Raubtier oder werfen sich in Pose und machen „Liegestütze". Doch davon im nächsten Kapitel. Kehren wir fürs Erste zum „Schwanzwedeln" vieler Huftiere wie Damhirsch und Gazelle zurück. Einem Signal, das nicht nur von

---

48  D. A. Blank, *The Use of Tail-flagging and White Rump-patch in Alarm Behavior of Goitered Gazelles*, in "Behavioural Processes", 151, 2018, S. 44–53, https://doi. org/10.1016/j.beproc.2018.03.011; D. A. Blank, *Alarm Signals in Goitered Gazelle With Special Reference to Stotting, Hissing and Alarm Urination-defecation*, in "Zoology", 131, 2018, S. 29–35, https://doi.org/10.1016/j.zool.2018.05.007; D. A. Blank, *Behavioral Responses of Goitered Gazelles to Potential Threats*, in "MammalResearch", 65, 2020, S. 141–149, https://doi.org/10.1007/s13364-019-00457-y.

dieser Säugetierart, sondern auch von vielen Nagetieren, etwa dem kalifornischen Ziesel *(Spermophilus beecheyi)*, eingesetzt wird.

Diese großen graubraunen Nagetiere sind enge Verwandte unserer Murmeltiere, deren Lebensweise sie teilen. Sie leben in Kolonien, in Erdbauen, die sie selbst graben und von denen sie sich selten weit entfernen. Das ungefähr 30 Zentimeter lange kalifornische Ziesel hat einen gedrungenen, kräftigen Körper, kleine Ohren, große, weiß umrandete Augen und einen (ca. 15 Zentimeter) langen Schwanz, der sowohl bei der inner- als auch bei der zwischenartlichen Kommunikation eine wichtige Rolle spielt. Die größten Fressfeinde dieser pausbäckigen Nagetiere sind Klapperschlangen, die es vor allem auf die Jungen und Neugeborenen abgesehen haben. Die Nagetiere sind gut gerüstet, um sich zu verteidigen, und wenden verschiedene Taktiken an. Vor allem können sie anhand des typischen Rasselgeräuschs Größe und Temperatur einer Klapperschlange einschätzen. Sie lauschen, empfangen das Warnsignal der Klapperschlange und rechnen sich ihre Chancen aus: Je lauter es rasselt, desto größer ist die Schlange und desto eher ist sie aufgewärmt und bereit zum Angriff. Eine niedrigere Frequenz und ein leiseres Geräusch hingegen deuten auf eine kleinere und kältere Schlange hin.[49] Wenn die kalifornischen Ziesel den Kadaver einer Klapperschlange oder auch nur die Haut finden, die die Schlange bei der letzten Häutung abgelegt hat, zerkauen sie sie und lecken gleich darauf ihr Fell, vor allem die Flanken, den unteren Rücken und den Schwanz. Sie parfümieren sich mit *Eau de serpent à sonnette*: Klapperschlangenparfum. Vor allem die Weibchen legen Wert darauf, sich mit diesem Duftstoff – der im Übrigen keineswegs duftet – einzureiben, und parfümieren auch ihre Nachkommenschaft. Das ist keine Eitelkeit, sondern eine Taktik, die auf Geruchs-Mimikry beruht.[50]

49   R. Swaisgood et al., *Assessment of Rattlesnake Dangerousness by California Ground Squirrels: Exploitation of Cues from Rattling Sounds*, in "Animal Behaviour", 57, 1999, S. 1301–1310.

50   B. Clucas et al., *Snake Scent Application in Ground Squirrels*, Spermophilus spp.: *A Novel Form of Antipredator Behaviour?*, in "Animal Behaviour", 75, 2008, S. 299–307, https://doi.org/10.1016/j.anbehav.2007.05.024.

Zumindest dem Geruch nach geben sie sich als Klapperschlange aus, sodass sie weniger leicht ausgemacht werden können. Das ist vor allem für die sehr verletzlichen Neugeborenen wichtig: Sie sind Leckerbissen für Klapperschlangen und noch nicht gegen deren Gift immun.[51]

Um sich zu verteidigen, schwenken die kalifornischen Ziesel den Schwanz. Angesichts von Raubvögeln und Säugetieren geben sie einen Warnruf ab, wenn sie eine Schlange sehen, stellen sie den Schwanz auf. Nein, sie sind nicht verrückt geworden, sie versuchen den Angreifer abzuschrecken. Sie schwenken den Schwanz, um der Schlange mitzuteilen, dass sie sie gesehen haben, dass sie auf der Hut sind, dass sie ihrem Biss ausweichen werden und der Angriff somit mit hoher Wahrscheinlichkeit schiefgehen wird. Die Statistik gibt ihnen recht: Alle kalifornischen Ziesel, die beim Anblick einer Schlange den Schwanz schwenken, versuchen, dem Angriff auszuweichen, während diejenigen, die das nicht tun, nur in 42 Prozent aller Fälle ausweichen. Eine Klapperschlange kann aus einer Entfernung von 30 Zentimetern in nur 70 Millisekunden und mit einer Geschwindigkeit von 4,5 m/s zubeißen. Ein schwänzelndes kalifornisches Ziesel kann trotzdem losrennen und dem Angriff entgehen. Wenn sich die Klapperschlangen in einer maximalen Entfernung von 30 oder 20 Zentimetern vom schwänzelnden Beutetier befinden, lassen sie für gewöhnlich ab und verziehen sich. Wenn sie hingegen sehr nah sind, in einer Entfernung von weniger als 12 Zentimetern, lassen sie sich von den schwänzelnden Zieseln nicht einschüchtern, allerdings können 80 Prozent der Nagetiere dennoch dem Biss ausweichen.

Den Schwanz zu schwenken hat also in erster Linie eine abschreckende Funktion, doch es dient auch dazu, Artgenossen vor

---

51 H. L. Gibbs et al., *The Molecular Basis of Venom Resistance in a Rattlesnake- squirrel Predator-prey System*, in "Molecular Ecology", 29, 2020, https://doi.org/10.1111/mec.15529; M. Holding et al., *Coevolution of Venom Function and Venom Resistance in a Rattlesnake Predator and its Squirrel Prey*, in "Proceedings of the Royal Society B", 2016, https://doi.org/10.1098/rspb.2015.2841.

der Bedrohung durch die Schlange zu warnen, die sich, wenn der Angriff schiefgegangen ist, woanders eine Mahlzeit sucht.[52]

Doch damit nicht genug. Beim Schwanzaufstellen erhöhen die kalifornischen Ziesel die Temperatur des Schwanzes, damit sie von ihren Fressfeinden vor allem in der Nacht besser gesehen werden. Die Klapperschlangen sehen ihre Beute wie andere ihrer Verwandten vor allem aufgrund der Wärme und durch Infrarotsehen. Ihre hoch spezialisierten Sinnesorgane, Thermorezeptoren, dienen vor allem zur Erfassung von Infrarotstrahlung, die von Warmblütern abgegeben wird. Das Grubenorgan im Gesicht der Schlangen ist mit Fasern des Trigeminusnervs verbunden, durch die Signale zum Mittelhirndach weitergeleitet werden, wo die visuellen Signale verarbeitet werden. Die kalifornischen Ziesel kombinieren ein einfaches visuelles Signal also mit einem Wärmesignal, aufgrund dessen sie in den Augen der Schlangen größer, sichtbarer und furchteinflößender erscheinen. Oft werden sie von den Zieseln auch noch mit Steinchen und Erde beschossen. Man darf jedoch nicht glauben, dass die unerschrockenen Nagetiere allen Schlangen dieses Signal zukommen lassen. Durchaus nicht: Sie können sehr gut Klapperschlangen – die Thermorezeptoren besitzen – von Kiefernnattern *(Pituophis melanoleucus)* und anderen Nattern unterscheiden, die keine besitzen. Sie wissen, wann sie ihren Schwanz „anknipsen" und wann sie ihn „ausschalten" müssen und somit Energie sparen.[53]

Bei diesem ständigen Wettrüsten zwischen Beute- und Raubtier – wofür die Evolution Geschwindigkeit, Gegengift, Mimikry und ehrliche Signale bereitgestellt hat – machen die kalifornischen Ziesel etwas, was auf den ersten Blick extravagant wirkt: Sie stellen den Schwanz auf, auch wenn gar kein Raubtier da ist. Auch in

---

52  M. Barbour und R. W. Clark, *Ground Squirrel Tail-flag Displays Alter Both Predatory Strike and Ambush Site Selection Behaviours of Rattlesnakes*, in "Proceedings of the Royal Society B", 279, 2012, S. 3827–3833, https://doi.org/10.1098/rspb.2012.1112.

53  A. S. Rundus et al., *Ground Squirrels Use an Infrared Signal to Deter Rattlesnake Predation*, in "Proceedings of the National Academy of Sciences", 104, 2007, S. 14372–14376, https://doi.org/10.1073/pnas.0702599104.

diesem Fall machen sie es nicht zufällig. Wenn sie auf ihrer Erkundungstour rund um den Bau feststellen, dass sie an einem Ort gelandet sind, wo sie kurz zuvor eine Klapperschlange gesehen haben oder deren Nähe spüren, ohne sie zu sehen, stellen sie den Schwanz auf. Im Zweifelsfall zeigen sie dem eventuell auf der Lauer liegenden Raubtier, dass sie auf der Hut sind. Im Falle des Angriffs sind sie schneller reaktionsbereit. Auch wenn sie in Abwesenheit des Raubtiers, bzw. ohne es in Fleisch und Blut zu sehen, den Schwanz aufstellen, handelt es sich um ein ehrliches Signal, das auf ihre Verfassung und schnellen Reflexe schließen lässt.[54]

Apropos Schwänzeln: Das Schwanzwedeln des Hundes ist gewiss die Geste, die uns am besten bekannt ist. Hunde gehören zwar nicht zu den wilden Tieren, um die es in diesem Buch geht, doch gestatten Sie mir einen kleinen Exkurs: Immerhin stammen sie von den Wölfen ab, mit denen wir uns später noch beschäftigen.

Wer einen Hund hat, weiß, dass er nicht nur mit seinen Artgenossen sehr gut kommunizieren kann, sondern auch die Intentionen sowie Tonfall und Mimik seiner Besitzer versteht und sich ihnen verständlich machen kann. Es handelt sich also um eine echte zwischenartliche Kommunikation. Wenn Sie glauben, Ihr Hund möchte mit komischem oder traurigem Gesichtsausdruck Ihr Mitleid erregen oder dass seine Augen „sprechen", dann irren Sie sich nicht im Geringsten. Dank eines kleinen Muskels, des *Levator Anguli Oculi Medialis* (LAOM), haben Hunde besonders ausdrucksstarke Augen. Er verleiht auch ihren Augenbrauen eine besondere Beweglichkeit und macht ihren Blick unwiderstehlich. Der Wolf besitzt diesen Muskel nicht, er hat nur einen Muskel mit dem Hund gemeinsam, den *Retractor Anguli Oculi Lateralis* (RAOL), mit dessen Hilfe die Haut der Augen in Richtung der Ohren gezogen wird. Allerdings ist auch dieser Muskel bei den Hunden (im Vergleich zu Wölfen) stärker entwickelt und kräftig.

54  B. J. Putman und R. W. Clark, *The Fear of Unseen Predators: Ground Squirrel Tail Flagging in the Absence of Snakes Signals Vigilance*, in "Behavioral Ecology", 26, 2015, S. 185–193, https://doi.org/10.1093/beheco/aru176.

In den Jahrtausenden der Domestizierung haben wir Hunde mit ausdrucksvollen Welpenaugen bevorzugt, die uns an unseren eigenen Ausdruck erinnern.[55] Kluge Hundebesitzer sollten sich jedoch eines „vor Augen halten": Hunde schauen viel ausdrucksvoller drein, wenn sie von einem Menschen beobachtet werden, als wenn sie allein sind. Sie reagieren also auf einen sozialen Reiz[56] und wissen sehr gut, wie – und wann– sie uns um den Finger wickeln können. Seit Jahrhunderten stellt man sich Fragen zum Ausdruck des „treuesten Freundes des Menschen".

Schon Charles Darwin, der Vater der Evolutionstheorie, hatte sich in *Der Ausdruck der Gemütsbewegungen bei Menschen und Tieren* damit befasst, später auch so bedeutende Verhaltensforscher wie Konrad Lorenz und Danilo Mainardi.

Gesichtsausdruck und Haltungen der Hunde setzen sich aus einer Vielfalt von Signalen zusammen, die uns in fast jeder Situation ihre Absichten verraten. Aber nicht nur ihren Besitzern, sondern natürlich und vor allem ihren Artgenossen. Und dieselben Haltungen und Dynamiken finden wir auch im Wolfsrudel, das aus einem dominanten Elternpaar und den untergeordneten Jungen besteht, zu denen sich manchmal auch ein verirrtes Individuum gesellt.

Die bekanntesten Haltungen sind zweifellos die Aufforderung zum Spiel, eine Art Verbeugung, und die Unterwerfungshaltung mit dem Bauch nach oben und eingezogenem Schwanz. Wenn uns ein Hund zum Spielen auffordert, kauert er sich auf die Vorderpfoten, verlagert den Schwerpunkt nach hinten und richtet, mitunter auch mit heraushängender Zunge, Kopf und Rute auf. Das ist eine eindeutige Botschaft, die besagt, dass alles, was nun folgt, Spiel ist. Er wird einen Angriff vortäuschen, so tun, als würde er

55  J. Kaminski et al., *Evolution of Facial Muscle Anatomy in Dogs*, in "Proceedings of the National Academy of Sciences", 116, 2019, S. 14677–14681, https://doi.org/10.1073/pnas.1820653116.

56  J. Kaminski et al., *Human Attention Affects Facial Expressions in Domestic Dogs*, in "Scientific Reports", 7, 2017, https://doi.org/10.1038/s41598-017-12781-x.

eine Attrappe jagen, beißen, usw. Die Einladung zum Spiel ist ein Signal – bzw. ein Metasignal – das Hunde mit anderen sozialen Fleischfressern wie Wölfen oder Löwen gemeinsam haben: ein Signal, das die Bedeutung aller folgenden Signale ändert. Die Einladung zum Spiel ist eine Art *Disclaimer* und wird vor allem von Welpen eingesetzt, um mitunter auch mit erwachsenen Artgenossen zu kommunizieren, sowie von Hunden, die mit uns Menschen spielen wollen.

Bei der Unterwerfung herrscht jedoch etwas Verwirrung. Die klassische Haltung mit dem Bauch nach oben und eingezogenem Schwanz ist nicht die einzige, und auch das Wort selbst ist missverständlich. Fürs Erste stellen wir mal fest, dass die Haltung mit dem Bauch nach oben und eingezogenem Schwanz als „passiv" bezeichnet werden kann: Der Hund oder der Wolf zeigt die verletzlichsten Teile, als Reaktion auf die Inspektion seiner Genitalien oder als Bitte um Futter oder Streicheln. Wenn ein Hund oder Wolf hingegen bei einem Treffen mit einem Artgenossen die Ohren zurücklegt, die Schnauze des anderen leckt und ihm mit der Schnauze oder den Pfoten kleine Stöße versetzt, bittet er aktiv darum, toleriert und nicht gebissen zu werden: Er unterwirft sich dem anderen, und zwar auf aktive Weise.

Das große Missverständnis bezüglich der Unterwerfung ist in der Tat dem Vater der vergleichenden Verhaltensforschung Konrad Lorenz zu verdanken. Der österreichische Wissenschaftler hatte in seinem berühmten Buch *Er redete mit dem Vieh, den Vögeln und den Fischen*, in dem er über den Unterschied zwischen Dominanz und Unterwerfung schrieb, einen groben Fehler begangen: Er beobachtete, dass ein Hund nach einer Auseinandersetzung dem anderen die Kehle darbot, ihm also die verletzlichste Stelle zeigte, wo die Halsschlagader verläuft und die meisten Raubtiere zubeißen, um die Beute zuerst zu ersticken und dann zu fressen. Lorenz ging davon aus, dass der *unterwürfige* Hund dem dominanten Sieger die Kehle darbot. Das ist jedoch falsch. Der *dominante* Hund bietet die Kehle dar, während der andere das Verhalten der aktiven

Unterwerfung an den Tag legt. Ohren und Rute des Hundes, der die Kehle darbietet, sind aufgerichtet, er steht fest auf vier Beinen und bringt seine Verachtung gegenüber dem anderen, unterwürfigen Hund, zum Ausdruck, dessen Ohren angelegt sind und dessen Rute eingezogen ist. Und wenn er knurrt, ist das keine Drohung, sondern eine Aufforderung, ihn nicht anzugreifen.

Um die – friedlichen oder aggressiven – Intentionen von Hunden zu verstehen, auch, um ihren Sozialstatus innerhalb des Rudels zu erkennen, muss man immer auf die Haltung der Ohren und der Rute achten. Gerade aufgestellte oder nach vorn gerichtete Ohren sind immer ein Zeichen für einen Zustand der Aufmerksamkeit, der Alarmbereitschaft oder der Drohung, genauso wie eine gerade oder aufgerichtete Rute Aufmerksamkeit oder einen höheren Rang zum Ausdruck bringt. Nach hinten gelegte Ohren oder eingezogener Schwanz bedeuten Angst und Unterwerfung. Ein aufmerksamer Hund in Alarmbereitschaft steht aufrecht auf vier Beinen, mit angespanntem Körper, konzentriertem Gesicht, geraden und aufgerichteten Ohren und Schwanz. Wenn sein Fell sich sträubt, wenn er bellt, knurrt und der Schwanz sich fast vertikal hebt, dann ist das ziemlich sicher eine aggressive Drohgebärde und er ist drauf und dran anzugreifen.[57] Ein knurrender Hund, der die Zähne zeigt, jedoch den Schwanz einzieht und die Ohren anlegt, sendet eine Botschaft: Er hat große Angst, tut jedoch sein Bestes, Sie auf Distanz zu halten, und die Angst wird ihn nicht daran hindern, Sie anzugreifen, wenn er sich in die Enge getrieben fühlt.

Achtung also auf die Verbindung von angelegten Ohren, gebleckten Zähnen und gesträubtem Fell: Hunde drücken ihre Aggressivität auf dieselbe Weise aus wie Wölfe und drohen, indem sie die Zähne blecken und das Fell sträuben, um größer zu wirken.

Lorenz hatte ein weiteres Element außer Acht gelassen: Wölfe leben im Rudel und die Unterwerfung erfolgt nicht nur nach einer

---

57  B. S. Simpson, *Canine Communication*, in "Veterinary Clinics of North America: Small Animal Practice", 27, 1997, S. 445–464.

Auseinandersetzung, sondern ist auch ein spontanes, freundliches Signal, um Vertrauen zu beweisen und die Rangordnung innerhalb des Rudels zu bestätigen. Ein untergeordneter Wolf zeigt ständig das Verhalten aktiver Unterwerfung, um die Familienbande zu bekräftigen, sowie das Verhalten der passiven Unterwerfung, wenn zum Beispiel ein übergeordneter Wolf an seinen Genitalien schnuppert oder dieser mit Beute zurückkehrt und er um einen Happen bettelt. Man muss sich jedoch vor Augen halten, dass Unterwerfung in sozial komplexen Situationen stattfindet und eine Möglichkeit der Konfliktbewältigung ist, um Kämpfe und gefährliche Konsequenzen zu vermeiden.

Für gewöhnlich würde eine körperliche Auseinandersetzung, etwa ein Revierstreit, zu einem unbarmherzigen Kampf, zur Verbannung oder zum Tod eines der beiden Kontrahenten führen. Auch über den Zugang zu den Weibchen könnte ein Konflikt ausbrechen, und in diesem Fall kann die – mehr oder weniger ritualisierte – Auseinandersetzung auch auf friedliche Art und Weise gelöst werden. Doch manchmal gibt der Verlierer nicht gleich auf. Unterwerfung passiert also nur in geschlossenen Rudeln, in denen die Hierarchie höchstens beim Tod des Ranghöchsten oder beim Auftauchen eines stärkeren und gesunden Herausforderers auf den Kopf gestellt wird. In diesem Fall sind Unterwerfung und die Aufrechterhaltung der Hierarchie äußerst wichtig, um Energie zu sparen und sich nicht jeden Tag wegen des Zugangs zu Nahrung oder dem Recht auf Paarung zu raufen.[58]

Abgesehen von Unterwerfung gibt es noch eine andere Möglichkeit, die Beziehung nach einem Konflikt zu kitten: Frieden schließen. Eine wunderbare Möglichkeit, die bei Primaten häufig praktiziert wird. Sie verfolgt natürlich den Zweck, dass der Verlierer nicht das Rudel verlässt, dieses nicht allmählich zerfällt und die Vorteile des Lebens im Clan nicht verloren gehen. Deshalb ist es

---

58  [17] R. Schenkel, *Submission: Its Features and Function in the Wolf and Dog*, in "American Zoologist", 7, 1967, S. 319–329, https://doi.org/10.1093/icb/7.2.319.

Dominantes Individuum

Passive Unterwerfung mit dem Bauch nach oben

Aktive Unterwerfung/Angst

Einladung zum Spiel

Die häufigsten Haltungen des Wolfes und des Hundes, um den Mitgliedern des Rudels mitzuteilen, welche Intentionen er hat, und um die Hierarchie zu bestätigen überaus wichtig, Frieden zu schließen, und hin und wieder tritt sogar ein Dritter auf, der mit dem Streit nichts zu tun hatte, um den Verlierer zu trösten. Eine sehr menschliche Dynamik, doch alles der Reihe nach!

Auch bei Primaten gibt es eine Rangordnung in der Gruppe und dennoch jede Menge Streit. Doch wenn man im Rudel lebt, gilt es vor allem Konflikte zu vermeiden; Primaten inszenieren eine Reihe bestimmter Verhaltensweisen, sogenannter „Displays", die genau diesen Zweck verfolgen. Wenn man sich in friedlicher Absicht nähert, kündigt man sich für gewöhnlich, vor allem wenn man ein untergeordnetes Individuum ist, mit der Stimme an; das dominante Individuum antwortet darauf mit beruhigenden Displays, die die friedliche Absicht bestärken. Unter Umständen berührt man die Geschlechtsteile oder tut so, als würde man den anderen besteigen. Ja, Sie haben richtig gehört. Und wenn etwas schiefläuft und ein Konflikt zu einer körperlichen Auseinandersetzung führt, dann gibt es danach mitunter eine Versöhnungsszene.

Entscheidend sind dabei die Minuten unmittelbar nach der Auseinandersetzung: Die Kontrahenten sind wegen des Vorfalls ängstlich und angespannt, doch der Sieger hat ein massives Interesse daran, dass der Verlierer nicht das Rudel verlässt und zu seinem Feind wird. Deshalb geht er gewöhnlich zu ihm hin, um „Frieden zu schließen" und sich in Form von Umarmungen, Ablecken, sogar „Küssen" zu versöhnen. Auch *grooming* bzw. Fellpflege gehört dazu: Man sucht das Fell des Gefährten nach Parasiten ab und entfernt sie vorsichtig mit Fingern oder Zähnen. Diese Rituale beschwichtigen die Rachegelüste, wenn man sie so nennen will, des Unterlegenen und sollen ihn bewegen, im Rudel zu bleiben; allerdings müssen diese „Zärtlichkeiten" nach dem Konflikt erwidert werden und beide Kontrahenten müssen zur Versöhnung bereit sein und eine gute Beziehung aufrechterhalten. Je wichtiger den Kontrahenten ihre Beziehung ist, desto wahrscheinlicher ist es, dass Frieden geschlossen wird. Wenn die beiden Kontrahenten

Verwandte, enge Freunde oder sogar Sexualpartner sind, ist die Beziehung besonders wichtig und muss beschützt werden.

Im Fall der Nicht-Versöhnung wird bei manchen Primaten der Verlierer von einem unbeteiligten Dritten getröstet. Das ist vor allem dann der Fall, wenn dem Sieger die Beziehung zu seinem Kontrahenten nicht viel wert ist, dieser wird dann von einem engen Freund getröstet.

Bei Berberaffen *(Macaca sylvanus)* zum Beispiel hat man über 37 Signale, unter anderem Gesten, Mimik, Posen und Fellpflege, beobachtet, die dazu dienen, Frieden zu schließen. Von Umarmungen über „Lächeln" bis hin zu *teeth chattering*: Berberaffen fletschen die Zähne und klappern dabei mit dem Kiefer. Bei Javaneraffen *(Macaca fascicularis)* gibt es zwar Versöhnung, aber keinen Trost: Niemand mischt sich in einen Streit ein.[59] Bei Bonobos *(Pan paniscus)*, Gorillas *(Gorilla gorilla* und *Gorilla beringei)* und Schimpansen *(Pan troglydytes)* hingegen, die nicht zufällig unsere engsten Verwandten sind, ist es an der Tagesordnung, einen Freund oder Verwandten wegen einer nicht erfolgten Versöhnung zu trösten.[60]

Die typische Kommunikation der Primaten besteht jedoch in der Mimik; eine Fähigkeit, die wir Menschen mit den anderen Primaten teilen, von denen wir stammesgeschichtlich abstammen. Alle Affen – sowohl freilebende als auch dressierte – weisen Gesichtsausdrücke auf, die unseren ähneln, vor allem Lachen und Lächeln. Und während bei uns Menschen diese beiden Ausdrücke nahezu austauschbar sind, haben sie bei den Primaten eine jeweils andere Bedeutung. Unser Lachen entspricht dem *play-face* der Primaten:

59  F. Aureli und C. P. van Schaik, *Post-conflict Behaviour in Long-tailed Macaques (*Macaca fascicularis*)*, in "Ethology", 89, 1991, S. 101–114, https://doi.org/10.1111/j.1439-0310.1991.tb00297.x.

60  O. N. Fraser et al., *Stress Reduction Through Consolation in Chimpanzees*, in "Proceedings of the National Academy of Sciences", 105, 2008, S. 8557–8562, https://doi.org/10.1073/pnas.0804141105; G. Cordoni et al., *Reconciliation and Consolation in Captive Western Gorillas*, in "International Journal of Primatology", 27, 2006, S. 1365–1382, https://doi.org/10.1007/s10764-006-9078-4; E. Palagi et al., *Reconciliation and Consolation in Captive Bonobos (*Pan paniscus*)*, in "American Journal of Primatology", 62, 2004, https://doi.org/10.1002/ajp.20000.

dem „Spielgesicht" mit offenem Mund und gefletschten Zähnen, ein eindeutiges Signal, das Spielen oder Aufforderung zum Spiel bedeutet. Unser Lächeln hingegen kann auch dem sogenannten *bare-teeth* entsprechen: ein Lächeln mit gefletschten Zähnen, bei dem die Lippen immer wieder die Zähne freilegen. Bei Affen hat dieses Signal jedoch verschiedene Bedeutungen.

Bei Schimpansen, aber auch anderen Primaten, die in der Gruppe relativ gleichberechtigt sind, ist das Lächeln mit gefletschten Zähnen ein freundliches Signal, es signalisiert gute Absichten und wird bei vielen Gelegenheiten, auch während der Fellpflege, eingesetzt. Sowohl Lachen als auch Lächeln mit gefletschten Zähnen ähneln in der Erscheinungsform wie in Bezug auf die soziale Funktion sehr dem Lachen und dem Lächeln des Menschen, allerdings mit einem Unterschied: Wenn Schimpansen lächeln, ziehen sie wie alle anderen Affen nicht Wangenknochen und Backen in die Höhe. Wenn wir Menschen versuchen würden, das Lächeln der Affen zu imitieren, wäre das Ergebnis ein falsches, gezwungenes, gewiss nicht fröhlich wirkendes Lachen, das beim Betrachter vielmehr Angst auslösen würde.[61]

Das *play-face* ist also ein universal verständliches „vergnügtes Gesicht" und weist bei allen Primaten tatsächlich auf Bereitschaft zu Spiel und Spaß hin, das Lächeln mit gefletschten Zähnen kann dagegen in einer Gruppe mit ausgeprägter Rangordnung eine ganz andere Bedeutung haben. Es kann von einem freundlichen, gutwilligen Signal zu einem Signal werden, das Spannung, Stress und Unterwerfung zum Ausdruck bringt. Berberaffen, nordafrikanische Primaten, die oft als frech bezeichnet werden, lächeln vor allem mit gefletschten Zähnen als Reaktion auf eine stressige Situation, um die Gemüter zu besänftigen. Es ist ein typisches Verhalten

---

61  S. Preuschoft und J. van Hooff, *The Social Function of "Smile" and "Laughter": Variations Across Primate Species and Societies*, in U. C. Segerstråle und P. Molnár (Hrsg.), *Nonverbal Communication: Where Nature Meets Culture*, Lawrence Erlbaum Associates, 1997, S. 171–190; L. A. Parr und B. M. Waller, *Understanding Chimpanzee Facial Expression: Insights Into the Evolution of Communication*, in "Social Cognitive and Affective Neuroscience", 1, 2006, S. 221–228.

als Reaktion auf eine Aggression, ein Unterwerfungssignal, um sich zu versöhnen.[62]

Auch beim Gähnen zeigt man die Zähne, und tatsächlich kann auch Gähnen verschiedene Bedeutungen haben. Für uns ist Gähnen ein harmloses und „ansteckendes" Signal, ebenso für Schimpansen und Dscheladas *(Theropithecus gelada)*[63], doch nicht für den Javaneraffen, auch Langschwanzmakak genannt. Sie haben ihn gewiss schon einmal gesehen. Erinnern Sie sich an die Affenhorden, die während des ersten Lockdowns 2020 die Stadt Lopburi in Thailand überfluteten? Nun, diese Affen, die wie eine Landplage über die Stadt herfielen, waren in Südostasien heimische Langschwanzmakaken. Auch auf einigen pazifischen Inseln und nicht nur dort wurden sie vom Menschen eingeführt. Diese opportunistische Affenart ist in vielen asiatischen Tempeln zum Maskottchen geworden. Sie schnorren Essen von Touristen,[64] und um den Tourismus anzukurbeln, hat man in Lopburi 1989 sogar ein jährliches Fest für die Affen ins Leben gerufen, das *Monkey Buffet Festival*, bei dem den Affen Essen auf Tischen und in Pyramidenform serviert wird – geschnitzte Melonen, eisgekühltes Obst, Kohl, Nüsse, Gürkchen usw. Die Makaken, die das ganze Jahr über von Touristen und am Buffet gefüttert werden, haben sich maßlos vermehrt, und als die Touristen aufgrund des Lockdowns ausblieben, haben

---

62  S. Preuschoft, *"Laughter" and "Smile" in Barbary Macaques* (Macaca sylvanus), in "Ethology", 91, 1992, S. 220–236.

63  J. R. Anderson et al., *Contagious Yawning in Chimpanzees*, in "Proceedings of the Royal Society B", 271, 2004, https://doi.org/10.1098/rsbl.2004.0224; E. Palagi et al., *Contagious Yawning in Gelada Baboons as a Possible Expression of Empathy*, in "Proceedings of the National Academy of Sciences", 106, 2011, S. 19262–19267.

64  Kontakt mit Wildtieren schadet sowohl uns als auch ihnen. Unter Umständen kratzen oder beißen sie, sie können Krankheiten und Parasiten übertragen, oder wir übertragen ihnen Parasiten. Wir stören auf diese Weise die natürliche Auslese und begünstigen die Verbreitung angeborener Krankheiten. Doch damit nicht genug. Unter Umständen tragen wir dazu bei, dass Jungtiere völlig unfähig werden, sich allein Nahrung zu beschaffen. Wenn wir Wildtiere an den Kontakt mit dem Menschen gewöhnen, werden sie bei Begegnungen mit Wilderern zutraulich oder nähern sich Straßen und Häusern, werden von Autos angefahren oder sind bald so lästig, dass man sie töten muss. Es empfiehlt sich also, einen Sicherheitsabstand einzuhalten.

sie die Straßen der Stadt überschwemmt. Und hier haben sie dem erstbesten Einheimischen oder Artgenossen, der Obst bei sich hatte, gewiss ihr „drohendes Gesicht" gezeigt: ein breites Gähnen, mit gut sichtbaren langen Eckzähnen und geschlossenen weißen Lidern. Ein ritualisiertes Signal, das bei den Makaken und bei vielen anderen Primaten der alten und neuen Welt Feindseligkeit ausdrückt, unter anderem bei den Mandrillen *(Mandrillus sphinx)*, deren Männchen besonders für ihre Eckzähne, die einen Leoparden neidisch machen könnten, und für ihr blaurotes Gesicht bekannt sind. Diese Färbung, die der Lichtbrechung in der Struktur der Kollagenfasern in den knöchernen Furchen entlang der Schnauze zu verdanken ist, ist ein eindeutiges Dominanzsignal: je intensiver das Rot der Nase, desto hochrangiger das Männchen. Dasselbe gilt für das Blau um die Nase. Das Ganze und der Kontrast der beiden Farben helfen den Artgenossen, die Rangordnung ihres Gegenübers zu erkennen und – wenn es sich um zwei Männchen handelt – einen Kampf zu vermeiden.[65]

Doch das deutlichste und unübersehbare visuelle Signal bei den Primaten ist *swelling*. Bei den Weibchen schwellen in der fruchtbaren Zeit Genitalien und der Bereich um den Anus deutlich an und leuchten in grellen Farben. Um die Funktion dieses Signals zu erklären, wurden in den letzten 50 Jahren acht unterschiedliche Thesen aufgestellt, die einander nicht unbedingt ausschließen. Manche Forscher sind der Meinung, dass das Anschwellen des Genitalbereichs ein ehrliches und vertrauenswürdiges Zeichen für die Fruchtbarkeit des Weibchens, dessen Qualität und Gesundheitszustand ist;[66]

---

65   R. O. Prum und R. H. Torres, *Structural Colouration of Mammalian Skin: Convergent Evolution of Coherently Scattering Dermal Collagen Arrays*, in "Journal of Experimental Biology", 207, 2004, S. 2157–2172; J. P. Renoult et al., *The Evolution of the Multicoloured Face of Mandrills: Insights from the Perceptual Space of Colour Vision*, in "Plos One", 2011, https://doi.org/10.1371/journal.pone.0029117; J. M. Setchell und E. J. Wickings, *Dominance, Status Signals and Coloration in Male Mandrills (*Mandrillus sphinx*)*, in "Ethology", 111, 2005, S. 25–50.

66   L. G. Domb und M. Pagel, *Sexual Swellings Advertise Female Quality in Wild Baboons*, in "Nature", 410, 2001, S. 204–206; D. Zinner et al., *Significance of Primate Sexual Swellings*, in "Nature", 420, 2002, S. 142–143.

gleichzeitig könnte es ein veränderliches Signal sein, das mit dem Augenblick des Eisprungs und der Empfängnisbereitschaft korreliert. Demzufolge wird das *swelling* immer intensiver, bis es mit dem Eisprung und dem besten Zeitpunkt für eine Empfängnis einen Höhepunkt erreicht, und flaut dann langsam wieder ab.[67] Das Signal könnte aber auch dazu dienen, das Verhalten der Männchen zu manipulieren; sie sollen miteinander kämpfen, damit das Weibchen sich den Kräftigsten aussuchen kann. Oder es könnte ein Bluff sein, um Verwirrung zu stiften. Wenn das Weibchen sich während des *swelling* mit mehreren Männchen paart, kann kein Männchen sicher sein, es tatsächlich befruchtet zu haben, und so werden alle Männchen ihm und der zukünftigen Nachkommenschaft gegenüber tolerant sein; das Weibchen reduziert auf diese Weise das Risiko des Kindermords. Oder das *swelling* könnte als „sozialer Pass" dienen, um Spannungen zu lindern, wenn ein Weibchen in ein neues Rudel aufgenommen wird: Eine vorgetäuschte Schwellung könnte die Gemüter der Männchen besänftigen, die das Weibchen nicht nur nicht angreifen, sondern es auch vor den anderen Damen des Rudels beschützen. Kurz, es gibt Thesen genug, und im Augenblick scheint das *swelling* ein ehrliches Fruchtbarkeitssignal und auch ein veränderliches Signal zu sein, ein ziemlich genauer Indikator für die Männchen, zu welchem Zeitpunkt eine Empfängnis möglich ist. Eine Art bunter und sehr indiskreter Ovulationstest.

Eine weitere Metaanalyse[68], in der die neuesten Studien zu zehn Primatengattungen, u. a. Schimpansen, Bonobos, Mandrillen, verschiedene Makaken und Paviane, berücksichtigt werden, besagt, dass die Dimension des *swelling* mit erhöhter Fruchtbarkeit und dem besten Zeitpunkt der Empfängnis und auch mit dem Gesund-

---

67  C. L. Nunn, *The Evolution of Exaggerated Sexual Swellings in Primates and the Graded-signal Hypothesis*, in "Animal Behaviour", 58, 1999, S. 229–246.

68  S. E. Street et al., *Exaggerated Sexual Swellings in Female Nonhuman Primates Are Reliable Signals of Female Fertility and Body Condition*, in "Animal Behaviour", 112, 2016, S. 203–212.

heitszustand des Weibchens zu tun hat. Zumindest bei diesen Gattungen bestätigt sich somit die Hypothese des ehrlichen und veränderlichen Signals, das für die zukünftigen Partner bestimmt ist. Doch auch diese Metaanalyse lässt eine Hintertür für neue Hypothesen offen, denn sie berücksichtigt nicht das erneute Auftreten des *swelling* außerhalb des Ovulationszyklus bei unreifen, schwangeren oder säugenden Weibchen, bei dem es sich um Bluffs handeln könnte. Mit einem Wort, es wird noch lange dauern, bis man das Phänomen vollständig verstanden hat.

# Kapitel 3
## Die Bedeutung der Farbe


Einen Angreifer abzuschrecken ist kompliziert und vor allem gefährlich. Man hat nur wenig Zeit und die Botschaft muss klar und eindeutig sein. Säugetiere zeigen den Spiegel, manche hüpfen und schwänzeln, Reptilien senden mitunter noch merkwürdigere kodifizierte Signale.

Auf den Kleinen Antillen vor Venezuela, genauer gesagt den Inseln Bonaire und Curaçao, lebt ein merkwürdiges Reptil mit blaugrauem, weiß getüpfelten Körper. Schwanz und Hinterbeine leuchten hellblau. Das ist die Rennechse *(Cnemidophorus murinus)*, die hin und wieder zu „grüßen" scheint: Sie hebt und senkt ein Vorderbein und winkt damit auf merkwürdige Weise.

Dieses Verhalten hat die Wissenschaftler lange vor ein Rätsel gestellt. Zuerst dachte man an einen angeborenen Reflex (vielleicht waren die Felsen, auf denen sie lief, zu heiß) oder an eine Methode der Wärmeregulation. Andere vermuteten hingegen, es handle sich um ein soziales, an Artgenossen gerichtetes Signal. Als man das Verhalten genauer untersuchte, fand man heraus, dass das karibische Reptil seine Fressfeinde, vor allem Schlangen, „grüßt". Vor allem, wenn eine Schlange sich beständig nähert und die Rennechse das Gefühl hat, als Opfer auserkoren zu sein. Wenn die potenzielle Gefahr sich also direkt auf sie zubewegt.

Wenn die Schlange weit genug entfernt ist, rennt die Eidechse nicht Hals über Kopf weg, sondern hebt das für den Angreifer am besten sichtbare Vorderbein und schwenkt es heftig. Das ist jedoch keine herzliche Begrüßung, sondern eine eindeutige Botschaft an den Angreifer, eine Aufforderung, von ihr abzulassen: „Ich habe dich gesehen, dein Angriff kommt nicht überraschend."[69] Es ist ein Abschreckungssignal, das Äquivalent des Schwänzelns der kalifornischen Ziesel.

Manche Saumfingerechsen *(Anolis)* zeigen sich sogar rauflustig. Sie lassen die Muskeln spielen und biegen die Beine, machen „Liegestütze". Bei diesem furchterregenden Anblick bricht die Schlange meistens den Raubzug ab und verzieht sich. Saumfingereidechsen fühlen sich allerdings nicht als David, der es mit Goliath aufnehmen muss, und sie haben auch nicht die geringste Absicht zu kämpfen. Ihre Liegestütze sind ein ehrliches Signal. Genau wie *stotting* sind sie ein Indikator für die Fähigkeit zu fliehen.

Der Puerto Ricaner Manuel Leal, Dozent an der Universität Missouri, hat dies mit einem sehr einfachen Experiment an in Gefangenschaft lebenden Eidechsen nachgewiesen. Er hat eine falsche Schlange, eine Attrappe, in ein Terrarium gelegt und die Liegestütze der Eidechsen der Art *Anolis cristatellus (Kammanolis)* gezählt. Die Eidechsen hätten auf unterschiedliche Weise reagieren können, sie hätten fliehen, sich verstecken, sich totstellen können, stattdessen machten sie deutlich sichtbare Liegestütze. Nachdem Leal die Liegestütze gezählt hatte, brachte er die Eidechsen zum Laufen und stellte fest, dass die Anzahl der Liegestütze in direktem Verhältnis zur Geschwindigkeit der Eidechsen stand. Diejenigen, die mehr Liegestütze machten, liefen schneller und länger als jene, die keine machten. Ein Dutzend Liegestütze entsprach ungefähr 40 Sekunden Laufen, während 20–25 Liegestütze 80 Sekunden Laufen entsprach.[70] Aufgrund eines anatomischen Handicaps ist Laufen für Eidechsen nicht einfach: Echsen haben kein Zwerchfell, mithilfe dessen der Brustkorb sich ausdehnt. Beim Atmen müssen

69   T. Baird et al., *Pursuit Deterrent Signalling by the Bonaire Whiptail Lizard* Cnemidophorus murinus, "Behaviour", 141, 2004, S. 297–311, https://doi.org/10.1163/156853904322981860; W. E. Cooper et al., *Effects of Risk, Cost, and Their Interaction on Optimal Escape by Nonrefuging Bonaire Whiptail Lizards,* Cnemidophorus murinus, in "Behavioral Ecology", 14, 2003, S. 288–293, https://doi.org/10.1093/beheco/14.2.288.

70   M. Leal, *Honest Signalling During Prey-predator Interactions in the Lizard* Anolis cristatellus, in "Animal Behaviour", 58, 1999, D. 521-526.

sie sich also auf die Brustmuskeln verlassen, die sie jedoch auch für die Fortbewegung brauchen. Deshalb atmen sie entweder oder sie laufen. Auch unsere heimischen Mauereidechsen *(Podarcis muralis* und *Podarcis siculus)* laufen immer nur kurze Strecken und bleiben dann stehen. Sie müssen innehalten, um Atem zu holen und das Blut mit Sauerstoff anzureichern. Tiere mit besser entwickelten Brustmuskeln können sich hingegen den Luxus erlauben, tiefere Atemzüge zu machen. So können sie länger laufen, bevor sie stehenbleiben und Atem holen. Dem heutigen Wissensstand zufolge zählen Schlangen wie die *Alsophis portoricensis*, für die Eidechsen ein Leckerbissen sind, gewiss nicht die Anzahl der Liegestütze; sie fällen die Entscheidung – angreifen oder nicht – vielmehr aufgrund der Schnelligkeit und der Art der Liegestütze und ob sie mit zwei oder vier Beinen durchgeführt werden. Je mehr Beine beteiligt sind, desto schwieriger ist es, die Eidechse zu fangen. Es handelt sich um ein ehrliches Signal, einen Indikator für das Aggressionsniveau und die Fähigkeit zur Flucht.[71]

Auch Eidechsen sind sparsam bei der Kommunikation und nutzen dazu auch bei anderen Gelegenheiten Liegestütze. Wenn sie einen Partner anlocken oder das Revier verteidigen wollen, veranstalten die Männchen wahre Liegestützwettbewerbe und zeigen ihre Kehle. Die Saumfingerechsen auf Jamaika haben einen großen, sehr bunten Kehlsack, der meistens eingezogen und unsichtbar ist, doch im richtigen Augenblick vom Zungenbeinapparat wie ein Fächer aufgespannt werden kann. Der Kehlsack, auch Kehllappen genannt, verwandelt sich dann in ein zartes, buntes Rad unterhalb der Kehle. Wenn man die Eidechsen beim Aufspannen des Kehlsacks beobachtet, glaubt man, sie würden wie bei einem Zaubertrick eine orange Münze ausspucken. Die männlichen Saumfingerechsen, von denen es vier auf Jamaika heimische Arten gibt, bieten vor allem zu zwei Tageszeiten dieses Schauspiel: Im

---

71 M. Leal und J. A. Rodríguez-Robles, *Signalling Displays During Predator-prey Interactions in a Puerto Rican Anole,* Anolis cristatellus, in "Animal Behaviour", 54, 1997, S. 1147–1154, https://doi.org/10.1006/anbe.1997.0572.

Morgengrauen und bei Sonnenuntergang machen sie Liegestütze und spannen ihren Kehlsack auf, als ob sie sich zu einem Flashmob versammelten. Der Sinn dieses Flashmobs besteht darin, das Revier zu markieren, als würden sie erst ruhig schlafen können, nachdem sie ihrem Nachbarn mitgeteilt haben, dass „dieser Platz besetzt ist".[72]

Abgesehen von den bevorzugten Zeitpunkten und der Tatsache, dass dieses Display zur zwischenartlichen (um ein Raubtier abzuschrecken) und zur innerartlichen Kommunikation (um allen in Erinnerung zu rufen, dass das Revier besetzt ist) dient, weiß man jedoch wenig darüber. Ungeklärt ist: Wovon hängt die Farbe des Kehlsacks ab? Ist sie angeboren oder hängt sie von der Nahrung ab? Bei einigen Gattungen ist er rot, orange oder gelb, doch offenbar korreliert die Farbe nicht mit dem Ernährungsstatus bzw. der Menge an aufgenommenen Karotinoiden.[73] Größe, Ausmaß und Farbe des Kehlsacks bilden möglicherweise eine multiple Botschaft, die Aufschluss über die sexuelle Identität des Individuums gibt. Die Häufigkeit, mit der der Kehlsack aufgespannt wird, ist ein ehrlicher Indikator für die Fähigkeit eines Männchens, Weibchen und gute Reviere zu erobern.[74]

Wahre Meister der visuellen Kommunikation sind natürlich Erdlöwen. Okay, unter diesem Namen sind sie nicht allzu bekannt. Gemeint sind Chamäleons, die Löwen *(léon)* der Erde *(xamaí)*. Sie sind für ihre Farbwechsel berühmt und können in Sekundenschnelle ihre Hautfarbe ändern. Chamäleons sind vor allem in

72  T. J. Ord, *Dawn and Dusk "Chorus" in Visually Communicating Jamaican Anole Lizards*, in "The American Naturalist", 172, 2008, S. 585–592, https://doi.org/10.1086/590960.

73  J. F. Steffen, G. E. Hill und C. Guyer, *Carotenoid Access, Nutritional Stress, and the Dewlap Color of Male Brown Anoles*, in "Copeia", 2, 2010, S. 239–246.

74  T. Driessens et al., *Messages Conveyed by Assorted Facets of the Dewlap, in Both Sexes of* Anolis sagrei, in "Behavioral Ecology and Sociobiology", 69, 2015, S. 1251–1264, https://doi.org/10.1007/s00265-015-1938-5; J. E. Steffen und C. C. Guyer, *Display Behaviour and Dewlap Colour as Predictors of Contest Success in Brown Anoles*, in "Biological Journal of the Linnean Society", 111, 2014, S. 646–655, https://doi.org/10.1111/bij.12229; T. J. Ord et al., *Convergent Evolution in the Territorial Communication of a Classic Adaptive Radiation: Caribbean Anolis Lizards*, in "Animal Behaviour", 85, 2013, S. 1415–1426, https://doi.org/10.1016/j.anbehav.2013.03.037.

Afrika und auf Madagaskar, aber auch in Südspanien und Süditalien, auf der arabischen Halbinsel und in Indien heimisch. Sie sind merkwürdige Wesen mit Greifschwanz, zangenähnlichen Füßen mit fünf Zehen, wobei jeweils zwei und drei verwachsen sind,[75] und hervorstehenden Augen, die imstande sind, sich unabhängig voneinander zu bewegen, zu kreisen und zu fokussieren. Das Chamäleon besitzt so ein Blickfeld von 342 Grad, es kann in Ruhestellung Insekten erkennen und sie mit seiner langen, sehr schnellen Zunge fangen. Vor der Zunge des Chamäleons, die in ihrer Form einzigartig ist, gibt es kein Entrinnen. Dank der verdickten Spitze, die hohl wie ein Saugnapf ist, fängt sie die Beute im Sekundenbruchteil. Die mit klebrigem Speichel bedeckte Zungenspitze schließt sich um den Körper des Beutetiers.

Doch die wahre Besonderheit der Chamäleons besteht im Farbwechsel. Lange Zeit dachte man, Chamäleons wechselten die Farbe nur zur Tarnung, doch dem ist nicht so: Das ist eine der vielen Legenden aus dem Tierreich, die sich hartnäckig halten. Chamäleons wechseln zwar die Farbe – und eigentlich auch die Körperform –, doch hauptsächlich zu einem anderen Zweck: zur Wärmeregulation und vor allem zur innerartlichen Kommunikation, sie schicken einander unglaubliche bunte, kodifizierte Botschaften, wie Ampeln.

Bunte Farben und Farbwechsel sind an die Artgenossen gerichtete soziale Botschaften, die ihren Aggressionsspiegel, ihre Bereitschaft zu Dominanz oder Unterordnung signalisieren. Vor allem erkennen sie auf diese Weise, wer ihr Gegenüber ist, und können auch ohne körperliche Auseinandersetzung einschätzen, ob sie überlegen sind.

---

75 Chamäleons wurden lange irrtümlich als zygodactyl bezeichnet. Die wahren Zygodactilen haben vier Zehen, zwei vorne und zwei hinten, x-förmig, wie Spechte. Chamäleons hingegen haben fünf Zehen, die unterschiedlich auf Vorder- und Hinterfüße verteilt sind. Bei den Vorderfüßen stehen drei Vorderzehen zwei Hinterzehen gegenüber; bei den Hinterfüßen stehen zwei Vorderzehen drei Hinterzehen gegenüber. Diese Zehenbündel sind miteinander verwachsen und geben dem Fuß die Form einer Zange, oder sie sind einzeln und machen den Fuß völlig flach.

Um ein Weibchen zu gewinnen, duellieren sich die Zwerg-chamäleonmännchen der in Südafrika heimischen Art *Bradypo-dion* in Form von Farbwechseln. Sie zeigen dem Kontrahenten die Flanke, bewerten dessen Färbung, ob die Farben leuchten und Kontraste bilden, und zeigen dabei derart spezielle Färbungen, dass man auf den ersten Blick glauben könnte, es handle sich um unter-schiedliche Arten. Am Ende der Auseinandersetzung zeigt das Männchen, das den Wettbewerb verloren hat oder aggressiv von einem Weibchen zurückgewiesen wird, eine typische Färbung, die ein Indikator für Unterordnung ist. Sie signalisiert allen seinen augenblicklichen Status als „Verlierer".

Das untergeordnete Männchen des Transvaal-Zwergchamäleons *(Bradypodion transvaalense)* zum Beispiel ist hellbraun und hat seit-lich einen dunkleren, schokoladebraunen Streifen, als ob ein zer-streuter Konditor mit einem in Schokolade getunkten Pinsel einen Strich über seine raue Haut gemacht hätte. Wenn das Männchen sich allerdings drohend färbt, ist es fast nicht wiederzuerkennen: Der braune Streifen wird orange und deutlich weniger sichtbar, während darüber und darunter wie aus dem Nichts zwei pech-schwarze Steifen auftauchen, die bis zum Kopf reichen. Sogar die Haut rund um das hervorstehende Auge färbt sich schwarz.

Auch das Knysna-Zwergchamäleon *(Bradypodion damaranum)* nimmt eine schillernde grüne Färbung an, wenn es einen Art-genossen bedroht. Eine ziegelrote Färbung mit zwei gelben Streifen hingegen ist ein Indikator für Unterordnung. Das Transkei-Zwerg-chamäleon *(Bradypodion caffer)* ist untergeordnet völlig grau, doch wenn es sich in ein Weibchen verliebt, wird es halb weiß und halb zitronengelb-grün mit zarten schwarzen Streifen.[76]

Farben werden auch eingesetzt, um den Grad der Motivation, die Kampfbereitschaft eines Männchens oder die Paarungswilligkeit des Weibchens zu signalisieren. Das ist beim Jemenchamäleon *(Chamae-*

---

76  D. Stuart-Fox und A. Moussalli, *Selection for Social Signalling Drives the Evolution of Chameleon Colour Change*, in "Plos Biology", 2008, https://doi.org/10.1371/journal.pbio.0060025.

*leo calyptratus)* der Fall, das auf der arabischen Halbinsel heimisch ist. Wenn ein Männchen einem Weibchen begegnet, macht es sich so flach wir nur möglich, schaukelt hin und her, rollt den Schwanz rhythmisch auf und ab wie ein Yoyo und zeigt dabei sein prächtiges Balzkleid mit gelbgrünen Streifen. Je deutlicher sichtbar die Streifen sind, desto größer ist seine Bereitschaft, mit einem anderen Männchen um das Weibchen zu buhlen. Die Weibchen wählen allerdings meistens das Männchen als Partner, dessen Kopf am prächtigsten leuchtet und das am schnellsten die Färbung wechseln kann, verlassen sich also auf andere Farbparameter. Die Färbung des unterlegenen Männchens wird daraufhin matt und dunkel, es „erlischt".[77]

Die Weibchen ihrerseits signalisieren ihre Paarungsbereitschaft mit drei verschiedenen Färbungen: ein olivgrüner Körper mit unregelmäßigen gelben Flecken auf den Flanken bedeutet, „Ich bin nicht empfängnisbereit"; eine strahlend grüne Farbe mit türkisem Rücken bedeutet „Ich bin paarungsbereit"; und wenn die Grundfarbe schließlich dunkelgrün mit kleinen gelben, türkisen Flecken wird, ist das Signal: „Ich bin trächtig". Besser als ein kombinierter Ovulations- und Schwangerschaftstest.[78] In der psychedelischen Welt der Chamäleons dient die Farbe jedoch auch dazu, sich zu verstecken und zu tarnen: um ein Raubtier oder eine mögliche Bedrohung zu täuschen.

Doch zurück zu den Zwergchamäleons: Das Smith-Zwergchamäleon oder Elandsberg-Zwergchamäleon *(Bradypodion taeniabronchum)* wechselt die Färbung, um sich vor Raubtieren, Schlangen und Vögeln, zu verstecken.[79] Kaum sieht das winzige Reptil ein

77  R. A. Ligon und K. J. McGraw, *Chameleons Communicate With Complex Colour Changes During Contests: Different Body Regions Convey Different Information*, in "Biology Letters", 9, 2013, https://doi.org/10.1098/rsbl.2013.0892; R. A. Ligon, *Defeated Chameleons Darken Dynamically During Dyadic Disputes to Decrease Danger From Dominants*, in "Behavioral Ecology and Sociobiology", 68, 2014, S. 1007–1017.

78  E. C. Kelso und P. A. Verrell, *Do Male Veiled Chameleons,* Chamaeleo calyptratus, *Adjust their Courtship Displays in Response to Female Reproductive Status?*, in "Ethology", 108, 2002, S. 495–512.

79  D. Stuart-Fox et al., *Predator-specific Camouflage in Chameleons*, in "Biology Letters", 4, 2008, S. 326–329, https://doi.org/10.1098/rsbl.2008.0173.

Raubtier, versucht es sich der Umgebung, oft dem Ast, auf dem es sich bewegt, anzupassen, indem es eine ähnliche Farbe annimmt. Doch diese Reaktion ist abhängig vom Empfänger, es ist ein – sozusagen – unaufrichtiges Signal. Angesichts eines Vogels, für gewöhnlich einem Würger wie dem Fiskalwürger *(Lanius collaris)*, der wie alle Würger einen scharfen, gebogenen Schnabel und die Gewohnheit hat, seine Beute auf Dornen oder Stacheldraht aufzuspießen, tut das Smith-Zwergchamäleon alles, um nicht gesehen zu werden. Es nimmt dieselbe Farbe an wie der Ast, auf dem es sitzt, und stellt sich tot. Trifft es hingegen auf eine Boomslang, eine afrikanische, auf Bäumen lebende Giftschlange *(Dispholidus typus)*, tarnt es sich weniger sorgfältig. Nicht weil die Boomslang weniger zu fürchten ist, sondern weil sie schlechter sieht als der Fiskalwürger. Ihre Augen sehen weniger Farbtönungen als die des Vogels, deshalb strengt sich das Chamäleon bei der Färbung weniger an, das spart Energie und reicht, um nicht gesehen zu werden.

Und nicht zuletzt wechseln Chamäleons zum Zweck der Wärmeregulierung die Farbe. Der absolute Champion auf diesem Gebiet ist das Wüstenchamäleon *(Chamaeleo namaquensis)*, das am Morgen schwarz ist (um sich schneller zu erwärmen) und untertags beige. Es ist sogar fähig, beide Farben gleichzeitig anzunehmen, etwa beige links und schwarz rechts.[80] Doch hauptsächlich dient der Farbwechsel dazu, um mit den Artgenossen zu kommunizieren und Raubtiere zu täuschen.

Eine Frage haben wir jedoch noch nicht beantwortet: Wie wechseln Chamäleons die Farbe? Das ist nämlich gar nicht so einfach. Das Geheimnis wurde erst 2015 von Wissenschaftlern der Universität Genf gelüftet, die ihre Ergebnisse in der Zeitschrift „Nature Communications" veröffentlichten.[81] Bis vor einigen Jahren dachte

---

80  B. Burrage, *Comparative Ecology and Behaviour of Chamaeleo* Pumilus Pumilus (Gmelin) *and* C.namaquensis A. Smith (Sauria: Chamaeleonidae), in "Annals of the South African Museum", 61, 1973, S. 3–139.

81  J. Teyssier et al., *Photonic Crystals Cause Active Colour Change in Chameleons*, in "Nature Communications", 6, 2015, https://doi.org/10.1038/ncomms7368.

man nämlich, Melanophoren seien für den Farbwechsel der Reptilien zuständig: elastische Farbzellen, Chromatophoren genannt, die voller pigmenthaltiger Organellen – in diesem Fall Melanin – sind und auf hormonelle und neuronale Reize reagieren. Wenn Chromatophoren entspannt sind, bleiben die Pigmente innerhalb des Zellkerns und die Haut wird hell; wenn Chromatophoren kontrahieren, verteilen sich die Pigmente im Inneren des Zytoplasmas und die Haut nimmt eine dunkle Färbung an. Mit Melanophoren kann man also den Wechsel von hell zu dunkel und umgekehrt erklären, auch den Wechsel innerhalb einer Farbe, von Hellgrün zu Dunkelgrün, doch nicht den Wechsel von Grün zu Rot oder von Gelb zu Blau. Um den Mechanismus des Farbwechsels des Chamäleons vollständig zu verstehen, musste man der Haut des an den nördlichen Küstenregionen Madagaskars heimischen Pantherchamäleons *(Furcifer pardalis),* buchstäblich auf den Grund gehen. Ein perfektes Versuchskaninchen: Die Männchen dieser Art können in nur 30 Sekunden oder höchstens ein paar Minuten die Farbe wechseln, von Grün zu Rot-Orange, oder von Grün zu Gelb und umgekehrt.

Nicht die Melanophoren in der Haut des Chamäleons sind für den Farbwechsel zuständig, sondern zwei Schichten von Iridophoren, einer anderen Art von Farbzellen. Sie speichern Guaninkristalle, die in der Lage sind, verschiedene Wellenlängen des Lichts zu reflektieren und somit die unterschiedlichsten Farben zu erzeugen.

Die Haut der Chamäleons ist wie ein Sandwich aufgebaut, jede Schicht enthält andere Farbzellen. In der obersten Schicht befinden sich Xanto- und Erythrophoren, Farbzellen, die gelbe Pigmente oder orange-rote Karotinoide enthalten. Gleich darunter befinden sich zwei Schichten Iridophoren und schließlich, rund um und zwischen diesen Farbzellen, die Melanophoren voller Melanine, sie umklammern sie wie ein Krake.

Die wichtigste Rolle spielen jedoch wie gesagt die Iridophoren bzw. die Farbzellen in der obersten Schicht. Die untere Iridophorenschicht hingegen weist unregelmäßige rote Guaninkristalle auf, die zur Wärmeregulation dienen. Sie reflektieren einen Teil der

Infrarotstrahlen, die – wenn aufgenommen – das Reptil allzu sehr erwärmen würden. In der oberen Iridophorenschicht – die nur beim erwachsenen Männchen voll ausgebildet ist – sind die Guaninkristalle hingegen winzig, sie haben einen Durchmesser von gerade einmal 130 Nanometer[82] und sind netzartig angeordnet. Genau diese Schicht ist für den Farbwechsel der Chamäleons zuständig: Die Entfernung zwischen den Nanokristallen kann auf Kommando verkleinert oder vergrößert werden, sodass unterschiedliche Wellenlängen des Lichts reflektiert werden. Wenn die Guaninkristalle näher beieinanderstehen, reflektieren sie kürzere Wellenlängen des sichtbaren Lichts, die wir als blau wahrnehmen, wenn die Kristalle in den Iridophoren hingegen weiter auseinander stehen, reflektieren sie längere Wellenlängen, die wir als rot wahrnehmen.

Wenn das Chamäleon entspannt ist, reflektieren die eng stehenden Guaninkristalle für gewöhnlich blaues Licht. Dieses durchquert die Schicht der gelben Pigmente der Xantophoren an der Oberfläche und sorgt für die typisch grüne Färbung der Chamäleons. Ist das Tier hingegen aufgeregt und gestresst oder hat es gerade einen Konflikt mit einem Artgenossen, dann entfernen sich die Guaninkristalle an der Oberfläche schnell voneinander und reflektieren rote Wellenlängen, die gemeinsam mit den roten Pigmenten der Erythrophoren dem Pantherchamäleon die leuchtend rote Färbung verleihen. Und falls das Chamäleon in der Auseinandersetzung mit seinem Artgenossen unterliegt, dann verdichten sich die Guaninkristalle, die Xantophoren- und Erythrophorenpigmente, während aus den Melanophoren gleichmäßig Melanin austritt und die Farbe überdeckt.

Deshalb sind die Chamäleons so gut und schnell beim Farbwechsel: Das Geheimnis liegt in ihrer Haut, die reich an „Farbbeuteln" und irisierenden Kristallen ist.

Vor Kurzem hat man herausgefunden, dass manche Chamäleons im Dunkeln eine wirklich ungewöhnliche Farbe aufweisen

---

82   0,000013 Zentimeter

können. Wie durch Zauber beginnen sie zu leuchten: Wenn man die normale Lampe ausknipst und eine UV-Lampe anmacht, bekommen manche Arten winzige blaue Tüpfelchen, vor allem auf dem Kopf, manche aber auch auf dem Rücken. Wie die drei Meter großen Na'vi in James Camerons Film *Avatar,* die mit Schwanz ausgestatteten Humanoiden vom Mond Pandora, sind sie gewissermaßen von lumineszierenden Sommersprossen bedeckt.

Bei dem Phänomen handelt es sich um Biofluoreszenz: Chamäleons absorbieren UV-Strahlen und strahlen sie als sichtbares Licht aus. Der Helm über den Augen, der Rücken und die Stirn reflektieren das Licht aufgrund von fluoreszierenden Pigmenten, die sich in den Knochen, genauer gesagt in knöchernen Tuberkeln befinden. Und nicht in der Haut, wie man annehmen könnte.

Mindestens acht der zwölf bekannten Chamäleongattungen weisen im Dunkeln diese fluoreszierenden Pünktchen auf, darunter ca. 30 *Calumma-* und einige *Brookesia*-Arten, zu denen auch das kleinste Chamäleon der Welt gehört, das bräunlich ist und nur eine geringe Fähigkeit zum Farbwechsel hat. Alle Arten dieser beiden Gattungen sind ausschließlich auf Madagaskar heimisch. Auch das Seychellen-Tigerchamäleon *(Archaius),* die *Palleon-,* die *Bradypodion-* (Zwergchamäleons), die *Trioceros-,* die drei Hörner auf der Stirn haben, die *Kinyongia-* und die *Furcifer*-Arten besitzen diese Fähigkeit. Alles Arten, die in einem geschlossenen, schattigen und feuchten Habitat leben: im Wald und nicht im Freien. Die Fluoreszenz ist also möglicherweise ein sekundäres visuelles Kommunikationssystem, das nichts mit der Fähigkeit des Farbwechsels zu tun hat. Vielleicht hat es sich bei Arten, die in einem weniger hellen Habitat leben, aufgrund von sexueller Auslese entwickelt. Die Anzahl der knöchernen Tuberkel – und somit der fluoreszierenden Punkte – unterscheidet sich nämlich nach Geschlecht.[83]

---

83   D. Prötzel et al., *Widespread Bone-based Fluorescence in Chameleons*, in "Scientific Reports", 8, 2018, https://doi.org/10.1038/s41598-017-19070-7.

Biofluoreszenz ist jedoch weder Vorrecht der Chamäleons noch der Reptilien, sondern kommt auch bei vielen Amphibien vor. Das hat man erst kürzlich, vor dem Beginn der Covid-19-Pandemie, entdeckt.

Bis Anfang des Jahres 2020 kannte man nur eine Salamanderart und fünf Froscharten, die im UV-Licht fluoreszierten. Jennifer Lamb und Matthew Davis haben jedoch herausgefunden, dass es mindestens 32 fluoreszierende Amphibienarten gibt: acht von zehn Salamanderarten, fünf Froscharten und eine Schleichenlurchart. Bei manchen, wie beim Tigersalamander *(Ambystoma tigrinum),* leuchten die gelben Flecken grün, bei anderen, etwa dem Chaco-Hornfrosch *(Ceratophrys cranwelli),* die hellen Teile des Körpers, bei wiederum anderen, etwa dem Dreistreifensalamander *(Eurycea guttolineata),* leuchten die Streifen, und manchmal leuchten auch Knochen und Zähne wie beim Marmor-Querzahnmolch *(Ambystoma opacum).* Hin und wieder fluoreszieren sogar Schleim und Urin.

Auch bei Amphibien dient Fluoreszenz, die wahrscheinlich auf Fluoreszenzproteine und andere Moleküle in der Haut, in Sekreten und Knochen zurückgeht, dazu, einander bei schlechten Lichtverhältnissen zu sehen, möglicherweise aber auch dazu, einen Partner auszuwählen oder sich besser zu tarnen.[84] Oder ein Raubtier abzuschrecken.

Farben und spezielle Farbkombinationen spielen im Tierreich tatsächlich eine sehr wichtige Rolle. Unter anderem zeigen sie potenziellen Raubtieren, wie giftig man ist. Oder sie helfen dabei, so zu tun, als wäre man giftig. Ja, die tierische Kommunikation besteht auch aus Tricks und Bluffs.

Viele hochgiftige Tiere, deren Gift mitunter sogar tödlich ist oder die einfach ungenießbar sind, weisen spezielle Farben auf. Mehr oder weniger große Körperflächen sind mit hellen, auffälli-

---

84  J. Y. Lamb und M. P. Davis, *Salamanders and Other Amphibians are Aglow with Biofluorescence,* in "Scientific Reports", 10, 2020, https://doi.org/10.1038/s41598-020-59528-9.

gen Farben „bemalt", hin und wieder mit Streifen oder Flecken, die dieselbe Funktion haben wie die Leuchtschrift an einem Restaurant. In diesem Fall würde der Name allerdings „Gasthaus zum tödlichen Bissen" lauten. Die grellen, deutlich sichtbaren Farben signalisieren einem eventuellen Angreifer, wie gefährlich die Tiere sind, als würden sie sagen: „Wenn dir deine Gesundheit lieb ist, wage es ja nicht, mich zu kosten oder zu stören."

Diese speziellen Färbungen nennen sich Aposematismus oder Warntracht und beruhen bei allen Tiergruppen auf ähnlichen Farben: Gelb, Rot, Orange und Blau, für gewöhnlich in Verbindung mit Schwarz und Weiß, um starke Kontraste zu erzeugen. Es sind universale, klare und eindeutige Signale, die von jedem Empfänger verstanden werden und wieder einmal unter Beweis stellen, wie sehr die Evolution um Sparsamkeit bemüht ist: wenige Farben, immer dieselben, die von den Bewohnern der Ozeane bis zu denen des Himmels verstanden werden, sogar von Pflanzen. Eine einfache und effiziente Lösung. Stellen Sie sich die Konfusion vor, wenn das Signal „Friss mich nicht, ich bin giftig" von Mal zu Mal anders lauten oder nur für bestimmte Beute-Raubtierpaare gelten würde.

Viele Signale der Warnfärbung sind uns gut vertraut: das gelb-schwarze Exoskelett der Wespen und Bienen; oder die Orange-Schwarz-Weiß-Kombination des Monarchfalters *(Danaus plexippus)*, eines unglaublich schönen Wanderfalters, oder auch das orange-schwarze Federkleid des Zweifarbenpirols *(Pitohui dichrous)* und seiner Verwandten. Der in Neuguinea heimische Zweifarbenpirol ist einer der seltenen giftigen Vögel auf der Welt. In seiner Haut und seinem Gefieder reichert sich ein Mix von Batrachotoxinen an, Neurotoxine mit stark cardiotoxischer Wirkung, die 15-mal so giftig wie Curare sind. Das Gift wird mit der Nahrung aufgenommen und macht die Vögel auch für Ornithologen und Taxidermisten zu einer Gefahr.[85] Auch bei Pflanzen ist die Warnfärbung eindeutig:

---

85   J. P. Dumbacher et al., *Homobatrachotoxin in the Genus Pitohui: Chemical Defense in Birds?*, in "Science", 258, 1992, S. 799–801.

Der Fliegenpilz mit dem roten Hut und den weißen Punkten, *Amanita muscaria*, ist genauso schön wie giftig.

Auch Amphibien weisen Warnfärbungen auf: Die gelben Flecken auf schwarzem Grund des Feuersalamanders *(Salamandra salamandra)* zum Beispiel sind ein Indikator, dass das Hautdrüsensekret, das das Bakterienwachstum auf der Haut hemmen soll, unangenehm schmeckt. Die smaragdgrünen Flecken der Wechselkröte *(Bufotes viridis)* mit kleinen roten Punkten auf beigem Grund hingegen signalisieren, dass die Wechselkröte wie viele andere Kröten eine milchige Flüssigkeit, einen nach Knoblauch stinkenden Schleim absondert, der unsere Schleimhäute irritiert. Wenn Sie einen Prinzen suchen, sollten Sie – anders als im Märchen – lieber keinen Frosch küssen.[86]

Die wahren Meister der Warnfärbung findet man allerdings nicht bei uns, sondern auf der anderen Seite des Atlantiks. Bis auf wenige Ausnahmen messen sie weniger als eineinhalb Zentimeter und verstecken sich in den Regenwäldern Mittel- und Südamerikas. Es sind Baumsteigerfrösche, ca. 200 Arten mit grellen Farben, besser als Pfeilgiftfrösche bekannt, denn manche indigenen Völker tauchen die Spitzen ihrer Pfeile in das giftige Sekret dieser Amphibien.

Knallrot mit weißen Streifen ist der Dreistreifen-Blattsteiger *(Epipedobates anthonyi)*, während der Schreckliche Giftfrosch *(Phyllobates terribilis)* leuchtend gelb mit einem großen schwarzen Auge ist. Er ist der Giftigste von allen: Er läuft mit durchschnittlich einem Milligramm eines neuro- und cardiotoxischen Alkaloids, dem Batrachotoxin herum, einer Dosis, die ausreicht, um ungefähr 130 Menschen zu töten (zwei bis siebeneinhalb Mikro-

---

86  Mitunter ist es gefährlich, sich Amphibien zu nähern und sie zu berühren. Nicht nur
    für uns Menschen aufgrund ihres giftigen (und manchmal psychotropen) Schleims,
    sondern auch für die Amphibien selbst. Die Wärme unserer Hände kann sie verätzen;
    sie entzieht ihrer Haut Schleim und macht sie anfällig für Krankheitserreger; außer-
    dem bahnen wir mitunter dem schrecklichen Pilz *Batrochytrium dendrobatidis* den
    Weg, der die Haut der Amphibien zersetzt und sie tötet.

gramm pro Person genügen[87]). Es gibt Verwandlungskünstler wie den Blauen Baumsteiger *(Dendrobates tinctorius)*, dessen Färbung von Schwarzweiß mit blauen Beinen bis Azurblau mit schwarzen Flecken reicht (wie beim *Azureus*, der früher als eigene Art galt), bis hin zu schwarz-gelben Varianten. Oder das Erdbeerfröschchen *(Oophaga pumilio)*, das zwischen 15 und 30 Farbvariationen aufweist, was als Polymorphismus bezeichnet wird.[88] Einige dieser Farben werden wir wahrscheinlich nie mehr sehen, etwa das Goldorange der Goldkröte *(Incilius periglenes)*, die seit 1989 nicht mehr gesehen und 2004 als ausgestorben erklärt wurde. Schuld an ihrem Aussterben sind der Klimawandel und die Chytridiomykose, eine Hauterkrankung der Amphibien, die von einem Pilz, dem *Batrachochytrium dendrobatidis*, verursacht wird.

Der Großteil der Baumsteigerfrösche weist also bunte Warnfarben auf und sondert giftige Substanzen ab: einen Mix aus Alkaloiden, die von Hautdrüsen produziert werden und einen chemischen Schutz vor Raubtieren bilden. Alkaloide wie Batrachotoxine (vom griechischen *bátrachos*, Frosch), Epibatitine, Histrionicotoxine, Pumiliotoxine und Allopumiliotoxine. Doch alle diese Namen bezeichnen im Grunde ein und dasselbe. Die Giftigkeit der Pfeilgiftfrösche verdankt sich 28 verschiedenen Alkaloidarten, die alle neurotoxisch sind und unterschiedlich stark auf das periphere Nervensystem und den Herzmuskel wirken: Sie lähmen Muskeln und Atmung, verursachen Herzstillstand und letztlich den Tod.

Es war nicht einfach herauszufinden, wie ein derart kleines Tier so giftig sein kann und warum wenige Mikrogramm Sekret hoch toxisch sind. Dazu hat es immer zwei Hypothesen gegeben. Entweder entwickeln Pfeilgiftfrösche das Gift spontan, oder für die Synthese des Gifts sind mit der Nahrung aufgenommene Organis-

---

87    J. Patočka et al., *Dart Poison Frogs and Their Toxins*, in "ASA Newsletter", 74, 1999, S. 80–89.

88    K. Summers, T. W. Cronin und T. Kennedy, *Variation in Spectral Reflectance Among Populations of* Dendrobates pumilio, *the Strawberry Poison Frog, in the Bocas del Toro Archipelago, Panama*, in "Journal of Biogeography", 30, 2003, S. 35–53.

men nötig. Letzteres ist der Fall. Pfeilgiftfrösche reichern das Gift durch eine Nahrung an, die reich an Gliederfüßern, wie Spinnen, Milben, Tausendfüßern und Insekten, vor allem Ameisen, Termiten und Käfern ist. Diese Nahrungsspezialisierung ist in der Familie der Pfeilgiftfrösche im Laufe der Evolution zumindest zweimal unabhängig voneinander aufgetreten, während die Warntracht in dieser Gruppe zumindest vier- oder fünfmal unabhängig voneinander aufgetreten ist.[89] Möglicherweise handelt es sich um Koevolution: Im Lauf der Evolution haben mehrere Pfeilgiftfroschgattungen oder -arten dieselbe Lösung (Warnfarben und Giftigkeit) für dasselbe Problem – nicht gefressen zu werden – gefunden.[90]

Pfeilgiftfrösche nehmen also mit den Beutetieren einen Cocktail an Alkaloiden zu sich und scheiden ihn wieder aus. Doch ist im Lauf der Evolution zuerst die Giftigkeit oder die Warntracht aufgetreten?

Es ist nicht einfach, diese Frage zu beantworten. Möglicherweise hat sich die Giftigkeit der Haut parallel zu den Warnfarben entwickelt, doch auch andere Thesen sind nicht auszuschließen. Weder die klassische, wonach die Giftigkeit zuerst aufgetreten ist: Jemand frisst eine ganz spezielle Nahrung, synthetisiert giftige Alkaloide und verschafft sich auf diese Weise einen Vorteil, weil er von Raubtieren wieder ausgespuckt wird. Im Lauf der Zeit werden die Kinder und Enkelkinder dessen, der „gelernt" hat, giftig zu sein, und der auch bei der Färbung ein paar Besonderheiten aufweist, sexuell selektiert, denn Raubtiere erkennen sie leicht und meiden sie. Bis sich schließlich die aposematische Färbung herausbildet. Wir können aber auch die gegenteilige Theorie nicht ausschließen, wonach

---

89    J. C. Santos, L. A. Coloma und D. C. Cannatella, *Multiple, Recurring of Aposematism and Diet Specialization in Poison Frogs*, in "Proceedings of the National Academy of Sciences", 100, 2002, S. 12792–12797; C. R. Darst et al., *Evolution of Dietary Specialization and Chemical Defense in Poison Frogs (*Dendrobatidae*): A Comparative Analysis*, in "The American Naturalist", 165, 2005, S. 56–69, https://doi.org//10.1086/426599.

90    K. Summers, *Convergent Evolution of Bright Coloration and Toxicity in Frogs*, in "Proceedings of the National Academy of Sciences", 100, 2003, S. 12533–12534.

die Warnfarbe zuerst aufgetreten ist. Eine neuere Studie führt einen dritten Faktor an: Aerobie. Offenbar haben Froscharten mit Warnfarbe eine höhere aerobe Stoffwechselkapazität, was auch mit der spezialisierten Nahrung und der Giftigkeit einhergeht. In diesem Fall gibt es also zwei Evolutionsszenarien: Giftigkeit und Warnfarben sind dem höheren aeroben Stoffwechsel vorangegangen; oder Sauerstoffatmung und spezielle Nahrung haben sich parallel entwickelt und beide Merkmale haben die Entwicklung der Warntracht begünstigt.[91]

Warntracht und Tarnung (Mimese) sind also zwei entgegengesetzte Pole ein und derselben Strategie: möglichst nicht gefressen zu werden. Tarnung darf allerdings nicht mit Mimikry verwechselt werden.

Bei der Warntracht signalisiert ein Individuum dem Raubtier auf ehrliche Weise, giftig oder auch nur ungenießbar zu sein und heftige Übelkeit zu verursachen. Die grellen Farben erinnern das Raubtier an eine schreckliche Erfahrung, es bemüht sich, den Fehler nicht noch einmal zu machen. Das Beutetier vertraut also dem Gedächtnis des Raubtiers, nicht zuletzt, weil – ehrlich gesagt – der Großteil der Raubtiere Gewohnheitstiere sind, sie gehen auf Nummer sicher, fressen, was sie immer gefressen haben, was ihnen die Eltern ins Nest gelegt oder in den Bau gebracht haben, oder sie wenden andere angeborene Strategien an, die ihnen dabei helfen, keine unangenehmen Begegnungen zu machen.[92] Und wenn jemand doch mal was Ungenießbares frisst, wird das sofort als „nicht zu wiederholende Erfahrung" abgespeichert.

Wer hingegen versucht, unsichtbar zu sein, tarnt sich. Er versucht sich vor neugierigen Augen zu verstecken, indem er Form

---

91 K. Summers und M. E. Clough, *The Evolution of Coloration and Toxicity in the Poison Frog Family* (Dendrobatidae), in "Proceedings of the National Academy of Sciences", 98, 2001, S. 6227–6232.; J. C. Santos und D. C. Cannatella, *Phenotypic Integration Emerges from Aposematism and Scale in Poison Frogs*, in "Proceedings of the National Academy of Sciences", 108, 2001, S. 6175–6180.

92 S. M. Smith, *Innate Recognition of Coral Snake Pattern by a Possible Avian Predator*, in "Science", 187, 1975, S. 759–760.

und Farben, manchmal auch die Gerüche der unmittelbaren Umgebung annimmt – Zweige und Algen, Blumen, Moose und Flechten, Steine und sogar Kot. Ja, genau, Scheiße. Dinge, die für gewöhnlich keinen Appetit erregen. Im Tierreich gibt es alle möglichen Strategien der visuellen (aber nicht nur visuellen) Tarnung, manche scheinen sich wirklich wie Harry Potter einen Tarnumhang überzustreifen. Im Grund ist Tarnung ein Bluff.

Und schließlich gibt es Mimikry, das heißt die Fähigkeit, einen anderen nachzuahmen, um einen Vorteil daraus zu ziehen. Ein Bluff in jeder Hinsicht. Ein sehr verbreitetes Beispiel ist die Batessche Mimikry, die nach dem Engländer Henry Walter Bates benannt ist, der als Erster die tierische Kunst der Verstellung und der Nachahmung untersucht hat. Bei der Batesschen Mimikry imitiert eine harmlose Art Farben, Formen und Bewegungen einer tatsächlich giftigen, aposematisch gefärbten Art und erhöht so die eigenen Überlebenschancen. Ein Raubtier, das bereits eine schlimme Erfahrung mit einer solchen Art gemacht hat, wird sich nie wieder jemandem nähern, der so aussieht.

Einer der kompliziertesten und spektakulärsten Fälle von Batesscher Mimikry findet sich im Reich der Reptilien. Drei Schlangengattungen sind daran beteiligt. Im Süden der USA und im Nordosten Mexikos lebt eine Giftschlange, die eine Länge von mehr als einem Meter erreicht und eine Warntracht hat. Sie ist schwarz-gelb-rot-gelb gestreift, heißt Harlekin-Korallenotter *(Micrurus fulvius)* und ihr Biss ist tödlich. Vier bis fünf Milligramm Gift genügen, um beim Menschen den Tod herbeizuführen, die Schlange kann bis zu 20 mg injizieren. Zum Glück sind jedoch 60 Prozent ihrer Bisse trocken, also ohne Gift.[93] Auf amerikanischem Boden zwischen Kanada und Venezuela ist jedoch auch eine andere Schlange unterwegs, die der Harlekin-Korallenschlange sehr ähnelt, aber absolut harmlos ist: die Milchschlange *(Lampropeltis*

---

93    [25] M. E. Peterson, *Snake Bite: Coral Snakes*, in "Clinical Techniques in Small Animal Toxicology", 21, 2006, S. 183–186, https://doi.org/10.1053/j.ctsap.2006.10.005.

*triangulum)*, auch Rote Königsnatter genannt, die gelb-schwarz-rot-schwarz gestreift ist. Auf den ersten Blick ist die Milchnatter ein Paradebeispiel für Mimikry: Eine harmlose Art imitiert ein giftiges Vorbild, in diesem Fall die Harlekin-Korallenotter, deren Verbreitungsgebiet sie zum Teil teilt.

Der Biss der echten Harlekin-Korallenotter ist jedoch absolut tödlich, deshalb machen die Warntracht der Milchnatter und ihre Nachahmung eigentlich keinen Sinn. Wenn Raubtiere den Biss nicht überleben, können sie auch nicht lernen, sich vor der Schlange zu hüten. Diese Frage hat den Biologen lange Kopfzerbrechen bereitet, bis die Zweier- schließlich zu einer Dreiecksbeziehung wurde. Das hat man Mitte der 1960er-Jahre herausgefunden, und danach war das Durcheinander perfekt.

In Venezuela und im Amazonasgebiet lebt nämlich noch eine dritte Schlange mit bunten – rot-schwarz-gelb-schwarzen – Streifen, die *Erythrolamprus aesculapii,* die ebenfalls als falsche Korallenschlange bezeichnet wird, jedoch einer ganz anderen Art und Gattung angehört. Sie ist schwach giftig und deshalb erfüllt ihre Warntracht perfekt ihren Zweck. Sie gibt dem Raubtier die Möglichkeit, aus einer negativen Erfahrung zu lernen. Somit ist auch die echte Korallenschlange ein Nachahmer, ihr Vorbild ist die *Erythrolamprus.* Die Mimikry der tödlichen Arten, die giftige, aber nicht tödliche Arten nachahmen, nennt sich Emsleyanische oder Mertenssche Mimikry. Wolfgang Wickler, der als erster diese These formuliert hat, hat sie nach dem deutschen Herpetologen Robert Mertens benannt, in den 1960er-Jahren hat auch M. G. Emsley[94] die Eythrolamprus erforscht.

Als die Wissenschaftler die komplizierte Beziehung der wechselseitigen Imitationen aufdröselten, haben sie verstanden, dass die giftige und aposematisch gefärbte Erythrolamprus aus dem Amazonasgebiet von der tödlichen Korallenschlange (und ganz allgemein von

---

94  M. G. Emsley, *The Mimetic Significance of* Erythrolamprus aesculapii ocellatus *Peters from Tobago,* in "Evolution", 20, 1966, S. 663–664.

der auf dem amerikanischen Kontinent heimischen *Micrurus*) imitiert wird. Und diese wiederum von der harmlosen und trickreichen Milchschlange. Mehr Bluff geht nicht, oder?

# Kapitel 4
## Meister der Tarnung

Jervis Bay an der Ostküste Australiens. 2009 machte der Biologe Matthew Lawrence bei einem Tauchgang eine spektakuläre Entdeckung. Der Meeresboden vor ihm war von leeren Muscheln übersät: vor allem von Venusmuscheln und Kammmuscheln, mit flachem, fächerartigem Gehäuse und Rippen wie Jakobsmuscheln. Und außerdem ein paar Schnecken- und Krabbenschalen. Wer hatte die vielen Muschelschalen hier abgeladen? Ein Schiff oder ein Mensch?

Nach drei Jahren Bobachtung waren sich Lawrence und seine Kollegen sicher: Der Gewöhnliche Sydney-Oktopus *(Octopus tetricus)* mit seinem gesprenkelten graubraunen Köper und weißen Augen hatte diesen Friedhof angelegt. Von 2009 bis 2012 lebte eine Gruppe von einem Dutzend Tieren in diesem Areal, und da diese Kraken-Art eine Lebensdauer von durchschnittlich einem Jahr hat, hatten hier wohl mehrere Generationen gelebt. Und in derselben Weise hat sich die Anordnung der Muscheln verändert, verlassene „Unterstände" wurden bedeckt, die Muscheln wurden von einer Seite auf die andere geschoben und neue hinzugefügt. Eine sich ständig verändernde Stadt: *Octopolis,* wo Kraken zusammenwohnen, fressen, schlafen, streiten und sich paaren. Eine wahre Überraschung, denn Kopffüßer hatten immer als Einzelgänger gegolten.

Ein paar Jahre später, im Dezember 2016, entdeckten Martin Hing und Kylie Brown vor Neuseeland eine ähnliche, 18 Meter lange und vier Meter breite Stadt, deren Boden von orangen, roten und violetten Kammmuscheln *(Mimachlamys asperrima)* bedeckt war: *Octlantis.*

Diese Entdeckung hat das Bild der Kraken als Einzelgänger revolutioniert, sie hat bewiesen, dass sie unter anderem imstande sind, wie wahre Landschaftsarchitekten ihre unmittelbare Umgebung zu gestalten, und man hat auch etwas über die Displays erfahren, mit denen sie kommunizieren.[95] Zuerst müssen wir jedoch einen Schritt zurück machen. Kraken, höchst intelligente Wesen mit acht Greifarmen, sind vor allem dafür bekannt, wahre Meister der Tarnung zu sein. Sie verändern die Farbe ihrer Haut und gleichen sie der Oberfläche an, auf der sie sitzen, hin und wieder imitieren sie sogar im Sekundenbruchteil deren Konsistenz, etwa Rauheit. Sogar noch schneller als Chamäleons. Das gelingt ihnen dank eines Mix an schichtförmig angeordneten Farbzellen, Iridophoren und Leukophoren, und Papillen, die einem neuronalen Mechanismus unterliegen. Wenn Sie jemals frischen Tintenfisch gekauft haben, haben Sie vielleicht beobachtet, dass die milchig weiße Haut in allen Farben schillert. Das Feuerwerk auf der Haut des Kalmars – wie der seiner Verwandten, der Kraken – wird von Farbzellen verursacht, die wir schon bei Chamäleons beobachtet haben. Bei Kopffüßern sind die Farbzellen jedoch viel deutlicher sichtbar: Wenn die Muskeln kontrahieren, entstehen deutlich sichtbare Farbflecke, wenn die Muskeln sich entspannen, schließen sich die Farbzellen und die Pigmente konzentrieren sich zu einem winzigen, kaum wahrnehmbaren Pünktchen.

Die Haut der Kopffüßer liegt wie ein äußerst feiner, fast durchsichtiger Schleier auf einem weißen Körper. Ihre Struktur ähnelt sehr jener der Chamäleons. Die oberste Schicht ist reich an Farbzellen, vor allem an Melanophoren, Xantophoren und Erythrophoren. Darunter befindet sich bei einigen Kopffüßern – vor allem Kalmaren, aber auch Kraken und Sepien – eine Schicht Iridophoren, die

---

95 P. Godfrey-Smith und M. Lawrence, *Long-term High-density Occupation of a Site by* Octopus tetricus *and Possible Site Modification Due to Foraging Behavior*, in "Marine and Freshwater Behaviour and Physiology", 45, 2009, S. 1–8; D. Scheel et al., *A Second Site Occupied by* Octopus tetricus *at High Densities, With Notes on Their Ecology and Behavior*, in "Marine and Freshwater Behaviour and Physiology", 50, 2017, S. 285–291.

Reflectin enthalten, ein Protein, das dieselbe Aufgabe hat wie das Guanin bei den Chamäleons. Und schließlich eine Schicht weiße Leukophoren. Dazu kommen noch eine Reihe Papillen: Hautareale, die ebenfalls Farbzellen enthalten, sich jedoch wahrscheinlich aufgrund hydrostatischen Drucks verändern. Dank dieser Fähigkeit können viele Kopffüßler wie Kraken oder Sepien einen rauen Felsen oder eine ausgefranste Alge nachahmen, sie fahren kleine Hautpapillen aus und ziehen sie nach Belieben wieder ein.

Jede Tarnung dient dazu, sich dem Blick eines Raubtiers zu entziehen, doch die Verwandlungskünste der Tintenfische werden auch bei der innerartlichen Kommunikation eingesetzt: beim Kampf zwischen Rivalen oder bei der Verführung eines Weibchens. Das haben Matthew Lawrence und seine Kollegen in „Octopolis" und „Octlantis" beobachtet.

Bei Auseinandersetzungen, wenn etwa der Gewöhnliche Sydney-Oktopus auf dem Muschelteppich eine Behausung verteidigt oder in eine bessere einziehen will, oder wenn er einen verliebten Rivalen verjagt, setzt er Displays ein, nimmt spezielle Posen ein und stellt Färbungen zur Schau. Für einen Beobachter ist leicht zu erkennen, wer der Sieger sein wird. Doch diese eindeutigen visuellen Botschaften sind natürlich nicht für Außenstehende, sondern für Artgenossen bestimmt. Bei Drohgebärden zum Beispiel wird der Gewöhnliche Sydney-Oktopus ganz schwarz, bläht sich auf, spreizt sternförmig seine acht Arme und streckt schließlich den Mantel mit dem Kopf nach oben aus, sodass eine Art Pyramide entsteht. Um einen Kampf zu vermeiden, stellt wiederum der bedrohte Artgenosse ein sehr merkwürdiges Display zur Schau: Er hebt sich, bleibt jedoch mit den Greifarmen im Boden verankert und macht sich flach, sodass er nahezu aussieht wie ein Kinderschemel.

Das Auffälligste ist jedoch seine Färbung. Die dem schwarzen, bedrohlichen Artgenossen zugewandte Körperhälfte ist schwarzweiß gestreift, die andere hingegen blassbeige. Und wenn die schwarze Gefahr am Horizont sich nicht beruhigt, flieht er und wird vielleicht ein Stückweit von dem schwarzen, bedrohlichen Tintenfisch verfolgt.

Ganz anders präsentieren die Männchen sich jedoch bei Rendezvous mit den Damen. Wenn ein Sydney-Oktopus eine Partnerin erobert hat, seinen dritten Arm von rechts in ihre Richtung ausstreckt und ihr eine Spermatophore – ein Spermienpaket – schenkt, wird das Männchen bleich mit dunklen Augen, während das Weibchen nach wie vor gesprenkelt ist.[96]

Kalmare und Kraken benutzen ihre Haut als Leinwand, auf die sie mithilfe von Farbzellen Botschaften schreiben. So auch der Karibische Riffkalmar *(Sepioteuthis sepioidea)*, der ungefähr 20 Zentimeter lang wird, in Schwärmen lebt und fliegen kann. Ja, genau. 2001 hat die amerikanische Meeresbiologin Silvia Maciá herausgefunden, dass sich Riffkalmare mit ausgebreiteten „Flügeln" – eigentlich Schwanzflossen – zwei Meter aus dem Wasser herauskatapultieren und ungefähr zehn Meter fliegen können, bevor sie wieder ins Wasser fallen.[97] Abgesehen von der Flugshow[98] kann diese Art mindestens vier typische Färbungen (mit vielen Zwischentönen) annehmen. Mantel mit roten Flecken auf weißem Grund, rote Fangarme und V-förmig gespreizte Tentakel: ein Jungtier, das sich vor einem Fressfeind versteckt. Wenn ein Männchen die typische Zebrastreifen-Färbung annimmt, wobei Tentakel und Greifarme ausgebreitet und gut zu sehen sind, dann bedroht es ein anderes Männchen. Um ein Weibchen zu umwerben, „malt" es ein

---

96 D. Scheel, P. Godfrey-Smith und M. Lawrence, *Signal Use by Octopuses in Agonistic Interactions*, in "Current Biology", 26, 2016, S. 377–382.

97 S. Maciá et al., *New Observations on Airborne Jet Propulsion (Flight) in Squid, With a Review of Previous Reports*, in "Journal of Molluscan Studies", 70, 2004, S. 297–299.

98 Die bekanntesten sind zweifellos die im Pazifik lebenden Kalmare *(Todarodes Pacificus)*, die auch „fliegende Tintenfische" genannt werden; sie sind die schnellsten und legen die größten Strecken zurück. Sie katapultieren sich aus dem Ozean und stoßen mit Hochdruck einen Wasserstrahl aus ihrem Blasloch aus, spreizen die Flossen und fliegen 30 Meter mit einer Geschwindigkeit bis zu 11,2 Meter pro Sekunde. Schneller als Usain Bolt, der bei den Olympischen Spielen in London mit einer Durchschnittsgeschwindigkeit von 10,31 Meter pro Sekunde (und einer Spitzengeschwindigkeit von 12,5 Metern pro Sekunde) gewann.

rotes, V-förmiges Zeichen auf seinen Mantel. Und als i-Tüpfelchen kann dieser im Golf von Mexiko und in der Karibik heimische Kalmar sogar zwei Signale gleichzeitig senden, indem er die Tafel, auf die er schreibt, zweiteilt: auf der einen, dem Weibchen zuge-wandten Seite setzt er die romantische Werbung mit dem roten V fort, auf der anderen Seite nimmt er die Zebrastreifen-Färbung an, um alle eventuell näherkommenden Männchen abzuschrecken. Ein entschieden doppeldeutiges Signal.[99]

Auch der im Mittelmeer heimische Gewöhnliche Tintenfisch *(Sepia officinalis)* kann viele Farben annehmen. Eine bedrohliche hell-dunkle, rotbraune Zebrastreifen-Färbung ist ein konservatives Signal, das von vielen verschiedenen Tintenfischarten auf ähnliche Art und Weise, im selben Kontext mit derselben Bedeutung einge-setzt wird. Unter anderem auch von der Riesensepia *(Sepia apama)*, der größten Sepie der Welt mit einer Gesamtlänge bis zu einem Meter, die bei der Werbung nahezu hypnotisierende Rituale an-wendet. Die Hautfarbe der Männchen verändert sich rasch, wie auf einer Walze mit farbigen Motiven, wie Muster auf einem Bild-schirm, wie schnell dahinziehende Wolken. Deshalb heißt dieses Phänomen, mit dem ein Männchen ein Weibchen beeindrucken will, auf Englisch *passing clouds*. Für gewöhnlich besteht eine Gruppe aus einem Dutzend Tieren, doch in Point Lowly nordöst-lich von Whyalla in der Region Upper Spencer Gulf sammeln sich Hunderttausende Tiere, wobei das Weibchen-Männchen-Verhältnis 1 zu 11 beträgt. In diesem Chaos tragen die Riesensepia-Männchen ritualisierte Kämpfe aus, mit Displays und Posen, die einem genau festgelegten Schema folgen, bei dem die Rivalen einander aufmerk-sam mustern und Größe sowie Kampfbereitschaft des anderen ein-schätzen. Eine sehr vorteilhafte Methode, die es erlaubt, keine

---

99  R. A. Byrne et al., *Squids Say it With Skin: A Graphic Model for Skin Displays in Caribbean Reef Squid*, in "Berliner paläobiologische Abhandlungen", 3, 2003, S. 29–35; J. Mather, *Mating Games Squid Play: Reproductive Behaviour and Sexual Skin Displays in Caribbean Reef Squid* Sepioteuthis sepioidea, in "Marine and Fresh-water Behaviour and Physiology", 49, 2016, S. 359–373.

Energie auf unnötige Kämpfe zu verschwenden, bei denen man sich verletzen oder gar sterben könnte.

Die beiden Rivalen nehmen eine Kopf-an-Kopf-Haltung ein, halten Fang- und Greifarme eng am Körper, mustern einander und beurteilen die Größe des jeweils anderen. Wenn einer der beiden schon jetzt einsieht, dass es keinen Sinn macht weiterzumachen, zieht er sich rücklings zurück, sonst kommt es zu einer Eskalation. In diesem Fall stellen die Männchen sich nebeneinander und intensivieren das Farbspiel, bis sie einander von vorne und der Seite schubsen, was zur Kapitulation eines der beiden führt, worauf das größere Männchen sich mit dem Weibchen paart.

Manche können nicht ihre Muskeln spielen lassen und kämpfen mit anderen Waffen. Zwischen den vielen Goliaths befindet sich hin und wieder auch ein David, der seine Kontrahenten mit List schlägt und die Färbung eines Weibchens annimmt. So täuscht er die Rivalen und schwimmt ungesehen, allenfalls umworben, zu den Weibchen, die von den großen dominanten und ortstreuen Männchen beschützt werden.[100]

In der Unterwasserwelt – und nicht nur dort – muss man manchmal gar nicht balzen, bedrohen oder bluffen, es reicht, die Waffen zu präsentieren, sofern man welche besitzt. Der Blaugeringelte Krake *(Hapalochlaena lunulata),* ein kleiner Bewohner australischer Korallenriffe, der bis zu zehn Zentimeter groß wird und ein Gewicht von 50–80 Gramm erreicht, ist wie die meisten Tintenfische ein Meister der Tarnung. Wenn man ihn stört, wechselt er im Nu die Farbe. Er wird blassgelb und auf seiner Haut erscheinen ungefähr 60 hellblau leuchtende, schwarz umrandete und schnell pulsierende Ringe. Jedes Pulsieren dauert ungefähr eine Drittelsekunde. Auch dieses Display wird von Farbzellen und Iridophoren verursacht. Das Hellblau leuchtet aufgrund von Iridophoren, die von Chromatophoren umgeben und von Muskelfasern überlagert

---

100 A. K. Schnell et al., *Cuttlefish Perform Multiple Agonistic Displays to Communicate a Hierarchy of Threats*, in "Behavioral Ecology and Sociobiology", 70, 2016, S. 1643–1655.

werden. Bei kontrahierten Muskeln ziehen sich auch die Iridophoren zusammen und werden von Chromatophoren überlagert, wenn die Muskelfasern sich entspannen, dehnen sich auch die Iridophoren kreisförmig aus, während die Chromatophoren für den schwarz-braunen Kontrast sorgen.[101] Das ist eine eindeutige Warnfärbung: Die pulsierenden Ringe rufen „Achtung, Gefahr!", denn der Biss des kleinen Tintenfischs ist zwar schmerzlos, aber hoch giftig und kann auch für Menschen tödlich sein. Er injiziert Tetrodotoxin, eines der stärksten Nervengifte, hundertmal so toxisch wie Zyankali. Ein Gift, das von Bakterien in der Speicheldrüse der Blaugeringelten Krake produziert wird, gegen das es kein Gegengift gibt und das allmählich die willkürliche Muskulatur lähmt. Stören wir ihn also nicht länger und verschwinden wir!

Alle diese Displays, das Pulsieren und diverse Posen sind visuelle Signale, doch es gibt eine irritierende Tatsache: Kopffüßer scheinen farbenblind zu sein. In ihren Augen gibt es nur eine Art von Sehzellen. Doch offenbar finden sich in der Haut dieser Tiere dieselben Sehzellen, und möglicherweise nehmen sie auf diese Weise die eigene Farbe und die ihrer Umgebung wahr. Vielleicht fungieren die Farbzellen als Filter, empfangen einige Lichtwellen, und die Sehzellen reagieren dann jeweils auf unterschiedliche Weise, je nachdem, ob sie sich unterhalb von Erythrophoren oder Xantophoren etc. befinden. Doch das ist im Augenblick nur eine Hypothese.[102]

Auch unterhalb der Wasseroberfläche wird mithilfe von Biofluoreszenz kommuniziert, etwa von Knochenfischen *(Osteichthyes)* – insbesondere von Strahlenflossern –, aber auch von Knorpelfischen *(Condrichtyes)*, vor allem Plattenkiemern, Hai- und Rochenartigen. Es gibt 180 fluoreszierende Arten, die 50 Familien und

---

101 L. M. Mäthger et al., *How Does the Blue-ringed Octopus (*Hapalochlaena lunulata*) Flash its Blue Rings?*, in "Journal of Experimental Biology", 215, 2012, S. 3752–3757.

102 L. M. Mäthger et al., *Evidence for Distributed Light Sensing in the Skin of Cuttlefish* Sepia officinalis, in "Biology Letters", 2010, 6; M. D. Ramirez und T. Oakley, *Eye-independent, Light-activated Chromatophore Expansion (LACE) and Expression of Phototransduction Genes in the Skin of* Octopus bimaculoides, in "Journal of Experimental Biology", 218, 2015, S. 1513–1520.

16 Ordnungen angehören.[103] Manche von ihnen, etwa der Jamaika-Stechrochen *(Urobatis jamaicensis)*, absorbieren im Dunkeln UV-Licht und strahlen die Wellenlängen im grünen Spektrum wieder ab, so auch der Sandeidechsenfisch *(Synodus dermatogenys)* und die Larve des Blauen Doktorfisches *(Acanthurus coeruleus)*, eines Verwandten Dorys in *Findet Nemo*. Erst 2016 wurden der Katzenhai *(Cephaloscyllium ventriosum)* und der Kettenkatzenhai *(Scyliorhinus retifer)*, amerikanische Verwandte unseres Katzenhais, der Liste hinzugefügt. Die Blaurand-Seezunge *(Soleichtys heterorhinos)*, der Warzen-Anglerfisch *(Antennarius maculatus)*, der Buckel-Drachenkopf *(Scorpaenopsis diabolus)* und die Liegende Seenadel *(Corythoichthys haematopterus)* hingegen strahlen Licht im roten Spektrum zurück.

Diese im Dunkeln angeknipsten Lampen haben eine sehr unterschiedliche Funktion. Manche Fische verwenden sie als Tarnung, um auch im Dunkeln mit der Umgebung zu verschmelzen und nachts das Prädationsrisiko zu verringern. Drachenköpfe zum Beispiel leben auf felsigem Untergrund oder zwischen Korallen und leuchten nachts genauso rot wie die Algen und Korallen, zwischen denen sie sich verstecken. Für andere wiederum ist das Leuchten eine sehr effiziente Methode der Kommunikation, um einander im Dunkeln zu erkennen und einen passenden Sexualpartner zu finden. Es wäre sehr unbequem, wenn man in der Finsternis zu lange nach einem Exemplar der eigenen Art und des anderen Geschlechts suchen müsste. Die Sache kann kompliziert werden, wenn zwei Arten einander sehr ähneln und im selben Revier zusammenleben. Das ist der Fall bei einigen Synodus-Arten – beim Diamant Eidechsenfisch *(Synodus synodus)* und beim Atlantischen Eidechsenfisch *(Synodus saurus)*, die auf den verschlungenen Pfaden der Evolution mithilfe von Trial-and-error eine akzeptable Lösung gefunden haben.

---

103 J. S. Sparks et al., *The Covert World of Fish Biofluorescence: A Phylogenetically Widespread and Phenotypically Variable Phenomenon*, in "Plos One", 2014, https://doi.org/10.1371/journal.pone.0083259.

Im weißen Licht haben beide Fische eine sehr ähnliche sandfarbene oder orange Färbung, doch im Dunkeln unterscheidet sich ihr fluoreszierendes Muster: Der erste fluoresziert am ganzen Körper und an manchen Stellen der strahlförmigen Flossen; der zweite nur am Rücken und am Rand der Flossen. Beim Schwellhai *(Cephaloscyllium ventriosum)* und beim Kettenkatzenhai *(Scyliorhinus retifer)* hingegen dient die Fluoreszenz nicht nur dazu, einander in großen Tiefen – von 30 bis zu mehreren Hundert Metern – zu erkennen und sich auf diese Weise nachts vom Boden abzuheben, möglicherweise bietet sie darüber hinaus auch Schutz gegen Bakterien. Dafür zuständig sind bromierte (bromhaltige) Verbindungen aus dem Trypthopan-Kynurenin-Stoffwechsel.[104]

In großen Meerestiefen ein Licht anzuknipsen (und nicht zu fluoreszieren) ist mitunter eine hervorragende Strategie, um zu kommunizieren oder eventuelle Beutetiere zu bluffen und seinen Appetit zu stillen. Dabei handelt es sich jedoch um Biolumineszenz bzw. um die Fähigkeit, mithilfe chemischer Reaktionen Lichtblitze zu erzeugen.

In der Tiefsee lebende Armflosser, zu denen auch der Seeteufel gehört, haben eine elegante Methode entwickelt, um ihre Opfer zu täuschen: die „Angel" *(Illicium)*, eine lange und dünne, fleischige Antenne, die aus dem ersten Hartstrahl der Rückenflosse gebildet wird. Sie ist eine Art Köder, der vor dem Maul des Seeteufels baumelt und wie eine Laterne bewegt und angeknipst werden kann, um andere Fische, Krustentiere und Muscheln anzulocken. Doch nur die Weibchen besitzen diesen Köder. Bei dieser schuppenlosen Ordnung sind die Weibchen riesige Ungeheuer und die Männchen winzige Anhängsel.

Bei den Weibchen nimmt der Kopf ein Drittel und manchmal sogar die Hälfte des Körpers ein, oft haben sie einen Vorbiss voller

---

104 D. F. Gruber et al., *Biofluorescence in Catsharks* (Scyliorhinidae*): Fundamental Description and Relevance for Elasmobranch Visual Ecology*, in "Scientific Reports", 6, 2016; H. B. Park et al., *Bright Green Biofluorescence in Sharks Derives from Bromo-Kynurenine Metabolism*, in "iScience", 2019, S. 1291–1336, https://doi.org/10.1016/j.isci.2019.07.019.

spitzer Zähne. Das Öffnen des Mauls erzeugt einen Sog, dem sich die Beute, die sich dem Köder zu sehr genähert hat, nicht entziehen kann. Dieses furchterregende Tiefsee-Einhorn lebt in einer Tiefe von bis zu 1000 Metern, wo kein Lichtstrahl mehr das Dunkel erhellt.

Die Männchen hingegen kleben wie winzige Warzen an den Weibchen, ihre einzige Funktion besteht darin, Samenspender zu sein. Sie nähren sich direkt aus dem Bauch des Weibchens, und dieses erhält als Dank einen ständigen Spermafluss, mit dem die Eier befruchtet werden. Damit Sie sich die Dimensionen besser vorstellen können: Das Weibchen des Kroyers-Tiefseeanglerfischs, der in tropischen Gewässern in Tiefen zwischen 400 und 2000 Metern lebt, kann eine Länge bis zu einem Meter und ein Gewicht von bis zu sieben Kilo erreichen, während das an ihm klebende Männchen nur eineinhalb Zentimeter groß ist.[105] Wie gesagt ist das Illicium eine tödliche Falle: ein Köder, über den die Weibchen verfügen, und der beliebig geschwenkt werden kann. Beim *Cryptopsaras couesii,* der einen halben Meter lang und bei dem das Männchen zwei Zentimeter groß ist, wird die Angel von gut fünf Muskelpaaren aufgerichtet und geschwenkt, sie erlauben sogar eine Drehbewegung.[106]

Doch der Clou besteht im Anknipsen des Lichts: Die Laterne an der Angel wird dank einiger Symbionten, Vibrio-Bakterien, entzündet: dem *Enterovibrio luxaltus,* das nur beim Tiefsee-Anglerfisch *Cryptopsaras couesii* vorkommt, und dem *Enterovibrio escacola,* das auch bei anderen Arten auftritt.

Diese Bakterien zeichnen sich durch eine besondere Art der Symbiose aus, einem Mittelding aus Endosymbiose, bei der das Bakterium im Inneren eines anderen Organismus lebt, und einer Ektosymbiose, bei der das Bakterium außerhalb lebt. Die Symbionten der

---

105  R. Froese und D. Pauly, *Ceratias Holboelli*, 2014, https://www.fishbase.se/summary/Ceratias-holboelli.html.

106  M. Shimazaki und K. Nakaya, *Functional Anatomy of the Luring Apparatus of the Deep-sea Ceratioid Anglerfish Cryptopsaras couesii (*Lophiiformes: Ceratiidae*),* in "Ichthyological Research", 51, 2004, S. 33–37.

Anglerfische, die für die Biolumineszenz des Leuchtorgans verantwortlich sind, haben im Vergleich zu ihren im Wasser lebenden Verwandten eine um die Hälfte reduzierte DNA (typisches Merkmal der Endosymbiose), und gehen in der Angel gewissermaßen ein und aus. Sie haben die Gene verloren, die für die Produktion von Aminosäuren und den Abbau von Glukose zuständig sind, jedoch die Gene beibehalten, die für die Ausbildung einer Geißel, eines Schwanzes, notwendig sind, mit dem sie sich im Wasser bewegen. Diese Bakterien der Enterovibrio-Gattung werden von weiblichen Anglerfischen direkt aus dem Wasser aufgenommen. Larven und Männchen weisen keine biolumineszierenden Symbionten auf.[107]

Der Beutezug der Anglerfische beruht also auf einem Bluff, doch bei Meerestieren kann die Biolumineszenz auch eine Warntracht sein wie bei der Gemeinen Napfschnecke *(Latia neritoides),* der einzigen Süßwasserschnecke, die einen grünlichen biolumineszierenden Schleim produziert, der Raubtiere abschrecken soll.[108] Oder bei der Scharlachroten Garnele *(Acanthephyra purpurea),* die seitlich am Körper Leuchtorgane, winzige Drüsen besitzt, die Licht erzeugen. Während der Vampirtintenfisch *(Vampyrotheutis infernalis),* der in den Tropen in großen Tiefen lebt, zwei Taktiken kombiniert: Die Leuchtorgane, die seinen Körper bedecken, erzeugen Lichtimpulse, die von einem Sekundenbruchteil bis zu mehreren Minuten dauern, sowohl um Beutetiere zu überrumpeln, als auch um Raubtiere zu verwirren. Wenn das Raubtier nicht wegschwimmt, stößt er aus den Spitzen seiner acht Arme (er besitzt keinen Tintenbeutel) eine Wolke klebrigen blauen, biolumineszierenden Schleims

---

107 L. J. Baker et al., *Diverse Deep-sea Anglerfishes Share a Genetically Reduced Luminous Symbiont That is Acquired From the Environment,* in "eLife", 2019, https://doi.org/10.7554/eLife.47606; M. Haygood und D. Distel, *Bioluminescent Symbionts of Flashlight Fishes and Deep-sea Anglerfishes Form Unique Lineages Related to the Genus Vibrio,* in "Nature", 363, 1993, S. 154–156.

108 V. B. Meyer und R. S. Moore, *Biology of Latia Neritoides Gray 1850 (*Gastropoda, Pulmonata, Basommatophora*): The Only Light-producing Freshwater Snail in the World,* in "Internationale Revue der Gesamten Hydrobiologie und Hydrographie", 73, 1988, S. 21–42.

aus, der bis zu zehn Minuten im Wasser treibt, während er ungesehen in der Dunkelheit davonschwimmt. Im schlimmsten Fall bleibt der Schleim am Raubtier kleben und verhindert jeglichen Angriff.[109]

Biolumineszenz als Methode inner- und zwischenartlicher Kommunikation hat sich bei Meerestieren mindestens 40-mal unabhängig voneinander (konvergent) entwickelt. Der Riesen-Pfeilkalmar *(Dosidicus gigas),* der bis zu eineinhalb Meter groß wird, auch Humboldt-Kalmar genannt, lebt in Schwärmen von 100 bis zu 1000 Exemplaren. Auch er setzt beim Fressen und Auffinden von Nahrungsplätzen auf Biolumineszenz,[110] genau wie andere, winzige und in Kolonien lebende Meeresorganismen. *Pyrosoma,* die Meeresleuchten verursachen und deren lateinischer Name „Feuerwalzen" bedeutet, sind gallertartige, durchsichtig-weißliche Organismen, die zum Plankton gehören und die wir nur selten beobachten. 2015 hat man vor Tansania eine riesengroße, mehrere Meter lange Kolonie gesichtet: Tausende *Pyrosoma atlanticus* sind an der nordamerikanischen Pazifikküste gestrandet und verrottet.

Die Kolonien bestehen aus Hunderten oder Tausenden Individuen, die nur wenige Millimeter groß sind und Zooiden genannt werden: Einzeltiere in gemeinsamem Mantel, in einem länglichen zentralen Hohlraum angeordnet, mit Einströmöffnungen nach außen und Ausströmöffnungen nach innen: Ein „Fenster" blickt hinaus, um das Wasser des Ozeans anzusaugen; das andere blickt nach innen, um das Wasser auszustoßen, das mithilfe des Cilienschlags in den Kiemendärmen, in dem sich mikroskopisch kleine Algen und Pflanzenzellen verfangen, gefiltert wird.

In einer Kolonie von Hunderten oder Tausenden Zooiden kommunizieren die Individuen ausschließlich mithilfe von Lichtspielen,

---

109 B. H. Robison et al., *Light Production by the Arm Tips of the Deep-sea Cephalopod* Vampyroteuthis infernalis, in "The Biological Bulletin", 205, 2003, S. 102–109.

110 B. P. Burford und B. H. Robison, *Bioluminescent Backlighting Illuminates the Complex Visual Signals of a Social Squid in the Deep Sea,* in "Proceedings of the National Academy of Sciences", 117, 2020, S. 8524–8531.

sie können nicht über ein neuronales Netz miteinander kommunizieren, sondern jedes Individuum reagiert auf das von anderen Zooiden und sogar von anderen Kolonien in der Nähe produzierte Licht. Jedes Zooid besitzt in seinem Inneren – genauer gesagt, in paarigen Leuchtorganen im Kiemendarmbereich – biolumineszierende Symbionten, die ein blasses blaugrünes Licht produzieren. Wenn die Leuchtorgane stimuliert werden, produzieren die Bakterien eine Reihe von Lichtblitzen, mithilfe derer die Kolonie die Bewegungen koordiniert. Es handelt sich zwar um Plankton, das vor allem mit der Strömung treibt, doch eine Kolonie kann sich nur bewegen, wenn alle Zooiden die Cilien der Kiemendärme in dieselbe Richtung und gleichzeitig bewegen und so eine Strömung verursachen, die als Antrieb wirkt.[111]

1995 entdeckten Unterwassertaucher am Meeresboden vor der Küste der Insel Amami im Ryukyu-Archipel merkwürdige geometrische Kreismuster mit einem Durchmesser von ein paar Metern. Die Muster in einer Tiefe von 10 bis 30 Metern blieben ein paar Tage im Sand und verschwanden wieder. Ein Jahrzehnt lang wurden sie mit Kornkreisen verglichen: ein unlösbares Rätsel. Erst 2014 wurde der Urheber dieser Kreise gefunden: der ungefähr 12 Zentimeter lange Weißgefleckte Kugelfisch *(Torquigener albomaculosus)* mit silbrigem Bauch, braunem Rücken und vielen weißen Flecken.

Das Kugelfischmännchen gräbt mit seinem Bauch und der Schwanzflosse „Sandkreise": Zuerst legt es den äußersten Kreis an, dann schwimmt es ins Zentrum und wieder nach außen und schafft auf diese Weise strahlenförmig angeordnete Erhebungen und Täler. Den gröberen Sand ordnet es außen, den feineren innen an, wobei es darauf achtet, im Zentrum eine flache Zone mit ganz feinem Sand freizulassen. Wenn das Muster fertig ist, macht es sich

---

111 M. R. Bowlby, E. Widder und J. Case, *Patterns of Stimulated Bioluminescence in Two Pyrosomes* (Tunicata: Pyrosomatidae), in "The Biological Bulletin", 179, 1990, S. 340–350; E. A. Widder, *Bioluminescence in the Ocean: Origins of Biological, Chemical, and Ecological Diversity*, in "Science", 328, 2010, S. 704–708.

an die Dekoration: Mit dem Maul sammelt es vorsichtig Muscheln und Korallenstücke und legt sie sorgfältig wie Designerstücke auf die Erhebungen. Nach ungefähr zehn Tagen ist das Werk vollendet, jetzt wartet das Männchen nur noch darauf, dass ein Weibchen kommt und es begutachtet, und hält solange sein Werk instand. Wenn ein Weibchen kommt, zeigt der männliche Kugelfisch ihm seinen „Sandkreis", wirft etwas Sand auf und schwimmt immer wieder zu dem Weibchen hin, das es beurteilt. Ist das Weibchen beeindruckt, stimmt es der Paarung zu, laicht genau in der Mitte des Kreises, im Flachen, ab und schwimmt wieder davon. Der männliche Kugelfisch bewacht nun für die nächsten fünf bis sechs Tage die Eier, bis die Jungen schlüpfen, während sein Werk langsam von der Strömung zerstört wird.

Das vom Kugelfischmännchen geschaffene Kunstwerk fungiert in erster Linie als Nest, die Erhebungen und Täler dienen dazu, die Geschwindigkeit des nach außen abfließenden Wassers um 25 Prozent zu verringern, sodass eine ruhige und geschützte Zone entsteht, in der das Weibchen ablaichen kann. Doch dieses ausgetüftelte und aufwendige Muster ist auch ein aufrichtiges, an die weiblichen Artgenossen gerichtetes Signal: Größere Männchen können den Sand weiter schieben als kleine Männchen, auf diese Weise schaffen sie tiefere Täler zwischen den Erhebungen. Offenbar sind die Weibchen in der Lage, den Gesundheitsstatus des Männchens aufgrund der Größe des Sandkreises zu beurteilen.

Vielleicht beurteilen die Weibchen aber auch andere Faktoren wie Höhe und Anzahl der Erhebungen, deren Anordnung und Farbe sowie die Körnigkeit des Sandes. Vielleicht ist ausgerechnet das der wichtigste Parameter: Kein Weibchen kann einem Bett aus ganz feinem Sand widerstehen, den das Männchen bei der Werbung extra aufwirft, um sein Werk zu zeigen.[112]

---

112  R. Mizuuchi et al., *Simple Rules for Construction of a Geometric Nest Structure by Pufferfish*, in "Scientific Reports", 8, 2018, S. 1–9; H. Kawase et al., *Spawning Behavior and Paternal Egg Care in a Circular Structure Constructed by Pufferfish,* Torquigener albomaculosus (Pisces: Tetraodontidae), in "Bulletin of Marine Science", 91, 2015, S. 33–43.

Verlassen wir einen Augenblick das Salzwasser und springen wir in einen asiatischen Fluss. Denn auch im Süßwasser inszenieren Lebewesen ritualisierte Kämpfe mit raffinierten Paraden, wobei sich Bewegungsabläufe identisch wiederholen. Sie haben den Zweck, die Fähigkeiten des Herausforderers auszuloten und wertvolle Informationen über Größe und Kampfbereitschaft auszutauschen, herauszufinden, ob es sich tatsächlich lohnt, „in den Kampf zu ziehen".

Die Rede ist von Fischen mit großen, geschwungenen Flossen, die im Wasser wehen wie Vorhänge im Wind: vom Siamesischen Kampffisch aus der Familie der *Osphronemidae*, den wir erst in den letzten Jahren besser kennengelernt haben – 2005 waren 55 Arten klassifiziert, mittlerweile sind es 70.

Die prächtigen Männchen des Siamesischen Kampffisches *(Betta splendens)* bauen Schaumnester aus Speichel, in die sie die befruchteten Eier transportieren. Doch bevor das Männchen eine Familie gründen kann, muss es die Konkurrenz ausschalten. Beim Anblick eines anderen Männchens spreizt es die Flossen, reißt die Kiemen auf und zeigt die bunte Kehle. Als ob dieses erste Kräftemessen nicht reichte, folgt nun ein richtiger Kampf mit Bissen und Verfolgung, bis eines der beiden ablässt. Die außerordentlich aggressiven und kampfbereiten Männchen ersparen auch den Weibchen keine Bisse. Um ein Weibchen zu gewinnen, schwimmt das Männchen vor ihm auf und ab und stellt seine prächtigen Flossen und Farben zur Schau. Wenn das Weibchen sich ziert, beißt das Männchen mitunter sogar zu und reißt ihm Flossen aus. Besonders in Gefangenschaft artet die Aggressivität dieser Fische mitunter aus. Doch wenn zwei sich mögen, ist die Werbung sehr zärtlich. Das Weibchen versteckt sich unter dem Schaumnest, das Männchen umschlingt das auf den Rücken gedrehte Weibchen mit den Flossen, und die beiden sinken wie in Trance zu Boden. Nach mehreren Umarmungen laicht das Weibchen die Eier ab, die vom Männchen befruchtet, eingesammelt und ans Schaumnest geklebt werden. Auch der Glänzende Zwergbuntbarsch *(Nannacara anomala)*, der in Südamerika, in den Flüssen Guyanas und Surinams heimisch ist und fünf bis sechs Zentimeter groß wird, hat sehr gut entwickelte Flossen: die After- und die Rückenflosse, die über den ganzen Rücken reicht. Auch die Zwergbuntbarschmännchen legen während der Fortpflanzung Territorialverhalten an den Tag und veranstalten regelrechte Duelle, um paarungsbereite Weibchen zu gewinnen.

Zuerst schwimmen die Rivalen Seite an Seite und spreizen die Flossen, um Informationen über die jeweilige Größe auszutauschen. In dieser Phase wird dem Rivalen der gut sichtbare schwarze Längsstreifen gezeigt. Dann schlagen die beiden abwechselnd mit der Schwanzflosse und verursachen so eine Strömung in Richtung des Rivalen. Auch das ist eine Kraftprobe, die sorgfältig eingeschätzt werden muss. Wenn keiner der beiden Rivalen ablässt und jeder glaubt, er könne den anderen besiegen, machen sie weiter, stellen sich einander gegenüber und schwenken die Flossen. Nun beginnt mitunter ein Mund-an-Mund-Kampf, *mouth wrestling* genannt: Die beiden packen einander an den Kiefern, puffen einander und zerren aneinander, um die Kraft des anderen einzuschätzen. Wenn der Kampf andauert, verfolgen sie einander in immer enger werdenden Kreisen und beißen sich. Schließlich signalisiert der Verlierer seine Niederlage, indem er die Flossen einzieht, die Farbe wechselt und davonschwimmt.[113]

Jede Phase dient dazu, Größe und Kampfbereitschaft des anderen einzuschätzen: Auseinandersetzungen zwischen gleich großen Männchen werden sehr wahrscheinlich bis zur letzten Phase durchgehalten; wenn es hingegen von Anfang an ein deutliches Gefälle zwischen den Rivalen gibt, wird der Kampf vor der gefährlichen

---

113 M. Enquist et al., *Visual Assessment of Fighting Ability in the Cichlid Fish* Nannacara anomala, in "Animal Behaviour", 35, 1987, S. 1262–1264; M. Enquist et al., *A Test of the Sequential Assessment Game: Fighting in the Cichlid Fish* Nannacara anomala, in "Animal Behaviour", 40, 1990, S. 1–14; O. Brick, *Fighting Behaviour, Vigilance and Predation Risk in the Cichlid Fish* Nannacara anomala, in "Animal Behaviour", 56, 1988, S. 309–317; P. L. Hurd, *Cooperative Signalling Between Opponents in Fish Fights*, in "Animal Behaviour", 54, 1997, S. 1309–1315.

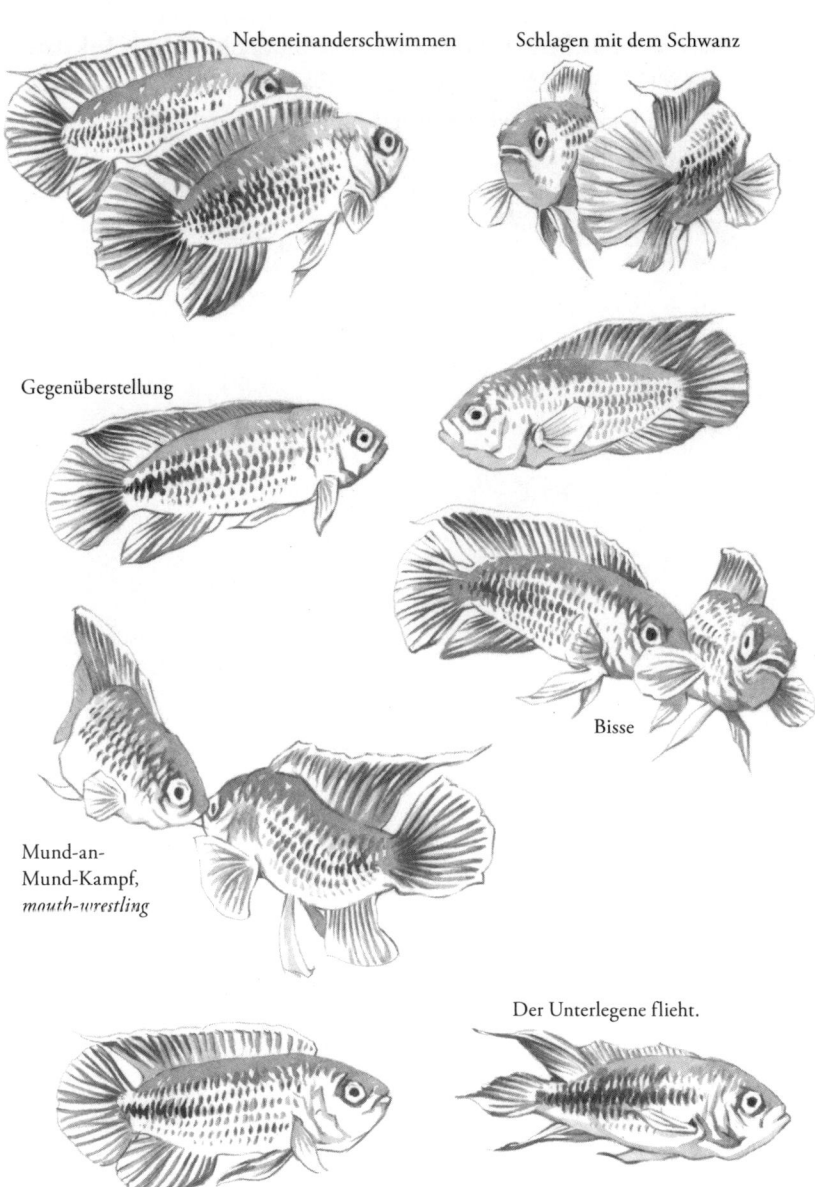

Nebeneinanderschwimmen

Schlagen mit dem Schwanz

Gegenüberstellung

Bisse

Mund-an-
Mund-Kampf,
*mouth-wrestling*

Der Unterlegene flieht.

Die Männchen des Glänzenden Zwergbuntbarschs *(Nannacara anomala)* duellieren sich mit komplexen Ritualen, die aus Paraden, Mund-an-Mund-Kämpfen und Bissen bestehen.

Phase abgebrochen. Auf diese Weise verhindert man eine Eskalation von Gewalt und reduziert die Stoffwechselkosten des Kampfes. Als würde man sich wie bei einem Body-Building-Wettbewerb auf Sicht über den Sieger verständigen.

## Kapitel 5
## Dance me to the End of Love

Es gibt über zwei Millionen klassifizierte Arten. Mehr als 945.000 davon gehören der wunderbaren Welt der Insekten an:[114] Wesen mit sechs Beinen, Meister der Verwandlung und der Anpassung. Lästig, giftig, stichfreudig, mitunter tödlich, aber auch sehr bunt, beweglich, organisiert und unersetzlich für unser Leben und das Leben auf diesem Planeten, wie wir es heute kennen.

Wanzen und Mücken sind zwar lästig, doch wir sollten uns keinesfalls wünschen, dass Insekten verschwinden. Wir brauchen sie zur Bestäubung und zum Abbau organischer Materie, sie sind die Hauptnahrungsquelle vieler anderer Tiere und liefern eine Menge Ökosystemdienstleistungen – Dienstleistungen, die die Natur und im Besonderen ein intaktes Ökosystem gratis liefert, etwa die Bereitstellung von sauberer Luft und sauberem Wasser, Klimaregulation und Verhinderung von Krankheiten,[115] bis hin zum Wohlbefinden, das uns ein Spaziergang auf dem Land oder eine Wanderung in den Bergen bereiten. Auch Insekten tragen dazu bei.

In den letzten 36 Jahren haben wir jährlich zwischen 2,2 und 2,7 Prozent der totalen Biomasse der Insekten verloren. Gründe dafür reichen vom Einsatz von Pestiziden bis zum menschengemachten Klimawandel. Wenn wir so weitermachen, werden in

---

114  https://www.catalogueoflife.org.

115  Zu den Ökosystemdienstleistungen gehört in besonderer Weise die Verhinderung von Krankheiten. Ein gesundes und funktionierendes Ökosystem trägt dazu bei, dass die Büchse der Pandora geschlossen bleibt. Die Covid-19-Pandemie hat uns daran erinnert: Die Zerstörung und Zerstückelung des Habitats vieler Wildtiere und direkter Kontakt mit unterschiedlichen Arten, möglicherweise auf den Verkaufstischen eines Feuchtmarktes, macht es einem Virus sehr leicht, schnell von einer Art zur anderen überzuspringen.

den kommenden Jahrzehnten 40 Prozent aller Insektenarten aussterben: ca. 380.000 Arten.[116] Es ist, als würden wir in einem Jenga-Turm den untersten Baustein entfernen und hoffen, dass der Turm nicht zusammenfällt.

In der Welt der Sechsfüßer gibt es faszinierende Wesen, Meister des Bluffs und der Verwandlung, wie Phasmiden oder Gespenstschrecken (vom griechischen *phasma* – Gespenst), auch als Stabschrecken bekannt. Die griechische Wurzel ihres Namens bezieht sich tatsächlich auf ihre große Fähigkeit zur Tarnung: Diese Insekten verschmelzen geradezu mit der Vegetation. Mit ihrem langen, dünnen Körper, den zarten Beinchen und Fühlern sehen sie aus wie Stängel oder kleine Zweige, durch die zumeist braungrüne Farbe sind sie für neugierige Augen nicht zu sehen, und aufgrund ihrer schwankenden Bewegungen ähneln sie oft Blättern und Zweigen im Wind.

Der Name „Stabschrecken", unter dem sie bekannt sind, wird dieser Ordnung, zu der insgesamt 3000 Arten gehören, jedoch nicht ganz gerecht, denn manche ähneln eher Blättern oder Blüten als Zweigen. Das grüne Wandelnde Blatt *(Phyllium bioculatum)*, das aus Malaysia stammt und in Südostasien heimisch ist, hat einen flachen, breiten und sehr zarten Körper und ebensolche Beine. Es sieht tatsächlich aus wie ein im Wind zitterndes Blatt. Und da ein frisches Blatt durchaus gut schmecken kann, verstecken sich manche vor Fressfeinden, indem sie sich als verwelktes Blatt tarnen. So hat die in Neuguinea und Nordaustralien heimische Australische Gespensterschrecke *(Extatosoma tiaratum)* eine beigebraune oder rötlich-orange Färbung, einen „blattartigen" Körper und hin und wieder mit weißen Punkten bedeckte Beine, die aussehen wie Flechten.

Ein wahrer Meister der Tarnung ist auch die in Südostasien heimische Orchideenmantis *(Hymenopus coronatus)*, die berühmteste

---

116 F. Sánchez-Bayo und K. A. G. Wyckhuys, *Worldwide Decline of the Entomofauna: A Review of its Drivers*, in "Biological Conservation", 232, 2019, S. 8–27.

der Fangschrecken: Insekten, die vorgeben, Blüten zu sein. Sie gehören zur Familie der *Hymenopodiae* und der *Empusidae* (Gottesanbeterinnen) und fressen die Bestäuber der Blüten.

Gottesanbeterinnen haben keinen guten Ruf. Sie gelten als „unbarmherzige Mörderinnen" (welches Raubtier ist das nicht?), die das Beutetier mit kräftigen Fangarmen und einem katzenartigen Sprung überwältigen. Die Fangarme bestehen aus drei Teilen – Hüftgelenken, Ober- und Unterschenkel; wenn sie angewinkelt sind, nehmen die Insekten eine kniende Haltung an, daher der Name Gottesanbeterin. Die Orchideenmantis überwältigt ihre Opfer mit einem Bluff, denn sie ähnelt perfekt einer Orchidee, sowohl was die Farbe – weißlich mit pinken Streifen – als auch was die Form anbelangt. Vor allem bei Nymphen und im Jugendstadium imitieren die lappigen Oberschenkel das Kronblatt der Orchidee. Und sogar die Stelle, wo sie aufblüht (eher auf einem Blatt denn auf anderen Blüten). Die Orchideenmantis ist ein perfekter Nachahmer, doch sie kopiert weniger eine spezielle Blüte, sondern hat vielmehr allgemeine Merkmale entwickelt. Soweit wir wissen, imitiert sie eher eine „ideale" als eine spezifische Orchidee.[117] Doch sie hat eine unfehlbare Methode, denn die verlässt sich auf ein seit Millionen Jahren bewährtes Kommunikationssystem zwischen Blütenpflanzen (Angiospermen) und Bestäubern. Die Blütenblätter weisen Nektarführer bzw. Landepisten auf, die den Insekten zeigen, wo sie landen und wohin sie gehen müssen, um Nektar zu trinken. Der Gefallen wird erwidert, denn auf dem Weg dorthin „beschmutzt" sich das Insekt mit Pollen und bestäubt auf seinem weiteren Weg andere Blumen. Wir Menschen können Nektarführer nicht immer sehen, sie sind nur im UV-Licht sichtbar, doch für Insekten sind sie wie beleuchtete Straßen. Die Orchideenmantis hat verstanden, worin der Trick besteht.

---

117 J. C. O'Hanlon, G. I. Holwell und M. E. Herberstein, *Predatory Pollinator Deception: Does the Orchid Mantis Resemble a Model Species?*, in "Current Zoology", 60, 2014, S. 90–103; J. C. O'Hanlon, G. I. Holwell und M. E. Herberstein, *Pollinator Deception in the Orchid Mantis*, in "The American Naturalist", 183, 2014, S. 126–132.

Vor allem im Jugendstadium absorbiert und reflektiert die Haut der Mantis UV-Strahlen. Diese spezielle Färbung und weniger ihre Form oder ganz allgemein das Aussehen lockt Bestäuber an. Ohne diese Färbung nimmt die Zahl der Beutetiere drastisch ab.[118] Aber wenn die Farbe zum Bluffen reicht, wozu imitiert sie dann auch noch die Form? Das ist schnell geklärt. Sehr wahrscheinlich täuschen die jungen Orchideenmantis auf diese Weise sowohl Beute- als auch Raubtiere. Die bunte Färbung und ein im UV-Licht sichtbares Muster ziehen Bestäuber an, während die an eine Orchidee erinnernde Form des Körpers ganz allgemein dazu dient, in den Augen von Raubtieren unsichtbar zu sein, die die Mantis tatsächlich für eine Blüte halten.

Sich als ein anderer auszugeben oder optisch mit der Umgebung zu verschmelzen ist eine sehr effiziente, allerdings nicht hundertprozentig effiziente Methode. Manchmal werden getarnte Gespensterschrecken oder Gottesanbeterinnen durchaus von Raubtieren entdeckt und müssen sich verteidigen. Dann stellen sie aggressive Drohgebärden zur Schau, die in Wirklichkeit Bluffs sind. Sie tun so, als wären sie gefährlich und aggressiv, sind es in Wirklichkeit aber nicht. Die Gespenstschrecken zum Beispiel spreizen plötzlich die Hinterflügel, die für gewöhnlich bunte Farben haben; dasselbe machen auch die Gottesanbeterinnen, die zusätzlich auch die Fangarme ausstrecken, mit denen sie die Beutetiere packen, sodass die oft bunten Unterschenkel sichtbar werden. Sie nehmen eine Haltung ein, die sehr einer Tai-Chi-Pose ähnelt. Wenn sich das Abendpfauenauge *(Smerinhtus ocellata)*, ein Nachtfalter mit einer Flügelspannweite von sieben bis acht Zentimetern, bedroht fühlt, spreizt es die Hinterflügel, auf denen zwei große blaue, schwarz umrandete „Augen" zu sehen sind, auf jedem Flügel eines, mit einer rosaroten Färbung am Ansatz des Flügels. Die vier irisierenden Augen des wunderschönen Tagpfauenauges *(Aglais io)*, die

118  J. C. O'Hanlon, *The Roles of Colour and Shape in Pollinator Deception in the Orchid Mantis* Hymenopus coronatus, in "International Journal of Behavioural Biology", 120, 2014, S. 652–661.

sich vom rostbraunen Flügelgrund abheben, haben eine abschreckende Wirkung auf seine Fressfeinde, Grauschnäpper und Trauerschnäpper.[119] Die Augenflecke des riesigen Idomeneus-Bananenfalters *(Caligo idomeneus)*, der bis zu 14 Zentimeter groß wird, sehen aus wie die Augen eines nachtaktiven Raubvogels. Alle *Caligo*-Arten, die im Amazonasgebiet, von Mexiko bis zu den Anden, heimisch sind, weisen dieses Merkmal auf.

Die Inszenierung funktioniert wie die Fälschung in der Kunst. Sie ist nur glaubwürdig, wenn sie nahezu so perfekt ist wie das Original.[120] Die Augen aufzureißen oder bunte Flügel aufzuspannen, sich als giftig oder gefährlich auszugeben ist eine Methode, das Raubtier zu erschrecken und den Augenblick der Verwirrung zur Flucht zu nutzen – ein Bluff, den Zoologen als „deimatisches Verhalten" bezeichnen.

Doch auch bei Insekten gibt es jede Menge Warnfärbungen, die ein Indikator für tatsächliche Gefährlichkeit sind. Der Monarchfalter *(Danaus plexippus)* signalisiert mit seinen schwarz-orangen Flügeln, dass er ungenießbar und sogar giftig ist; er hat nämlich als Raupe Seidenpflanzengewächse gefressen und damit giftige Cardenolide aufgenommen. Bienen und Wespen hingegen signalisieren mit schwarzgelben Streifen, dass sie gefährlich sind. Diese mitunter gefürchteten Tiere sind zu einer außergewöhnlichen, auf chemischen und taktilen Signalen beruhenden Kommunikation imstande. Doch bei Wespen, zumindest bei Papierwespen *(Polistes fuscatus)*, isst das Auge mit. Nicht zufällig erkennen sie einander genau wie wir Menschen am Gesicht, die Weibchen sind dabei viel besser als die Männchen.

---

119  M. Stevens, *The Role of Eyespots as Anti-predator Mechanisms, Principally Demonstrated in the Lepidoptera*, in "Biological Reviews", 80, 2005, S. 573–588; S. Merilaita et al., *Number of Eyespots and Their Intimidating Effect on Naïve Predators in the Peacock Butterfly*, in "Behavioral Ecology", 22, 2012, S. 1326–1331.

120  S. De Bona et al., *Predator Mimicry, Not Conspicuousness, Explains the Efficacy of Butterfly Eyespots*, in "Proceedings of the Royal Society B", 2015, https://doi.org/10.1098/rspb.2015.0202.

In der sozialen Hierarchie dieser Wespen gibt es mehrere Königinnen, die einander zu Duellen herausfordern, die Siegerin erwirbt neben sonstigen Privilegien das Recht, sich fortzupflanzen, und übernimmt einige Aufgaben im Nest. Um nicht aufs Neue kämpfen zu müssen, ist es sehr nützlich, sich an das Gesicht derer zu erinnern, die man besiegt oder gegen die man verloren hat. Für die Männchen hingegen, deren Daseinszweck sich auf die Fortpflanzung beschränkt, ist es nicht so wichtig, sich an das Gesicht der anderen zu erinnern. Mal ganz abgesehen davon, dass man einander im sozialen Leben immer erkennen sollte.

Das Gesicht der amerikanischen Papierwespe unterscheidet sich sehr von Individuum zu Individuum und ist im Lauf der Evolution zu einem Bezugssystem geworden: eine sehr einfache Methode, um sich zu erkennen. Wir sprechen hier nicht von einer einfachen Unterscheidung innerhalb der Kolonie, sondern von einer echten Gesichtserkennung. Das Außergewöhnliche ist, dass die Wespen nicht nur ein Detail, sondern die Gesamtheit der Gesichtszüge erkennen. Genau wie wir Menschen registrieren sie Formen und Farben, Haltungen und Proportionen. Wenn Formen und Farben künstlich verändert werden, erkennen die Wespen einander nicht mehr. Lange hat man sich gefragt, ob dieser Mechanismus vererbt oder erlernt ist, und erst 2019 hat man die Antwort gefunden: Die amerikanischen Papierwespen lernen, einander zu erkennen.[121]

Auch für die europäische Haus-Feldwespe *(Polistes dominula)*, die Cousine der amerikanischen Papierwespe, spielt das Gesicht eine wichtige Rolle. Der Clypeus, eine Art Stirnplatte an der Stelle

121 M. J. Sheehan und E. A. Tibbetts, *Specialized Face Learning Is Associated With Individual Recognition in Paper Wasps*, in "Science", 334, 2011, S. 1272–1275; N. DesJardins und E. A. Tibbetts, *Sex Differences in Face but Not Colour Learning in* Polistes fuscatus *Paper Wasps*, in "Animal Behaviour", 140, 2018, S. 1–6; L. Chittka und A. Dyer, *Your Face Looks Familiar*, in "Nature", 481, 2012, S. 154–155; E. A. Tibbetts et al., *Social Isolation Prevents the Development of Individual Face Recognition in Paper Wasps*, in "Animal Behaviour", 152, 2019, S. 71–77; E. A. Tibbetts, *Visual Signals of Individual Identity in the Wasp* Polistes fuscatus, in "Proceedings of the Royal Society B", 269, 2002, S. 1423–1428; M. J. Sheehan und E. A. Tibbetts, *Robust Long-term Social Memories in a Paper Wasp*, in "Current Biology", 18, 2008, S. 851–852.

unserer Nase, ist in seiner Färbung sehr variabel. Entweder ist er gelb mit einigen schwarzen Punkten oder er weist größere, unregelmäßige schwarze Flecken auf. Doch genau die Größe dieser schwarzen Flecken ist ein Status-Badge: ein Signal, das die Funktion eines Ausweises hat und Aufschluss darüber gibt, wer die Flecken „trägt". Je schwärzer der Clypeus – aufgrund einer Konzentration von Eumelanin – ist, desto größer wirken Kopf und Körper der Wespe und desto höher ist ihr Rang. Die Flecken spiegeln also eine Hierarchie wider, nicht zuletzt zwischen den diversen Königinnen, dank derer Kämpfe vermieden und Rollen respektiert werden. Wird der Clypeus von einem Wissenschaftler verändert, um der Wespe einen höheren Rang zu verleihen, bemerken die Gefährtinnen augenblicklich den Bluff und stutzen sie zurecht. Niemand in der Kolonie kann sich als ein anderer ausgeben, zumindest nicht optisch.[122] Auch die männlichen Wespen tragen einen Status-Badge: einen unregelmäßig ovalen gelben Fleck am oberen Teil des Bauchs, der auf beiden Seiten einen unvollständigen gelben Strich bildet. Die Männchen mit kleineren und regelmäßigeren Flecken haben einen höheren Rang als die mit größeren und unregelmäßigeren Flecken und werden von den Weibchen bevorzugt.[123]

Doch das gilt vor allem für die Populationen der europäischen Haus-Feldwespe *Polistes dominula,* die Nordamerika kolonisiert hat. In Europa entspricht die unterschiedliche Färbung des Clypeus der Weibchen offenbar keiner speziellen Rangordnung, noch dient sie dazu, Rivalen einzuschätzen. Die Stirnplatte hat also keine Funktion als Indikator der Rangordnung,[124] sondern dient vielmehr

122 E. A. Tibbetts et al., *Mutual Assessment Via Visual Status Signals in* Polistes dominulus Wasps, in "Biology Letters", 2009, https://doi.org/10.1098/rsbl.2009.0420; E. A. Tibbetts und J. Dale, *A Socially Enforced Signal of Quality in a Paper Wasp*, in "Nature", 432, 2004, S. 218–222.

123 A. S. Izzo und E. A. Tibbetts, *Spotting the Top Male: Sexually Selected Signals in Male* Polistes dominulus Wasps, in "Animal Behaviour", 83, 2012, S. 839–845.

124 R. Branconi et al., *Testing the Signal Value of Clypeal Black Patterning in an Italian Population of the Paper Wasp* Polistes dominula, in "Insectes Sociaux", 65, 2018, S. 161–169.

dazu, Weibchen von Männchen zu unterscheiden, bei denen Stirn-platte und Gesicht gelb sind. Bei diesen Wespen sind die Arbeiterin-nen sogar imstande, das Geschlecht ihres Gegenübers zu erkennen. Und zwar nicht nur zur Paarungszeit, sondern immer, aufgrund von visuellen und nicht von chemischen Reizen: eine Ausnahme in der Welt der sozialen wie der nicht sozialen Wespen, die zum Großteil mit chemischen Signalen kommunizieren.[125]

In der vielfältigen und bunten Welt der Gliederfüßer hingegen beschränken sich Botschaften nicht einfach auf Flecken und Far-ben. In einem früheren Kapitel haben wir leichtfüßige und bunt gefiederte Tänzer beschrieben; in einer Welt, die von Wesen bevöl-kert wird, die bei vielen auf den ersten Blick Abscheu und Wider-willen erregen – Spinnen, die keine Insekten sind –, erwartet man allerdings keine Primaballerinen.

Wie Insekten gehören Spinnen – neben Skorpionen, Krusten-tieren und Tausendfüßern – zu den Gliederfüßern, doch Spinnen haben acht Beine und nicht sechs. Tatsächlich bilden sie eine eige-ne Klasse, die der Spinnentiere. Zu den fast 50.000 Spinnenarten (den *Arachnoiden*) gehören unter anderem die Pfauenspinnen: ein harmloser – in Australien heimischer[126] – Mini-Regenbogen und so niedlich, dass man sie einfach gernhaben muss. Pfauenspinnen haben vier Augen auf der Stirn, mit denen sie die Welt beobachten (insgesamt haben sie acht), und eine sehr bunte, schillernde Fär-bung, vor allem die Männchen, die beim Balzen wie der Pfau ein Rad schlagen.

Pfauenspinnen gehören zur Familie der Springspinnen *(Saltici-dae)*, die nicht das typische Netz weben, sondern ihre Opfer mit einem Sprung erlegen. Etliche Arten der Pfauenspinnen wurden erst

---

125 F. Cappa, L. Beani und R. Cervo, *The Importance of Being Yellow: Visual Over Chemical Cues in Gender Recognition in a Social Wasp*, in "Behavioral Ecology", 27, 2016, S. 1182–1189.
126 Australien liegt bei der Anzahl der giftigen Arten an dritter Stelle, und an erster Stelle bei den tödlichen Arten, von der blaugeringelten Krake bis zur Seewespe (*Chironex fleckeri*, eine Würfelqualle); auch die zehn giftigsten Schlangen sowie die Sydney-Trichternetzspinne *(Atrax robustus)* leben in Australien.

in den letzten Jahren entdeckt. 2017 gab es 59 klassifizierte Arten, zwei Jahre später 78, und 2020 mehr als 85.[127] Zu ihnen gehören die Gattungen *Maratus* (85 Arten) und *Saratus* (eine Art). Pfauenspinnen leben in unterschiedlichen Lebensräumen, von Sanddünen bis zu warmen Küsten und halbtrockenen Steppen.

Der in Sydney lebende deutsche Biologe Jürgen Otto und sein Kollege David Hill haben die enorme Vielfalt dieser Spinnen entdeckt, beschrieben und auf sensationellen Fotos und Videos dokumentiert. Viele dieser Arten leben in einem winzig kleinen Revier, sind sehr ortstreu und so winzig, dass es nicht einfach ist, sie zu finden. Mit einer Größe von vier bis fünf Millimetern sind sie die „Kobolde" Südaustraliens und Tasmaniens und weisen einen ausgeprägten sexuellen Dimorphismus auf. Die Weibchen sind größer und unscheinbar dunkel gefärbt, die Männchen kleiner und sehr bunt. Vor allem ihr Hinterleib ist bunt gefärbt, die Zeichnung auf dem Rücken mit schillernden Farben und borstigen Schuppen unterscheidet sich von Art zu Art. Die wahre Besonderheit besteht jedoch darin, dass sie die dorsalen Platten (Bauchplatten) hochklappen und wie Flügel öffnen können. Auf diese Weise entsteht ein „Regenbogen" und der Hinterleib nimmt eine runde, elliptische oder leicht dreieckige Form an, die vage an einen Alien mit großen seitlichen Augen erinnert.

Oft sind jedoch auch Kopf und Beine bunt, weisen Zeichnungen und eine spezielle Behaarung auf. Angefangen beim schwarzweißen *Maratus sceletus,* der wie ein Zebra, ein Skelett oder ein Halloween-Kostüm aussieht, über den rotblauen *Maratus splendens*, der grüne Augen hat und einen roten Kreis, eine Art Kornkreis, auf dem Rumpf trägt; bis hin zum *Maratus speciosus,* auf dessen kobaltblauem, gelb gesäumten Rumpf mit langen Haaren sich drei

---

127 J. C. Otto und D. E. Hill, *Catalogue of the Australian Peacock Spiders (*Araneae: Salticidae: Euophryini: Maratus, Saratus*)*, in "Peckhamia", 148.1, 2017, S. 1–21; J. C. Otto und D. E. Hill, *Catalogue of the Australian Peacock Spiders (*Araneae: Salticidae: Euophryini: Maratus, Saratus*)*, in "Peckhamia", 148.3, 2019, S. 1–28; J. Schubert, *Seven New Species of Australian Peacock Spiders (*Araneae: Salticidae: Euophryini: Maratus Karsch*, 1878)*, in "Zootaxa", 4758, 2020.

horizontale rote Streifen und zwei schwarze „Augen" befinden, ein Design, das an afrikanische Stammesmasken erinnert.

Wenn das Männchen die Baucherweiterungen in Form von Klappen anhebt, schlägt es ein Rad wie der sprichwörtlich eitle Pfau. Doch dabei geht es nicht um persönliche Eitelkeit, sondern um Verführung: Die bunten Bauchklappen werden zusammen mit dem Hinterleib angehoben und wie bei einem verführerischen Bauchtanz geschüttelt. Die ersten Tanzschritte sind für gewöhnlich *port de bras:* Bewegungen der Arme, die gehoben und auf unterschiedliche Weise geschwenkt werden. Nachdem das Männchen die Aufmerksamkeit des Weibchens erregt hat, beginnt es zu tanzen und hebt den Hinterleib. Die Bewegungen sind jedoch nicht improvisiert, sondern werden wie bei einer Choreografie immer in derselben Reihenfolge ausgeführt.

Das Männchen von *Maratus speciosus* hebt das dritte Beinpaar, fuchtelt damit in der Luft wie ein Dirigent und schüttelt den bunten, horizontal gehaltenen Hinterleib – eine Bewegung, die sich *bobbing* nennt. Dann hebt und senkt es die weißen „Hände", wie ein Kind, das den Flug eines Schmetterlings imitiert, klatscht über dem Kopf im Takt, macht Armbewegungen, als würde er zu *YMCA* der Village People tanzen, und schließlich senkt es die Beine und macht eine Art Verbeugung. Schließlich hebt das Spinnenmännchen den Bauch, sträubt die weißen Haare und schüttelt sie, bewegt den Leib nach rechts und links, während es beim *fan dance,* dem Fächertanz, seitlich geht. Das macht es so lange, bis es sich dem Weibchen mit genau festgelegten Bewegungen genähert hat und die Chance zum Aufsteigen und zur Paarung hat. Dabei streckt es das dritte Beinpaar nach oben und berührt das Weibchen vorsichtig mit dem ersten. Das ist der gefährlichste Augenblick: Das Weibchen ist viel größer als das Männchen, und wenn ihm die Annäherung nicht gefällt, könnte es angreifen und es fressen.[128]

---

128  J. C. Otto und D. E. Hill, *Adult Display by a Penultimate Male Coastal Peacock Spider* (Araneae: Salticidae: Euophryinae: Maratus speciosus), in "Peckhamia", 122.1, 2015, S. 1–6.

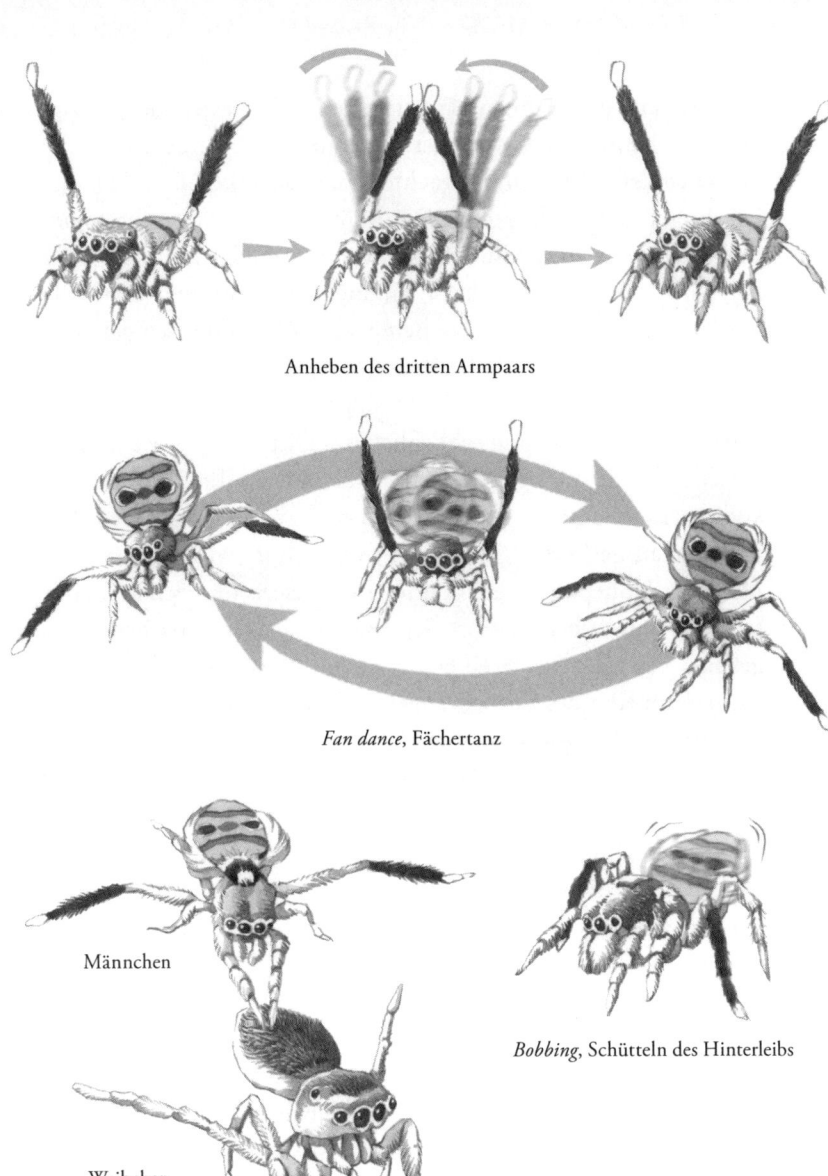

Anheben des dritten Armpaars

*Fan dance*, Fächertanz

Männchen

Weibchen

*Bobbing*, Schütteln des Hinterleibs

**Balztanz der männlichen Pfauenspinne *(Maratus speciosus)***

Der Tanz der Spinnenmännchen ist ein faszinierendes, einzigartiges Schauspiel, das mitunter länger als eine Stunde dauert. Sie brauchen dafür Mut, und manchmal ist er auch komisch. Jede Art hat ihren eigenen Rhythmus: Das Männchen von *Maratus volans*, das einen hellgelben Hinterleib und rote Streifen auf dem Kopf hat, tanzt durchschnittlich 24 Minuten und schwenkt dabei die weißen Pedipalpen; das dritte Beinpaar wird rhythmisch gehoben und gesenkt, manchmal gleichzeitig, manchmal einzeln, und verursacht dabei Vibrationen. Darauf folgt das Schütteln des Hinterleibs, der *Fan-Dance* und schließlich das Display vor der Paarung.

Jede Maratus-Art führt einen etwas anderen Tanz auf, der aus kodifizierten Schritten besteht, die in einer streng festgelegten Reihenfolge ausgeführt werden, wehe, ein Schritt wird ausgelassen. Doch der Höhepunkt besteht immer im Zeigen und Schütteln des bunten Hinterleibs, der – im Gegensatz zu anderen Spinnen – ungeheuer beweglich ist, weil er mit einem langen, sehr biegsamen Stängel am Rest des Körpers angewachsen ist, wodurch er zu einer Vielfalt von Bewegungen fähig ist.

Wir wissen nur wenig über diese Verführungstänze. Wie beim Tango ist offenbar der Blickkontakt zwischen Männchen und Weibchen sehr wichtig, ein Indikator für das Interesse des Weibchens. Im Lauf der Evolution haben sich diese Tänze aufgrund sexueller Auslese entwickelt; offenbar bevorzugen Weibchen komplexe Tänze und leidenschaftlich tanzende Männchen mit „innigem Blick". Die Dauer des Tanzes und die Geschwindigkeit, mit der Hinterleib und Beine geschüttelt werden, sind entscheidend für die Partnerwahl.

Doch auch das Auge isst mit, und im Hinblick auf Farben und Buntheit des Hinterleibs scheinen die Weibchen vor allem Kontrast zu schätzen.[129] Das schillernde Blau und Grün sind strukturelle

---

[129] M. B. Girard und J. A. Endler, *Peacock Spiders*, in "Current Biology", 24, 2014, S. 588–590; M. B. Girard, D. O. Elias und M. M. Kasumovic, *Female Preference for Multi-modal Courtship: Multiple Signals are Important for Male Mating Success in Peacock Spiders*, in "Proceedings of the Royal Society B", 282, 2015, http://dx.doi.org/10.1098/rspb.2015.2222; M. B. Girard, M. M. Kasumovic und D. O. Elias, *The*

Farben, die durch Lichtreflexion entstehen, Gelb und Orange werden von Pigmenten verursacht. Eine wichtige Rolle bei der Balz der Pfauenspinnen spielen offenbar auch die Vibrationen, die den Tanz begleiten, allerdings ist noch nicht ganz klar, wie sie erzeugt werden. Bei der Balz von *Maratus volans* unterscheidet man zum Beispiel *rumble-rumps, crunch rolls und grind-revs*. Erstere werden während des ganzen Tanzes erzeugt, die beiden anderen unmittelbar vor dem Display, das der Paarung vorangeht. Wenn das Weibchen nicht interessiert ist, antwortet es mit einem präzisen Signal: Es schüttelt ebenfalls den Hinterleib, als würde es Nein sagen.[130]

In lauen Sommernächten können wir ein anderes einzigartiges Schauspiel beobachten, ein Feuerwerk an Lichtern und Blitzen, das sich im Gras am Rande von Wäldern und Wiesen abspielt. Die Tänzer sind Glühwürmchen. Kehren wir also zu den Insekten und im Besonderen zur Familie der Lampyriden zurück, Käfern, die auf der ganzen Welt heimisch sind, mehr als 2000 Arten umfassen und ein gemeinsames Merkmal haben: Biolumineszenz bzw. die Fähigkeit, mithilfe von chemischen Reaktionen Leuchtsignale zu senden. Glühwürmchen leuchten in allen Stadien, sowohl als winzige Eier unter Steinen oder an feuchten Orten, als auch als fleischfressende, wurmförmige, dunkle oder gefleckte Larven. In diesem Fall hat Biolumineszenz die Funktion einer aposematischen Färbung: Sie schreckt Raubtiere, Schnecken und Würmer, ab.

Als adulte Tiere bescheren uns Glühwürmchen mit ihrem nächtlichen Tanz ein magisches Schauspiel. Bei manchen Arten – wie der *Luciola italica* und anderen *Luciola*-Arten – besitzen beide Geschlechter Flügel, fliegen und leuchten; bei anderen Arten – wie bei der in Europa, Afrika und Asien heimischen *Lampyris noctiluca* –

*Role of Red Coloration and Song in Peacock Spider Courtship: Insights Into Complex Signaling Systems*, in "Behavioral Ecology", 29, 2018, S. 1234–1244.

130 M. B. Girard, M. M. Kasumovic und D. O. Elias, *Multi-Modal Courtship in the Peacock Spider*, Maratus volans *(O.P.-Cambridge, 1874)*, in "Plos One", 2011, https://doi.org/10.1371/journal.pone.0025390.

fliegen nur die Männchen; die Weibchen sind flugunfähig bzw. haben keine Flügel und sehen nach wie vor wie Larven aus. Doch beide leuchten. Es gibt fleischfressende und pflanzenfressende Arten; Arten, bei denen die adulten Tiere binnen weniger Tage die Energiereserven aufbrauchen, die sie im Larvenstadium angesammelt haben, und sterben, und Arten, bei denen auch die adulten Tiere fressen. Uns interessiert jedoch, wie und vor allem warum Glühwürmchen leuchten.

Biolumineszenz bei Glühwürmchen wird von Luciferin verursacht, einem Molekül, das die Glühwürmchen ungenießbar macht und sie im Larvenstadium vor Raubtieren schützt. Bei Anwesenheit von Sauerstoff und dem Enzym Luziferase reagiert es und setzt dabei Energie in Form von Licht frei.[131] Diese chemische Reaktion findet für gewöhnlich im Hinterleib der Glühwürmchen statt, der wie ein Scheinwerfer funktioniert: Auf der Unterseite ist der Käferpanzer für Licht durchlässig und im Inneren befinden sich sogar „Reflektoren", die das Licht wie Spiegel zurückstrahlen. Die Luciferin-Oxidation ist übrigens eine sehr effiziente Reaktion, bei der 98 Prozent der erzeugten Energie Licht ist. Kein Vergleich zu unseren Glühbirnen und dem Feuer, mit dem der Mensch seit jeher die Nächte erhellt. Wenn wir eine Glühbirne berühren, verbrennen wir uns die Finger, denn nur zehn Prozent der freigesetzten Energie ist Licht, 90 Prozent ist Wärme.

Glühwürmchen brauchen also drei Dinge, um zu leuchten: Luciferin, Luciferase und Sauerstoff. Noch ist nicht völlig geklärt, wie sie – und ob sie überhaupt – Luciferin produzieren. In manchen Fällen scheinen sie es mit der Nahrung aufzunehmen, in anderen synthetisieren sie es offenbar mithilfe unterschiedlicher Stoffe.[132] Das Enzym Luciferase hingegen wird von spezialisierten

---

131 H. Ghiradella und J. T. Schmidt, *Fireflies: Control of Flashing*, in J. L. Capinera (Hrsg.), *Encyclopedia of Entomology*, Springer, Dordrecht 2008.

132 Y. Oba et al., *Biosynthesis of Firefly Luciferin in Adult Lantern: Decarboxylation of L-Cysteine is a Key Step for Benzothiazole Ring Formation in Firefly Luciferin Synthesis*, in "Plos One", 8, 2013; T. Eisner et al., *Firefly "femmes fatales" acquire Defensive*

Zellen, Photozyten, produziert, die ständig durch Osmose oder Nervenimpulse aktiviert werden. Luciferin und Luciferase gelangen sodann in Reaktionskammern, wo sie von Sauerstoff „entzündet" werden. Die letzten Segmente am Hinterleib der Glühwürmchen sind von Tracheen und Trachiolen durchzogen: winzigen Öffnungen und Röhrchen, die dazu dienen, Luft und somit Sauerstoff eindringen zu lassen, um das Licht anzuknipsen. Das Insekt kontrolliert die Frequenz des Blinkens, indem es die Luftzufuhr steuert. Rhythmus und Farbe des Lichts variieren von Art zu Art und begründen ein artspezifisches Kommunikationssystem.

Die Männchen der amerikanischen Art *Phausis reticulata*, die im Nationalpark Great Smoky Mountains heimisch ist, strahlen auf der Suche nach Weibchen ein dauerhaftes, unverwechselbar blaues Licht ab, weshalb man sie auch *Blauer Geist* nennt. Eigentlich strahlen sie grünes Licht mit einer Wellenlänge unter 490 Nanometern ab, das wir aufgrund des Purkinje-Effekts jedoch als blau wahrnehmen.[133] Photinusarten wie *Photinus brimleyi, Photinus macdermotti, Photinus carolinus* und *Photinus pyralis* hingegen strahlen gelbes Licht ab. Erstere sendet alle zehn Sekunden ein Signal; die zweite zwei Signale hintereinander, die ein bis zwei Sekunden dauern, dann verlöscht sie für vier bis fünf Sekunden; die dritte sendet sogar acht Signale hintereinander, mit einer Pause von acht bis zehn Sekunden. Das Außergewöhnliche dabei ist, dass alle Individuen gleichzeitig wie bei einem Lichtspektakel leuchten. *Photinus pyralis* zeichnet dagegen beim Fliegen ein J in die Luft. Manche leuchten alle drei Sekunden *(Photinus marginellus),* und manche alle fünf Sekunden *(Photinus ignitus),* während die Weibchen für gewöhnlich kurz darauf mit einem einzelnen Signal antworten, das ungefähr eine Sekunde oder einen

---

*Steroids (Lucibufagins) from Their Firefly Prey*, in "Proceedings of the National Academy of Sciences", 94, 1997, S. 9723–9728.

133 Bei spärlichem Licht neigt unser Auge – aufgrund der unterschiedlichen Sensibilität von Stäbchen und Zapfen – alle Farben Blau anzugleichen.

Sekundenbruchteil dauert, mit Ausnahme des *Photinus-caroli-nus*-Weibchens, das zwei sehr kurze Signale hintereinander sendet.[134]

Die in Italien heimischen Arten *Luciola italica* und *Luciola lusitanica* strahlen „nur" gelbes Licht ab, ihre japanische Cousine *Luciola cruciata* hingegen besitzt ein außergewöhnliches, auch als „komplex" bezeichnetes Leuchtsystem. Bei dieser im Fernen Osten heimischen Art haben die Männchen Flügel, sie fliegen und leuchten synchron, während die flugunfähigen Weibchen nicht gleichzeitig blinken, weder untereinander noch im Gespräch mit den Männchen. Darüber hinaus scheint jedes Glühwürmchen einen eigenen „Leuchtdialekt" zu sprechen, denn die Männchen dieser in Westjapan heimischen Art blinken alle zwei Sekunden, während die Männchen in Nordjapan alle vier Sekunden blinken, manche gehen einen Mittelweg und blinken alle drei Sekunden.[135]

Der in Europa heimische Große Leuchtkäfer *(Lampyris noctiluca)* ist leicht zu erkennen, denn er strahlt ständig grünliches Licht (546–570 Nanometer) ab und ist aus einer Entfernung von bis zu 50 Metern zu sehen. Die Weibchen kriechen nachts aus ihren Verstecken und leuchten ungefähr zwei Stunden. Und das jede Nacht und zehn Nächte hintereinander: außer sie finden früher einen hübschen Leuchtkäfer. Die Männchen fliegen herum und blinken nur kurz.

Dieses komplizierte Blinksystem dient den erwachsenen Tieren dazu, sich in der Dunkelheit der Nacht zu finden. Natürlich gibt es die Position an, doch an der Farbe und am Blinkrhythmus erkennen einander auch die Arten, sodass sie sich in lauen Sommernächten mit dem richtigen Partner paaren. Sogar das Geschlecht lässt sich aufgrund des Blinkrhythmus, aber auch ganz banal auf-

---

134  S. M. Lewis und C. K. Cratsley, *Flash Signal Evolution, Mate Choice, and Predation in Fireflies*, in "Annual Review of Entomology", 53, 2008, S. 293–321.

135  N. Ohba, *Flash Communication Systems of Japanese Fireflies*, in "Integrative and Comparative Biology", 44, 2004, S. 225–233.

grund der Lage erkennen. Auch das romantische Leuchten ist ein ehrliches Signal, das wertvolle Informationen über den Gesundheitszustand des Senders liefert.

Die flugunfähigen europäischen Glühwürmchenweibchen leuchten, um den Männchen ihre Position anzugeben, die Männchen verstehen aufgrund der Lichtintensität, ob die Weibchen fruchtbar sind, und für gewöhnlich bevorzugen sie solche, die gut leuchten, größer sind und viele Eier in sich tragen, was ihren Fortpflanzungserfolg erhöht.[136]

Doch auch bei diesem Idyll ist nicht alles Gold, was glänzt. Im Gras verstecken sich Serienkiller, die gnadenlos liebeshungrige Glühwürmchen umbringen: *Photuris*-Weibchen, die aufgrund ihres Verhaltens *Femme fatale* genannt werden.

Zur *Photuris*-Gattung gehören 64 Arten, die ausschließlich in Nordamerika heimisch sind und sich wie alle Glühwürmchen in Frühsommernächten mithilfe eines Leuchtsystems finden und paaren. Die Weibchen sind für gewöhnlich größer und flugunfähig und reagieren auf das Blinken der Männchen. *Photuris frontalis* blinkt einmal pro Sekunde, *Photuris versicolor* fünfmal pro Sekunde, wobei die Lichtintensität ständig abnimmt. Am schönsten und komplexesten ist wahrscheinlich das Blinken von *Photuris lucicrescens* und *Photuris pennsylvanica*.

Wie der Name schon sagt, strahlt der erste Leuchtkäfer ungefähr zwei Sekunden lang intensiver werdendes Licht ab und macht dann eine Pause von vier Sekunden; der zweite blinkt einmal kurz eine halbe Sekunde lang, verlöscht und macht gleich darauf das schwächer werdende Licht für weitere drei Sekunden an, dann folgt eine Pause von ca. drei Sekunden. Auch *Photuris*-Glühwürmchen senden wunderbar komplexe Signale, um einander zu umwerben und im Dunkeln zu finden. Doch nach der Paarung

136 J. Hopkins et al., *I'm Sexy and I Glow It: Female Ornamentation in a Nocturnal Capital Breeder*, in "Biology Letters", 11, 2015, https://doi.org/10.1098/rsbl.2015.0599; A.-M. Borshagovski et al., *Pale By Comparison: Competitive Interactions Between Signaling Female Glow-worms*, in "Behavioral Ecology", 30, 2019, S. 20–26.

bekommen die Weibchen Hunger, antworten den Männchen nicht mehr und imitieren vielmehr die Lichtsignale anderer Glühwürmchen. Sie geben vor, Weibchen einer anderen Art zu sein, um deren Männchen anzulocken und sie zu verschlingen – eine aggressive Mimikry. Mit dieser speziellen Nahrung nehmen sie Luciferin auf, das sie zum Leuchten benötigen und auch den Eiern weitergeben, damit diese gegen Fressfeinde geschützt sind. Das *Photuris-versicolor*-Weibchen hat leichtes Spiel, es imitiert das Weibchen von *Photinus-pyralis*, einer der in Nordamerika verbreitetsten Arten, sowie das weiterer zehn Arten. Es ist ein Meister der Verführung und des Bluffs. Alle *Photuris*-Weibchen sind *Femmes fatales*, denn die Männchen, die ihnen auf den Leim gehen, finden in ihren Armen den Tod.

Doch dieses Leuchten wird in unseren Breiten immer seltener. Die Lichtverschmutzung stört die Kommunikation der Glühwürmchen, verdunkelt und löscht ihre Nachrichten wie ein Whats-App- oder Instagram-Virus. Ihre Gespräche haben um 70 Prozent abgenommen. Ein Teufelskreis: Die Männchen blinken weniger, die Weibchen auch, die Männchen werden weniger häufig angelockt und die Fortpflanzung stagniert.

Doch das ist nicht das einzige Problem. Die Glühwürmchen verlieren auch zunehmend ihr Habitat und werden vor allem im Larvenstadium vom Einsatz von Insektiziden und anderen Pestiziden bedroht. Schnecken und Schnegel, die Hauptnahrung der Glühwürmchen, werden in Gärten mit Pestiziden bekämpft.

Dazu kommt noch der Klimawandel mit höheren Temperaturen und Trockenheit, denn die Leuchtkäfer ziehen gemäßigte Temperaturen und feuchtes Klima vor. Auch der Tourismus hat fatale Auswirkungen: In Ländern wie Japan, Malaysia, Taiwan, Thailand, Mexiko und den USA gibt es massentouristische Events, bei denen man nachts den Flug der Glühwürmchen beobachtet: Taschenlampen, Kamerablitze und zertretene Glühwürmchen werden dabei in Kauf genommen. In Ländern wie China werden

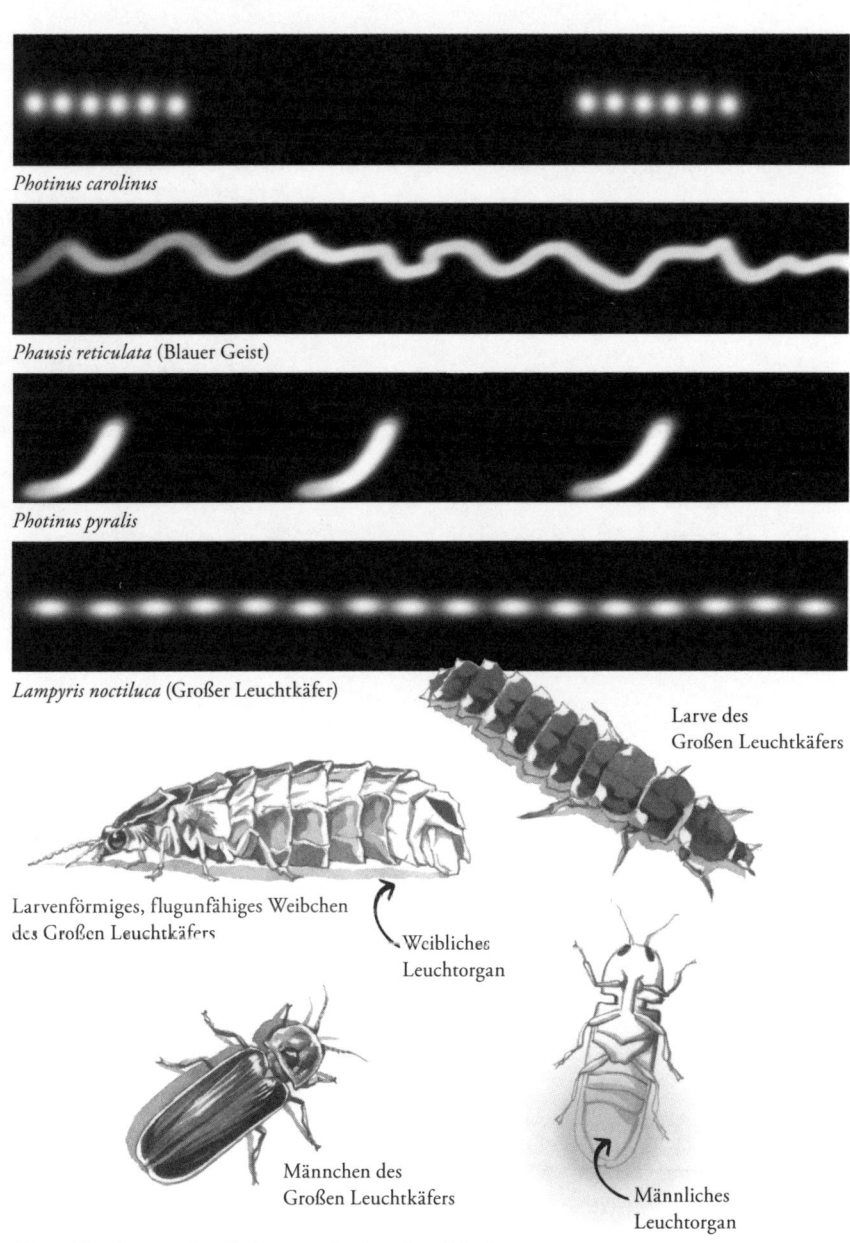

*Photinus carolinus*

*Phausis reticulata* (Blauer Geist)

*Photinus pyralis*

*Lampyris noctiluca* (Großer Leuchtkäfer)

Larve des
Großen Leuchtkäfers

Larvenförmiges, flugunfähiges Weibchen
des Großen Leuchtkäfers

Weibliches
Leuchtorgan

Männchen des
Großen Leuchtkäfers

Männliches
Leuchtorgan

Oben: Charakteristisches Blinken verschiedener Leuchtkäferarten
Unten: Larve, Weibchen und Männchen des Großen Leuchtkäfers

Millionen dieser Insekten noch dazu benutzt, um als „romantische Geschenke" Schachteln mit Glühwürmchen herzustellen und Ausstellungen zu veranstalten.[137]

---

137 S. M. Lewis et al., *A Global Perspective on Firefly Extinction Threats*, in "BioScience", 70, 2020, S. 157–167; A. Firebaugh und K. J. Haynes, *Experimental Tests of Light-pollution Impacts on Nocturnal Insect Courtship and Dispersal*, in "Oeco-logia", 182, 2016, S. 1203–1211; A. C. S. Owens et al., *Short- and Mid-wavelength Artificial Light Influences the Flash Signals of* Aquatica Ficta *Fireflies (*Coleoptera: Lampyridae*)*, in "Plos One", 2018, https://doi.org/10.1371/journal.pone.0191576.

# Teil II
## Gaumenzäpfchen, Ohren und Geigen

## Kapitel 6
## Eine Arie auf der sechsten Handschwinge

In unserer Vorstellung geht der Frühling mit Blumenduft und Vogelgezwitscher einher. Das Tschilpen der Spatzen auf den Dächern, das schrille Kreischen der Mauersegler, die mit ihrer unverwechselbaren falkenähnlichen Silhouette den Himmel durchkreuzen und eng an Glockentürmen vorbeifliegen, die Nachtigall, die auch nachts unermüdlich singt: Das ist der Soundtrack der erwachenden Natur. Die Frühlingsluft hat eine mehrstimmige Melodie. Doch singen Vögel immer, wenn sie den Schnabel öffnen?

Die Sprache der Vögel ist vielfältiger und komplexer. Jede Art bringt eine Vielzahl unterschiedlicher Laute hervor und jeder Laut hat eine eigene Botschaft. Töne, die wir für gewöhnlich als „Gesang" bezeichnen, liefern Ornithologen und Birdwatchern exakte Hinweise darauf, wie viele und welche Arten sich in einem bestimmten Gebiet befinden, was sie gerade tun und was sie einander sagen. Triller, Summen, Pfeifen, Trommeln oder andere Töne werden erzeugt, indem mit der Zunge geschnalzt, mit dem Schnabel geschlagen oder sogar Federn aneinander gerieben werden, und alle haben eine bestimmte Bedeutung und transportieren eine spezifische Botschaft.

Vorab müssen wir feststellen, dass es sich in den meisten Fällen nicht um Gesang handelt, sondern um Schreie oder Rufe. Auch sie sind Signale und haben eine genau festgelegte Funktion.

Zu den Rufen gehören die oft gehörten Warnschreie, die eingesetzt werden, wenn ein Individuum sich bedroht fühlt, um Artgenossen (aber nicht nur) auf eine Gefahr hinzuweisen. Solche stimmlichen Äußerungen werden von allen Arten im Revier verstanden, vergleichbar mit einem internationalen SOS-Signal. Das Tixen der Amsel, eine Art klangvolles Schnalzen, gehört dazu. Doch wenn Sie schon einmal in einem Laubwald spazieren gegangen sind, haben Sie gewiss gehört, wie der Wächter des Waldes die Umgebung auf Ihre Anwesenheit hinweist: Mit seinem Rätschen, das dem Schnattern einer Ente sehr ähnelt, aber dumpfer und härter ist, warnt der Eichelhäher *(Garrulus glandarius)* andere Vögel. Vielleicht haben Sie ihn auch schon einmal gesehen: Bei seinem graubraunen-rötlichem Federkleid fallen das weiße Ende des Rückens, der schwarze Schwanz und die unverwechselbaren blauen Armdecken auf. Die Deckfedern, das heißt, die Federn, die die Flaumfedern bedecken, sind blau mit schwarzen Querstreifen und zarten weißen Streifen. Dieser in unseren Wäldern und sogar größeren Parks weitverbreitete Rabenvogel mit einem Gewicht von 150–200 Gramm und einer Flügelspannweite von 55 Zentimetern ist jedoch auch ein beeindruckender Bluffer. Intelligent und mit einem ausgezeichneten Gedächtnis ausgestattet, kann er andere sehr gut nachahmen und nutzt diese Fähigkeit bei allen möglichen Gelegenheiten.

Er imitiert die Stimme vieler anderer Vogelarten, sogar die Menschenstimme oder die von Raubtieren wie Katzen. Er kann sogar miauen. Doch das macht er nicht einfach zum Spaß. Er blufft, um Verwirrung zu stiften. Warum? Weil er Appetit hat oder weil es notwendig ist. Wie viele andere Vögel imitiert er die Stimmen von Raubtieren, um furchterregend zu wirken, wie Kinder, die Löwen oder sonstige wilde Tiere nachspielen. Mit diesem Schutzmechanismus hält er Artgenossen oder Raubtiere von seinem Nest fern. Oder er wendet den Trick an, um sich eine Nahrungsquelle zu erschließen. Egal ob Nüsse oder Bucheckern, der Eichelhäher kann die Stimme eines Bussards, eines Hühnerhabichts, eines Waldkauzes oder sonstiger Raubtiere nachahmen. Während alle anderen Waldvögel in ihre Verstecke flüchten, hat er freie Bahn.[138]

---

138 D. Goodwin, *Further Observations on the Behavior of the Jay* Garrulus glandarius, in "Ibis", 98, 1955, S. 186–219, https://doi.org/10.1111/j.1474-919X.1956. tb03040.x.

Eine seiner Lieblingsmahlzeiten sind Sperlingseier. Um an sie heranzukommen, imitiert er geschickt den Gesang dieser Art, sodass die Eltern augenblicklich das Nest verlassen, um den Eindringling aufzuspüren, und ihm so unfreiwillig das Nest überlassen. Die Stimmkünste des Eichelhähers waren übrigens schon in der Antike bekannt: Auch sein wissenschaftlicher Name *Garrulus glandarius* bedeutet „eichelfressender Schwätzer". Nicht zufällig bezeichnete der englische Dichter William Wordsworth (1770–1850) ihn als Heuchler.

Doch es gibt jede Menge Vögel, die Stimmen anderer Arten nachahmen, um das Nest zu verteidigen oder eine Nahrungsquelle zu erschließen. Nachahmung ist eine sehr effiziente Technik, und gut gemacht funktioniert sie immer. Den Warnruf einer anderen Art zu ignorieren ist bei Weitem aufwendiger, als auf falsche Warnrufe zu reagieren. Die Entscheidung, ob man einen Warnruf ignorieren oder reagieren soll, entscheidet im schlimmsten Fall über Leben und Tod. Deshalb funktionieren Bluffs meistens: Die Empfänger gewöhnen sich nicht an die falschen Warnrufe, gehen lieber auf Nummer sicher und ergreifen die Flucht. Doch wie bereits gesagt, sind Warnrufe universal und werden von allen Tieren in ein und demselben Revier verstanden. Eichhörnchen *(Sciurus vulgaris)* zum Beispiel spitzen die Ohren, wenn sie den Ruf eines Eichelhähers hören. Sie sind wachsam und flüchten. Sie verstehen die kodifizierte Botschaft sehr gut und können sie von anderen genauso lautenden Stimmen, die keine unmittelbare Gefahr bedeuten, unterscheiden.[139]

Jede Vogelart besitzt zumindest einen Warnruf, doch die Meisen, deren Warnruf je nach Raubtier variiert, sind wahre Meister. Chris Templeton von der Universität Washington hat 2005 als Erster die Sprache der Schwarzkopfmeise *(Poecile atricapillus)* entschlüsselt. Wenn sich ein Raubvogel nähert, stößt sie ein leichtes

---

139 C. Randler, *Red Squirrels (*Sciurus vulgaris*) Respond to Alarm Calls of Eurasian Jays* (Garrulus glandarius), in "Ethology", 112, 2006, S. 411–416, https://doi.org/10.1111/j.1439-0310.2006.01191.x

und schrilles *siit* aus, angesichts eines im Laub sitzenden Raubvogels hingegen gibt sie ein *chickadii-dii-dii* von sich. Die Anzahl der *dii*-Silben am Schluss gibt die Größe des Raubvogels und somit dessen Gefährlichkeit an. Auf den Rocky-Mountains-Sperlingskauz *(Glaucidium californicum)* weist sie mit vier Silben hin, für den Virginia-Uhu *(Bubo virginianus)* reichen zwei. Kleine, wendige Raubvögel bewegen sich besser im dichten Gestrüpp und stellen eine größere Gefahr dar.[140] Doch das *chickadii* ist ein vielseitiger Ruf, er warnt nicht nur Artgenossen, er ruft sie auch herbei, um in der Gruppe anzugreifen. Mobbing ist ein aggressives und einschüchterndes Verhalten, das viele Arten angesichts von Raubtieren oder Eindringlingen anwenden. Möwen und Krähen sind wahre Meister des Mobbings. Auf Inseln greifen Möwenkolonien Raubvögel oder migrierende Reiher an, aber auch Raubvögel, die sich dem Nest nähern. Auch Krähen und Dohlen schließen sich zu Gruppen zusammen, um sogar größere Arten wie Königsadler zu verjagen. Außerdem gibt es die sogenannten „Kontaktrufe", die so viel bedeuten wie „Ich bin hier, alles in Ordnung?". Das sind kurze, schnelle, oft leise Rufe, die von vielen sozialen Vögeln oder Familien auch bei der Futtersuche eingesetzt werden. Viele soziale Arten, die im Schwarm fliegen oder sogar im Schwarm migrieren, sind für ihre Rufe beim Fliegen bekannt. Sie rufen, um einander nicht aus den Augen zu verlieren und ein kompakter Schwarm zu bleiben. Wenn Kraniche *(Grus grus)* im Frühling und im Herbst bei ihrer Wanderung nachts über den italienischen Himmel ziehen, ist das deutlich zu hören. Ein bekannter Radaubruder ist die Schwanzmeise *(Aegithalos caudatus)*: ein kleines Federknäuel mit einem Gewicht von kaum sieben Gramm, mit winzigem Schnabel und einem Schwanz, der länger als der Körper ist. Sie lebt in kleinen Schwärmen von sechs bis 30 Individuen, die für gewöhnlich aus den Eltern und den Jungen früherer Gelege bestehen, mit ein

---

140 C. N. Templeton et al., *Allometry of Alarm Calls: Black-Capped Chickadees Encode Information About Predator Size*, in "Science", 2005, 308, S. 1934–1937.

paar vergesellschafteten Meisen. Ihre Anwesenheit ist nicht zu überhören. Während der Schwarm im Gestrüpp Nahrung und Unterschlupf sucht, hält er ständig mit trillernden *srii*-Lauten Kontakt. Die Kontaktlaute spielen für die Eltern und die Nachkommenschaft eine wichtige Rolle, vor allem nach dem Flüggewerden, wenn die Jungen das Nest verlassen haben und sich allein zurechtfinden müssen. In dieser für Eltern sehr heiklen Situation teilt der Rotkardinal *(Cardinalis cardinalis)* – ein knallroter nordamerikanischer Sperlingsvogel, der das Videospiel *Angry Birds* inspiriert hat – seine Position mit leisen, abgehackten *Tschip*-Lauten mit. So koordinieren die Vögel ihre Bewegungen im Gestrüpp, teilen sich ihre Koordinaten mit und vermeiden, von Raubvögeln gehört zu werden. Sie flüstern, um nicht geortet zu werden.

Doch eigentlich beginnt die Eltern-Kind-Kommunikation schon vor dem Flüggewerden und sogar vor dem Schlüpfen der Küken. Sie beginnt schon im Ei. Ja, die Eier piepen, kurz bevor sie sich öffnen. Das voll entwickelte Küken, das bereit ist, die Schale aufzubrechen, teilt seinen Eltern mit, dass es auf die Welt kommt. In der Welt der Säugetiere würde das Signal „Mama, die Fruchtblase ist geplatzt" bedeuten. Sobald die Nestlinge auf der Welt sind, kreischen sie – wie alle Neugeborenen – lauthals. Sie rufen die Eltern; mit ihrer lauten Stimme, ihrem beständigen Piepen und dem weit aufgerissenen Schnabel teilen sie ihnen mit, wie hungrig sie sind und wie viel Nahrung sie brauchen: ein Indikator ihres Gesundheitszustands. Doch die Innenseite des Schnabels sagt das Meiste über den Gesundheitszustand aus. Eine kräftige gelborange Farbe bedeutet, dass das Küken fit ist, Blässe bedeutet einen schlechten Gesundheitszustand. Diese Rufe „Mama, Papa, ich habe Hunger" – auch als *begging calls* oder Bettelverhalten bekannt – sind sowohl für die Nestjungen als auch für den Fortpflanzungserfolg der Eltern sehr wichtig. Im richtigen Augenblick fordern die Eltern die Jungen zärtlich auf, das Nest zu verlassen, doch das Bettelverhalten setzt sich auch außerhalb des Nests fort, bis die Jungen für sich selbst sorgen können.

Wie bereits mehrmals gesagt, ist diese Welt von Aufrichtigen, Lügnern und Hochstaplern bevölkert. Manche lernen schon früh zu lügen, vor allem der Kuckuck *(Cuculus canorus)* und andere Brutschmarotzer, zu denen 90 auf der ganzen Welt heimische Arten gehören: 50 Kuckucksarten, 20 Witwenvögelarten in Afrika südlich der Sahara, zehn Honiganzeigerarten, die gern Honig fressen und wilde Bienennester anzeigen, und fünf Kuhstärlingsarten, große Sperlingsvögel in Mittel- und Südamerika.

Alle diese Arten bauen kein eigenes Nest, sondern legen ihre Eier in fremde Nester. Sie sind Meister des Betrugs: Sie legen Eier, die dieselbe Größe und Farbe haben wie die der Wirtseltern. Die Jungen, die aus diesen Eiern schlüpfen, sind wahre Brudermörder: Der Großteil bringt die Stiefgeschwister um. Sie werfen die Eier aus dem Nest oder picken sie auf, wenn die Adoptiveltern gerade mal nicht da sind. Doch der größte Bluff besteht in ihrem „Schreien". Ein einziges Kuckucksjunges kann so laut schreien wie das ganze Gelege der Wirtsfamilie, um die nötige Nahrung zu bekommen: ein Super-Reiz, dem die Eltern sich nicht entziehen können.[141] Das Bettelverhalten ist also unumgänglich für den kleinen Schmarotzer, um ein gesunder erwachsener Vogel zu werden. Doch wie erkennt er die Sprache seiner Adoptiveltern? Wie schafft er es, ihre Sprache zu sprechen und von ihnen akzeptiert zu werden? Eine Zeit lang dachte man, zumindest bei einigen Arten sei dieses Stimmrepertoire angeboren, was auch nicht völlig falsch war. Der Kuckuck hat sich im Lauf der Evolution in einem langen Wettrüsten gemeinsam mit den Wirtsvögeln entwickelt, sodass die Weibchen in Stämme unterteilt werden können. Jeder einzelne Stamm ist darauf spezialisiert, bei bestimmten Wirtsvögeln zu schmarotzen und deren Eier in Form und Farbe perfekt zu imitieren. Deshalb kann man durchaus zu Recht annehmen, dass der Ruf „Mama, ich habe Hunger" aufgrund von Anpassung mittlerweile

---

141 N. B. Davies et al., *Nestling Cuckoos,* Cuculus canorus, *Exploit Hosts With Begging Calls That Mimic a Brood*, in "Proceedings of the Royal Society B", 265, 1998, https://doi.org/10.1098/rspb.1998.0346.

angeboren ist. Doch die diesbezüglichen Studien sind sehr widersprüchlich. Eine Hypothese besagt, Kuckucksjungen würden sehr schnell lernen, welcher Ruf bei ihren Adoptiveltern die größte Wirkung zeigt.[142] Anderen Hypothesen zufolge gibt es keine solche Ähnlichkeit: Kuckucksjungen hätten einen Standardruf, der wie ein Dietrich funktioniere, Ähnlichkeiten mit dem Ruf der Wirtsvögel habe und sich im Lauf des Erwachsenwerdens auch beträchtlich verändere. Doch in jeder Phase könne man Unterschiede zwischen dem *begging call* des Brudermörders und jenem der legitimen Kinder finden: etwa bei der Frequenz, hin und wieder bei der Dauer der Silben oder der Pausen zwischen den einzelnen Rufen. Und genau diese Plasitizität führe zu falscher Ähnlichkeit.[143]

Auf der anderen Seite der Welt, in Australien, hat sich eine spezielle Art einen eigenen Code, eine eigene Eltern-Kind-Sprache mit einem auswendig zu lernenden „Passwort", einfallen lassen, um sich vor Übergriffen der Brutschmarotzer zu schützen: die Weibchen der Prachtstaffelschwänze *(Malurus cyaneus),* eine sozial monogame, aber sexuell promiskuitive Art: Beide Partner haben zahlreiche sexuelle Begegnungen mit Artgenossen, ziehen jedoch gemeinsam die Jungen groß. Für das Weibchen ist die Sache etwas einfacher, denn alle Jungen sitzen im selben Nest, und obwohl sie unterschiedliche biologische Väter haben, kennen sie nur einen, mit dem das Weibchen monogam lebt. Das ohnehin schon hektische Leben dieser Feen (*fairywren* heißen sie auf Englisch) wird noch zusätzlich vom Rotschwanzkuckuck *(Chrysococcyx basalis)* verkompliziert: rote Augen, weißer Bauch mit braunen Streifen und ein bronze-grüner Rücken, von Beruf Brutschmarotzer.

Zwischen Wirtsvögeln und Schmarotzern besteht eine komplizierte Beziehung: ein ständiges Wettrüsten zwischen dem, der

---

142 J. R. Madden und N. B. Davies, *A Host-race Difference in Begging Calls of Nestling Cuckoos* Cuculus canorus *Develops Through Experience and Increases Host Provisioning,* in "Proceedings of the Royal Society B", 273, 2006, https://doi.org/10.1098/rspb.2006.3585.

143 P. Samaš et al., *Nestlings of the Common Cuckoo do not Mimic Begging Calls of Two Closely Related Acrocephalus Hosts,* in "Animal Behaviour", 161, 2020, S. 89–94, https://doi.org/10.1016/j.anbehav.2020.01.005.

schmarotzen will, und dem, der die Schmarotzer loswerden will. Die Weibchen der Prachtstaffelschwänze (die dem Namen zum Trotz eine braune Tarnfarbe tragen, während Stirn, Brustlatz und Wangen des Männchens strahlend blau sind) haben eine Methode gefunden, um den Rotschwanzkuckuck schachmatt zu setzen. Am zehnten Tag, nachdem sie das letzte Ei gelegt haben und sie die Eier im Nest bebrüten, beginnen sie zu singen. Sie erzeugen einen zwei Sekunden langen Triller, der aus 20 verschiedenen Elementen besteht, mit einer Frequenzbreite zwischen 5.700 und 11.000 Hz. Das machen sie 16-mal in der Stunde, bis das erste Küken schlüpft. Sie singen eine Art Code, den nur die Eltern und die noch ungeschlüpften Küken kennen. Die Brutzeit der Prachtstaffelschwänze dauert 15 Tage, deshalb singen die Weibchen, in deren Nestern keine Eier von Schmarotzern liegen, an fünf aufeinanderfolgenden Tagen dieses Passwort: vom zehnten Tag der Eiablage bis zu dem Tag, an dem die Küken schlüpfen. Das reicht, damit die Embryos sich diesen Ruf einprägen und ihn vom dritten Tag ihres Lebens an, wenn sie die ersten Rufe ausstoßen, reproduzieren können. In den Nestern hingegen, in denen Kuckuckseier liegen, schlüpft ungefähr am zwölften Tag als Erstes das Kuckucksjunge. Das Weibchen verstummt davor, singt nur zwei Tage lang, und deshalb lernen weder die eigenen Jungen noch das Kuckucksjunge das Passwort. Das Prachtstaffelschwanzpaar weiß also, dass es reingelegt worden ist, und verlässt das Nest.[144] Sicherlich eine traurige Entscheidung, doch das Kuckucksjunge würde die Jungen sowieso umbringen. Das Gelege ist verloren und die Eltern würden bloß einen Brudermörder großziehen. Also lieber alle verlassen und von vorne beginnen. Doch Vögel kommunizieren nicht nur mit Tönen, sondern auch mit vielen anderen Signalen, die mit anderen Körperteilen erzeugt werden. Angefangen beim Schnabel. Zu den bekanntesten Signalen gehört das Schnabelklappern der Weißstörche

---

144 D. Colombelli-Négrel et al., *Embryonic Learning of Vocal Passwords in Superb Fairy-wrens Reveals Intruder Cuckoo Nestlings*, in "Current Biology", 22, 2012, S. 2155–2160, https://doi.org/10.1016/j.cub.2012.09.025.

*(Ciconia ciconia)*, das man mit etwas Glück in ihrem Nest beobachten kann und das im Englischen *bill clattering* genannt wird. Störche verbringen den Winter in Afrika und nisten in Europa, sind monogam und haben jahrelang ein und denselben Partner. Nicht das ganze Leben, aber zumindest einige Jahre lang sind sie treu. Sie verfügen über ein präzises Erkennungssignal, das aus Posen und Verbeugungen besteht. Wenn die Partner einander nach der Migration wiedertreffen, wenn sie sich nach einem langen Tag auf der Jagd wiedersehen, sich beim Brüten abwechseln oder einander nach der Paarung zärtlich berühren, inszenieren sie ein spezielles Grußritual. Sie stellen sich gegenüber, Schnabel an Schnabel, bewegen den Hals und schwenken synchron den Kopf (was ihnen bei dem langen Hals und dem langen Schnabel leichtfällt) und beginnen mit dem *bill clattering*. Sie klappern mit dem Schnabel, öffnen und schließen ihn sehr schnell, der Laut hallt im Kehlsack wider, der als Resonanzboden fungiert. Wenn sie im Sonnenuntergang auf den Rauchfängen von Cáceres in Spanien ihr Ritual vollziehen, bieten sie ein unvergessliches Schauspiel. Wenn die Jungen schlüpfen und flügge werden, wird dieses Ritual allmählich aufgegeben. Doch das *bill clattering* kommt auch in anderen Situationen zum Einsatz: Ist der Partner allein im Nest, dient es als Warnruf, um andere Störche, die sich im Anflug oder in der Nähe befinden, abzuschrecken. Denn wie gesagt ist Sparsamkeit bei der tierischen Kommunikation das oberste Prinzip: Ein einziges Signal kann je nach Kontext unterschiedliche Bedeutungen annehmen. Das bringt den größten Vorteil: Ich erlerne ein Signal und wende es mehrmals an.

Am berühmtesten für mit dem Schnabel erzeugte Laute sind natürlich Spechte. Allerdings gibt es verschiedene Gründe, warum ein Specht auf die Baumrinde klopft, er macht es nicht nur, um zu kommunizieren, ganz im Gegenteil! Für gewöhnlich ernähren sich Spechte von Larven, Ameisen, Spinnen, Holzkäfern, Würmern, die sie mit ihrem meißelartigen Schnabel und ihrer langen, klebrigen Zunge fangen. Die Zunge ist das Endstück des flexiblen doppelten

Zungenbeins, das sich um den Schnabel des Spechts schlingt und erst in der Nähe des Nasenlochs ansetzt. Wenn sie Larven des Holzkäfers suchen, klopfen sie an beliebigen Stellen auf den Baumstamm und horchen ihn ab: Klingt der Baumstamm hohl, befindet sich darunter ein Tunnel und an dessen Ende das Insekt, das ihn gegraben hat. Doch wenn Spechte auf Bäume klopfen, um eine Bruthöhle zu meißeln oder Insekten zu fangen, ist der Klopfrhythmus unregelmäßig. Er ist kein Signal.

Das eigentliche, *drumming* genannte Signal ist wie ein Morsesignal und wird in speziellen Situationen eingesetzt. Niemals zufällig. Außerdem ist es artspezifisch, jede Art verfügt über ein eigenes Trommeln, das sich aufgrund von Frequenzen und Länge und Anzahl der Schläge unterscheidet. Das geübte Ohr eines Ornithologen oder eines Birdwatchers erkennt die jeweilige Art, etwa der europäischen Spechte, am Trommeln: neun Arten, angefangen beim Schwarzspecht *(Drycopus martius)*, mit 70 Zentimeter Flügelspannweite der größte von allen, bis zum kleinsten, dem Kleinspecht *(Dendrocopos minor)*. Jede Art verfügt über einen eigenen Gesang, einen eigenen Warnruf, einen Standortruf und ein eigenes Trommeln. Der Gesang des Schwarzspechts zum Beispiel besteht aus einer Reihe schriller, metallisch klingender Pfiffe, die in Intervallen von fünf Sekunden wiederholt werden, sein Trommelwirbel hingegen erinnert an eine Maschinengewehrsalve und kann in einer Entfernung von zwei bis vier Kilometern gehört werden. Der Grauspecht *(Picus canus)* erzeugt laute und lange Trommelwirbel, die bis zu eineinhalb Sekunden dauern, der Buntspecht *(Dendrocopus major)* hingegen erzeugt beim Trommeln langsame, dumpfe Schläge, die weniger als eine Sekunde dauern. Das deutlich erkennbare Trommeln des Weißrückenspechts *(Dendrocopus leucotos)* besteht aus ca. zwei Sekunden dauernden Schlägen: fast wie das schnelle Aufprallen eines Tischtennisballs. Um derartige Morsesignale zu senden, ist allerdings Übung nötig. Oft gibt es im Wald echte Trainingsbäume, wo die Jungen lernen, wie man eine Bruthöhle ins Holz schlägt und artgerecht trommelt.

Diese für die Spechte typischen Botschaften haben verschiedene Funktionen; die wichtigste besteht für die Männchen darin, Artgenossen ihre Präsenz anzuzeigen und das Revier zu markieren. Buntspechtmännchen und -weibchen nehmen bereits im Winter mithilfe von Trommeln und leisen Lauten erste Kontakte auf. Als würden sie einander Liebesbriefe schreiben, ohne einander gesehen zu haben. Die Balz der Spechte ist vielleicht nicht sehr durchorchestriert, aber effektiv. Wenn das Weibchen auf das Trommeln des Männchens antwortet, gibt es eine erste persönliche Begegnung, die beiden verfolgen sich quer durch den Wald und laufen einander spiralförmig über die Baumstämme nach. Und wenn das Weibchen erobert ist, sagt es in Form kurzer Trommelwirbel Ja. Schwarzspechte hingegen wechseln einander wie Störche mit einem speziellen Signal im Nest ab: Das brütende Männchen trommelt in der Bruthöhle und das Weibchen antwortet mit Rufen, signalisiert, dass es bereit für den Wechsel ist.

Auf der anderen Seite des Atlantiks, im Nebelwald der Anden in Ecuador, gibt es Vögel, die bei der Balz noch mehr Aufwand treiben. Das Männchen des Keulenschwingenpipras (*Machaeropterus deliciosus*) singt mit den Flügeln. Genauer gesagt, mit einigen Schwungfedern, die zu diesem Zweck extra modifiziert wurden. Bei der Balz hebt der Keulenschwingenpipra die Flügel nach hinten, schüttelt sie und erzeugt dabei ein *tik … tik* und dann ein *tiuu* wie einen Ton auf einer Geigensaite. Wie macht er das?

Bereits Charles Darwin hatte auf seiner Fahrt auf der Brigg *Beagle* diese spezielle Vogelfamilie beschrieben, die *Pipridae* oder Schnurrvögel, zu denen 40 Arten kleiner und sehr bunter südamerikanischer Vögel gehören; die Hälfte davon erzeugt bei der Balz mit verschiedenen Körperteilen Laute. 1871 beschrieb er in *Die Abstammung des Menschen und die geschlechtliche Zuchtwahl* die spezielle Form ihrer Federn und deren Fähigkeiten.

„Diese kleinen Vögel bringen ein außergewöhnliches Geräusch hervor, der erste scharfe Ton ist dem Knall einer Peitsche nicht unähnlich. Die Verschiedenartigkeit der sowohl durch die Stimmorgane als andere Werkzeuge hervorgebrachten Laute, welche die Männchen vieler Spezies während der Paarungszeit äußern, und die Verschiedenheit der Mittel zur Hervorbringung solcher Laute ist in hohem Grade merkwürdig.“[145]

Doch erst ein Jahrhundert später hat man herausgefunden, wie der Keulenschwingenpipra mithilfe der Flügel Töne erzeugt. Kim Bostwick und ihr Ornithologen-Team von der Cornell University haben mit Hochgeschwindigkeitskameras gefilmt und die Standbilder einzeln untersucht. Mit bloßem Auge sieht man nämlich nicht, was bei der schnellen Vibration der Flügel geschieht. Der Keulenschwingenpipra, der den Schnabel geschlossen hält, könnte auch ein Bauchredner sein. Nur mithilfe der Filmkameras konnte man das Geheimnis lüften.

Bei diesem Geigenspiel sind drei Federn eines jeden Flügels enorm wichtig: die fünfte und sechste Handschwinge[146] und die erste Humeralfeder. Die fünfte Handschwinge verfügt über einen Federschaft *(Rhachis)*, die Fortsetzung der Federnspule *(Calamus)*, der an seinem Ende verdickt und wie ein Geigenbogen um 45 Grad geknickt ist, während bei der sechsten Handschwinge und der ersten Humeralfeder der Schaft verdickt und um 90 Grad geknickt ist. Auf diese Weise berühren einander die weichen Flaumfedern besser.

---

145  Charles Darwin, Die Abstammung des Menschen und die geschlechtliche Zuchtwahl, Stuttgart 1871, Band 2, S. 60.

146  Die Federn der Flügel, die das Fliegen ermöglichen, nennen sich Schwungfedern und werden in erste, zweite und dritte Handschwingen unterteilt. Sperlingsvögel besitzen zehn erste Schwungfedern ganz außen, sie bilden die Spitze des Flügels und sind am Knochen der „Hand“ angewachsen: Sie reichen vom Daumenflügel, einem winzigen „Daumen“ bis zum Handgelenk. Weitere sechs Federn sind die zweiten Handschwingen, die den Mittelteil des Flügels bilden und Elle und Speiche entsprechen. Schließlich gibt es noch drei dritte Handschwingen ganz innen: Sie sind am Oberarmknochen und der Schulter angewachsen und haben die Aufgabe, die anderen Federn zu schützen, wenn der Flügel angelegt ist. Unter den dritten Handschwingen schließen sich fächerartig alle anderen Federn des Flügels.

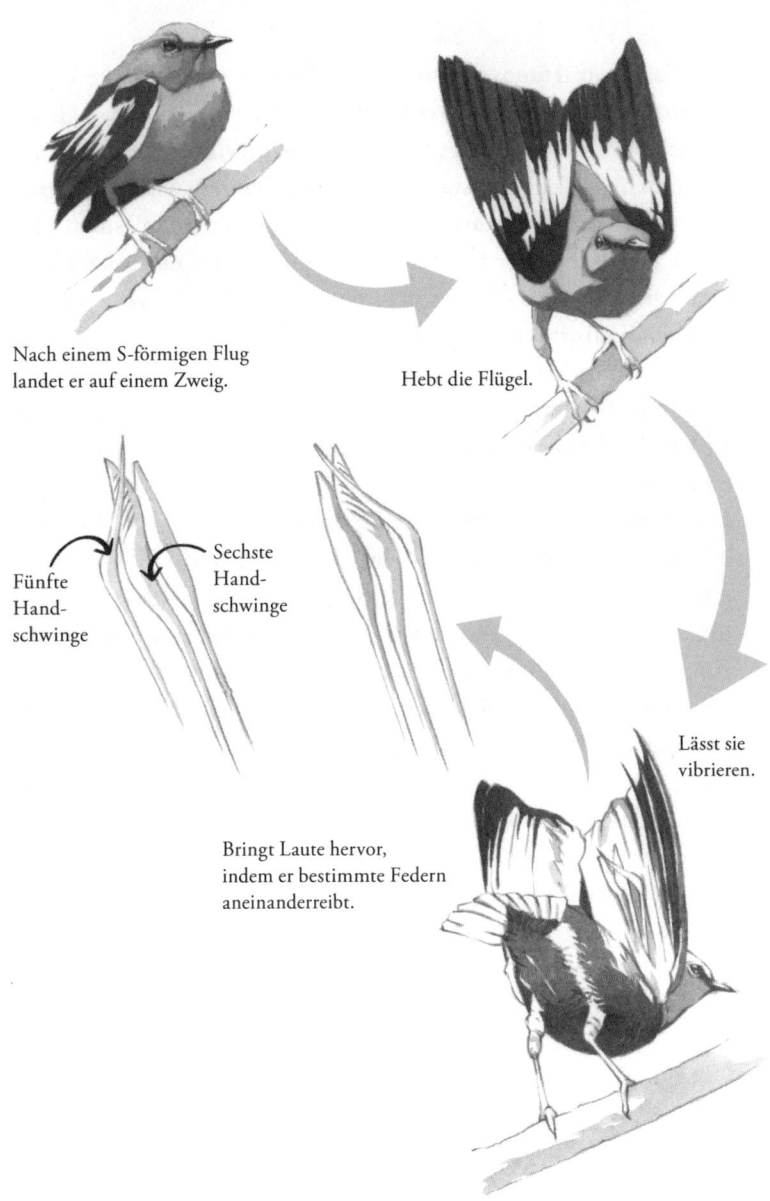

Nach einem S-förmigen Flug landet er auf einem Zweig.

Hebt die Flügel.

Fünfte Hand-schwinge

Sechste Hand-schwinge

Lässt sie vibrieren.

Bringt Laute hervor, indem er bestimmte Federn aneinanderreibt.

Der Keulenschwingenpipra singt mithilfe einiger modifizierter Federn mit den Flügeln: Er streicht mit der fünften Schwungfeder wie mit einem Geigenbogen über die sechste, was durch Reibung (Stridulation) einen Ton erzeugt.

Die äußere Handschwinge hat außerdem eine gerippte Oberfläche mit sieben Rillen. Wenn der Keulenschwingpipra die Flügel
aufstellt, sie 107-mal in der Sekunde schüttelt und außerdem anei-
nanderschlägt, legt sich die fünfte Handschwinge wie ein Geigenbogen auf die sechste und erzeugt durch Stridulation einen Ton:
durch das Reiben der fünften auf dem schmalen Ende der sechsten, während die hohle erste Humeralfeder, die ihrerseits von der
sechsten berührt wird, als Verstärker fungiert.[147]

Und so spielt der Keulenschwingenpipra auf der sechsten
Handschwinge eine Arie mit 1.500 Hz. Genauer gesagt, das erste
*tik* hat eine Spitzenfrequenz von 1.590 Hz, während das lange *tiuu*
eine etwas niedrigere Frequenz von 1.490 Hz hat. Das Ganze geschieht mit außergewöhnlicher Geschwindigkeit. Das Männchen
des Keulenschwingenpipras hebt die Federn und schlägt sie ein
erstes Mal aufeinander, dann sträubt es sie und schlägt sie nach
ungefähr neun Millisekunden wieder aneinander. Bei jeder Berührung erfüllt die fünfte Handschwinge ihre Funktion als Geigenbogen, und da die sechste Handschwinge sieben Rillen hat – und
bei jedem Schlag zweimal berührt wird – ist die Frequenz 14-mal
höher als die der Berührung. Dieser Verstärkungseffekt erklärt,
warum das *tik* und das *tiuu* eine Frequenz von etwa 1.500 Hz haben.[148]

Doch Vögel verwenden Laute auch zur Autokommunikation,
als Echoortung. Der gesendete Ton trifft auf ein Hindernis und
kehrt zum Sender zurück, der sich auf diese Weise ein Bild von der
Umgebung oder dem Beutetier macht. Soweit bekannt, wird die
Echoortung von 17 verschiedenen Vogelarten angewandt und hat
sich bei dieser Tierklasse zumindest dreimal unabhängig voneinander entwickelt. Vor allem wird sie vom Fettschwalm *(Steatornis
caripensis)* eingesetzt, einem südamerikanischen Vogel, der mit den

---

147  K. S. Bostwick und R. O. Prum, *Courting Bird Sings With Stridulating Wing Feathers*,
     in "Science", 309, 2005, p. 736, 10.1126/science.1111701.
148  K. S. Bostwick et al., *Resonating Feathers Produce Courtship Song*, in "Proceedings of
     the Royal Society B", 1683, 2009, https://doi.org/10.1098/rspb.2009.1576.

sogenannten Ziegenmelkern verwandt ist (die allerdings überhaupt nichts mit Ziegen zu tun haben, sondern sich von Insekten ernähren). Die 16 anderen Arten, die zur Echoortung fähig sind, gehören der Ordnung der Segler *(Apodidae)* an, zu der auch unsere heimischen Mauersegler zählen; es sind vor allem verschiedene Salanganen-Arten der Gattungen *Aerodramus* und *Collocalia*. Salanganen sehen europäischen Schwalben ähnlich, sind jedoch kleiner und in Südostasien heimisch.

Um zu verstehen, wozu diese Vögel die Echoortung einsetzen und wie sie sie realisieren, muss man erst einmal verstehen, wer sie sind und wie sie leben.

Unser erster Protagonist ist der Fettschwalm oder Guácharo: Er ist von Costa Rica bis Bolivien heimisch, hat ein bräunlich-rötliches, weiß gepunktetes Gefieder, das zur Tarnung dient, große Augen und einen gebogenen, von Flaumfedern umgebenen Schnabel. Eine Art kurzer, feiner Schnurrbart, der die Funktion von Tasthaaren hat. Er wiegt so viel wie eine kleine Ente, zwischen 350 und 475 Gramm, ist ungefähr 50 Zentimeter lang und sein wissenschaftlicher Name *Steatornis caripensis* bedeutet so viel wie „Fetter Caripevogel": vom griechischen *stear,* „fett" und *ornis,* Vogel. Caripensis bezeichnet das südamerikanische Gebiet, wo er zum ersten Mal beobachtet wurde: in einem Tal in der Nähe von Caripe in Venezuela, wo der Nationalpark El Guácharo gegründet wurde. Genau hier befindet sich eine der größten Fettschwalmkolonien der ganzen Welt.

Diese merkwürdigen Vögel halten verschiedene Rekorde: Sie sind die einzigen bekannten Vögel, die sowohl nachtaktiv als auch Fruchtfresser sind. Sie leben in Höhlen wie in der Cueva del Guácharo, durch die kleine Bäche fließen, oder in der Nähe von Flüssen oder Quellen. Hier bauen sie mit Schlamm, Exkrementen und verfaulten Früchten ihr Nest. Ihre Nester stinken, aber das ist dem Fettschwalm egal. Nachts schwärmen sie aus, um Nahrung zu suchen. Auf der Suche nach den Früchten der Ölpalme und anderen typischen Pflanzen, die sie in immergrünen Lorbeerwäldern *(laurisilva)* finden, fliegen sie bis zu 80 Kilometer. Doch sie halten noch einen anderen Rekord: Sie sind die einzigen nachtaktiven Vögel, die zur Echoortung fähig sind. Sie erzeugen Klicksignale in einer Frequenzbreite von 6.000 bis zu 10.000 Hz (es wurden aber auch schon welche mit 2.000 Hz registriert), die in einer Entfernung von bis zu 180 Metern gehört werden. Jede Salve dauert weniger als zehn Millisekunden und besteht aus zwei bis sechs Klicks, die in Intervallen von zwei Millisekunden erzeugt werden und vom menschlichen Ohr wie Knistern, in der Sprache der Ornithologen ein *click burst*, wahrgenommen werden.

Zu den Salanganen, auch *swiftlet* genannt, gehören 26 Segler-Arten, die auf Inseln des Indischen Ozeans heimisch sind. 16 sind mit Sicherheit zur Echoortung fähig, bei den anderen ist man sich noch nicht so sicher. Salangane, die aussehen wie kleine Schwalben, ungefähr zehn bis 15 Gramm schwer und zehn Zentimeter groß sind, haben tiefschwarzes Gefieder und lange, schmale Flügel, sind tagaktiv und unbarmherzige Jäger von Insekten, die sie genau wie unsere europäischen Schwalben im Flug fangen. Wie Fettschwalme nisten auch sie in Höhlen und Grotten. Leider sind Salangane aufgrund ihrer Nester in der asiatischen Küche sehr beliebt: Schwalbennestersuppe besteht aus ihrem gummiartigen, ausgehärteten Speichel. Diese Nester, die fünf bis zehn Zentimeter groß sind, ein Gewicht von sechs bis acht Gramm[149] erreichen, und für deren Errichtung die rechtmäßigen Eigentümer ungefähr 30 Tage harter Arbeit brauchen, werden massenweise gesammelt und zu exorbitanten Preisen verkauft, um die berühmte Schwalbennestersuppe herzustellen, die laut Traditioneller Chinesischer Medizin mehrfache wohltuende Wirkungen hat. Indonesien, Malaysia und Thailand exportieren zusammen mehr als 3.000 Tonnen pro Jahr. Ein einziges Kilo (also mehr als 125 Nester) kostet bis zu 10.000 Dollar, vor allem, wenn die Nester aufgrund einer hohen Tyrosin-, Nitrat-

---

149 Birds of the World, The Cornell Lab of Ornithology, https://birdsoftheworld.org/bow/home.

und Nitritkonzentration, aufgrund eines Moleküls namens 3-Nitrotyrosin[150], rot geädert sind.[151]

Sowohl Fettschwalme wie Salangane benutzen die Echoortung, um in den Höhlen, in denen sie nisten, Hindernisse zu erkennen und mit den anderen Mitgliedern der Kolonie zu kommunizieren. Fettschwalme benutzen sie, um Hindernissen auszuweichen, den Ein- und Ausgang der Höhle zu finden und sich im Raum zu orientieren, also zur Autokommunikation. Auf diese Weise vermeiden sie, gegen Wände oder Stalaktiten zu prallen. Und genau dasselbe machen auch Salangane: Es ist also eine Anpassung an das Leben in Höhlen, eine konvergente Evolution, die sie mit bekannteren Höhlenbewohnern wie den Fledermäusen teilen.

Die Augen der Fettschwalme sind auf unglaubliche Weise an das nächtliche Leben angepasst, doch untertags sehen sie sehr schlecht. Ihre Pupille hat von allen Vogelarten die höchste Lichtempfindlichkeit, und die Retina hat eine höhere Stäbchendichte als die aller anderen Wirbeltiere: eine Million pro Quadratmillimeter.[152] Die Stäbchen sind schichtweise angeordnet wie sonst nur bei Tiefseefischen. Dank ihrer speziellen Augen sehen Fettschwalme also sehr gut in der Dunkelheit, doch untertags hilft ihnen das wenig.[153] Um kurze Distanzen einzuschätzen, vertrauen sie darum dem Flaum (Tastfedern) um den Schnabel, für mittlere Distanzen oder um Artgenossen zu erkennen, benutzen sie Echoortung, und bei der Nahrungssuche über lange Entfernungen

---

150  E. Kian-Shiun Shim, *Nitration of Tyrosine in the Mucin Glycoprotein of Edible Bird's Nest Changes Its Color From White to Red*, in "Journal of Agricultural and Food Chemistry", 66, 2018, S. 5654–5662, https://doi.org/10.1021/acs. jafc.8b01619

151  S. Brinkløv, M. Brock Fenton und J. M. Ratcliffe, *Echolocation in Oilbirds and Swiftlets*, in "Frontiers in Physiology", 4, 2013, https://doi.org/10.3389/fphys.2013.00123.

152  G. Martin et al., *The Eyes of Oilbirds (*Steatornis caripensis*): Pushing at the Limits of Sensitivity*, in "Naturwissenschaften", 91, 2004, S. 26–29.

153  L. M. Rojas et al., *Retinal Morphology and Electrophysiology of Two Caprimulgiformes Birds: The Cave-Living and Nocturnal Oilbird (*Steatornis caripensis*), and the Crepuscularly and Nocturnally Foraging Common Pauraque (*Nyctidromus albicollis*),* in "Brain, Behavior and Evolution", 64, 2004, S. 19–33, https://doi.org/10.1159/000077540.

verlassen sie sich auf den Geruchssinn. Fettschwalme kombinieren also Sehsinn und Echoortung, und in sternenklaren Nächten und bei Vollmond reduzieren sie sowohl Energieaufwand als auch die Anzahl der Klicks.[154] Salangane hingegen sind tagaktiv, sie sehen tagsüber gut, nachts aber wenig. Wenn es dunkel ist, also zum Beispiel in Grotten, verwenden sie die Echoortung, und die Klicks werden häufiger. Sowohl Fettschwalme wie Salangane nutzen die Echoortung auch, um mit anderen Mitgliedern der Kolonie zu kommunizieren. Wenn sie im Schwarm fliegen, stoßen Fettschwalme zum Beispiel Lautfolgen von mehr als 20 Klicks aus, wie eine Art Hupen, das die anderen auffordert auszuweichen, um Zusammenstöße zu vermeiden. Auf diese Weise sorgen sie auch für sozialen Zusammenhalt und halten beim Fliegen Kontakt. Salangane hingegen teilen den anderen Mitgliedern ihre Ankunft in der Höhle mit: Wenn sie sich den Nestern nähern, erzeugen sie eine Reihe von niederfrequenten Klicks, auf die ein Ruf folgt, wahrscheinlich um die Nachbarn im nächsten Nest zu warnen.[155]

In all diesen Fällen erzeugen die Vögel also Töne und manipulieren sie nach Belieben. Sie sind Schlagzeuger und fähige Radartechniker, informieren einander über die Präsenz von Raubtieren und Nahrung, halten Kontakt und knüpfen Beziehungen zu anderen Mitgliedern der Gruppe und der Familie. Doch eines sollte mittlerweile klar sein: Der Gesang der Vögel ist etwas ganz anderes.

---

154 S. Brinkløv, C. P. H. Elemans und J. M. Ratcliffe, *Oilbirds Produce Echolocation Signals Beyond Their Best Hearing Range and Adjust Signal Design to Natural Light Conditions*, in "The Royal Society Open Science", 4, 2017, https://doi.org/10.1098/rsos.170255.

155 Brinkløv, Brock Fenton und Ratcliffe, *Echolocation in Oilbirds and Swiftlets*, cit.

# Kapitel 7
## Das Geheimnis des Vogelgesangs

Nun können wir mit Sicherheit sagen: Der Gesang der Vögel unterscheidet sich beträchtlich von jedem Ruf oder Schrei. Er besteht aus einer Melodie mit strenger Struktur, aus sich wiederholenden Silben, Phrasen und Strophen mit festgelegter Abfolge und eindeutiger Absicht und ist vor allem in der Paarungszeit sehr vielfältig. In erster Linie singen die Männchen, um das Revier zu verteidigen, ihren Gesundheitszustand unter Beweis zu stellen und ein Weibchen zu verführen. Wenn man nicht auf die Schönheit zählen kann, um einen Partner zu gewinnen, muss man sich was anderes einfallen lassen. Und eine schöne Stimme ist gewiss eine gute Verführungsstrategie, vor allem wenn sie die Fitness widerspiegelt.

Der Gesang der Vögel gehört zu den ehrlichsten Signalen in der Tierwelt. Der Gesang eines Männchens hängt von dessen Größe, der Kraft seiner Brustmuskeln, die die Lunge dehnen, von seinem Gesundheitszustand und auch davon ab, wie viel es aktuell gegessen hat. Deshalb singen die Männchen in der Paarungszeit oft früh am Morgen. Es gibt keinen besseren Zeitpunkt, um die Leistungsfähigkeit unter Beweis zu stellen. Vor allem ist es – insbesondere für Stadtvögel – zu diesem Zeitpunkt leiser und man hat die ganze Nacht gefastet. Ein Ständchen vor dem Frühstück beweist nicht nur den Weibchen in der Umgebung oder der bereits eroberten Gefährtin (man sollte den Partner hin und wieder daran erinnern, dass er vergeben ist), sondern auch eventuellen Rivalen, mit wem sie es zu tun haben: Ein schöner Gesang hält sie von den eigenen Nistplätzen fern. Woher weiß man das? Dank den eigensinnigen und sympathischen Kohlmeisen *(Parus major)*. Die kleinen gelbschwarzen Sperlingsvögel sind sehr gut erforscht, insbesondere seit den frühen 1970er-Jahren in der Gegend um Oxford. Genauer gesagt im freundlichen Wytham, einem klassischen englischen Dörfchen mit Walmdach-Cottages, kleinen, gepflegten Gärtchen davor und Steinmäuerchen. Hier hat sich John Krebs von der Universität Oxford ein perfektes Experiment einfallen lassen. Im Frühling entfernte er acht Pärchen aus ihrem Revier und brachte stattdessen Lautsprecher an. Aus dreien tönte exakt der Gesang der von Krebs entfernten Kohlmeisen, aus weiteren drei nur Rhythmus und Lautstärke des Gesangs. Zwei Lautsprecher waren stumm. Dann wartete er, was passierte.

Die Reviere mit den stummen Lautsprechern wurden sofort, innerhalb von acht Stunden besetzt, jene, in denen ein Geräusch aus den Lautsprechern drang, das vage an Gesang erinnerte, wurden nach 12 Stunden besiedelt, und das Gebiet, in dem der originale Gesang des rechtmäßigen Urhebers erschallte, wurde erst nach 20 Stunden zurückerobert. Es hat also eine Zeit lang gedauert, bis die Kohlmeisen so mutig waren, die offenbar besetzten Revierteile zu erkunden, und herausfanden, dass das alles nur die Inszenierung einer menschlichen Frohnatur war. Krebs hat also bekommen, was er wollte, nämlich den Beweis, dass der Gesang abschreckende Wirkung hat: Auf diese Weise rufen die Kohlmeisen „Besetzt!".[156] Außerdem hat man in Wytham herausgefunden, dass auch Kohlmeisen bluffen. Wenn im Frühling die Reviere vergeben werden, teilen sich die Kohlmeisen auf und erzeugen sehr unterschiedliche Rufe: Sie imitieren Artgenossen. Sie tun so, als würde es in ein und demselben Revier mehrere Individuen geben. Und das schreckt wahrscheinlich Rivalen ab, die Reviere mit viel Konkurrenz meiden. Sie verhalten sich wie Gary Cooper in dem Film „Die Fremdenlegionäre" (1939). Beau Geste ist einer der wenigen Überlebenden, nachdem Araber sein Fort angegriffen haben. Als Beau Geste,

---

156  J. R. Krebs, *Song and Territory in the Great Tit* Parus major, in "Evolutionary Ecology", 1977, S. 46–72, https://doi.org/10.1007/978-1-349-05226-4_6.

der von Gary Cooper gespielt wird, sieht, dass die Feinde erneut zum Angriff übergehen, beschließt er gemeinsam mit seinem Vorgesetzten, die Leichen der toten Kameraden am Rand der Palisade abzustützen und ihnen ein Gewehr in die Hand zu drücken. Eine List, mit der sie Zeit gewinnen, bis Verstärkung eintrifft. Wie Beau Geste dominieren die Kohlmeisen ihr Revier, indem sie sich als Mannschaft ausgeben: Deshalb spricht man von der Beau-Geste-Hypothese.

Der Gesang der Vögel ist ein kodifiziertes Signal, das sich im Lauf der Zeit entwickelt hat und den Zuhörern genaue Informationen bezüglich des Sängers liefert: Wer er ist, welcher Art er angehört, Geschlecht, Alter, Gesundheit und Fitness, und natürlich die augenblickliche Position. Alter ist ein Parameter, der bei der Partnerwahl der Weibchen immer eine große Rolle spielt. Ein langlebiges Exemplar hat wahrscheinlich gute Gene, hat viele Migrationen und auch viele Angriffe von Raubvögeln überlebt, hat wahrscheinlich eine gewisse Lebenserfahrung und kennt sich auch bei der Aufzucht der Jungen aus. Außerdem liefert der Gesang genaue Informationen über den Charakter und das Temperament des Männchens. Manche Weibchen ziehen einen Draufgänger einem friedlichen und vorsichtigen Männchen vor. Etwa der Halsbandschnäpper *(Ficedula albicollis)*, ein kleiner schwarzweißer Sperlingsvogel, der in europäischen Laubwäldern nistet: Halsbandschnäpperweibchen bevorzugen abenteuerlustige Männchen, die beim Singen größere Risiken eingehen, etwa neue Plätze ausprobieren.[157] Kühne Männer, die der Gefahr trotzen. Der Gesang ist deshalb eine Art „Fingerabdruck" der Art und des Individuums. Ornithologen und Birdwatcher wissen das sehr gut, beim Zählen und Beobachten verlassen sie sich meist auf das Gehör.

Sänger par exellence sind Singvögel *(Oscines)*, eine Unterordnung der Sperlingsvögel, zu denen mehr als 4.700 Arten gehören,

---

157 L. Z. Garamszegi, M. Eens und J. Török, *Birds Reveal Their Personality When Singing*, in "Plos One", 2008, https://doi.org/10.1371/journal.pone.0002647.

angefangen bei unserer Amsel bis zu den in Neuguinea heimischen Paradiesvögeln. Mehr oder weniger die Hälfte aller bekannten Vögel. Sicher, auch das metallische „huu-huu" der Zwergohreule *(Otus scops)*, das im Frühsommer in Wäldern und Gärten Südeuropas ertönt, nennt sich Gesang, und auch der Schrei des Hahns und der Kraniche, usw. Dieser wird zwar in der Paarungszeit eingesetzt, dennoch handelt es sich dabei nicht um Gesang, sondern um einen Ruf: Er weist keine Struktur, keine Silben, Phrasen oder Strophen auf. Doch vor allem wird beim Gesang der Singvögel nicht improvisiert. Instinkt allein reicht nicht: Um gut zu singen, braucht man einen guten Lehrer, man muss fleißig sein und einige Stunden nehmen.

Um ein Gesangsrepertoire hervorzubringen, bei dem ein Streich- oder Blasorchester vor Neid erblassen würde, braucht man außerdem ausgezeichnete Lautbildungsorgane, sagen wir, ein goldenes Gaumenzäpfchen. Und Ohren, die die wunderbaren Melodien zu schätzen wissen.

Der Gesang der Singvögel verdankt sich einem außergewöhnlichen Organ, das aussieht wie ein auf den Kopf gestelltes Y, dem Stimmkopf, der aus mehreren ringförmigen Knorpelschichten zwischen Luftröhre und Bronchien besteht (unser Kehlkopf hingegen befindet sich oberhalb der Luftröhre). Zwischen den Knorpelringen befinden sich Membranen *(membrana tympaniformis),* die ebenfalls mit Muskeln verbunden sind und den Kehlkopf beim Durchströmen von Luft dehnen und so die erzeugten Töne modulieren. Bei vielen Arten, etwa Enten und Papageien, reicht der Stimmkopf nur bis zum oberen Ende der Bronchien. Er ist kurz und die Membranen befinden sich im oberen Stamm des Y vor der Gabelung. Bei Singvögeln hingegen führen beide Zweige des Y zu den Bronchien, weshalb sie „aus voller Kehle" singen können. Vor allem Singvögel haben zwei Membranen, die sich unterhalb der Gabelung des Kehlkopfs befinden und zu den Bronchien führen. Beide Zweige des Stimmkopfes können unabhängig voneinander Töne hervorbringen. So können Singvögel gleichzeitig ein C und ein G, einen Triller und einen einzelnen Ton singen. Ein Ton, den das menschliche Ohr als einzelnen wahrnimmt – etwa einen immer schriller werdenden Pfiff –, kann zuerst von einem Zweig des Stimmkopfs und dann vom zweiten Zweig hervorgebracht werden.

Um dieses enorme Gesangsrepertoire auch wahrzunehmen, verfügen Singvögel über ein Gehör, das sich in Bezug auf die Frequenzen nicht sehr von unserem unterscheidet. Wir hören Frequenzen im Bereich zwischen 20 und 20.000 Hz (wobei die Schwelle mit dem Alter sinkt, bereits Erwachsene hören nur noch eine Frequenz im Bereich zwischen 16 und 18.000 Hz); Vögel hören für gewöhnlich im Bereich zwischen 40 und 20.000 Hz, mit Ausnahme von Infra-[158] und Ultraschall, manche haben eine höhere Sensibilität zwischen 1.000 und 4.000 Hz.[159] Die Ohren des Vogels sieht man nicht: Sie befinden sich an derselben Stelle wie bei uns, haben aber keine Ohrmuschel. Sie sind nur Löcher im Schädel, ungefähr auf der Höhe der Augen, und immer von Federn bedeckt.

Um zum Gesang zurückzukehren: Ungefähr 4.700 Arten können mit ihrem Stimmkopf sonore Funken schlagen. Doch wie bei so vielen Dingen reicht Talent nicht, sondern man muss fleißig üben. Vögel lernen das Singen von adulten Artgenossen; der Mechanismus ähnelt sehr dem Spracherwerb eines Kindes, das die Eltern imitiert. Dabei sind ausschließlich Imitation und soziale Erfahrung entscheidend.[160] Das hat man Ende der 1960er-, Anfang der 1970er-Jahre mithilfe von Experimenten mit der Dachsammer *(Zonotrichia leucophrys)* herausgefunden, einem kleinen amerikanischen Sperlingsvogel, der sich durch schwarzweiße Streifen am Oberkopf auszeichnet.

---

158  J. N. Zeyl et al., *Infrasonic Hearing in Birds: A Review of Audiometry and Hypothesized Structure-function Relationships*, in "Biological Reviews", 95, 2020, S. 1036–1054, https://doi.org/10.1111/brv.12596.

159  R. C. Beason, *What Can Birds Hear?*, in "Proceedings of the Vertebrate Pest Conference", 2004, S. 92–96, https://escholarship.org/uc/item/1kp2r437; J. Schwartzkopff, *Oh the Hearing of Birds*, in "The Auk", 72, 1955, S. 340–347, https://www.jstor.org/stable/4081446?seq=1.

160  P. Marler und M. Tamura, *Culturally Transmitted Patterns of Vocal Behavior in Sparrows*, in "Science", 146, 1964, S. 14831486, 0.1126/science.146.3650.1483.

Singen lernt man nur durch Zuhören und Nachahmen, durch *trial and error*. Genau wie Kinder beim Brabbeln. Tatsächlich läuft der Spracherwerb bei Menschen, Fledermäusen, Walen und – bei den Vögeln – allen Singvögeln, Kolibris und Papageien ähnlich ab.[161]

Nach dem Schlüpfen horchen die Küken der Singvögel eine Zeit lang zu, dann üben sie und schließlich sind sie voll ausgebildete Sänger. Mit einem Wort, kein Kinderspiel, sie müssen in die Singschule gehen. In den ersten Lebenswochen oder -monaten lauschen die Küken aufmerksam den Erwachsenen und prägen sich den Gesang ihrer Artgenossen ein. Und manche haben wirklich ein überaus gutes Gedächtnis: Die Nachtigall *(Luscinia megarhynchos)* muss sich ungefähr 120 bis 260 unterschiedliche Strophen merken, die sie als adultes Individuum in ihren Gesang integriert. Diese erste Lernphase, auch „kritische Phase" genannt, beginnt nicht bei allen Arten am selben Tag und dauert auch nicht gleich lang. Manche gehen um den zehnten Lebenstag zum ersten Mal zur Schule, andere, etwa Stare, beginnen viel später, im zweiten Lebensmonat, zu lernen. Bei der bereits erwähnten Dachsammer beginnt die kritische Phase ungefähr 50 Tage nach dem Schlüpfen,[162] bei den Nachtigallen manchmal sogar erst nach 120 Tagen.

Sobald die Küken alle diese Informationen gespeichert haben, räuspern sie sich zum ersten Mal. Bis zu diesem Zeitpunkt haben sie noch nie gesungen, noch nie eine Melodie ausprobiert. Und eine Zeit lang klingt ihr Gesang unreif, suchend, unschön, stotternd, weshalb er als „Vor-Gesang" bezeichnet wird: Das sind die ersten Nachahmungsversuche. Genau wie bei Kindern: Zuerst geben sie lallend kurze Silben von sich, sie sprechen noch nicht und können auch kein ganzes Wort artikulieren. Doch sie hören zu und in der

161 E. D. Jarvis, *Brains and Birdsong*, in P. R. Marler und H. Slabbekoorn (Hrsg.), *Nature's Music: The Science of Birdsong*, Academic Press, Cambridge (MA) 2004, Kap. 8, S. 227–271.
162 P. Marler, *A Comparative Approach to Vocal Learning: Song Development in White-crowned Sparrows*, in "Journal of Comparative and Physiological Psychology", 71, 1970, S. 1–25, https://doi.org/10.1037/h0029144.

Brabbelphase sprechen sie erstmals ganze Silben. Die Vor-Gesangs-Phase ist nichts anderes als eine Art Brabbelphase, auch sie dauert je nach Art unterschiedlich lang. Manche beginnen im fünften oder sechsten Lebensmonat zu brabbeln, manche im achten oder auch neunten. Dann beginnt endlich die Phase des plastischen Gesangs, eine Phase des Ausprobierens, während der die Imitation perfektioniert wird, doch auch eine Prise Improvisation dazukommt, wobei die Vögel Töne produzieren, die von ihrem artgerechten Gesang sehr abweichen. Sie erfinden gewissermaßen neue Wörter, spielen mit der Stimme. Schließlich vergessen sie alle diese Variationen und ihr Gesang wird endlich zum reifen Gesang des adulten Individuums. Wie ein Kind, das ein neues Wort lernt und es mehrmals wiederholt, muss auch der junge Vogel den korrekten Gesang mehrmals ausprobieren, bis er mit dem Ergebnis zufrieden ist und ihn automatisiert.

Der erlernte Gesang wird jedoch nicht unbedingt ein Leben lang unverändert beibehalten. Bei manchen Arten, etwa Staren und Nachtigallen, die ein riesiges Repertoire haben, gibt es noch eine zweite kritische Phase am Ende des ersten Lebensjahrs, während der der Jungvogel neue Strophen lernen muss. Als ob er auf die Universität ginge, um seine Ausbildung zu perfektionieren. Nachtigallen vervielfachen zwischen dem ersten und zweiten Lebensjahr die Anzahl der auswendig gelernten Strophen, und am Ende des „Studiengangs" haben sie ihr Repertoire um gut 30 Prozent erweitert. In dieser Zeit lernt die Nachtigall neue Strophen und Sequenzen und vergisst die weniger oft gebrauchten und weniger bekannten.[163] Sie stimmt sich auf die im Augenblick aktuellen Hits ihrer Generation ein, um cool zu sein. Dasselbe machen Stare – sowohl Männchen als auch Weibchen –, die im Lauf ihres Lebens ihr Repertoire vergrößern und bis zum Alter von einem Jahr imstande sind, sich neue Phrasen einzuprägen. Bei manchen

---

163 S. Kipper und S. Kiefer, *Age-Related Changes in Birds' Singing Styles: On Fresh Tunes and Fading Voices?*, in "Advances in the Study of Behaviour", 41, 2010, S. 77–118, https://doi.org/10.1016/S0065-3454(10)41003-7.

Kolibri- und Papageienarten dauert diese Lernfähigkeit das ganze Leben an.[164]

Mithilfe von Nachahmung zu lernen ist jedoch nicht einfach, Fleiß und Energie sind dafür vonnöten, weshalb die Ernährung in dieser Phase sehr wichtig ist. Jungvögel, die nicht genug Nahrung bekommen oder Gesundheitsprobleme haben, lernen nicht so gut, und ihr Gesang ist weniger vielfältig und sauber, nur ein schwacher Abklatsch des artgerechten Gesangs. Als ehrliches Signal gibt der Gesang also nicht nur Informationen zum Gesundheitszustand, sondern auch zu den Genen und außerdem darüber, wie das Individuum Kindheit und Pubertät verbracht hat. Doch damit nicht genug. Ohne diese Ausbildung und ohne das Vorbild der adulten Artgenossen, echten Tutoren, entwickelt sich der Gesang nicht: Er klingt anormal, besteht aus wenigen falsch klingenden Tönen. Dasselbe passiert auch, wenn das Junge taub ist: Es kann sich nicht selbst zuhören, sich kein Feedback geben, und deshalb verbessert sich sein Gesang auch nicht.[165]

Man braucht also ein Muster, das imitiert wird, und einen Meister, der es vorsingt. Die Singvögel haben eine Anlage zum Gesang: Sie erben die grundlegende Fähigkeit, eine Stimme, den Rest besorgen Ausbildung und Umgebung. Die „Grammatikregeln" müssen erlernt werden und werden von Generation zu Generation in einem artspezifischen Bildungsprozess weitergegeben.

In dem Stimmenchaos im Frühjahr ist es jedoch mitunter extrem schwierig, den richtigen Gesang zu erlernen. Zu den überraschendsten Fakten gehört, dass Küken – genauso wie das Kind, das die Stimme der Mutter erkennt – in der freien Natur unter Hunderten unterschiedlichen Klängen und Gesängen genau jene erkennen, die sie erlernen müssen. Und auch in diesem Fall spielt

---

164 M. Päckert, *Song: The Learned Language of Three Major Bird Clades in Bird Species*, in D. T. Tietze (a cura di), *Bird Species. How They Arise, Modify and Vanish*, "Springer Nature", 2018, S. 75–94.

165 M. Konishi, *The Role of Auditory Feedback in the Control of Vocalization in the White-Crowned Sparrow*, in "Ethology", 22, 1965, S. 770–783, https://doi.org/10.1111/j.1439-0310.1965.tb01688.x.

die direkte Interaktion mit Eltern und Artgenossen eine wichtige Rolle.

Wenn zum Beispiel ein Dachsammerjunges mit einem adulten Vogel einer anderen Art zusammengebracht wird, es dessen Gesang hört und mit ihm interagiert, dann lernt es, selbst wenn man ihm hin und wieder den richtigen Gesang vorspielt, einen nicht artspezifischen Gesang. Es gilt also, einem adulten Artgenossen zuzuhören und mit ihm zu interagieren. Um die Dinge zu erleichtern, stimmt die kritische Phase des Zuhörens immer mit jener Phase überein, in der die Eltern am eifrigsten am Nest beschäftigt sind, was die Gefahr des Irrtums minimiert.

Im Fall des Vogelgesangs kann man durchaus zu Recht von Bildung sprechen. Manche Vögel lernen ihren Gesang, kopieren ihn, geben ihn nahezu unverändert von Generation zu Generation weiter und begründen so eine wahre Gesangstradition. Sie wenden eine Strategie an, die man als „kulturelle Konformität" bezeichnet und die bis vor Kurzem als menschliches Vorrecht galt. Genau das macht die Sumpfammer *(Melospiza georgiana),* ein kleiner Sperlingsvogel, der im Nordosten der USA heimisch ist.[166] Der Gesang, den man heute in den amerikanischen Sümpfen hört, klingt genauso wie vor 1000 Jahren: Melodien, die von Generation zu Generation weitergegeben werden und beständiger sind als menschliche Sprachen oder Dialekte. Und man kann im Fall des Vogelgesangs auch durchaus von „Dialekten" sprechen. Jede Art hat einen artspezifischen Gesang, der sich in unzählige Varianten unterteilt[167]: örtliche Ausprägungen, genauso wie bei menschlichen Dialekten. Dachsammern, die in Marin, Berkeley oder Sunset Beach leben – an drei ungefähr 50 Meilen voneinander entfernten Orten an der kalifornischen Küste in der Nähe von San Francisco –, sprechen

---

166 Robert F. Lachlan et al., *Cultural Conformity Generates Extremely Stable Traditions in Bird Song,* in "Nature Communications", 9, 2417, 2018, https://doi.org/10.1038/s41467-018-04728-1.

167 J. R. Krebs und D. E. Kroodsma, *Repertoires and Geographical Variation in Bird Song,* in "Advaced in the Study of Behaviour", 11, 1980, S. 143–177, https://doi.org/10.1016/S0065-3454(08)60117-5.

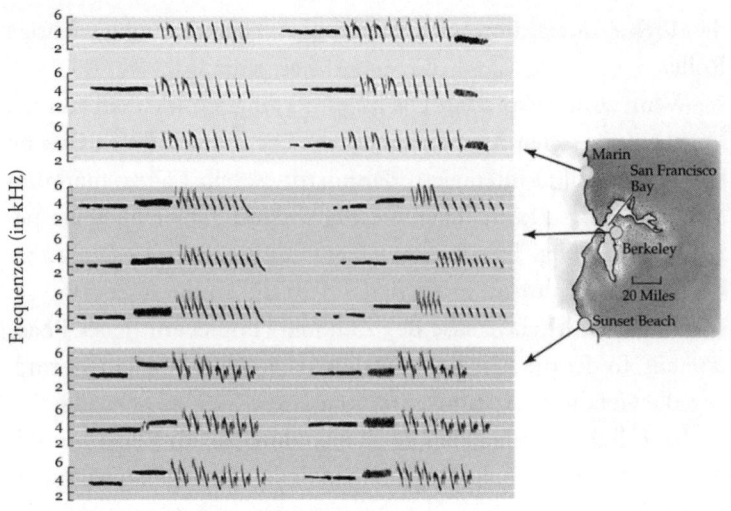

Sonogramme der drei Dialekte, die von Dachsammern *(Zonotrichia leucophrys)* im Gebiet von San Francisco „gesprochen" werden.

zum Beispiel drei verschiedene Dialekte.[168] Das ist bei sehr vielen Arten und Unterarten der Fall.

Dabei ist es schon schwierig genug, den Gesang der jeweiligen Arten zu unterscheiden. Sonogramme[169] sind hilfreich, auf ihnen können auch Laien minimale dialektale Abweichungen erkennen. Möglicherweise haben sich Dialekte entwickelt, um akustische Interferenzen zu kompensieren, um ökologische Barrieren, etwa ein anderes Laub in den Wäldern, oder Stadtlärm zu überwinden. Darüber weiß man noch nicht viel. Doch gewiss haben verschiedene Populationen ein und derselben Art eine gesangliche „Subkultur" entwickelt. Wie bei der menschlichen Sprache beeinflusst die soziale Erfahrung stark die Entwicklung des Gesangs.

---

168  P. Marler und M. Tamura, *Culturally Transmitter Patterns of Vocal Behavior in Sparrows*, in "Science", 146, 1964, S. 1483–1486, https://www.reed.edu/biology/professors/srenn/ pages/teaching/2008_syllabus/2008_readings/7_Marler_tamura_1964.pdf.

169  Ein Sonogramm ist die grafische Darstellung eines Schallspektrums mithilfe eines Sonografen. Auf der x-Achse wird die Zeit und auf der y-Achse die Frequenz dargestellt.

Wer per Nachahmung lernt, muss sich die Lautfolgen, die er in den ersten Lebensmonaten gehört hat, einprägen und sie dann reproduzieren.

Beim Menschen ist das Broca-Areal in der Großhirnrinde in der linken Hemisphäre des Gehirns die Hauptkomponente des Spracherwerbs. Das für den Gesang zuständige „Broca-Areal der Vögel" – wir sprechen von Sperlingsvögeln, deren Gewicht von fünf bis 200 Gramm reicht – befindet sich im hinteren Teil des Hirns und besteht aus drei Kernen. Der HVC-Kern (Hyperstriatum ventrale, pars caudalis) gibt dem Archipallium oder Gesangskern (RA) Befehle, das diese wiederum dem tracheosyringalen Teil des zwölften Gehirnnervs (nXIIts) weiterleitet, der für die Bewegungen des Stimmkopfs und somit die Tonerzeugung zuständig ist.

Der Stimmerwerb hingegen wird von einer Nervenbahn gesteuert, die vier Kerne im vorderen Teil des Hirns umfasst. Der wichtigste Kern ist auch in diesem Fall der HVC, der die Informationen jedoch an das X-Areal (auch Lernregion) weitergibt, das den Basalganglien des Menschen entspricht. Von hier aus bewegt sich die Information zum dorsolateralen Teil des medialen Thalamus (DLM) und dann zum magnozellulären Kern des vorderen Nidopalliums (LMAN), dem wahren Sitz des Gesangsgedächtnisses, einer Art Festplatte.

Das LMAN ist mit dem robusten Kern des Archipalliums (RA) verbunden, das bei der Erzeugung von Gesang eine Rolle spielt. Manchen Forschern zufolge ist genau dieser Steg entscheidend für das Lernen. Er erlaubt dem Jungvogel, sich selbst Feedback zu geben, das Gehörte mit dem zu vergleichen, was er sich eingeprägt hat.[170] Wenn die LMAN-, DLM-Kerne oder das X-Areal verletzt

---

170 M. S. Brainard und A. J. Doupe, *Interruption of a Basal Ganglia-forebrain Circuit Prevents Plasticity of Learned Vocalizations*, in "Nature", 404, 2000, S. 762–766, https://doi.org/10.1038/35008083; S. Kojima und A. J. Doupe, *Neural Encoding of Auditory Temporal Context in a Songbird Basal Ganglia Nucleus, and Its Independence of Birds' Song Experience*, in "European Journal of Neuroscience", 27, 2008, S. 1231–1244, https://doi.org/10.1111/j.1460-9568.2008.06083.x.

werden, bildet sich der Gesang nicht heraus oder bleibt in einem nicht korrigierbaren rudimentären Stadium stecken.[171]

Doch nicht alle Gehirne sind gleich. Die Größe dieser Kerne variiert von Art zu Art, von Geschlecht zu Geschlecht und sogar von Individuum zu Individuum.[172] Je größer der LMAN-Kern bei Singvögeln ist, desto größer ist auch ihr Gesangsrepertoire. Bei Zebrafinkenmännchen *(Taeniopygia guttata)* sind der HVC und das Archipallium (RA) drei- bis sechsmal so groß wie bei den Weibchen. Und das X-Areal ist bei den Weibchen gar nicht vorhanden.[173] Und zwar, weil die Zebrafinkenweibchen nicht singen und sie die Kerne, die zum Erlernen und Erzeugen von Gesang dienen, nicht brauchen. Die Entwicklung der mit dem Gesang assoziierten Hirnstrukturen hängt offenbar von männlichen Sexualhormonen und Melatonin[174] ab, das vielleicht auch beim Timing des Singens eine wichtige Rolle spielt.

Gesang ist vor allem im Frühling bzw. in der Paarungszeit nützlich, und das Licht entscheidet, wann er einsetzt. Man muss sich rechtzeitig räuspern und zu singen beginnen, um eine Gefährtin zu finden oder das Revier zu markieren; im Herbst oder gar im Winter aus voller Kehle zu trällern wäre Energieverschwendung. Deshalb spielt Melatonin, das Hormon, das den Tag-Nacht-Rhythmus steuert und in hellen Stunden nicht produziert wird, wahrscheinlich eine wichtige Rolle bei der Ankündigung des Frühlings und beim Timing des Singens.

Apropos Schlaf, träumen Vögel vom Singen? Wir Menschen träumen ja vom Sprechen und hin und wieder sprechen wir auch

---

171 E. A. Brenowitz et al., *An Introduction to Birdsong and the Avian Song System*, in "Journal of Neurobiology", 33, 1997, S. 495–500.

172 M. Soma, T. Hasegawa und K. Okanoya, *The Evolution of Song Learning: A Review From a Biological Perspective*, in "Cognitive Studies", 12, 2005, S. 166–176.

173 F. Nottebohm und A. P. Arnold, *Sexual Dimorphism in Vocal Control Areas of the Songbird Brain*, in "Science", 194, 1976, S. 211–213, https://doi.org/10.1126/science.959852.

174 G. F. Ball und J. Balthazart, *Neuroendocrine Mechanisms Regulating Reproductive Cycles and Reproductive Behavior in Birds*, in "Hormones, Brain, and Behavior", 2, 2002, S. 649–798, https://doi.org/10.1016/b978-012532104-4/50034-2.

im Schlaf, warum sollte es bei Vögeln anders sein? Aufgrund von Experimenten an Zebrafinken hat man herausgefunden, dass HVC-Kern und RA während des Schlafs eine komplexe und völlig spontane elektrische Aktivität aufweisen, die jener am Tag beim Singen sehr ähnelt. Als ob sie im Schlaf das Gelernte memorierten, ohne wirklich zu singen. Diese Wiederholung könnte dem motorischen Gedächtnis dienen, als ob sie den Stimmkopf „im Geiste" trainierten. Tänzer wissen, wovon die Rede ist, sie wiederholen Bewegungen oft nur im Geiste und deuten Schritte nur an. Doch diese Hirntätigkeit könnte auch schlicht und einfach bedeuteten, dass ... Vögel vom Singen träumen.

Etwas muss jedoch noch gesagt werden. Die Evolution hat den Weibchen ein weniger auffälliges Federkleid und einen Hang zum Schweigen geschenkt, damit sie in der Paarungszeit nicht Raubtieren zum Opfer fallen. Und sie hat ihnen auch durchschnittlich kleinere Gesangszentren geschenkt. Doch das bedeutet nicht, dass Weibchen nicht singen und keinen Gesang erlernen. Am Anfang des Kapitels haben wir es bereits gesagt: Vor allem die Männchen singen, aber nicht nur.

Dass Gesang immer als männliches Vorrecht betrachtet wird, ist ein Bias, eine historisch-geografische Verzerrung. Ein Großteil der diesbezüglichen wissenschaftlichen Studien ist in gemäßigten Zonen, vor allem in Europa und Nordamerika, entstanden, wo die Singvogelweibchen leiser sind. In den Tropen ist die Situation jedoch ganz anders. Die Weibchen des Türkisstaffelschwanzes *(Malurus splendens)* singen sogar im Nest, bei ihnen erfüllt der Gesang viele soziale Funktionen, über die man noch nicht viel weiß. Doch die Ornithologie, die in Europa entstanden ist und natürlich zuerst die näher liegenden und bekannten Habitate erforscht hat, schleppt diesen Bias weiterhin mit, der sich sogar in den zwei größten Tierstimmenarchiven, der Macaulay Library und Xeno-canto, widerspiegelt. Nur 0.03 bzw. 0.01 Prozent der Gesänge sind dort unter der Bezeichnung „weiblich" archiviert. Einerseits, weil viele Arten keinen sexuellen Dimorphismus aufweisen, bzw. man wie beim Rotkehlchen am Federkleid nicht erkennen kann, ob es männlich oder weiblich ist; und andererseits, weil man die Vögel zwar hören und aufnehmen, im Gestrüpp oder im dichten Wald jedoch nicht sehen kann. In all diesen Fällen wurden ihre Gesänge entsprechend des Vorurteils abgespeichert und etikettiert, dass nur Männchen singen.

Noch ist sehr wenig über den Gesang der Weibchen bekannt. Bei 3.400 von mehr als 4.700 Singvogelarten (also 73 Prozent) gibt es nicht genügend Daten, um herauszufinden, ob auch Weibchen singen. Man weiß nur, dass es bei den anderen 1.269 Arten, für die ausreichend Datenmaterial vorhanden ist, in 64 Prozent aller Fälle so ist. Doch Ornithologen stellen sich erst seit 1998 die Frage, worin Funktion und Bedeutung des weiblichen Gesangs besteht, der genau wie der männliche aufgrund von sexueller und natürlicher Auslese entstanden ist. Demzufolge dient er nicht nur dazu, Männchen anzulocken, sondern auch, um das Revier zu markieren, um über Ressourcen zu streiten und die Aktivitäten innerhalb der Familie zu koordinieren.[175] Weibchen singen, wenn es viel weibliche Konkurrenz gibt, wenn die Männchen das Revier nicht markieren oder dieses das ganze Jahr über verteidigt werden muss. Doch alle Indizien weisen darauf hin, dass der weibliche Gesang keine Ausnahme, sondern weitverbreitet und vielfältig ist.[176] Neueste Studien legen auch nahe, dass es den Gesang der Weibchen immer gegeben hat und schon die frühen weiblichen Vorfahren der heutigen Singvögel sangen.[177] Worin besteht also ihr Repertoire und wann prägen sie sich den Gesang ein? Üben auch sie und dienen dem Nachwuchs als Tutoren? Es ist an der Zeit, im Laub der Bäume und Sträucher besser hinzuhören.

---

175  R. Katharina et al., *New Insights From Female Bird Song: Towards an Integrated Approach to Studying Male and Female Communication Roles*, in "Biology Letters", 15, 2019, http://doi.org/10.1098/rsbl.2019.0059.

176  N. E. Langmore, *Functions of Duet and Solo Songs of Female Birds*, in "Trends in Ecology & Evolution", 13, 1998, S. 136–140, https://doi.org/10.1016/S0169-5347(97)01241-X.

177  K. J. Odom et al., *Female Song is Widespread and Ancestral in Songbirds*, in "Nature Communications", 5, 2014, https://doi.org/10.1038/ncomms4379.

Auch bei Singvögeln gibt es eine Menge Spaßvögel, halb Lügner, halb Künstler. Die Stärke dieser Arten ist die Imitation anderer und die Improvisation. Sie sind fähig zu lernen und ihren Gesang mit Strophen und Melodien anderer Arten zu bereichern. Der bekannteste ist die im tropischen Südamerika heimische Lawrencedrossel *(Turdus lawrencii)*. Jedes Männchen in den Tropenwäldern kann den Gesang von mehr als 50 Vogelarten, aber auch Froschquaken und Insektensummen nachahmen.

Die absoluten Meister der Imitation leben jedoch in Australien: der Braunrücken-Leierschwanz *(Menura alberti)* und der Graurücken-Leierschwanz *(Menura novaehollandiae)*, zwei Sperlingsvögel, die an große Hühner erinnern, ein Gewicht von einem Kilo und samt Schwanz eine Länge von einem Meter erreichen. Ihr merkwürdiger Name geht auf die Form des Schwanzes beim Männchen zurück, der einer Lyra oder Leier ähnelt. Die beiden äußeren Steuerfedern (so heißen die Schwanzfedern) sind bunt und S-förmig nach außen gedreht wie der Arm der Lyra, während die inneren Federn weiß und zerfleddert sind wie die Saiten eines alten Instruments. Diese Vögel sind wahre Künstler, die in der Paarungszeit richtiggehende Medleys von sich geben. Sie sind aber auch Nachahmer: Ihr Gesang besteht zu 80 Prozent aus Strophen, die sie von 20–25 Arten „geklaut" haben, und sie imitieren so genau und exakt, dass sie manchmal sogar die imitierten Vogelarten durcheinanderbringen.[178] Besonders gut sind die Leierschwanzvögel bei der Imitation eines einzelnen fremden Gesangs. Für gewöhnlich behalten sie Reihenfolge und Anzahl der verschiedenen Lautelemente bei, Struktur und Komplexität des imitierten Gesangs werden nicht verändert. Das verwirrt die „rechtmäßigen Urheber". Beim Balzgesang hingegen vermischen Leierschwanzvögel verschiedene Gesänge und reduzieren oft die Anzahl der Wiederholungen. Sie verkürzen zum Beispiel den Gesang der Graubrust-Dickköpfe *(Colluricincla harmonica)*,

---

178  A. H. Dalzielle und R. D. Magrath, *Fooling the Experts: Accurate Vocal Mimicry in the Song of the Superb Lyrebird,* Menura novaehollandiae, in "Animal Behaviour", 83, 2012, S. 1401–1410, https://doi.org/10.1016/j.anbehav.2012.03.009.

australischer Sperlingsvögel, die eine Körpergröße von bis zu 25 Zentimetern erreichen, oder das berühmte „Lachen" der Jägerlieste, der australischen Cousins unserer Eisvögel. In diesem Fall ist die Imitation ganz offensichtlich. Doch das ist kein Irrtum, sondern eine gewollte Strategie: Die Männchen singen, um ein Weibchen zu verführen, und je schneller sie von einem Gesang zum nächsten wechseln, wenn auch um den Preis mancher Auslassungen, desto besser stellen sie ihre Sangeskünste und ihr Gedächtnis unter Beweis.

Der berühmte englische Naturforscher und TV-Moderator Sir David Attenborough hat diesen Vögeln zu ewigem Ruhm verholfen. Ein Ausschnitt aus einer Folge seiner Serie *Life of Birds* ist viral geworden: Zwei Leierschwänze imitieren zuerst eine vollständige Flötenarie, dann eine Explosion, eine Alarmanlage und schließlich eine Motorsäge. Eine so perfekte Nachahmung, dass man sie für einen Soundtrack halten könnte. Allerdings liegt dem Ganzen ein Trick zugrunde: Zwei der gefilmten Exemplare stammen aus Zoos, dem Healesville Wildlife Sanctuary und dem Zoo von Adelaide. Einer der beiden Leierschwänze, Chook genannt, imitierte perfekt Bohr-, Hammergeräusche und Motorsägen. Wahrscheinlich hat er sich die Geräusche eingeprägt, während ein Gehege für seine Nachbarn, Pandas, gebaut wurde.

Doch in diesem Fall ist die Nachahmung anderer Gesänge oder spezieller Töne kein Bluff: Die Imitation ganzer Strophen oder von Rufen mag dazu dienen, Nahrungsquellen zu erschließen oder sich zu verteidigen, doch beim Gesang ist die Imitation ein As im Ärmel, um Weibchen zu erobern, die raffinierte, komplexe Gesänge bevorzugen. Somit handelt es sich um ein ehrliches Signal, einen Indikator für die Fähigkeiten des Anwärters.

Die Fähigkeit zur Gesangs-Mimikry ist nicht sehr alt und hat sich bei Singvögeln mehrmals unabhängig voneinander, auch innerhalb ein und derselben Familie, entwickelt. Möglicherweise galt der Selektionsdruck ursprünglich der Stabilisierung und Kodifizierung eines genau festgelegten artspezifischen Gesangs. Sobald der Gesang und der kulturelle Mechanismus des Lernens festgelegt waren, ergab sich die Möglichkeit zu imitieren, zu erfinden, mit der Stimme zu spielen. Zuerst beliebig und zum Spaß, später aus Notwendigkeit: Bei sehr vielen Arten fanden die Weibchen die neuen raffinierten Gesänge mit überraschenden Einlagen sehr sexy und zogen sie den altbekannten vor. In Australien und Neuseeland sind heute 15 Prozent aller Arten Nachahmer, in Europa sogar mehr als 30 Prozent.[179] Noch ist nicht alles über Stimmmimikry bekannt, doch man weiß, dass diese Fähigkeit bei vielen Gelegenheiten auch als Bluff eingesetzt wird: Brutschmarotzer nutzen sie, sie dient zur Verteidigung vor Raubvögeln, um sich zum Mobbing zusammenzuschließen oder – wie im vorherigen Kapitel beschrieben – um sich eine Nahrungsquelle unter den Nagel zu reißen. Sie ist sehr wichtig für die Eltern-Kind-Interaktion, um den Jungen beizubringen, vor welchen Raubtieren sie sich schützen müssen, und natürlich ist sie ein Teil der Balzgesänge und -rituale. Ungeklärt ist jedoch nach wie vor, ob diese Imitationen wie die Größe des Repertoires nur Nebenprodukte der sexuellen Auslese sind.[180]

Bis jetzt war immer von harmonischen Gesängen und ausgefeilten Verführungsstrategien die Rede, die den Weibchen die Möglichkeit geben, die Fitness ihres Gegenübers zu beurteilen. Im Fall des Einlappenkotingas *(Procnias albus)* kann man jedoch nicht von wohlklingender Melodie sprechen. Dieser im Dschungel des Amazonas heimische Vogel hält einen Rekord: Er bringt den lautesten, kräftigsten, aber auch nervtötendsten Paarungsruf hervor, der bei Vögeln bekannt ist, einen vereinzelten, metallisch klingenden, unheimlich lauten „Knall" von 125 Dezibel.[181] Als würde ein

---

179 M. Goller und D. Shizuka, *Evolutionary Origins of Vocal Mimicry in Songbirds*, in "Evolution Letters", 2, 2018, S. 417–426, 10.1002/evl3.62.

180 A. H. Dalziell et al., *Avian Vocal Mimicry: A Unified Conceptual Framework*, in "Biological Reviews", 90, 2014, S. 643–668, https://doi.org/10.1111/brv.12129; L. Z. Garamszegi et al., *A Comparative Study of the Function of Heterospecific Vocal Mimicry in European Passerines*, in "Behavioral Ecology", 18, 2007, S. 1001–1009, https://doi.org/10.1093/beheco/arm069.

181 J. Podos und M. Cohn-Haft, *Extremely Loud Mating Songs at Close Range in White Bellbirds*, in "Current Biology", 29, 2019, S. 1068–1069, https://doi.org/10.1016/j.cub.2019.09.028.

Düsenjet in einer Entfernung von 50 Metern starten. Allerdings klingt sein Ruf eher, als würden zwei Eisenstangen aneinandergeschlagen. Ein echter Albtraum, wenn man ihn zum Nachbarn hat, doch den Weibchen scheint das egal zu sein.

Die ungefähr 30 Zentimeter langen und 250 Gramm schweren Einlappenkotingamännchen, die ein strahlend weißes Gefieder haben und von deren Schnabel ein fleischiger Lappen hängt, beschränken sich bei der Balz allerdings nicht auf den Gesang. Sobald sie ein Weibchen erobert haben, hüpfen sie um es herum und schreien es gewissermaßen an, wiederholen immer wieder den metallischen Ruf. Dieses Verhalten ist noch nicht völlig erforscht, doch man glaubt, dass die laute Stimme auf einen besonders ausgeprägten Stimmkopf und besonders kräftige Brust- und Bauchmuskeln zurückzuführen ist. Nicht zuletzt, weil der Einlappenkotinga zwei Arten von Rufen ausstößt: Der erste ist weniger laut (hat allerdings nach wie vor 116 Dezibel), ist modulierter und dauert länger; der zweite ist mit 125 Dezibel kräftiger und lauter, aber auch kürzer. Das könnte mit der eingeschränkten Fähigkeit des Vogels in Zusammenhang stehen, die ausströmende Luft und die Tonerzeugung zu kontrollieren.

Der Gesang ist also nur ein kleiner Teil des Stimmrepertoires der Vögel, zu dem auch eine Vielzahl anderer Klänge, Schreie und Rufe gehört. Die akustische Kommunikation ist für die Vögel in allen Lebensbereichen enorm wichtig: um mit Artgenossen zu kommunizieren, einen Partner zu finden, die Jungen aufzuziehen und für Fortpflanzungserfolg zu sorgen; aber auch, um Nahrung zu finden, das Revier und sich selbst vor Raubvögeln zu schützen, um jemanden zu bluffen und sogar zur Echoortung. Wenn Vögel jedoch in Städten die akustische Kommunikation als Hauptkommunikationsmittel einsetzen, kann es bei dem Lärm, den wir Menschen verursachen, zu Problemen kommen.

In den Monaten des Lockdowns aufgrund der Covid-19-Pandemie im Frühling 2020 haben viele von uns zum ersten Mal festgestellt, dass vor unseren Fenstern, auf Balkons und in Gärten plötzlich noch nie gehörte Melodien erklangen. Doch sehr wahrscheinlich haben die Vögel in unserer Umgebung immer aus voller Kehle gesungen. Doch bei dem Lärm der Autos, des Verkehrs, der Baustellen und der Läden haben wir sie nicht gehört, wir waren auch so beschäftigt, dass wir gar nicht auf sie geachtet haben. Erst als es in den Städten leise geworden ist, sind wir auf unsere gefiederten Mitbürger aufmerksam geworden.

Bei der Lärmverschmutzung der Stadt sind Vögel buchstäblich gezwungen zu schreien. Für gewöhnlich singen Individuen in der Stadt lauter als ihre Artgenossen in ländlicher Umgebung.[182] Doch nicht nur der von Menschen erzeugte Lärm stört sie, sondern auch glatte Oberflächen, die den Schall ablenken. Während der Hintergrundlärm zur Folge hat, dass die Vögel die Mindestfrequenz, mit der sie singen, erhöhen, zwingt die Art und die Anzahl der Oberflächen sie, die Höchstfrequenz zu verringern, um Ablenkungen zu verhindern. So wird die Frequenz-Bandbreite eingeschränkt.[183]

Doch nicht nur die Frequenz der Schallwellen wird verändert. In der Stadt erhöhen die Vögel auch die Amplitude und somit die Lautstärke. Das ist ein unwillkürlicher Mechanismus, dem auch wir unterliegen, er wird nach dem französischen HNO-Arzt Étienne Lombard als „Lombard-Effekt" bezeichnet: Bei erhöhtem Lärmpegel sprechen wir nicht nur lauter, sondern auch in einer höheren Tonlage. Die Vögel in der Stadt ändern auch ihr Timing, sie singen in den Stunden, in denen die Aktivitäten der Menschen abnehmen.[184]

Die Lärmverschmutzung beeinflusst jedoch nicht nur den Gesang, sondern die ganze Bandbreite der akustischen Kommunikation

---

182  E. Nemeth et al., *Bird Song and Anthropogenic Noise: Vocal Constraints May Explain Why Birds Sing Higher-frequency Songs in Cities*, in "Proceedings of the Royal Society B", 2013, https://doi.org/10.1098/rspb.2012.2798.

183  J. L. Dowling et al., *Comparative Effects of Urban Development and Anthropogenic Noise on Bird Songs*, in "Behavioral Ecology", 23, 2012, S. 201–209, https://doi.org/10.1093/beheco/arr176.

184  A. Arroyo-Solís et al., *Experimental Evidence for an Impact of Anthropogenic Noise on Dawn Chorus Timing in Urban Birds*, in "Journal of Avian Biology", 44, 2013, https://doi.org/10.1111/j.1600-048X.2012.05796.x.

der Vögel. Sie beeinträchtigt ihre Fähigkeit, Raubtiere wahrzunehmen und davonzufliegen, und verkompliziert das Leben der
Weibchen – für die es schwierig wird einzuschätzen, welches
Männchen am schönsten singt, und somit den Stärksten und Ge-
sündesten auszuwählen – als auch das der Jungtiere, die vielleicht
auf Rufe und Gesänge antworten, die nicht die ihrer Eltern sind.
Ganz zu schweigen davon, dass man für höhere und lautere Töne
mehr Energie braucht.[185] Arten mit vielfältigem Gesang wie Meisen und Amseln können sich jedoch sehr gut an den Lärm an-
passen. Die Gefahr besteht vielmehr darin, dass die Biodiversität
in der Stadt abnimmt. Jedenfalls täte es nicht nur der Gesundheit der Menschen gut, Wohngegenden von Industrievierteln zu
trennen.[186]

Doch da ist noch was. Die Lärmverschmutzung wirkt sich auch
auf die Dialekte der Vögel aus, aufgrund des eben Gesagten trägt
sie zum Aussterben der niederfrequenten Dialekte bei. Zwei Wissenschaftler aus den USA, David Luther und Luis Baptista, haben
das festgestellt, als sie 30 Jahre lang in der Gegend um San Francisco über die Dachsammer forschten. 1970 wies diese Art drei
unterschiedliche Dialekte auf: einen hochfrequenten, der typisch
für das Zentrum (SF) war, einen niederfrequenten in der Zone von
Lake Merced (LM) und einen mittelfrequenten im Presidio-Viertel
(P). Von 1970 bis 1998 nahm der Lärm im Stadtzentrum und in
der Nähe des Lake Merced ständig zu, und so haben sich auch die
Frequenzen der beiden Dachsammer-Dialekte erhöht. Doch wie
zu erwarten hat sich die Frequenz des LM-Dialekts aufgrund der
Erhöhung mit dem Presidio-Dialekt vermischt, der zunehmend
aufgegeben wurde und schließlich ausgestorben ist. Während der
SF-Dialekt aufgrund der hohen Frequenz beibehalten wurde.

---

185   [30] E. A. Gilbert et al., *A Review on the Impact of Anthropogenic Noise on Birds*, in "Borneo Science", 38, 2017, S. 28–35.

186   H. Slabbekoorn und E. A. Ripmeester, *Birdsong and Anthropogenic Noise: Implications
and Applications for Conservation*, in "Molecular Ecology", 17, 2007, https://doi.
org/10.1111/j.1365-294X.2007.03487.x

In diesen 30 Jahren ist der Presidio-Dialekt also völlig aufgegeben worden und 95 Prozent der Dachsammern „sprechen" nur noch den San-Francisco-Dialekt; die restlichen fünf Prozent machen eine Art Remix aus beiden. In Lake Merced sind die Dinge nicht besser gelaufen: Auch hier hat der San-Francisco-Dialekt überhandgenommen: 1970 „sprachen" 93 Prozent der Dachsammern LM-Dialekt, 1998 waren es nur noch 32 Prozent.[187] Dieser Dialekt wird wohl als nächster aussterben.

Kurzum, wir verlieren Teile der akustischen Landschaft. Jeder Ort hat einen speziellen Soundtrack aus Klängen, die von allen Arten hervorgebracht werden, die in diesem Ambiente wohnen, auch dem Menschen mit seinen Lauten und Geräuschen. Das Aussterben einer Art oder eines typischen Dialekts verändert diesen Soundtrack. Als würde man an Geigen und Bratschen Saiten wegnehmen oder Instrumente aus einem Orchester entfernen: Die Musik ändert sich unweigerlich.

---

187 D. Luther und L. Baptista, *Urban Noise and the Cultural Evolution of Bird Songs*, "Proceeding of the Royal Society B", 2009, https://doi.org/10.1098/rspb.2009.1571.

# Kapitel 8
## Jenseits der Laute

In einer geräuschvollen Welt gehen manche einen anderen Weg. Sie kommunizieren mit Lauten, deren Frequenz so niedrig – unter 20 Hz – ist, dass das menschliche Ohr sie nicht hört, also mit Infraschall, oder mit Tönen über 20 kHz, also mit Ultraschall.

Besonders geschickt beim Senden von Ultraschalllauten und berühmt für diese Art der Kommunikation sind natürlich die Fledertiere, die als einzige Säugetiere den Himmel erobert haben, besser bekannt als Fledermäuse. Mit mehr als 1.300 Arten auf der ganzen Welt außer den Polen sind sie nach den Nagetieren die zweitgrößte Säugetierordnung. Viele von ihnen sind nachtaktiv und leben vor allem in Höhlen und Grotten oder in dichten Wäldern. Sie müssen also ein großes Problem lösen: im Dunkeln zu sehen und zu kommunizieren. Und sie haben die evolutionäre Lösung gefunden, mit Ultraschalllauten zu kommunizieren, die allerdings nur eine sehr kurze Reichweite haben.

Fledertiere kommunizieren mit Worten, Sätzen und Gesängen, die aus Lauten und Ultraschalllauten bestehen, doch aufgrund der Echoortung sehen sie im Dunkeln. Zweifellos sind sie begabte Mathematiker. Warum? Fledermäuse wie zum Beispiel die *Rhinolophidae* oder Hufeisennasen produzieren mit dem Kehlkopf Ultraschalllaute und stoßen sie durch den Mund oder die Nasenlöcher aus. Die Ultraschalllaute verbreiten sich in der Luft, treffen auf ein Hindernis und kehren zum Sender zurück. Die Zeit zwischen dem Aussenden und der Rückkehr des Echos liefert der Fledermaus ein Lautbild ihrer Umgebung. Um den genauen Abstand zwischen sich selbst und einem Objekt zu berechnen, muss die Fledermaus die

Zeit, die der Laut zum Objekt und zurück braucht, durch Zwei dividieren und dann das Resultat mit der Schallgeschwindigkeit, also 340 Meter pro Sekunde, multiplizieren. Einfach, oder? Nein, nicht wirklich. Doch für Fledermäuse sind derartige Rechnungen ein Kinderspiel. Vor allem sind sie ein Kommunikationsmittel, besser gesagt, eine gewiefte Art der Autokommunikation: Um in der Dunkelheit zu sehen, schicken sie sich ununterbrochen selbst Nachrichten. Ultraschalllaute eignen sich hervorragend zu diesem Zweck, denn je höher die Tonfrequenz, desto schärfer das Lautbild. Wenn der Ultraschalllaut auf ein Objekt trifft, kehrt das Echo zwar mit einer etwas veränderten Intensität und Frequenz zurück, erzeugt jedoch ein ganz genaues Bild. Ein einfacher Vergleich: Wenn weißes Sonnenlicht auf ein Objekt fällt, werden manche Wellenlängen absorbiert und manche reflektiert, und die reflektierten verleihen dem Objekt Farbe. Dasselbe ist auch beim Laut der Fall. Wenn er auf ein Objekt fällt, färbt sich das Echo und kehrt mit Informationen angereichert zum Sender zurück.

Der einzige Nachteil besteht darin, dass Ultraschalllaute wie gesagt nur eine kurze Reichweite haben, nach ein paar Metern verlöschen sie. Deshalb sind Fledermäuse etwas „kurzsichtig": Die Echoortung liefert ihnen keine große Tiefenschärfe. Deshalb müssen sie viele kurze Impulse aussenden, die nur wenige Millisekunden dauern. Auf diese Weise überlagern Töne und Echos einander nicht, denn gäbe es eine solche Überlagerung zwischen Impuls und Echo, könnte die Fledermaus Zeitdauer und Entfernung nicht messen und würde gegen die Wand prallen.

Lazzaro Spallanzani hat Ende des 18. Jahrhunderts herausgefunden, dass die kleinen, oft zu Unrecht geschmähten Säugetiere einen „sechsten Sinn" haben, mit dem sie sich in der Dunkelheit orientieren. Die Experimente, die er dazu durchführte, erscheinen uns heute als brutal. Der Biologe aus der Emilia-Romagna fing Fledermäuse und stach ihnen die Augen aus; so stellte er fest, dass sie sich am dunklen Dachboden seines Labors trotzdem zurechtfanden. Dann ließ er den armen Tieren noch eine weitere unmenschliche Behandlung angedeihen, die von seinem Schweizer Kollegen Louis Jurine übernommen wurde. Er träufelte ihnen heißes Wachs in die Ohren. Ohne Gehör verloren die Fledermäuse augenblicklich die Orientierung, weil sie kein Echo mehr hörten.

Spallanzanis und Jurines Arbeit zum „sechsten Sinn" der Fledermäuse wurde jedoch mehr als ein Jahrhundert lang ignoriert, bis der US-amerikanische Zoologe Donald Griffin in den 1930er-Jahren auf der „Jagd" nach Insektenlauten mithilfe eines „Frequenzwandlers" die Ortungslaute auffing. Dieses Gerät, das heute von allen Fledermausforschern verwendet und *Bat Detector* genannt wird, nimmt Ultraschallaute auf und senkt deren Frequenz, sodass sie auch für menschliche Ohren zu hören sind und untersucht werden können. Dank Donald Griffin und dem *Bat Detector* weiß man heute, dass jede Fledermausart eine eigene, dem Habitat entsprechende Echoortung hat. Vor allem nutzt jede Art oder besser gesagt jede Artengruppe eine bestimmte Bandbreite an Ultraschalllauten, die sie auf unterschiedliche Weise produziert und hört. Manche Fledermäuse produzieren Ortungslaute, die vom Menschen nicht gehört werden, andere wie die Europäische Bulldoggfledermaus *(Tadarida teniotis)* produziert Laute, die wir sehr wohl hören. Auf der Jagd nach Insekten stößt sie einen „Zip"-Laut in einer Frequenzbreite zwischen neun und 16 kHz aus. Manche produzieren Laute mit dem Kehlkopf, andere wie die in Afrika und dem Nahen Osten heimischen Nilflughunde *(Rousettus aegyptiacus)* schnalzen mit der Zunge und senden Impulse in einer Frequenzbreite zwischen 12 und 70 kHz, die vom Menschen zum Teil gehört werden können. Andere wiederum stoßen Laute aus dem Mund und manche – wie die Hufeisennasen, deren Nasenaufsatz wie ein Lautsprecher wirkt, der den Laut verstärkt und lenkt – stoßen Laute aus der Nase aus. Auch die Ohren der Fledermäuse haben im Lauf der Evolution eine perfekte Form entwickelt, um diese Art von Ultraschalllaut zu empfangen: mit Ohrmuscheln, die entweder klein und lanzenförmig oder riesig und lang sind, mit kurzem, dickem oder langem, zartem Tragus usw.

Nicht zuletzt sollte man über Ultraschalllaute wissen, dass sie eine unterschiedliche „Form" haben können. Um einen Laut zu untersuchen, muss man ihn grafisch darstellen: In einem Spektrogramm sieht man sehr kurze (zwei Millisekunden) frequenzmodulierte FM-Laute *(Frequency-Modulated)*, die sich perfekt eignen, um in engen Räumen zu sehen; FM-CF-Laute *(Frequency-Modulated-Constant Frequency)*, bei denen die letzte „Note" länger gehalten wird, als ob die Fledermäuse wie ein Pianist auf das Pedal drückten, sodass der Ton auch nach Loslassen der Taste weiterschwingt. Und schließlich FM-CF-FM-Signale, die am längsten dauern (ein paar Dutzend Millisekunden), die von einem kurzen, schnellen Anstieg der Frequenz, einem langen Mittelton und schnellem Abfall zur ursprünglichen Frequenz gekennzeichnet sind.

Jede Art hat eine eigene Frequenzbreite (ein Timbre) und eine Bandbreite bevorzugter Ortungslaute, doch FM- und CF-Laute werden je nach Bedarf eingesetzt. Wenn eine Fledermaus von einer Wiese in den Wald fliegt, geht sie von FM-CF-Ortungslauten zu modulierten und kürzeren FM-Ortungslauten über. Und je modulierter und kürzer der Ortungslaut ist, desto kürzer wird auch das Intervall zwischen dem Senden der jeweiligen Laute: Wenn die Fledermaus in einen Wald voller Hindernisse hineinfliegt, muss sie so gut wie möglich sehen und sich ständig Signale senden.

Stellen Sie sich vor, Sie stünden wie in einer Diskothek im Licht eines Stroboskops und betrachteten einen Freund, der Ihnen zuwinkt. Aufgrund des blinkenden Lichts sehen Sie nur abgehackte Bewegungen. Je langsamer das Blinken ist – etwa ein Lichtblitz alle zehn Sekunden –, desto länger stehen Sie im Dunkeln und desto weniger sehen Sie, was Ihr Freund tut; je schneller das Licht blinkt, desto besser sehen und begreifen Sie, dass Ihr Freund Ihnen zuwinkt. Dasselbe gilt für die Fledermaus. Kurze, schnell aufeinanderfolgende Laute eignen sich am besten für die Insektenjagd, wenn man dicht über das Wasser fliegt, um im Flug zu trinken, oder sich niederlassen will, ohne gegen die Höhlenwände zu prallen. In all diesen Fällen senden die Fledermäuse ganze Ultraschall-

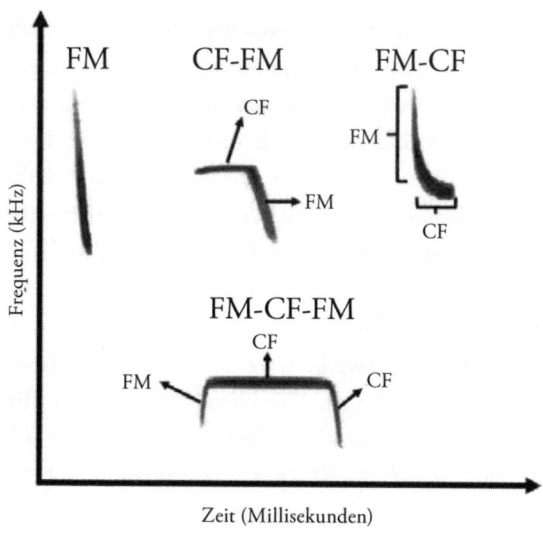

FM  CF-FM  FM-CF

CF

FM

CF

FM-CF-FM

CF

FM  CF

Frequenz (kHz)

Zeit (Millisekunden)

Spektrogramm unterschiedlicher Arten von Echoortung

lautfolgen, die je nach Aktivität *buzz* genannt werden: *feeding buzz, drinking buzz, landing buzz* usw.

Der *feeding buzz* zum Beispiel liefert ein derart genaues und detailreiches Klangbild, dass die Fledermaus das Beutetier nicht nur anpeilen, sondern ihr Fressen auch auswählen kann. Winzige Impulse folgen einander in einem Abstand von weniger als sechs Millisekunden, und jeder Laut hat genug Zeit, vor dem nächsten zum Beutetier und wieder zurückzugelangen. Doch damit nicht genug. Wenn es nur darum ginge, dass das Echo zurückkehrt, könnten die *buzzes* noch viel reicher an Impulsen sein und dichter aufeinanderfolgen. Doch es gibt eine physiologische Grenze: Die Frequenz der *buzzes* hängt davon ab, wie schnell bestimmte Muskeln kontrahieren, die sich auf der Höhe des Kehlkopfs befinden und die Aufgabe haben, Ultraschalllaute auszustoßen. Doch die Jagd ist deshalb noch lange kein Kinderspiel: Nachtfalter, die zur Lieblingsnahrung der nächtlichen Jäger gehören, sind gut gerüstet, sie hören ihre Fressfeinde kommen und registrieren deren Ortungslaute.

Also versuchen sie, ihnen auszuweichen, fliegen im Zickzack oder lassen sich plötzlich zu Boden fallen. Bärenspinner erzeugen sogar Ultraschalllaute, um den Fressfeind zu verwirren, und die Schuppen ihrer Flügel absorbieren die Ortungslaute der Fledermäuse teilweise, sie verstecken sich also gewissermaßen vor deren Ohren. Deshalb ist es schwierig, einen Nachtfalter mit einem einzigen Biss zu fressen oder ihn im Flug mit den Flügeln oder den Schwanzmembranen zu fangen und in den Mund zu stecken. Ein ständiger Kampf zwischen Beute- und Raubtier, ein Wettrüsten, wer als Erster eine Methode entwickelt, um den anderen zu besiegen. Fledermäuse haben sich für passives Hören entschieden, für Jagen in absoluter Stille, oder sie stoßen sehr hohe Laute in einer Frequenzbreite zwischen 80 und 110 kHz aus, die die Nachtfalter nicht mehr hören.

Ultraschalllaute werden jedoch nicht nur zur Echoortung genutzt, sondern auch, um mit den Artgenossen zu kommunizieren. Die meisten Fledermäuse sind polygyn, das heißt, ein Männchen hat einen Harem von Weibchen, mit denen es sich paaren kann. Allerdings sind die Weibchen nicht immer treu und erlauben sich hin und wieder einen Seitensprung. Sie kümmern sich ausschließlich um die Nachkommenschaft, deshalb paaren sie sich mit dem besten Männchen und sind fähig, das Sperma mehrerer Männchen im Körper aufzubewahren, sodass die Spermien einen wahren Wettlauf veranstalten, um das Ei zu befruchten.

Nichts eignet sich besser als ein Ständchen, um die Weibchen des Harems zu erobern. Auch Fledermäuse zwitschern: vor allem mithilfe von Ultraschalllauten, die mit ein paar hörbaren Tönen versetzt sind. Bei den *Verspertilionidae*, zu denen Abendsegler, aber auch viele Pipistrellus-Arten wie die Zwergfledermaus *(Pipistrellus pistrellus)* oder die Rauhautfledermaus *(Pipistrellus nathusii)* gehören, zwitschern die Männchen, während sie in der Nähe ihres Unterschlupfs oder direkt vor ihm fliegen und balzen. Auf diese Weise verteidigen sie das Quartier, wo sie ihre Nachkommenschaft aufziehen werden, gestatten den Weibchen, es zu teilen, und halten andere Männchen fern. Außergewöhnlich ist der Gesang des Hammerkopfmännchens *(Hypsignathus monstrosus)*, das in Afrika südlich der Sahara heimisch ist, ungefähr 30 Zentimeter groß wird und eine Flügelspannweite von 75 Zentimeter sowie ein Gewicht von ungefähr 400 Gramm erreicht. Es liebt Mangos und andere Früchte und wohnt in tiefergelegenen Wäldern in Flussnähe, in Sümpfen und Mangrovengebieten. Der Hammerkopf ist der größte afrikanische Flughund und nicht unbedingt ein hübscher Anblick. Die Männchen haben einen riesigen Kopf mit großen Augen und einer massiven Schnauze, der Mund ist von großen, hängenden Lippen umgeben, die immer gefletscht sind, sodass man die Zähne sieht. Ein Wunder der Evolution, doch nicht unbedingt das, was man als „nettes Tierchen" bezeichnet. Nicht nur die Schnauze wirkt bei diesen Flughunden unproportioniert: Der Kehlkopf der Männchen ist ungefähr halb so lang wie die Wirbelsäule und nimmt den Großteil des Brustkorbs ein, zwei Luftsäcke münden in den Rachenraum. Mit diesen Organen können sie laute Geräusche von sich geben, die dank der Luftsäcke in ihrem Kopf widerhallen. Diese Ständchen wirken offenbar ungeheuer anziehend auf die Weibchen.

In der Paarungszeit versammeln sich die Männchen im Geäst der Wälder entlang der Flüsse. Die Fortpflanzungsarena wird *Lek* genannt, sie ist eine wahre Bühne ohne sonstige Funktion. Gruppen von 20 bis zu 130 Tieren konkurrieren mit Flügelschlagen und lauten Schreien um die Weibchen, ein gewaltiges Schauspiel, bei dem die Weibchen die einzelnen Exemplare miteinander vergleichen und wie bei einem *Speed date,* bei dem man nur wenige Minuten Zeit hat, sich zu präsentieren, ihren Favoriten aussuchen. Doch damit nicht genug: Um ein Weibchen, das Interesse zeigt, endgültig zu gewinnen, beginnt das Männchen immer wieder zu brummen. Das alles ist sehr merkwürdig, erregt jedoch Gefallen, und auch diese Geräusche und das Brummen sind aufrichtige Signale, die Rückschlüsse auf Größe und Gesundheitszustand des Troubadours zulassen.

Bei den Fledermäusen hat der Gesang also dieselbe Funktion wie bei den Vögeln: eine unwiderstehliche Methode der Verführung und Abschreckung für die Rivalen. Und vielleicht handelt es sich dabei auch um konvergente Evolution, denn beide Gattungen haben den Himmel erobert.[188] Allerdings weiß man noch sehr wenig über diese Gesänge und über die Kommunikation der Fledermäuse: Erst Anfang der 1960er-Jahre hat man herausgefunden, was für eine Bandbreite an Ultraschalllauten sie verwenden, doch die Forschung schreitet nur langsam voran und es gibt noch viel über diese Geschöpfe der Nacht herauszufinden.

Fledertiere sind zum Großteil soziale Säugetiere und deshalb dienen die Ultraschalllaute einer Vielfalt an Kommunikationen. Stellen Sie sich das Chaos in der Kolonie der Mexikanischen Bulldoggfledermaus *(Tadarida brasiliensis)* vor: In der texanischen Bracken-Höhle hat man bis zu 40 Millionen Individuen gezählt. Das bedeutet, dass zwischen Mai und Ende Juni ungefähr 20 Millionen Junge auf die Welt kommen, die gesäugt und in regelrechten Kinderkrippen versammelt werden müssen, damit sie nicht auskühlen. Und alle betteln lautstark um Nahrung. Die Weibchen, die in die Kolonie zurückkommen, haben die Aufgabe, ihr Baby inmitten von 20 Millionen Fledermausbabys zu finden, um nicht ein falsches zu säugen und die eigenen Anstrengungen zunichtezumachen. Tatsächlich schaffen es die Mütter in 83 Prozent aller Fälle, ihr Junges wiederzufinden. Dabei greifen sie nicht nur auf ihr räumliches Gedächtnis zurück, das ihnen zweifellos dabei hilft, die Stelle der Kolonie wiederzufinden, wo sie ihr Baby zurückgelassen haben. Um sicherzugehen, dass es genau das und nicht das daneben ist, lauschen sie bestimmten Rufen mit kurzer Reichweite, die von den Jungen erzeugt werden und *isolation calls*[189] genannt werden. Schon wenige Minuten nach der Geburt stoßen die Neugebo-

---

188  M. Smotherman et al., *The Origins and Diversity of Bat Songs*, in "Journal of Comparative Physiology A", 202, 2016, S. 535–554, https://doi.org/10.1007/s00359-016-1105-0.

189  G. Chaverri et al., *Social Communication in Bats*, in "Biological Reviews", 93, 2018, https://doi.org/10.1111/brv.12427.cccccc

renen diese Rufe und multi-harmonische Kontaktrufe in stereo-typer Folge aus, die eine niedrigere Frequenz als die der Echoortung haben, eben um die Aufmerksamkeit der adulten Tiere auf sich zu ziehen. Diese Mutter-Kind-Kommunikation wird auch bei den ersten Flügen beibehalten, bei denen die Jungen lernen, ihren *roost,* also ihren Schlafplatz und ihre Nahrungsquellen wiederzufinden.

Wenn die kleinen Fledermäuse in Gefahr geraten, setzen sie einen SOS-Ruf ab: einen *distress call,* der lauter ist und eine größere Reichweite hat als alle anderen Kommunikationen. Der Grund ist schnell erklärt: Soziale Mitteilungen sind für gewöhnlich ruhige Kommunikationen mit geringer Reichweite, je weniger sie gehört werden, desto weniger macht man Raubtiere auf sich aufmerksam. Kommunizieren ist aufwendig, und wenn die alltäglichen Mitteilungen kurz sind, hat man einen doppelten Vorteil: Man verbraucht wenig Energie und die Konversationen bleiben privat. Die *distress calls* hingegen sollen schon von Weitem gehört werden, ihr Ziel besteht darin, andere Individuen herbeizulocken, um sich im Falle einer Gefahr gegen Raubtiere oder Eindringlinge verteidigen zu können.[190]

Und wie könnten Fledermäuse Zelte bauen, wenn sie nicht miteinander kommunizierten? Die Rede ist von gut 20 in Mittel- und Südamerika heimischen Arten, die imstande sind, die Blätter von ungefähr 80 Pflanzenarten zu bearbeiten. Sie schneiden sie durch und rollen sie zusammen, sodass eine Art Zelt entsteht, unter dem eine Gruppe Zuflucht findet, die aus einem oder mehreren Männchen[191] und einigen Weibchen besteht. Die Zelte halten nur vier bis fünf Wochen, danach muss ein neues gebaut werden. Je prekärer dieser Unterschlupf ist, desto stabiler sind die Gruppen, die sie

---

190 Bo Luo et al., *Brevity is Prevalent in Bat Short-range Communication*, in "Journal of Comparative Physiology A", 199, 2013, S. 325–333, https://doi.org/10.1007/s00359-013-0793-y.

191 B. Rodríguez-Herrera, J. Arroyo-Cabrales und R. A. Medellín, *Hanging Out in Tents: Social Structure, Group Stability, Male Behavior, and Their Implications for the Mating System of* Ectophylla alba (Chiroptera: Phyllostomidae), in "Mammal Research", 64, 2019, S. 11–17, https://doi.org/10.1007/s13364-018-0383-z.

bauen, und desto mehr Zusammenhalt haben sie. Etwa die Honduras-Zwergfledermaus *(Ectophylla alba)*, eine Fledermaus mit weißem Fell, aus dem die gelbe Nase und die gelben Ohren hervorleuchten. Ein wahres Wunder, oder?

Diese kleinen Fruchtfresser mit einem Gewicht von sieben Gramm leben in sehr engen Familiengruppen: Fünf bis 15 Weibchen und ein paar Männchen verbringen ungefähr 122 Tage im Jahr damit, die Blätter der Helikonien zu durchtrennen. Sie schneiden die Seitenadern entlang der Mittelrippe, sodass sich das Blatt zeltartig nach unten faltet. Und wehe, jemand erscheint nach der nächtlichen Jagd am Morgen nicht zur Arbeit: Zwischen 4.30 und 6.00 Uhr ruft die Gruppe laut die Abgängigen, bis sie schließlich auftauchen.[192]

Und schließlich kommuniziert man auch mit den anderen Gruppenmitgliedern mithilfe von Echoortung. Die Männchen der in Mittel- und Südamerika heimischen Großen Sackflügelfledermaus *(Saccopteryx bilineata)* nutzen die Echoortungssignale der Artgenossen, um herauszufinden, wer sich nähert. Handelt es sich um ein anderes Männchen, reagieren sie mit aggressiven Geräuschen, nähert sich ein Weibchen – das kürzere Signale mit einer etwas höheren Frequenz sendet –, antworten sie mit einem Balzgesang.[193] Im Grunde unterscheidet sich das Verhalten der Fledertiere in der Kolonie nicht sehr von unserem alltäglichen Verhalten. Auch wir erkennen jemanden oft an seiner Stimme. Dasselbe machen auch die Fledermäuse, auch wenn noch wenig darüber bekannt ist.

Fledermäuse erkennen auf diese Weise jedenfalls ihren Gesprächspartner, sein Alter, sein Geschlecht, sogar, ob er zur eigenen Kolonie gehört oder nicht. Auch die Ortungssignale, die vor allem zur Orientierung und Jagd benutzt werden, übermitteln „persön-

---

192  E. Gillam et al., *Social Calls Produced Within and Near the Roost in Two Species of Tent-making Bats,* Dermanura watsoni *and* Ectophylla alba, in "Plos One", 8, 2013, https://doi.org/10.1371/journal.pone.0061731.

193  M. Knörnschild et al., *Bat Echolocation Calls Facilitate Social Communication*, in "Proceedings of the Royal Society B", 279, 2012, https://doi.org/10.1098/rspb.2012.1995.

liche" Informationen des Individuums, sind eine Art Personalausweis samt Krankenakte, die Auskunft über den Gesundheitsstatus gibt. Was die Grenze zwischen Autokommunikation und innerartlicher Kommunikation sehr prekär macht.[194]

Die Fürsten der Finsternis kommunizieren mit einer sehr elaborierten Sprache, die man zum Großteil noch nicht versteht. Die Große Hufeisennase *(Rhinolophus ferrumequinum)* zum Beispiel bringt 17 verschiedene Silbenarten, zehn einfache und sieben zusammengesetzte, hervor, die sie zu sechs einfachen und vier kombinierten Satzarten zusammensetzt, in einer Frequenz von gewöhnlich mehr als 20 kHz.[195] Die Alpenfledermaus *(Hypsugo savii),* deren Quartiere sich vor allem in Regenrinnen und auf Ziegeldächern befinden, verwendet fünf unterschiedliche soziale Signale, vor allem FM- und einige FM-CF-Laute, deren Funktion man allerdings noch nicht verstanden hat. Man weiß zum Beispiel, dass sie nur in der Paarungszeit Triller ausstoßen, die vielleicht auch in der Mutter-Kind-Kommunikation als *distress call* fungieren, oder als männliches Gezwitscher, um Weibchen anzulocken.[196]

Noch ist man weit davon entfernt zu verstehen, was jede einzelne Silbe und jeder Satz dieses Gezwitschers bedeuten, im Augenblick sind die Zeichen auf dem Spektrogramm für uns nach wie vor Hieroglyphen. Noch weniger weiß man darüber, wie sich die Kommunikation bei diesen Tieren entwickelt und ob sie bis zu einem gewissen Grad erlernt wird. Die *isolation calls* sind zum Großteil angeboren, aber das Gezwitscher? Und die anderen geflüsterten Ultraschalllaute? Fürs Erste gibt es nur im Fall von drei amerikanischen

194 E. Gillam und M. Brock Fenton, *Roles of Acoustic Social Communication in the Lives of Bats,* in "Bat Bioacoustics", 54, 2016, S. 117–139, https://doi.org/10.1007/978-1-4939-3527-7_5.

195 Jie Ma et al., *Vocal Communication in Adult Greater Horseshoe Nats,* Rhinolophus ferrumequinum, in "Journal of Comparative Physiology A", 192, 2006, S. 535–550, https://doi.org/10.1007/s00359-006-0094-9.

196 V. Nardone, L. Ancillotto und D. Russo, *A Flexible Communicator: Social Call Repertoire of Savi's Pipistrelle,* Hypsugo savii, in "Hystrix, the Italian Journal of Mammalogy", 28, 2017, https://doi.org/10.4404/hystrix-28.1-11825.

Arten – zweier Lanzennasen und einer Sackflügelfledermaus – Beweise, dass die Kommunikation erlernt wird.[197] Die Jungen der Großen Sackflügelfledermaus erlernen die territorialen Gesänge, indem sie Tutoren, also adulte Männchen, imitieren. Zuerst hören sie nur zu, mit zwei Wochen beginnen sie dann ganz leise und brabbelnd zu üben, und erst mit zehn Wochen sind sie imstande, einen vollständigen Gesang zu produzieren. Wie bei Vögeln und dem menschlichen Brabbeln gibt es also eine Phase des Zuhörens und des Vor-Gesangs, bis sich der eigentliche Gesang herausbildet. Doch während man bei Vögeln verstanden hat, wie es funktioniert, kennt man bei Fledermäusen die dem Zuhören und dem Lernen zugrunde liegenden neuronalen Mechanismen noch nicht. Allerdings weiß man, dass auch Fledermäuse gezwungen sind, sich Alternativen zu suchen, wenn Lärmverschmutzung und die Geräusche der menschlichen Tätigkeiten überhandnehmen: Sie reduzieren die Komplexität der Laute und bevorzugen aus einzelnen Impulsen bestehende Sequenzen, einfache Phrasen, die unter Umständen mehrmals wiederholt werden, denn Wiederholung erhöht die Chance, dass die Laute gehört werden, selbst wenn es sich um Echoortung handelt und man Empfänger der eigenen Botschaft ist. Auch bei dieser Autokommunikation macht sich der Lombard-Effekt bemerkbar:[198] Bei Verkehrslärm vereinfacht die Asiatische Zweifarbfledermaus *(Vespertilio sinensis)* Silben und Echoortungs-Signale und erhöht die Anzahl der täglich produzierten Signale um mehr als 90 Prozent.[199]

Fledermäuse können über Ultraschalllaute mit kurzer Reichweite kommunizieren, Elefanten haben das gegenteilige Problem. Sie müssen einander auf große Entfernungen hören und Nachrichten

---

197 M. Knörnschild, *Vocal Production Learning in Bats*, in "Current Opinion in Neurobiology", 28, 2014, S. 80–85, https://doi.org/10.1016/j.conb.2014.06.014.

198 T. Jiang et al., *Bats Increase Vocal Amplitude and Decrease Vocal Complexity to Mitigate Noise Interference During Social Communication*, in "Animal Cognition", 22, 2019, S. 199–212, https://doi.org/10.1007/s10071-018-01235-0.

199 S. Song et al., *Bats Adjust Temporal Parameters of Echolocation Pulses but not Those of Communication Calls in Response to Traffic Noise*, in "Integrative Zoology", 14, 2019, S. 576–588, https://doi.org/10.1111/1749-4877.12387.

zukommen lassen. Deshalb haben sie eine diametral entgegengesetzte Lösung gefunden: Sie verwenden Infraschall, der sich unter optimalen Bedingungen über Hunderte von Quadratkilometern ausbreitet, ohne abgelenkt oder abgeschwächt zu werden.

Elefanten verteilen sich über riesige Wald- oder Savannengebiete, sind aber dennoch sehr soziale Wesen. Das gilt für alle Dickhäuter: den Asiatischen Elefanten *(Elephas maximus)*, den Waldelefanten *(Loxodonta cyclotis)* und den Afrikanischen Elefanten *(Loxodonta africana)*, dessen Kommunikation am besten erforscht ist.

Afrikanische Elefanten leben in großen Gruppen, die aus mehreren miteinander verwandten Elefantenkühen mit den jeweiligen Jungen bestehen. An der Spitze steht zumeist die Matriarchin, die Leitkuh, die älteste und erfahrenste Kuh, die die Gruppe anführt und wenn notwendig wieder zusammenbringt. Die Bullen bleiben in der Kindheit bei den Müttern, doch im Alter von zehn bis 19 Jahren trennen sie sich von der Familie und führen ein Leben als Einzelgänger oder in kleinen Gruppen. Nur während der Brunft nähern sie sich den Weibchen: wie man sehen wird, ein sehr seltenes Ereignis.

Schon aufgrund dieser wenigen Informationen ergeben sich jede Menge Fragen: Wenn die einzelnen Individuen der Herden sich auf der Suche nach Nahrung über viele Kilometer verteilen, wie treffen sie sich dann bei einer Wasserquelle wieder? Erkennen sie einander? Erkennen sie eventuelle Eindringlinge? Und woher wissen die Bullen, wann der Zeitpunkt gekommen ist, sich zu paaren, und wo finden sie eine paarungsbereite Kuh? Ganz einfach: Sie kommunizieren mit Infraschalllauten, deren Frequenz unter 20 Hz liegt und die sich über große Entfernungen verbreiten, ohne sich merklich abzuschwächen. Allerdings verwenden sie diese Laute nicht ausschließlich, die Frequenz des Dickhäutergeplauders reicht von fünf bis maximal 10.000 Hz.

Bis in die 1980er-Jahre wusste man so gut wie nichts über die Kommunikation der Elefanten. Man kannte nur das Trompeten mit dem Rüssel, doch eigentlich sind Dickhäuter große

Brummbären: Sie grollen, brummen, schnauben, röhren, und manche haben noch mehr Geräusche auf Lager. Um derart tiefe Töne zu erzeugen, braucht man einen großen Resonanzkörper: Kopf und möglicherweise auch die Ohren erfüllen diese Funktion. Dank eines sieben Zentimeter langen Kehlkopfs (der des Menschen ist nur einen Zentimeter lang), des Rüssels und sonstiger Anpassungsleistungen sind die Elefanten in der Lage, eine große Bandbreite von Lauten zu erzeugen und zu modulieren.

Dieses riesige Repertoire kann man in Laute unterteilen, die mit dem Rüssel erzeugt werden, und in Laute, die mit dem Kehlkopf erzeugt werden. Beim Spiel von Jungtieren, aber auch, wenn sie überrascht werden, Angst verspüren oder Aggressivität äußern, werfen sie eine „Luftbombe" ab, das heißt, sie atmen tief durch den Rüssel aus. Auf diese Weise erzeugen sie das allseits bekannte schrille Trompeten; aber auch nasaleres und tieferes Trompeten und *snorts,* also tiefes Schnauben, gehören zum Repertoire.

Zu den Lauten, die mit dem Kehlkopf erzeugt werden, gehören – Sie werden staunen – Röhren *(roar),* Bellen *(bark)* und Grunzen *(grunt).* Meistens bellen und grunzen nur Elefantenjunge[200], die um Nahrung betteln, die Laute sind sehr schwierig aufzuzeichnen. Jungtiere erzeugen Laute, die kürzer als Röhren sind; Bell- und Grunzlaute werden nur in den ersten beiden Lebensmonaten von Babys ausgestoßen, wenn sie die Zitzen der Mutter suchen. Wie alle Babys wimmern auch Elefantenbabys. Bis zum Alter von vier Monaten stoßen sie in Augenblicken der Angst, wenn sie sich erschrecken, plötzlich aufwachen oder wenn sie noch nicht aufstehen können und von der Mutter getrennt werden, heisere Schreie *(husky-cry)* aus. Bis zum Alter von fünf Jahren wimmern sie, wenn ihnen Nahrung vorenthalten wird, wenn sie hinfallen, wenn ein adultes Tier sie stört. Das sind sehr kurze Laute, die weniger als eine halbe Sekunde dauern und als *cry* bezeichnet werden. Bei je-

---

200 J. Soltis, *Vocal Communication in African Elephants (*Loxodonta africana*)*, in "Zoo Biology", 29, 2010, https://doi.org/10.1002/zoo.20251.

dem Schrei kommen die Mutter und andere Kühe herbeigelaufen, antworten mit Geräuschen und helfen dem Baby.[201]

Das Geräusch, das bei der Kommunikation der Elefanten am häufigsten – immerhin in 70–80 Prozent aller Fälle – zum Einsatz kommt, ist das *rumble,* bzw. das Grollen.[202] Es wird so genannt, weil die Wissenschaftler sich lange Zeit gefragt haben, wie es erzeugt wird und ob es nicht eine Art Magenknurren ist. Doch nein, es ist ein echtes Signal, das in so gut wie jedem Zusammenhang eingesetzt, jedoch unterschiedlich moduliert wird: bei Manövern, um Raubtiere abzuwehren, bei Zärtlichkeiten nach dem Koitus, bei liebevollen Mutter-Kind-Gesprächen und überhaupt bei allen sozialen Interaktionen und der Koordination der Gruppe. Die außergewöhnlichen Dickhäuter, die vor allem aufgrund von Jagd und Wilderei vom Aussterben bedroht sind, kommunizieren hauptsächlich mithilfe von Grollen.

Das Grollen – damit Sie verstehen, um was für ein Geräusch es sich handelt – klingt wie Gurgeln in Zeitlupe. Elefanten erzeugen es ausschließlich mit dem Kehlkopf, es hallt im Schädel und im Rüssel wider und sie stoßen es sowohl mit geöffnetem als auch mit geschlossenem Maul aus. Für gewöhnlich haben die *rumbles* eine durchschnittliche Frequenz von 12–13 Hz, befinden sich also im Bereich des Infraschalls, doch es gibt auch höhere Laute mit 30 Hz, die vom Menschen gehört werden können und für gewöhnlich von einer halben Sekunde bis zu 12 Sekunden dauern. Wie gesagt, ist das der häufigste und modulierte „Satz" der Elefanten. Bullen und Kühe, adulte Tiere, Jungtiere und Babys erzeugen *rumbles,* jeder im Rahmen seiner Fähigkeiten und in unterschiedlichsten Kontexten.

Unter normalen Umständen können sich die Infraschall-Rumbles über eine Entfernung von bis zu zwei Kilometern und auf einem Gebiet von einem Dutzend Quadratkilometern verbreiten;

---

201 J. H. Poole, *The Behavioral Context of African Elephant Acoustic Communication*, in C. Moss, H. Croze und P. C. Lee (Hrsg.), *The Amboseli Elephants: A Long-Term Perspective on a Long-Lived Mammal*, University of Chicago Press, Chicago 2011.

202 Wenn es Sie interessiert, können Sie es auf https://www.elephantvoices.org nachhören.

sie werden von Bullen in großer Entfernung gehört, von anderen Kuhherden oder auch von den Kühen ein und derselben Gruppe, die auseinandergedriftet sind. Wenn es jedoch Nacht wird, die Temperatur fällt und die Feuchtigkeit steigt, können die *rumbles* bis zu einer Entfernung von zehn Kilometern auf einem Gebiet von 300 Quadratkilometern[203] gehört werden. Die *rumbles* der Elefanten im kenianischen Amboseli-Nationalpark zum Beispiel ertönen im ganzen Nationalpark.

Das wissen auch die Elefanten, sie warten auf den perfekten Zeitpunkt, um ihre Liebeserklärungen abzugeben oder sich zu verständigen. Am besten eignen sich dazu das frühe Morgengrauen und der Zeitpunkt nach Sonnenuntergang, auch die Nacht. 70 Prozent aller Kommunikationen finden in den zwei, drei Stunden vor Sonnenaufgang und in den beiden Stunden nach Sonnenuntergang statt, wenn ideale Temperatur- und Luftfeuchtigkeitsverhältnisse herrschen. Weitere 24 Prozent finden in der Nacht statt, und nur sechs Prozent untertags.[204] Die meisten Beiträge werden also im Morgengrauen und bei Sonnenuntergang *geshared* bzw. gehört. Temperatur und Feuchtigkeit beeinflussen nämlich die Schallgeschwindigkeit: Je heißer es ist und je niedriger die relative Luftfeuchtigkeit, desto mehr wird der Schall gedämpft. Je kälter und feuchter es ist, desto besser verbreitet er sich. In den trockenen Savannengebieten findet vor allem in den Nächten der Trockenzeit eine beeindruckende Temperaturumkehrung statt: Die heiße Luft steigt rasch auf, während die kalte Luft zu Boden sinkt und Feuchtigkeit erzeugt. So entsteht direkt über dem Boden eine Art Tunnel, der wie ein Megafon wirkt, das sich die Elefanten zunutze machen.

Wie gute Freundinnen, die sich lange nicht gesehen haben, verbringen die Kühe der Herde den Abend und einen Großteil der

---

203  M. Garstang, *Long-distance, Low-frequency Elephant Communication*, in "Journal of Comparative Physiology A", 190, 2004, S. 791–805, https://doi.org/10.1007/s00359-004-0553-0.

204  M. Garstang, *Chapter 3.2: Elephant Infrasounds: Long-range Communication*, in "Handbook of Behavioral Neuroscience", 19, 2010, S. 57–67, https://doi.org/10.1016/B978-0-12-374593-4.00007-3.

Nacht mit Tratschen. Zur Paarungszeit plaudern sie nicht nur, sondern flirten auch mit den Bullen in der Umgebung. Elefanten grollen, um den Zusammenhalt der Gruppe zu stärken, um einander bei der Nahrungssuche ihre Position mitzuteilen, sich über die Anwesenheit von Raubtieren zu informieren und das Revier vor eventuellen Eindringlingen zu schützen. Sie grollen sogar, um einander zu grüßen *(greeting rumble)*, um einen Partner zu finden oder sich nach der Paarung Adieu zu sagen. Und natürlich, um Ortsveränderungen zu kommunizieren: Ja, es gibt auch einen *let's go rumble*.

Eine Herde anzuführen ist eine verantwortungsvolle Aufgabe, die der Matriarchin, der Leitkuh, obliegt, die auch sehr geschickt darin ist, Wasserquellen zu finden: Mithilfe des Grollens ruft sie die Herde zusammen, bevor sie sie zur Wasserquelle führt. Und ein weiteres Grollen, ein *let's go rumble,* kündigt der Herde an, wann sie den Wasserspiegel einer anderen Herde überlassen und gemeinsam das Feld räumen müssen. Die Leitkühe kennen das Gebiet, wissen, wo und wann sich Wasser sammelt, und um den richtigen Augenblick zu berechnen, horchen sie auf abiotische Umweltfaktoren, bzw. auf nicht von Tieren erzeugte Infraschalllaute: auf die Wellen des Meeres am Strand, Gewitter und Regen, die niederfrequente Infraschalllaute – bis zu einem Hz – erzeugen, die sich kilometerweit ungestört verbreiten. Für Elefantenkühe in der Savanne besteht die Luft aus einem ständigen Flüstern, das ihnen den Weg weist.

In der Paarungszeit folgen die Bullen den Stimmen ihrer „Sirenen", der Elefantenkühe. Einmal im Jahr geraten die Bullen in die Phase des *musth*, bei der das Testosteron steigt und sie sehr reizbar werden, das Revier immer wieder mit Urin markieren, andere Bullen herausfordern und natürlich paarungswillige Kühe suchen. Oft und gern zetteln sie einen *musth rumble* an: lautes, langes Grollen, abgesetzt und tief, wie das Blubbern eines Auspuffs. Und während sie den fernen Elefantenkühen ein Ständchen bringen und den anderen Bullen ihre Anwesenheit kundtun, lassen sie Urin tröpfeln und bewegen die Ohren. Sie sind derart aufgedreht, dass in dieser Zeit sogar ein lautes Geräusch oder ein vorbeifliegendes Flugzeug einen *musth rumble* auslösen können. Hin und wieder kommt es zu echten Gewaltausbrüchen: Zwischen 1992 und 1997 hat eine Gruppe von 17 jungen verwaisten Elefanten, die in den Pilanesberg-Park in Südafrika aufgenommen worden waren, 40 Breitmaulnashörner getötet. Erst als sechs adulte Bullen aus dem Kruger-Nationalpark hinzugefügt wurden, konnte diesen sinnlosen und gefährlichen Machtdemonstrationen ein Ende gesetzt und die Rangordnung wiederhergestellt werden.[205]

In der *Musth*phase verwandeln sich die Elefanten in ein sechs bis acht Tonnen schweres Testosteronpaket, das auf der Suche nach dem winzigen Zeitfenster, in dem eine Paarung möglich ist, durch die Savanne rennt. Der Zyklus der Elefantenkühne dauert vier Monate, und eine Kuh ist nur zwei bis sechs Tage paarungsbereit, außer sie trägt gerade eine Schwangerschaft aus, die länger als bei allen anderen Säugetieren, nämlich 22 Monate dauert, oder sie ist gerade eine Jungmutter mit einem Elefantenbaby, das erst mit drei Jahren unabhängig wird. Mit einem Wort, Elefantenkühe sind nur bei jeder fünften Umdrehung der Erde um die Sonne paarungsbereit, deshalb sind die Bullen so nervös. Deshalb dröhnt die Savanne zur Paarungszeit vor *rumble*-Lauten und Brummen. Nicht nur die Bullen brüllen wie verrückt, auch die Kühe zeigen den weit entfernten Bullen ihre Position und ihre Bereitschaft an, oder sie erzeugen genau in der Mitte des Zyklus mehr *rumbles* und fordern so die herbeigelaufenen Bullen auf, miteinander zu kämpfen, damit sie sich den Besten aussuchen können.[206] Wenn ein Bulle auftaucht, begrüßen ihn die Kühe ausgiebig, und während er die Genitalien seiner Kandidatinnen begutachtet, stimmen alle gemeinsam einen *rumble* an, bilden echte Frauenchöre. Jede paa-

---

205 R. Slotow et al., *Older Bull Elephants Control Young Males*, in "Nature", 408, 2000, S. 425–426, https://doi.org/10.1038/35044191.

206 J. Soltis, K. Leong und A. Savage, *African Elephant Vocal Communication I: Antiphonal Calling Behaviour Among Affiliated Females*, in "Animal Behaviour", 70, 2005, S. 579–587, https://doi.org/10.1016/j.anbehav.2004.11.015; Id., *African Elephant Vocal Communication II: Rumble Variation Reflects the Individual Identity and Emotional State of Callers*, in ivi, S. 589–599, https://doi.org/10.1016/j. anbehav.2004.11.016.

rungsbereite Kuh bietet sich dar und fordert den Bullen mit Verhaltensweisen und Posen auf, sich für sie zu entscheiden. Wenn die Paarung abgeschlossen und der Bulle abgestiegen ist, beginnt die Kuh im 45-Minuten-Takt wie bei einer Art Versöhnungsritus wieder zu grollen und zu wobbeln. Hin und wieder stimmt die ganze Herde (die Leitkuh, alle Kühe und alle Jungen) das sogenannte Paarungs-Pandämonium *(mating-pandemonium)* an. Haben Sie schon einmal ein feuchtfröhliches Hochzeitsfest erlebt? Nun, so etwas Ähnliches. Jedes einzelne Mitglied der Gruppe trägt einen *rumble*-Laut, Brüllen und Schreien bei: ein wahres Fest. Und Elefanten feiern oft. Nicht nur nach der Paarung oder um einen Bullen in der *Musth*phase willkommen zu heißen, stimmen sie Chöre an, sondern auch bei jeder Geburt, wenn sie ein Herdenmitglied begrüßen oder sogar bei Verteidigungs- und Angriffsmanövern. Damit versuchen sie den Feind abzuschrecken, so wie die *All Black,* die neuseeländische Rugby-Mannschaft, vor dem Match den *Haka* tanzt.

Geselligkeit spielt im Leben der Elefanten eine derart wichtige Rolle, dass man nahezu sagen kann, sie „nennen sich beim Namen". Sie erkennen einander. Die großen Gruppen der Kühe erkennen augenblicklich die Stimme eines unbekannten Eindringlings, sie sind imstande, mindestens 100 Gefährtinnen allein anhand der Stimme zu unterscheiden.[207] Das Gehör der Dickhäuter ist so gut entwickelt, dass sie sogar menschliche Stimmen erkennen: 2014 hat eine Gruppe von Wissenschaftlern im kenianischen Amboseli-Nationalpark herausgefunden, dass Dickhäuter Geschlecht, Alter und sogar die Herkunft von Menschen an der Stimme erkennen. Sie unterscheiden genau zwischen der Stimme eines Masai-Mannes und eines Kamba-Mannes. Vor den Kamba muss man sich nicht fürchten, und auch nicht vor Masai-Frauen und Kindern. Vor Masai-Männern jedoch schon: Sie jagen Elefanten. Man muss sich

---

207 L. A. Bates, J. H. Poole und R. W. Byrne, *Elephant Cognition*, in "Current Biology", 13, 2008, https://doi.org/10.1016/j.cub.2008.04.019; K. McComb et al., *Long-distance Communication of Acoustic Cues to Social Identity in African Elephants*, in "Animal Behaviour", 65, 2003, S. 317–329, https://doi.org/10.1006/anbe.2003.2047.

vor ihrer Stimme, ihrem Geruch und ihren Kleidern fürchten. Sogar wenn Masai-Männer die Stimme verstellen, erkennen Elefanten sie. Vielleicht weil sie sich auf ganz andere Lautreize und Lauteigenschaften verlassen als wir.[208]

Man weiß nicht mit Sicherheit, ob die Kommunikation der Elefanten erlernt ist.[209] Die einzigen dokumentierten Fälle von Spracherwerb wurden bei Tieren in Gefangenschaft oder in halber Freiheit beobachtet. Mlaika, eine zehnjährige afrikanische Elefantenkuh, die im Tsavo-Nationalpark in Kenia, drei Kilometer von der Mombasa-Nairobi-Autobahn entfernt, lebt, hat gelernt, das Geräusch der vorbeifahrenden Lkws zu imitieren. Ihre *rumble*-Laute ähneln bezüglich Frequenz und „Melodie" dem Dröhnen der Lkws, die Tag für Tag über die Autobahn donnern. Und wie ihre Artgenossen in Freiheit singt Mlaika am Abend oder kurz vor Sonnenaufgang. Calimero, ein dreiundzwanzigjähriger Afrikanischer Elefant, der in der Schweiz im Baseler Zoo lebt, hat begonnen, wie Asiatische Elefanten zu zwitschern: Die asiatischen Cousins der afrikanischen Dickhäuter kommunizieren tatsächlich mit weicheren Schreien und *rumble*-Lauten, die mehr einem Gezwitscher ähneln.

Möglicherweise lernen Elefanten wie viele andere Säugetiere und auch Vögel, zu sprechen, indem sie die adulten Tiere der eigenen Gruppe imitieren. Und wenn keine da sind, kommt es zu „Abweichungen". Vielleicht gibt es eine kritische Phase beim Lernen, eine Phase der Improvisation und der Festigung der eigenen Sprachmarke, sodass eine Sprachidentität entsteht und die Beziehungen zwischen den Gruppenmitgliedern gefestigt werden können. Wir wissen es nicht und können nur hoffen, es bald herauszufinden.

---

208 [21] K. McComb et al., *Elephants Can Determine Ethnicity, Gender, and Age from Acoustic Cues in Human Voices*, in "Proceeding of the National Academy of Sciences", 111, 2014, S. 5433–5438, https://doi.org/10.1073/pnas.1321543111.

209 J. H. Poole et al., *Elephants Are Capable of Vocal Learning*, in "Nature", 434, 2005, X. 455–456; A. Stoeger und P. Manger, *Vocal Learning in Elephants: Neural Bases and Adaptive Context*, in "Current Opinion in Neurobiology", 28, 2017, S. 101–107, https://doi.org/10.1016/j.conb.2014.07.001.

# Kapitel 9
## Nachtigallen und Kanarienvögel mit Flossen

In seinem Buch *Oceano mare. Das Märchen vom Wesen des Meeres* fragt Alessandro Baricco: „Wovon sprechen wir, wenn wir Meer sagen? Sprechen wir von dem mächtigen Ungeheuer, das alles zu fressen imstande ist, oder von der Welle, die perlend unsere Füße umschäumt? Vom Wasser, das man in der hohlen Hand halten kann, oder von dem für niemanden sichtbaren Abgrund?"[210] Jeder von uns hat eine Vorstellung vom Meer, die aus Erinnerungen, Gerüchen, Geschmäckern, Gefühlen und Ängsten besteht. Für den Meeresforscher und Dokumentarfilmer Jacques-Yves Cousteau war das Meer „die schweigende Welt": faszinierend, aber stumm. Der Tauchpionier Cousteau hat in seinem Buch *Die schweigende Welt. Vorstoß der Fischmenschen in eine geheimnisvolle neue Tiefenwelt* von 1953 und in dem gleichnamigen Dokumentarfilm zahlreiche Wunder der Unterwasserwelt offenbart. Der Film hat eine Goldene Palme und einen Oscar gewonnen, doch manche Szenen darin sind schrecklich: Männer reiten auf Meeresschildkröten, Haie und sogar ein kleiner Pottwal werden umgebracht, ein Korallenriff wird gesprengt. Es waren andere Zeiten, und Cousteau wurde später zum Naturschützer, der sich um die Erhaltung der Ozeane bemühte.

Bis Ende der 1950er-Jahre war man allgemein der Meinung, unterhalb der Wasseroberfläche herrsche absolute Stille. Kein Wunder, dass die Soldaten der australischen Marine staunten, als sie in den 1960er-Jahren an Bord einiger U-Boote der Oberon-Klasse in der

---

210 Alessandro Baricco, Oceano mare, deutsch von Erika Cristiani, München 2000, S. 45.

Antarktis seltsame Laute, genauer gesagt Quaklaute, registrierten: kurze Laute im Frequenzbereich zwischen 50 und 300 Hz, mit einer Pause von drei Sekunden dazwischen. Diese *Bio-ducks* ertönten im Antarktischen Ozean, und jahrzehntelang blieb ihr Ursprung ein Rätsel. Erst 2014 hat man herausgefunden, dass die *Bio-ducks* vom Südlichen Zwergwal *(Balaenoptera bonaerensis)* kurz vor einem Tauchgang auf der Jagd nach Beute abgegeben werden.[211]

In den 1960er-Jahren hat man zum ersten Mal ein Hydrofon im Wasser positioniert, ein spezielles Mikrofon, das Geräusche unter Wasser aufnehmen kann. Seitdem hört man ständig neue Unterwassermelodien, lernt die Lautlandschaft unter Wasser kennen und entdeckt neue Rockstars. Angefangen bei den Riesen der Meere: Zahnwalen, *Odontoceti,* und Bartenwalen, *Mysticeti,* die anstelle der Zähne Keratin-Barten[212] haben. Vor Kurzem wurde der Gesang eines der seltensten Wale auf der Welt, des Pazifischen Nordkapers *(Eubalaena japonica),* in die Playlist aufgenommen: Von ihm gibt es nur noch 100 bis 300 im Meer vor Japan und Alaska heimische Exemplare. Bis 2017 war der „traurige Wal" mit einer Größe bis zu 18 Metern und nach unten gebogenem Mund ein Rätsel geblieben, erst nach 17 Jahren intensiver Bemühungen gelang es einem Meeresbiologenteam der US-amerikanischen National Oceanic and Atmospheric Administration (NOAA) und der Universität Washington, im südöstlichen Teil der Beringsee seinen Gesang aufzunehmen.[213] Bzw. vier verschiedene Lieder, die aus der Wiederholung einer, zweier oder dreier bestimmter Strophen bestehen, die sich wiederum aus „explosiven" Tönen, aber auch Stöhnen, Ton-

---

211 D. Rish et al., *Mysterious Bio-duck Sound Attributed to the Antarctic Minke Whale* (Balaenoptera bonaerensis), in "Biology Letters", 10, 2014, https://doi.org/10.1098/rsbl.2014.0175.

212 Barten sind Keratinplatten, die einem sehr feinen Kamm ähneln. Sie wachsen am Oberkiefer der Wale und filtern das Wasser: Bartenwale nehmen etliche Liter Wasser auf und stoßen es mit der Zunge wieder aus, die Barten filtern dabei Plankton, vor allem Krill (eine Art kleine Krebse), von denen sich die Wale ernähren.

213 J. L. Crance et al., *Song Production by the North Pacific Right Whale,* Eubalaena japonica, in "The Journal of the Acoustical Society of America", 145, 2019, https://doi.org/10.1121/1.5111338.

leitern und Melodien zusammensetzen. Die Forscher arbeiteten aus der Ferne, mit Hydrofonen, die in der riesigen Beringsee positioniert wurden, und das bei einer Population von weniger als 30 Exemplaren in diesem Gebiet. Dennoch haben sie herausgefunden, dass die Gesänge nur von Juli bis Januar, in der Paarungszeit und nur von Bullen produziert werden.

Nachdem der gemeinsame Vorfahre von Walen und Landsäugetieren vor 70 Millionen Jahren „beschloss",[214] im Wasser zu bleiben, mussten die Wale im Lauf der Evolution etliche Hindernisse überwinden. Unter anderem, in der Dunkelheit unter Wasser zu kommunizieren. Manche von ihnen können tatsächlich sehr tief tauchen. Die beste Strategie bestand also darin, Laute zu verwenden, denn der Schall verbreitet sich im Wasser, vor allem im dichteren Salzwasser, unglaublich schnell: mit ungefähr 1.500 m/s. Wale verwenden den Schall, um sich zu orientieren und in den Meerestiefen zu jagen, aber vor allem, um zu plaudern, Informationen auszutauschen, Bewegungen zu koordinieren, zu balzen und die Nachkommenschaft aufzuziehen. Bartenwale verwenden vor allem Laute und Infraschall, um über große Entfernungen zu kommunizieren, während Zahnwale – vom Pottwal bis zum Delfin –, die, wie der Name schon sagt, Zähne besitzen, Laute und manchmal auch Ultraschalllaute aussenden.

Ganz allgemein hört man eine Art Schnalzen, Klicks genannt, die vor allem zur Autokommunikation dienen, zur Echoortung auf der Jagd und um sich zu orientieren. Eine Reihe von Pfiffen und Gesängen, die jedoch nur für einige Wale typisch sind, dienen der sozialen Kommunikation.

Die Geschwätzigsten, zumindest in Hinsicht auf die Vielzahl der ausgestoßenen Laute, sind die Weiß- oder Belugawale *(Delphinapterus leucas),* weiße Zahnwale, die im eiskalten Arktischen Ozean, von Grönland bis Russland leben. Sie erreichen eine Größe von

---

214 Bei der Evolution gibt es keinen Willen und keine bewussten Entscheidungen. Es gibt kein höheres „Wesen", das die Evolution lenkt. „Beschloss" ist scherzhaft gemeint.

fünf bis sechs Metern und ein Gewicht von etwas mehr als einer Tonne und werden auch als „Kanarienvögel der Meere" bezeichnet, denn ihre Geräusche umfassen ein gutes Dutzend verschiedener Laute. Weißwale produzieren Schnalzlaute *(clicks)*, verschiedene spitze und melodiöse, einzelne und zusammengesetzte Zwitscherlaute *(chirps)*, außerdem Pfeiflaute *(whistles),* Schreie, Triller und Summen wie von einer Kreissäge *(buzzsaw)*. Außerdem können sie mit den Zähnen klappern, indem sie schnell die Kiefer öffnen und schließen *(jaw clap)*.[215] Dieses große Repertoire wird jedoch nicht von Stimmbändern hervorgebracht, denn die Tiere haben keine. Wie machen sie es also?

Die Töne entstehen bei der Passage von Luft durch eine Raumstruktur im Kopf, die den menschlichen Nasenhöhlen entspricht und als *phonic lips* bezeichnet wird. Diese Stimmlippen liegen zwischen mehreren Luftsäcken, in denen die Luft gespeichert wird. Alle Zahnwale mit Ausnahme der Pottwale haben zwei „Lippen"-Paare, durch die sie unabhängig voneinander zur selben Zeit zwei Töne produzieren können. Die Vibration, die an den Stimmlippen entsteht, wird in die „Melone" des Wals weitergeleitet, ein aus Fett und Bindegewebe bestehendes, schwabbeliges und bauchiges Organ am Kopf des Wals. Hier wird der Ton geformt und in die richtige Richtung gelenkt, um zur Echoortung genutzt zu werden. Die Melone bündelt den Schall, verstärkt und lenkt ihn, während die Luft, die für die Erzeugung des Tons gebraucht wurde, aus dem Luftsack ausströmt, oder für neue Lautäußerungen weiterverwendet wird.[216]

Belugawale – die wie der Narwal, das Einhorn der Meere[217], zur Familie der *Monodontidae* gehören – haben eine sehr gut entwi-

---

215  P. L. Tyack und C. W. Clark, *Communication and Acoustic Behavior of Dolphins and Whales*, in W. L. Whitlow (Hrsg.), *Hearing by Whales and Dolphins*, Springer-Verlag Inc., New York, 2000.

216  J. S. Reidenberg und J. T. Laitman, *Sisters of the Sinuses: Cetacean Air Sac*, in "The Anatomical Record", 291, 2008, https://doi.org/10.1002/ar.20792.

217  Der Stoßzahn der Narwale ist nichts anderes als ein modifizierter Eckzahn des Oberkiefers, der bis zu zweieinhalb Meter lang werden kann und schraubenzieherförmig gewunden ist.

ckelte Melone, die ihrem Kopf eine unverwechselbare Form verleiht, die sich beim Ausstoßen der Laute verändert. Auch und vor allem bei der Echoortung.

Echoortung spielt für Belugawale eine wichtige Rolle, um zu jagen und im arktischen Eis Spalten zu finden, durch die sie zum Atmen auftauchen können. Deshalb produzieren sie eine Vielfalt von schnell aufeinanderfolgenden Klicklauten, die in der Melone gebündelt und mit einer Geschwindigkeit von ca. 1,6 km/s gesendet werden. Der Schall trifft auf die Objekte im Wasser und kehrt als Echo zum Sender zurück, das angehört und interpretiert wird, um ein „Klangbild" zu erhalten. Doch die Belugawale sind wie alle Wale soziale Tiere, die in Pods, in familiären Gruppen von zehn, auch 20 Individuen zusammenleben, deshalb gilt der Großteil ihres Gezwitschers den Gefährten.

Meister der Klicklaute sind Pottwale *(Physeter macrocephalus)*; mit 16–18 Metern und einem Gewicht von ca. 40–50 Tonnen bei den Bullen sind sie die größten Zahnwale. Die Kühe werden dagegen meist nicht größer als zwölf Meter.

Pottwale sind wahre Dickschädel. Der Kopf ist der größte Teil ihres Körpers, hier liegt das mit Walrat gefüllte *Spermaceti*-Organ. Aufgrund von Walrat oder *Spermaceti*, einer wächsernen, halbflüssigen Substanz, die in der Vergangenheit zur Produktion von Kerzen und als Brennstoff für Öllampen verwendet wurde, sind die Pottwale nahezu ausgerottet worden. Heute wissen wir, dass dieses Organ höchstwahrscheinlich zur Echoortung dient. Manchen Wissenschaftlern zufolge dient es auch als eine Art Schwimmblase. Seine Form ermöglicht die Schallbündelung, doch Spermaceti könnte durch Verfestigung und Verflüssigung dem Pottwal auch beim Ab- und Auftauchen helfen.

Die Lieblingsnahrung dieser auch im Mittelmeer heimischen „Moby Dicks" sind Weichtiere, die in der Tiefsee leben: Tintenfische, Pfeilkalmare und sogar Riesenkalmare *(Architeuthis)*. Sie fressen täglich bis zu drei Prozent ihres Körpergewichts, außerdem Thunfisch, Kabeljau und Barrakudas. Die etwa 30 bis

50 Zähne entlang des schmalen, fünf Meter langen Unterkiefers, die 10–20 Zentimeter lang und jeweils ein Kilo schwer sind, sind offenbar überhaupt nicht unbedingt notwendig, um sie zu fangen. Notwendig ist allerdings, in Meerestiefen abzutauchen. Pottwale können bis in eine Tiefe von 3.000 Metern tauchen, für eine Mahlzeit reichen allerdings auch Tiefen von 400 bis 700 Metern, mit Tauchgängen, die zwischen 40 und 50 Minuten dauern. Bei diesen langen Tauchgängen stoßen sie Knack- und Knisterlaute aus, und zwar nur mit einem Paar Stimmlippen: Sie haben nämlich um eines weniger als die anderen Zahnwale.

Diese Laute dienen der Echoortung: Genau wie die Fledermäuse navigieren Pottwale mithilfe des Schalls und jagen ihre Beute. Während 80 Prozent der Zeit, die sie tauchend verbringen, produzieren sie ein abgesetztes Knacken, Klicklaute, um die Umgebung auf Leckerbissen abzusuchen.[218] Diese Klicks bewegen sich in einer Frequenzbreite von 5.000–7.000 Hz (können aber auch eine Höhe von 32.000 Hz erreichen), sind bis zu einer Entfernung von 20 Kilometern zu hören und tatsächlich sehr laut: In einem Abstand von einem Meter von der Schallquelle erreichen sie bis zu 223 Dezibel. Hin und wieder ertönt zwischen den vielen Klicks, die sehr dem Schnalzen eines Reiters ähneln, der sein Pferd ansporenen will, ein *creak*: ein Knistern, das dem Buzz der Fledermäuse ähnelt. Die *creaks* sind stark gebündelte Signale, die aus einer sehr schnellen Klickfolge bestehen – zehn bis 30 Sekunden lang, ungefähr 50 pro Sekunde – und sehr wahrscheinlich dazu dienen, ein scharfes Bild der Beute zu liefern. Um es gewissermaßen scharf zu stellen.

In 24 Stunden eine Tonne Kalmare und Fische zu fressen ist tatsächlich kein Kinderspiel. Eigentlich müssten die Pottwale bei jedem Tauchgang mindestens 40 Klicksignale senden, doch die Hydrofone der Wissenschaftler haben nicht so viele registriert.

---

218  P. T. Madsen, M. Wahlberg und B. Møhl, *Male Sperm Whale (*Physeter macrocephalus*) Acoustics in a High-latitude Habitat: Implications for Echolocation and Communication*, in "Behavioral Ecology and Sociobiology", 53, 2002, S. 31–41, https://doi: 10.1007/s00265-002-0548-1.

Vielleicht müssen nicht alle Beutetiere vor dem Fressen genau beobachtet werden.

Die wunderbaren Zahnwale mit der von Kratzern und Narben übersäten Haut leben in Gruppen, und ihre „schnalzende" Sprache ist die Grundlage ihrer Kommunikation. Wie bei den meisten Walen bestehen die Pottwal-Schulen aus Kühen unterschiedlichen Alters und Jungtieren beiderlei Geschlechts; sobald die Bullen mit ca. neun bis zehn Jahren „volljährig" werden, verlassen sie die Kinderstube und bilden Junggesellengruppen, *bachelor groups*. Erwachsene Bullen leben für gewöhnlich als Einzelgänger (deshalb werden sie *lone bulls* genannt), doch in der Paarungszeit geben sie die Misanthropie auf: Sie sind Einzelgänger, aber nicht dumm. Wie bereits gesagt, muss man beim Leben in der Gruppe Botschaften senden, dafür verwenden die Pottwale niederfrequente *slow cli*cks in einer Frequenzbreite zwischen 2.000 und 4.000 Hz; diese sind bis zu einer Entfernung von 60 Kilometern zu hören und werden vor allem von migrierenden Bullen an der Wasseroberfläche, während der Paarungszeit und innerhalb von Bullengruppen das ganze Jahr über abgegeben.[219]

Lange hat man geglaubt, *slow clicks* seien ein Echoortungssignal, allerdings wurden sie nicht in großen Tiefen wahrgenommen und auch nicht gemeinsam mit dem Schnalzen, das bei der Jagd abgegeben wird. *Slow clicks* sind vielmehr an der Oberfläche oder beim Auftauchen nach dem Tauchgang sehr häufig zu hören. Neuesten Hypothesen zufolge dienen die Signale dazu, im Fall eines Schwertwalangriffs die Gruppe zusammenzuhalten oder andere Mitglieder der Gruppe darauf hinzuweisen, dass in diesem Gebiet bereits ein anderer Tintenfische jagt. Kurz und gut, dass die anderen woanders jagen sollen.

Wie alle Klicks und fast jeder Schall haben auch *slow clicks* ein messbares Echo und geben die Position dessen an, der sie abgibt.

---

219 C. Oliveira et al., *The Function of Male Sperm Whale Slow Clicks in a High Latitude Habitat: Communication, Echolocation, or Prey Debilitation?*, in "The Journal of Acoustical Society of America", 133, 2013, S. 3135–3144, http://dx.doi.org/10.1121/1.4795798.

Möglicherweise lassen sie auch Rückschlüsse auf Größe und Alter des Senders zu.

An der Wasseroberfläche werden jedoch noch andere typische Lautfolgen abgegeben, *codas,* rhythmische Klickreihen, die kulturell vererbt werden und vorwiegend dazu zu dienen scheinen, innerhalb der Gruppe zu kommunizieren. Manche Pottwalgruppen haben ein eigenständiges akustisches Repertoire, einen Dialekt, und selbst wenn sie sich in einem Revier zu Clans von Tausenden Individuen zusammenschließen, unterscheiden sich die einzelnen Gruppen aufgrund ihrer jeweiligen Akzente. Diese *codas* sind typisch für kleine, aus Kühen und Jungtieren bestehende Familiengruppen, sie werden innerhalb des Familienverbands erlernt. Im Mittelmeer zum Beispiel ist eine *coda* sehr verbreitet, die aus drei dicht aufeinanderfolgenden und einem etwas verspäteten Klick besteht. Und schließlich produzieren Pottwale auch noch *squeals,* spitze Töne mit niedriger Bandbreite und modulierten Frequenzen, die in der Anwesenheit von Gruppen registriert werden, also soziale Signale sind.

„Serienklicker" sind außerdem Delfine, vor allem der Große Tümmler *(Tursiops truncatus).* Mit „Delfin" bezeichnen wir für gewöhnlich sehr viele Arten, zu denen vor allem Fleckendelfine *(Stenella sp.), Tümmler (Tursiops sp.)* und der Gemeine Delfin *(Delphinus delphis)* gehören, der im Mittelmeer leider nicht mehr so häufig anzutreffen ist. Die Arten unterscheiden sich aufgrund ihrer Größe, ihrer Farbe, ihrer Proportionen und manchmal auch aufgrund ihres Lebensraums. Wissenschaftler und Walforscher können sie aufgrund ihrer Unterschiede natürlich perfekt unterscheiden, doch für Laien sehen alle Delfine aus wie Flipper, also wie ein Tümmler. Der Tümmler gehört zu den wenigen Walarten, die in Gefangenschaft überleben; seine Intelligenz und seine akrobatischen Fähigkeiten haben bedauerlicherweise vielen von ihnen die Freiheit gekostet. Überall auf der Welt werden Tümmler für Delfinshows eingesetzt.

Sie sind vier Meter lang und leben ebenfalls in Pods aus gewöhnlich 15 Individuen, doch zu besonderen Gelegenheiten, vor allem, um Nahrung zu finden, schließen sie sich zu Superpods von Hunderten oder sogar Tausenden Individuen zusammen. Tümmler jagen Fisch- und Tintenfischschwärme, die sie mit kurzen Klickserien mit einer Frequenzbreite zwischen einem Dutzend und 150.000 Hz orten. Diese Klicks, die in einem Abstand von einem Meter eine Lautstärke bis zu 220 Dezibel erreichen, werden von drei Luftsäcken auf der Oberseite des Kopfes erzeugt. Aufgrund der Kontraktion des Blaslochmuskels passiert die Luft zuerst den oberen Sack, dann den mittleren und den unteren, auf diese Weise wird ein von der Melone verstärkter Klick produziert. Trifft der Schall auf ein Hindernis oder die Beute, wird das zurückkehrende Echo vom Delfin mit dem Unterkiefer aufgefangen und ans Ohr weitergeleitet. Auch Delfine können Klickfolgen, sogenannte *burst pulses,* aussenden.

Mit Delfinen assoziieren wir allerdings in erster Linie einen schrillen Pfiff, den wir aus Filmen oder TV-Serien kennen. Mithilfe dieser Pfiffe, die ein paar Zehntelsekunden bis mehrere Sekunden dauern und eine Frequenzbreite von 2.000 bis 25.000 Hz haben, kommunizieren Tümmler miteinander. Noch interessanter sind ihre *signature whistles,* Erkennungspfiffe. Offenbar hat jedes Tier einen individuellen Pfiff, aufgrund dessen es von seinen Gefährten erkannt wird. Kann man also sagen, dass Delfine einen Namen haben?[220] Wie immer sind die Dinge etwas komplizierter.

1968 hat das Ehepaar Caldwell als erstes die Hypothese aufgestellt, dass Tümmler individuelle Pfiffe ausstoßen, um sich zu erkennen zu geben und den Mitgliedern der Schule mittzuteilen, dass sie da sind.[221] In den letzten 50 Jahren wurden beim Verständnis dieser Signale große Fortschritte erzielt. So hat man zum Beispiel ihre Struktur verstanden: Sie dauern bis zu vier Sekunden und

220 R. A. Barton, *Animal Communication: Do Dolphins Have Names?,* in "Current Biology", 15, 2006, S. 598–599, https://doi:10.1016/j.cub.2006.07.002.

221 M. C. Caldwell und D. K. Caldwell, *Vocalization of Naive Captive Dolphins in Small Groups,* in "Science", 159, 1968, S. 1121–1123, https://doi:10.1126/science.159. 3819.1121.

haben eine Frequenzbreite zwischen 1.000 und 30.000 Hz[222], die einzelnen Elemente können sich in einem Abstand von 250 Millisekunden[223] wiederholen. Sehr früh hat man bereits herausgefunden, dass Tümmler in Gefangenschaft imstande sind, andere Töne – von einem Computer generierte Modellpfiffe – getreu wiederzugeben, und dass sie diese Pfiffe mit Dingen wie einem Ball oder einem Ring in Verbindung bringen können.[224] Sie lernen und imitieren also einen „Ball-Erkennungspfiff" oder einen „Ring-Erkennungspfiff".

Allmählich hat man auch die Funktion dieser Laute verstanden und herausgefunden, dass sie dazu dienen, den sozialen Zusammenhalt aufrechtzuhalten.[225] Individuen, die – aufgrund von Gefangenschaft, medizinischer Untersuchungen oder in der freien Natur – von ihrer Gruppe getrennt werden, senden viel häufiger Erkennungspfiffe. Wenn alle Mitglieder der Gruppe in der Nähe sind, wird er viel seltener, zu nur 40 bis 70 Prozent, abgegeben.[226] Wahrscheinlich dienen die Erkennungspfiffe den Tümmlern dazu, mit den anderen in Kontakt zu bleiben, wenn sie getrennt sind und einander nicht sehen, als würden sie sagen „Ich bin hier, wo bist du?".

Vor allem hat man herausgefunden, dass diese Signale in einem für alle „kulturellen" Arten typischen *Vocal-learning*-Prozess erlernt werden. In den ersten drei Lebensmonaten lauschen die jungen

222 L. S. Sayigh und V. M. Janik, *Signature Whistles*, in M. D. Breed und J. Moore (Hrsg.), *Encyclopedia of Animal Behavior*, Academic Press, Oxford 2010.

223 H. C. Esch, L. S. Sayigh und R. S. Wells, *Quantifying Parameters of Bottlenose Dolphin Signature Whistles*, in "Marine Mammal Science", 24, 2009, S. 976–986, https://doi.org/10.1111/j.1748-7692.2009.00289.x.

224 D. G. Richards, J. P. Wolz und L. M. Herman, *Vocal Mimicry of Computer-generated Sounds and Vocal Labeling of Objects by a Bottlenosed Dolphin*, Tursiops truncates, in "Journal of Comparative Psychology", 98, 1984, S. 10–28, https://doi.org/10.1037/0735-7036.98.1.10.

225 V. M. Janik und P. J. B. Slater, *Context-specific Use Suggests that Bottlenose Dolphin Signature Whistles Are Cohesion Calls*, in "Animal Behaviour", 56, 1998, S. 829–838, https://doi.org/10.1006/anbe.1998.0881.

226 V. M. Janik und L. S. Sayigh, *Communication in Bottlenose Dolphins: 50 Years of Signature Whistle Research*, in "Journal of Comparative Physiology A", 199, 2013, S. 478–489, https://doi.org/10.1007/s00359-013-0817-7.

Delfine den Erkennungspfiffen der anderen Gruppenmitglieder, angefangen bei dem der Mutter. Genau wie Vögel. Und aufgrund dieses Hörerlebnisses entwickeln sie ihren individuellen Erkennungspfiff,[227] der bei männlichen Jungtieren dem der Mutter viel ähnlicher ist als bei den weiblichen.[228] Allerdings handelt es sich nicht nur um reine Imitation, sondern es ist auch Fantasie vonnöten. Wie bei Vögeln gibt es eine Stimmanlage, auf deren Basis der Erkennungspfiff gelernt und personalisiert wird. Deshalb entwickelt jeder Delfin seinen individuellen Erkennungspfiff, der sich in der Folge verfestigt. Bei Weibchen bleibt der Pfiff jahrzehntelang unverändert, während er sich bei den Männchen im Erwachsenenalter, wenn sie den mütterlichen Pod verlassen und neue Verbände mit anderen Männchen bilden, leicht verändert. Wir haben es also mit einem erlernten Signal wie dem Vogelgesang zu tun, der jedoch im Gegensatz zu diesem freier gestaltet und personalisiert wird.

Zwischen 2011 und 2013 wurden noch weitere wichtige Mosaiksteinchen hinzugefügt. Erstens wurde bewiesen, dass Tümmler auf die Erkennungspfiffe der anderen Gruppenmitglieder reagieren, indem sie ihren individuellen Erkennungspfiff ausstoßen.[229] Als ob sie auf das „Ich bin hier, wo bist du?" mit einem „Ich bin hier" antworteten. Außerdem hat man herausgefunden, dass die Erkennungspfiffe eine wichtige Rolle bei der Kommunikation zwischen den einzelnen Pods spielen. Wenn sich mehrere Gruppen zusammenschließen, etwa um gemeinsam auf eine große Jagd zu gehen, gibt es eine Art Begrüßung, bei der Er-

227 D. Fripp et al., *Bottlenose Dolphin (*Tursiops truncatus*) Calves Appear to Model Their Signature Whistles on the Signature Whistles of Community Members*, in "Animal Cognition", 7, 2005, S. 17–26, https://doi.org/10.1007/s10071-004-0225-z.

228 L.S. Sayigh et al., *Signature Whistles of Free-ranging Bottlenose Dolphins* Tursiops truncatus*: Stability and Mother-offspring Comparisons*, in "Behavioral Ecology and Sociobiology", 26, 1990, S. 247–260, https://doi.org/10.1007/BF00178318.

229 F. Nakahara und N. Miyazaki, *Vocal Exchanges of Signature Whistles in Bottlenose Dolphins (*Tursiops truncatus*)*, in "Journal of Ethology", 29, 2011, S. 309–320, https://doi.org/10.1007/s10164-010-0259-4.

kennungspfiffe ausgestoßen werden.[230] Als ob die Tümmler sich einander vorstellten, wobei sich immer nur ein Individuum einer Gruppe vorstellt. Eine originelle, aber sehr praktische und bestimmt effizientere Methode als unsere, die wir beim dritten Händeschütteln schon den Namen dessen vergessen haben, der uns als Erster vorgestellt wurde. Tümmler hingegen haben das Problem radikal gelöst. Spaß beiseite, wahrscheinlich spielt bei den Tümmlern deshalb nur ein Individuum den Gastgeber, weil jede Gruppe einen Anführer hat, der die Entscheidungen trifft. Durchaus plausibel, denn es ist auch bewiesen, dass bei der Jagd jeder eine eigene Rolle hat: So gibt es zum Beispiel einen Libero, der seinen Gefährten den Fischschwarm zutreibt, diese bilden dann eine Absperrung, sodass der Schwarm in der Falle sitzt und alle sich sattfressen können.[231]

Außerdem hat man herausgefunden, dass Tümmler auf einen Erkennungspfiff antworten, indem sie den eben gehörten imitieren. Das passiert meist nur dann, wenn der Erkennungspfiff von einem Gruppenmitglied stammt, mit dem sie eng verbunden sind, etwa zwischen Mutter und Sohn oder zwischen den Männchen eines Verbandes oder Pods. Und es funktioniert bis zu einer Entfernung von 580 Metern.[232] Manchmal imitieren Tümmler aber auch absichtlich den Pfiff eines anderen und wenden sich so an den „Urheber", der seinerseits antwortet. Die Kopie ist natürlich als solche erkennbar, und in diesem Fall ist der Erkennungspfiff ein Etikett: Er bezeichnet ganz eindeutig ein Individuum. Wenn der „Urheber" ihn abgibt, dient er möglicherweise zur Vorstellung. Wenn hingegen ein Gefährte eine Kopie abgibt, dient er womög-

230 [20] N. J. Quick und V. M. Janik, *Bottlenose Dolphins Exchange Signature Whistles When Meeting at Sea*, in "Proceedings of the Royal Society B", 279, 2012, https://doi.org/10.1098/rspb.2011.2537.

231 S. K. Gadza et al., *A Division of Labour with Role Specialization in Group-hunting Bottlenose Dolphins* (Tursiops truncatus) *Off Cedar Key, Florida*, in "Proceedings of the Royal Society B", 272, 2005, https://doi.org/10.1098/rspb.2004.2937.

232 V. M. Janik, *Whistle Matching in Wild Bottlenose Dolphins* (Tursiops truncatus), in "Science", 289, 2000, S. 1355–1357, https://doi.org/10.1126/science.289.5483.1355.

lich dazu, die Aufmerksamkeit des kopierten Individuums zu erregen.[233]

Kann man also sagen, dass Delfine sich mit Namen ansprechen? Nicht wirklich. Jemandem oder etwas einen Namen zu geben, ist das Ergebnis einer geistigen Abstraktion: Ein Wort oder ein Ton wird von einer Gruppe geteilt, bedeutet für alle dasselbe oder bezeichnet dieselbe Person. Das ist referenzielle Kommunikation, wie wir sie Tag für Tag anwenden, um auf Dinge oder Freunde hinzuweisen. Was die Tümmler anbelangt, ist das Rätsel noch nicht vollständig gelöst. Manche Wissenschaftler glauben, mehrere Individuen würden dieselben Pfiffe verwenden, sie seien alternative Kontaktgeräusche, die individuelle Elemente enthalten und erlauben, sich aufgrund akustischer Signale zu erkennen.[234] Gewiss ist, dass in sozialen oder in Jagdsituationen[235] die Anzahl der Erkennungspfiffe steigt und dass diese Signale sicher zur Kommunikation zwischen Gruppen und vor allem innerhalb eines Pods dienen.

Wale hingegen erzeugen richtiggehende Melodien, Gesänge. Beginnen wir gleich beim berühmtesten Rockstar in der Welt der Ozeansänger, dem Buckelwal *(Megaptera novaeangliae)*, der aufgrund seiner langen weißen Brustflossen und seiner ungefähr 30 Furchen in der Haut am Unterkiefer leicht zu erkennen ist – Hautfalten, die es erlauben, dass viele Liter Wasser in sein Maul passen, die beim Auspressen des Wassers von den Barten durchgesiebt werden. Gleich vorab müssen wir feststellen: Bartenwale haben weder Stimmbänder noch Stimmlippen. Sie haben nur einen Luftsack in

---

233 [2] S. L. King und V. M. Janik, *Bottlenose Dolphins Can Use Learned Vocal Labels to Address Each Other*, in "Proceedings of the National Academy of Sciences", 110, 2013, S. 13216–13221, https://doi.org/10.1073/pnas.1304459110.

234 B. McCowan und D. Reiss, *The Fallacy of 'Signature Whistles' in Bottlenose Dolphins: A Comparative Perspective of 'Signature Information' in Animal Vocalizations*, in "Animal Behaviour", 62, 2001, S. 1151–1162, https://doi.org/10.1006/anbe.2001.1846.

235 B. Díaz López, *Whistle Characteristics in Free-ranging Bottlenose Dolphins (Tursiops truncatus) in the Mediterranean Sea: Influence of Behaviour*, in "Mammalian Biology", 76, 2011, S. 180–189, https://doi.org/10.1016/j.mambio.2010.06.006.

der Nähe des Kehlkopfes, deshalb ist und bleibt es ein Geheimnis, wie sie ihre Gesänge erzeugen.

Mit einer Länge von 15 Metern und einem Gewicht von 30 Tonnen ist der Buckelwal der Freddy Mercury der Tiefsee, er kann stundenlang komplexe Tonfolgen von sich geben. Roger Payne und Scott McVay haben 1967[236] sein Talent entdeckt, und seitdem hat der Gesang dieser Tiere Künstler und Sänger beeinflusst, er ist sogar zum Soundtrack von Werbungen geworden. Verständlich, denn diese Melodien in einem Frequenzbereich zwischen 100 und 4.000 Hz[237] (die Stimmäußerungen der Buckelwale bewegen sich zwischen 20 Hz und 24 KHz[238]) sind wirklich außergewöhnlich. Bei einem einzigen „Konzert" geben Buckelwale eine Reihe von Gesängen von sich, die zwischen fünf und 20 Minuten dauern und aus drei bis neun in einer ganz bestimmten Reihenfolge angeordneten Motiven oder Strophen bestehen. Und jede Strophe besteht wiederum aus vielen Einheiten, Klängen und Tönen, die bis zu 15 Sekunden dauern. Dann beginnt die Darbietung von vorne. Wissenschaftler, die das Sonogramm dieser Konzerte untersucht haben, dachten, die Partitur eines Komponisten vor sich zu haben.

Buckelwale singen in den *feeding grounds,* den Futterplätzen, doch das wahre Spektakel veranstalten Bullen in der Paarungszeit, in den Paarungsrevieren. Möglicherweise hält ihr Ständchen Rivalen fern und dient dazu, den Weibchen die Stimmgewalt und die körperliche Fitness zu beweisen. Doch nicht nur die adulten, geschlechtsreifen Bullen singen aus Liebe, sondern auch die subadulten Jungtiere. Die Rede ist nicht von Babys – die immerhin bereits eine Länge von sechs Metern erreichen –, sondern von wahren Halbwüchsigen, die sich zu den adulten Individuen gesellen und

236 R. S. Payne und S. McVay, *Songs of Humpback Whales,* in "Science", 173, 1971, S. 585–597, https://doi.org/10.1126/science.173.3997.585.

237 P. L. Tyack und C. W. Clark, *Communication and Acoustic Behavior of Dolphins and Whales,* in W. L. Whitlow (Hrsg.), *Hearing by Whales and Dolphins,* Springer-Verlag Inc., New York 2000.

238 W. W. L. Au et al., *Acoustic Properties of Humpback Whale Songs,* in "The Journal of the Acoustical Society of America", 2006, 120, 1103, https://doi.org/10.1121/1.2211547.

sich an der Gruppenperformance beteiligen. Die jungen „Angeber" singen, auch wenn sie sich aus mehreren Gründen noch nicht verpaaren können. Die adulten Individuen hindern sie in keiner Weise am Mitsingen. Und so üben die 12 Meter langen Burschen (ab dieser Länge sind sie erwachsen, Größe und Alter stehen bei Walen in engem Zusammenhang): In der Gruppe zu singen ist für sie Training, sie horchen zu, beobachten und finden dabei heraus, wie das Leben eines erwachsenen Buckelwals funktioniert. Die erwachsenen Wale tolerieren die Lehrlinge offenbar, denn wenn sie herumkrächzen, klingt ihr eigener Gesang in den Ohren der Kühe noch schöner.[239] Die Jugendlichen erzeugen tatsächlich oft falsch klingende Gesänge ohne Strophen oder mit Strophen in falscher Reihenfolge. Wie ein Vorsingen für X Factor: Unter Blinden ist der Einäugige König.

Außerdem scheinen die Kühe bei den Ständchen sehr anspruchsvoll zu sein. Die Bullen müssen trällern wie Nachtigallen, verschiedene Strophen mixen und außerdem neue Elemente einfügen. Dadurch verändern sich die Gesänge nicht nur von Jahr zu Jahr, sondern manchmal auch mitten in der Paarungszeit: Man weiß nie, ob den Buckelwaldamen beim Anhören der ewig gleichen Gesänge nicht langweilig wird. Eigentlich ist der Vergleich mit Nachtigallen und Kanarienvögeln und ganz allgemein mit Vögeln gar nicht so weit hergeholt. Die musikalische Kommunikation dieser wunderbaren, in allen Ozeanen heimischen Wale, die manchmal auch im Mittelmeer auftauchen, weist tatsächlich Dialekte auf.

Jede Population, egal in welchem Ozean, spricht eine eigene „Walsprache". Das hat man schon Anfang der 1980er-Jahre herausgefunden. Die Populationen im Nordpazifik, auf Hawaii und an der Pazifikküste von Mexiko singen mehr oder weniger dieselben Lieder, doch sie unterscheiden sich völlig von jenen, die im Nordatlantik en vogue sind, und ebenfalls von jenen, die auf der

---

239 L. M. Hermann et al., *Humpback Whale Song: Who Sings?*, in "Behavioral Ecology and Sociobiology", 67, 2013, S. 1653–1663, https://doi.org/10.1007/s00265-013-1576-8.

südlichen Halbkugel im Indischen Ozean erklingen.[240] Insgesamt gibt es fünf verschiedene Dialekte. Doch nicht nur die Buckelwale dürfen sich einer derart raffinierten Kultur rühmen, denn auch bei den *Codas* der Pottwale[241] und der Schwertwale[242] hat man Beweise für Dialekte beziehungweise für regionale Varianten gefunden.

Wie Vögel haben auch diese schwimmenden Kanarienvögel eine Stimmkultur, die durch Imitation erlernt wird. Und für diese Giganten kann es sich durchaus lohnen, die Melodie durch neue Elemente zu bereichern.

Buckelwale legen große Wanderungen zurück. Um zu kalben oder Nahrung zu finden, bewegen sie sich zwischen der nördlichen und südlichen Halbkugel, zwischen dem Äquator und den Polen.[243] Bei diesen Migrationen kann es vorkommen, dass sich ein Individuum in die Gruppe einschleicht und seine eigenen Gesänge singt, die sich von jenen der Gruppe unterscheiden. Doch Multikulti steht bei Walen hoch im Kurs und es kann durchaus vorkommen, dass die neuen Strophen oder ganze Gesänge so gefallen, dass sie beibehalten werden: Die Buckelwale geben die alten Gesänge auf und lernen neue. Nicht zuletzt, weil bei der Liebe Abwechslung nicht zu verachten ist.

Einer Population von Buckelwalen im Pazifik – nennen wir sie „Sydney-Population" – an der australischen Küste ist genau das passiert. Im Lauf von drei, vier Jahren wurde ihr Gesang völlig von dem der Buckelwale von der Westküste – nennen wir sie „Perth-

240 H. E. Winn et al., *Song of the Humpback Whale – Population Comparison*, in "Behavioral Ecology and Sociobiology", 8, 1981, S. 41–46, https://doi.org/10.1007/BF00302842.

241 L. E. Rendell und H. Whitehead, *Vocal Clans in Sperm Whales (*Physeter macrocephalus*)*, in "Proceedings of the Royal Society B", 270, https://doi.org/10.1098/rspb.2002.2239; L. E. Rendell und H. Whitehead, *Spatial and Temporal Variation in Sperm Whale Coda Vocalizations: Stable Usage and Local Dialects*, in "Animal Behaviour", 70, 2005, S. 191–198, https://doi.org/10.1016/j.anbehav.2005.03.001.

242 J. K. B. Ford, *Encyclopedia of Marine Mammals*, 2018, S. 253–254, https://doi.org/10.1016/B978-0-12-804327-1.00104-7.

243 Vgl. mein Buch „Grenzenlos. Die erstaunlichen Wanderungen der Tiere", Wien · Bozen 2021.

Population" – ersetzt, weil sich einige Individuen in die Population im Osten eingeschlichen haben. 1995 war die Sydney-Population wie immer mit ihrer eingeübten Playlist zu den Polen aufgebrochen, um während des antarktischen Sommers – der unserem Winter entspricht – Nahrung zu finden. Als sie 1996 in die Fortpflanzungsgründe zum Great Barrier Riff zurückkehrte, hat man festgestellt, dass ein Eindringling bei ihnen lebte: ein einzelnes Individuum, das einen ganz anderen Gesang hatte und bei der Rückkehr offenbar falsch abgebogen war.

Der Gesang des Perth-Individuums hatte bei den Buckelwalkühen und offenbar auch bei den für Neuerungen offenen Bullen so großen Erfolg, dass er 1997 – im Jahr darauf – bereits von einem Dutzend Individuen übernommen worden war, während andere einen Remix aus *old style* und *new style* versuchten. Am Ende der Paarungszeit hatten sich alle Bullen auf den Gesang aus Perth eingestimmt. Und 1998 sangen ihn auch die Kühe. Es handelt sich also um Aneignung und kulturelle Vermischung, nicht um Fantasie im eigentlichen Sinn. Doch der Gesang der Buckelwale verändert sich nicht nur im Lauf der Zeit innerhalb einer Population aufgrund von Imitation individueller Variationen. Wenn neue Sänger auftauchen, kann er sich sogar schnell und radikal ändern. Was gar nicht so selten vorkommt. Auch in den Jahren darauf, zwischen 1998 und 2008, ist dasselbe passiert: Die Sydney-Population hat einige Strophen in ihren Gesang aufgenommen, die aus anderen Gebieten im Südpazifik stammten, hin und wieder wurde der ursprüngliche Gesang völlig ersetzt. Interessant dabei ist, dass die neuen Strophen, vor allem bei hybriden Gesängen, beim Remix, an jene Strophen des traditionellen Gesangs angekoppelt wurden, die ähnliche Töne enthielten.[244] Das ist im Prinzip dasselbe wie bei der Technik des Samplings, bei der eine Collage von Tonaufnahmen entsteht.

---

244 E. C. Garland et al., *Song Hybridization Events During Revolutionary Song Change Provide Insights into Cultural Transmission in Humpback Whales*, in "Procee-dings of the National Academy of Sciences", 114, 2017, S. 7822–7829, https://doi.org/10.1073/pnas.1621072114.

Die Dialekte wanderten bei diesen Populationen offenbar von Westen nach Osten, vom Indischen Ozean nach Französisch-Polynesien und legten dabei ca. 6.000 Kilometer pro Jahr zurück. Es ist noch nicht völlig geklärt, warum dieser Wechsel nur in westöstlicher Richtung stattfindet. Vielleicht weil sowohl die Populationen im Westen als auch die im Osten im Sommer in denselben Gründen weiden, einander belauschen und so die Gesänge kopieren. Oder weil ein abenteuerlustiger Bulle der westlichen Population in die Population im Osten eindringt, die hingegen keine Grenzen überschreiten will. Tatsächlich ist die Untersuchung des Gesangs der Buckelwale auch hilfreich, um die Migrationsrouten der Buckelwale nachzuzeichnen.[245] Die Kermadecinseln nordöstlich von Neuseeland sind offenbar ein Knotenpunkt der Wanderrouten, wo man unterschiedliche Gesänge hört. Der Großteil stammt von anderen Inseln weiter im Norden – Neukaledonien, Niue und den Cook-Inseln – und manche sogar vom fernen Französisch-Polynesien. Man kann diese kulturellen Übertragungen zwar noch nicht genau nachverfolgen, sicher ist jedoch, dass Wale, zumindest Buckelwale, genauso wie Tümmler imstande sind, Lautäußerungen zu erlernen.[246]

Auch Blauwale *(Balaenoptera musculus)*, mit einer Länge von 40 Metern und einem Gewicht von 170 Tonnen die größten Tiere auf der Erde, haben Dialekte. Es gibt zwischen neun und 13 unterschiedliche Gesänge, die in unterschiedlichen Meeresbecken zu finden sind[247] und von allen vier Unterarten der Blauwale hervorgebracht werden. Jeder Gesang – der weniger melodiös und tiefer

245  C. Owen et al., *Migratory Convergence Facilitates Cultural Transmission of Humpback Whale Song*, in "Royal Society Open Science", 6, 2019, https://doi.org/10.1098/rsos.190337.

246  V. M. Janik, *Cetacean Vocal Learning and Communication*, in "Current Opinion in Neurobiology", 28, 2014, S. 60–65, https://dx.doi.org/10.1016/j. conb.2014.06.010.

247  A. Širović et al., *Fin Whale Song Variability in Southern California and the Gulf of California*, in "Scientific Report", 7, 2017, https://doi.org/10.1038/s41598-017-09979-4; M. A. McDonald, S. L. Mesnick und J. A. Hildebrand, *Biogeographic Characterization of Blue Whale Song Worldwide: Using Song to Identify Populations*, in "Journal of Cetacean Research and Management", 8, 2006, S. 55–66.

als der der Buckelwale ist – dauert zwischen 12 und 15 Minuten und besteht aus der Wiederholung unterschiedlicher Phrasen, die sich wiederum aus *calls*, pulsierenden Tönen vom Typ A oder tonalen Tönen vom Typ B, zusammensetzen. Jeder *call* dauert ca. 15–20 Sekunden und ist mit einer Frequenzbreite zwischen 14 und 36 Hz sehr niederfrequent.[248] Die Laute können vom Menschen nur noch zum Teil gehört werden, sie gehen bereits in Infraschall über. Diese Riesen des Meeres geben einige der tiefsten und lautesten Töne überhaupt von sich; mit einer Frequenzbreite zwischen acht und 222 Hz, in einem Abstand von einem Meter erreichen sie eine Lautstärke von 190 Dezibel.[249]

Die Gesänge – wie die einzelnen Laute von Typ A oder Typ B – werden nur von Bullen angestimmt, während die Blauwalkühe im Ultraschallbereich pochen, raspeln und brummen; diese Laute werden als *D-calls* bezeichnet. Sowohl Bullen als auch Kühe kommunizieren auf diese Weise: Die Laute dienen wahrscheinlich dazu, einander zu erkennen, Distanz zu wahren, Nahrungsquellen (Krill) anzupeilen und Informationen über deren Lage und Menge auszutauschen, vor Raubtieren zu warnen (vor allem zur Zeit des Kalbens) und natürlich, um sich zu orientieren.[250]

Last but not least dienen die von den Walen produzierten Laute nicht nur zur innerartlichen Kommunikation innerhalb von Schulen einer einzigen Art, sie können auch von Raubtieren, von „Lauschern" aufgeschnappt werden, für die das Signal nicht bestimmt

248 Tyack und Clark, *Communication and Acoustic Behavior of Dolphins and Whales*, in Whitlow (Hrsg.), *Hearing by Whales and Dolphins*, cit. W. C. Cummings und P. O. Thompson, *Underwater Sounds From the Blue Whale*, Balaenoptera musculus, in "The Journal of the Acoustical Society of America", 50, 1971, https://doi.org/10.1121/1.1912752.

249 W. C. Cummings und P. O. Thompson, *Underwater Sounds From the Blue Whale*, Balaenoptera musculus, in "The Journal of the Acoustical Society of America", 50, 1971, https://doi.org/10.1121/1.1912752.

250 L. A. Lewis et al., *Context-dependent Variability in Blue Whale Acoustic Behavior*, Royal Society Open Science, 2018, https://doi.org/10.1098/rsos.180241; P. O. Thompson et al., *Underwater Sounds of Blue Whale*, Balaenoptera musculus, *in the Gulf of California, Mexico*, in "Marine Mammal Science", 12, 1996, https://doi.org/10.1111/j.1748-7692.1996.tb00578.x.

ist. Zu den gefürchtetsten Fressfeinden gehören die Orkas, Schwertwale *(Orcinus orca)*, soziale, intelligente Zahnwale, die in unterschiedliche Ökotypen bzw. auf ganz bestimmte Beutetiere spezialisierte Gruppen unterteilt werden. Sie haben außergewöhnliche, auf die Beute zugeschnittene Jagdstrategien, jagen in Gruppen und verfügen über die Koordinationsfähgkeit von Zirkusakrobaten. Die grausamen Szenen, die man im Atlantik bei der Jagd auf Meeressäuger beobachten kann, stellen unter Beweis, wie intelligent diese Wale sind und wie gut sie zusammenarbeiten. Manche Orkas sind auf Weddellrobben *(Leptonychotes weddellii)* spezialisiert, die für gewöhnlich auf großen Eisschollen ausruhen. Die Orkas kooperieren dann, um sie von den Eisschollen herunterzuwerfen.[251] Sobald sie ihr Ziel ausgemacht haben, entfernen sich alle zusammen ein paar Dutzend Meter, machen dann gemeinsam kehrt und nehmen Anlauf, an der Wasseroberfläche und in geordneter Formation, um den Robben den Fluchtweg abzuschneiden. Wenn sie nur noch wenige Zentimeter von der Scholle entfernt sind, tauchen sie blitzschnell unter und erzeugen mit der Schwanzflosse eine Welle, sodass die Scholle kippt und die arme Robbe ins Wasser fällt.

Auf der anderen Seite des Globus, vor Alaska, zwischen der Beringsee und den Aleuten, leben die sehr gut erforschten nordamerikanischen Schwertwale, die aufgrund ihrer Reviere und ihrer Nahrungsgewohnheiten in drei Ökotypen unterteilt werden: residente Schwertwale, die auf den Fang von Lachs mithilfe von Echolotung spezialisiert sind; offshore Schwertwale, auch „Biggsche Orcas" genannt, über die sehr wenig bekannt ist, außer dass sie kleiner sind und sich hauptsächlich von Fisch ernähren. Und dann gibt es noch die „transienten" Schwertwale, die vor allem Meeressäuger wie Robben und Seelöwen, Delfine, Schnabelwale und die

---

251 R. L. Pitman und J. W. Durban, *Cooperative Hunting Behavior, Prey Selectivity and Prey Handling by Pack Ice Killer Whales* (Orcinus orca*), Type B, in Antarctic Peninsula Waters*, in "Marine Mammal Science", 28, 2011, S. 16–36 https://doi.org/10.1111/j.1748-7692.2010.00453.x.

Kälber von Walen und Finnwalen fressen. Doch alle diese Säugetiere haben ein besseres Gehör als Fische und sind für die Schwertwale eine schwierigere Beute. Deshalb spielt Kooperation eine wichtige Rolle, und wenn man Jagderfolg haben will, muss man manchmal auch überraschend auftauchen, ohne vom Beutetier gesehen zu werden. Transiente Schwertwale wissen das sehr gut: Wenn sie die Buchten nach Säugetieren absuchen, reduzieren sie die Lautstärke ihrer Konversationen, und zwar gleichzeitig. Sie flüstern, um nicht gehört zu werden, und setzen auf den Überraschungseffekt. Nach der Jagd plaudern sie wieder in normaler Lautstärke.[252]

Der Cuvier-Schnabelwal *(Ziphius cavirostris)* und der Zweizahnwal *(Mesoplodon densirostris)* wiederum – die zu den bevorzugten Beutetieren der Schwertwale gehören – wenden eine spezielle Strategie an, um nicht gehört zu werden: Auf der Jagd nach Tintenfischen schließen sie sich zusammen, tauchen gemeinsam in die Tiefe, beginnen jedoch erst in einer Tiefe von 450 Meter mit der Echoortung. Sobald sie sich den Bauch vollgeschlagen haben, sammeln sie sich in einer Tiefe von 750 Metern und schwimmen schweigend hinauf, jeder höchstens einen Kilometer vom Ort des letzten Klicks entfernt. Die Angst verleitet sie, synchron aufzusteigen und leise zu kommunizieren, auf diese Weise bekommen die Schwertwale ihre Gespräche nicht mit.[253]

Abschließend muss man feststellen, dass Wale nicht nur unterschiedlichste Laute produzieren, sondern an der Wasseroberfläche auch spezifische Verhaltensweisen an den Tag legen. Haben Sie schon einmal gesehen, wie sich ein Buckelwal aus dem Wasser katapultiert, sodass sein 30 Tonnen schwerer, von knotiger Haut und Seepocken überzogener Körper fast ganz auftaucht, Wasserfontänen aufwirft und dann rücklings oder seitlich mit einem riesigen

---

252 http://www.nwr.noaa.gov/Marine-Mammals/Whales-Dolphins-Porpoise/Killer-Whales/Conservation-Planning/upload/SRKW-propConsPlan.pdf.

253 N. Agular de Soto et al., *Fear of Killer Whales Drives Extreme Synchrony in Deep Diving Beaked Whales*, in "Scientific Reports", 10, 2020, https://doi.org/10.1038/s41598-019-55911-3.

Knall wieder ins Wasser klatscht? Eine zugleich wunderbare und surreale Szene. Dieses Verhalten, *breaching* genannt, wird auch von anderen Walen an den Tag gelegt, auch von Delfinen, die dabei graziöse Drehungen vollführen und Purzelbäume schlagen, bevor sie wieder ins Wasser fallen. Es gibt einfache, flache und lange Sprünge *(porpoising)* sowie *slappings*, die typisch für Wale und Finnwale sind, die mit Brustflossen oder der Schwanzflosse kräftig auf das Wasser schlagen. Es ist nicht völlig geklärt, wozu dieses Verhalten gut ist; manche meinen, die Wale würden sich auf diese Weise von per Anhalter auf der Walhaut mitreisenden Tieren wie Seepocken befreien; andere wiederum meinen, die durch den Aufprall verursachte Welle, das Klatschen und Schlagen seien Signale, um die Artgenossen über Anwesenheit, Größe und Alter des Individuums zu informieren. Es könnte aber auch ein Zeichen von Aggressivität sein. Oder dazu dienen, in bestimmten Situationen besser zu kommunizieren.

Anders als Jacques Cousteau schrieb, ist der Ozean überhaupt nicht still. Er ist erfüllt von natürlichen Geräuschen, den lauten Botschaften der Wale (und vieler anderer Tiere), doch mittlerweile machen auch wir Lärm: Schiffsverkehr, Airguns bzw. Luftpulser zur Erforschung des Untergrunds, seismische Erkundungen, um fossile Brennstoffe zu finden, und militärische Sonare: für die Meeresbewohner, auch für Riesen wie Blauwale und Buckelwale, wird das Plaudern immer schwieriger.

Noch vor 100 Jahren verbreitete sich der Gesang eines Finnwals ungestört über 1.600 Kilometer. Zumindest auf der nördlichen Halbkugel ist im letzten Jahrhundert die Lärmverschmutzung um zehn bis 100 Prozent gestiegen, und heute hört man den Gesang des Finnwals nur noch in einer Entfernung von 160 Kilometern.

Ein Großteil der vom Menschen erzeugten Laute überlagert die Kommunikationen der Wale, die so gezwungen sind, eine Botschaft mehrmals zu wiederholen und lauter zu „sprechen". In den letzten 50 Jahren haben Atlantische Nordkaper *(Eubalaena glacialis)* und Südkaper *(Eubalaena australis)* begonnen, in höheren

*Breaching* eines
Schwertwals

Flossenschlagen

Schwanzschlagen

*Porpoising*

**Verhaltensweisen von Walen an der Wasseroberfläche**

Tönen zu schreien: Ihr Gesang, der in den 1970er-Jahren eine An-
fangsfrequenz von 70 Hz hatte, setzt heute mit einer Frequenz von
80 Hz (Nordkaper) ein, während die Südkaper ihre Gesänge sogar
mit Frequenzen von über 100 Hz anstimmen müssen.[254]

Angesichts der Hintergrundgeräusche könnten die Verhaltensweisen an der Wasseroberfläche eine größere Rolle spielen. Die
Buckelwale verlassen sich möglicherweise nicht länger auf Stimm-
signale – die unter diesen Umständen mit anderer Frequenz und
Lautstärke wiederholt werden müssten –, sondern auf Botschaften,
die weniger Informationsgehalt haben, doch direkt zum Punkt kommen. Von Lautäußerungen gehen sie zum *breaching* oder *slapping*
über.[255] Schläge mit den Flossen erzeugen keine Melodien oder
harmonischen Klänge, die rasch verhallen, erreichen jedoch schnell
den Empfänger und informieren ihn über die Anwesenheit des Individuums, seine Position und Größe. Das würde jedoch bedeuten,
dass Buckelwale nicht gut mit akustischen Störquellen fertig-
werden und sich andere Strategien einfallen lassen müssen – ein
Wechsel der Kommunikationsstrategie, der auch unter natürlichen
Bedingungen, etwa bei starkem Wind, beobachtet worden ist.
Doch angesichts von Schiffslärm sind Buckelwale ohnmächtig.[256]
Allein das Fährschiff, das einmal am Tag von Tokyo auf die
Ogasawara-Inseln fährt, ist für Buckelwale eine derartige Störung,
dass sie das Singen einstellen, um Energieverluste zu vermeiden.
Solange sich das Schiff in einer Entfernung von weniger als 500
Metern befindet, schweigen sie und singen erst wieder, wenn es

254 S. E. Parks und C. W. Clark, *Short- and Long-term Changes in Right Whale Calling
Behavior: The Potential Effects of Noise on Acoustic Communication*, in "The Journal
of the Acoustical Society of America", 122, 2007, https://doi.org/10.1121/1.2799904.

255 R. A. Dunlop, D. H. Cato und M. J. Noad, *Your Attention Please: Increasing Ambient
Noise Levels Elicits a Change in Communication Behavior in Humpback Whales (*Megaptera novaeangliae*)*, in "Proceedings of the Royal Society B", 277, 2010, S. 2521–2529,
https://doi.org/10.1098/rspb.2009.2319.

256 R. E. Dunlop, *The Effect of Vessel Noise on Humpback Whale*, Megaptera novae-ang-
liae*, Communication Behavior*, in "Animal Behaviour", 111, 2016, S. 13–21, https://
doi:10.1016/j.anbehav.2015.10.002.

weiter weg ist.[257] Auch die Schiffe, die beim Whalewatching, beim touristischen Beobachten von Walen, zum Einsatz kommen, können, selbst wenn Verhaltensregeln und Entfernung eingehalten werden, eine Störquelle sein. Zwischen 2001 und 2003 haben die Schwertwale vor Washington aufgrund des regen Verkehrs von Touristenbooten zum ersten Mal seit 1977 die Dauer ihrer Rufe um 15 Prozent erhöht. Ein eindeutiges Signal, dass auch Schwertwale ihr Kommunikationsverhalten ändern, um die vom Menschen gemachte Lärmverschmutzung zumindest ab einer bestimmten Schwelle zu kompensieren.[258]

Auch seismische Erkundungen haben schreckliche Auswirkungen auf die Kommunikation der Wale. Wenn Buckelwale schon verstummen, sobald eine Fähre vorbeifährt, stellen sie bei seismischen Erkundungen sogar in der Paarungszeit ihren Gesang ein.[259] Auch die Blauwale haben Schwierigkeiten, geben jedoch nicht klein bei, sondern singen immer weiter und müssen ihr Ständchen mehrmals wiederholen, damit die Empfängerin es hört.[260] Wie gesagt: Auch wir Menschen heben bei Hintergrundgeräuschen die Stimme, wir schreien, um gehört zu werden, der Ton kommt verzerrt an, und wenn unser Gesprächspartner weit weg ist, wird er sicher fragen: „Was hast du gesagt?" Militärische Sonare, die oft für die Vertreibung von Zahnwalen verantwortlich gemacht werden, bewirken bei Blauwalen, dass sie nicht mehr in der Meerestiefe weiden und aus ihrem Revier flüchten.[261]

257 K. Tsujii et al., *Change in Singing Behavior of Humpback Whales Caused by Shipping Noise*, in "Plos One", 13, 2017, https://doi.org/10.1371/journal.pone.0204112.

258 A. D. Foote, R. W. Osborne und R. A. Hoelzel, *Whale-call Response to Masking Boat Noise*, in "Nature", 428, 2004, https://doi.org/10.1038/428910a.

259 S. Cerchio et al., *Seismic Surveys Negatively Affect Humpback Whale Singing Activity off Northern Angola*, in "Plos One", 2014, https://doi.org/10.1371/journal.pone.0086464.

260 L. di Iorio und C. W. Clark, *Exposure to Seismic Survey Alters Blue Whale Acoustic Communication*, in "Biology Letters", 23, 6, 2010, S. 334–335, https://doi.org/10.1098/rsbl.2009.0967.

261 J. A. Goldbogen et al., *Blue Whales Respond to Simulated Mid-frequency Military Sonar*, in "Proceedings of the Royal Society B", 2013, https://doi.org/10.1098/rspb.2013.0657. J. A. Goldbogen et al., *Blue Whales Respond to Simulated Mid-frequency Military Sonar*, in "Proceedings of the Royal Society B", 2013, https://doi.org/10.1098/rspb.2013.0657.

Auch für andere Meerestiere wird der Ozean zu laut: von den Fischen bis hin zur Gemeinen Strandkrabbe *(Carcinus maenas)*, die aufgrund des Lärms die Fähigkeit verliert, sich mimetisch dem Meeresboden anzugleichen, weil sie es nicht mehr schafft, die Farbe des Panzers während des Wachstums zu verändern.[262] Der jüngste Appell geht von einer in *Science* veröffentlichten Metaanalyse von mehr als 10.000 Studien aus: Der Klangteppich des Ozeans im Anthropozän ist eine einzige Kakofonie, denn die vom Menschen erzeugten Klänge (und der Lärm) nehmen immer mehr überhand. Es ist höchste Zeit, sie einzustellen und ihre Auswirkungen abzuschwächen.[263] Seit den 1960er-Jahren hat auch die Frequenz des Gesangs der Blauwale abgenommen. Aus Tausenden von Aufnahmen aus aller Welt, die in den letzten 60 Jahren gemacht wurden, geht eindeutig hervor, dass Blauwale heute mit einer um 31 Prozent niedrigeren Frequenz singen als ihre Väter und Großväter.[264] Dasselbe hat man bei drei Unterarten des Blauwals, der *Balaenoptera musculus intermedia*, der *Balaenoptera musculus brevicauda* und der *Balaenoptera musculus india*, festgestellt: Seit 2002 hat sich die Frequenz ihres Gesangs pro Jahr um einige Zehntel-Hertz verringert[265], wenn auch mit saisonalen Schwankungen.

Noch sind die Zusammenhänge nicht völlig geklärt, doch neben der Lärmverschmutzung steht auch der Klimawandel in Verdacht, vor allem seine Folgen wie die Versauerung der Meere und die Gletscherschmelze an den Polkappen. Je höher die Temperatur auf der Erde steigt und je mehr $CO_2$ in die Atmosphäre abgegeben

262 E. E. Carter et al., *Ship Noise Inhibits Colour Change, Camouflage, and Antipredator Behaviour in Shore Crabs*, in "Current Biology", 2020, https://doi.org/10.1016/j.cub.2020.01.014.

263 C. M. Duarte et al., *The Soundscape of the Anthropocene Ocean*, in "Science", 2021, http://doi.org/10.1126/science.aba4658.

264 M. A. Mcdonald, J. A. Hildebrand und S. L. Mesnick, *Worldwide Decline in Tonal Frequencies of Blue Whale Songs*, in "Endagered Species Research", 9, 2009, S. 13–21, http://doi.org/10.3354/esr00217.

265 E. C. Leroy et al., *Long-term and Seasonal Changes of Large Whale Call Frequency in the Southern Indian Ocean*, in "Journal of Geophysical Research", 27. November 2018, https://doi.org/10.1029/2018JC014352.

wird, desto mehr $CO_2$ wird von den Ozeanen absorbiert und gelöst, wo es sich in Kohlesäure verwandelt und den pH-Wert des Meerwassers senkt, der normalerweise zwischen 7,5 und 8,5 liegt. Das ist in Kürze der Prozess, der zur Ozeanversauerung führt.

In immer wärmeren und saureren Gewässern werden niederfrequente Laute weniger stark absorbiert, also können sich die Gesänge der Wale theoretisch viel weiter verbreiten. Aber auch andere niederfrequente Laute werden nicht so stark absorbiert wie früher und verbreiten sich stärker, nicht zuletzt die Geräusche beim Kalben der Eisberge oder beim Brechen des Packeises. Deshalb ist es durchaus möglich, dass die Versauerung der Ozeane für die Senkung der Frequenzen verantwortlich ist, die man in den 1960er-Jahren zum ersten Mal registriert hat. Während die saisonalen Schwankungen, die man seit 2002 im Indischen Ozean beobachtet, möglicherweise auf den Versuch der Wale zurückzuführen sind, sich trotz des ständigen Krachs zu verständigen.

# Kapitel 10
## Nicht nur Gebrüll

Wer im Apennin im Wald spazieren geht, wenn die Sonne langsam hinter dem Horizont verschwindet, es zwischen den Buchen bereits dunkel ist, die Nacht sich herabsenkt und die Blätter im Mondlicht silbern schimmern, kann mit etwas Glück das Heulen der Wölfe hören. Der *Canis lupus italicus* ist eine italienische Unterart des Wolfes, die wir mit Flinten fast ausgerottet hätten.

1971 gab es auf der ganzen Halbinsel nur noch gut 100 Exemplare, die in wenigen kleinen Gebieten lebten. Durch das Ministerialdekret „Natali" vom 23. Juli 1971 ist der Italienische Wolf glücklicherweise von der Liste der schädlichen Arten gestrichen worden. Von da an wurde er streng geschützt, und in den letzten 50 Jahren hat er langsam sein angestammtes Revier zurückerobert und seine Stellung an der Spitze der Nahrungskette wieder eingenommen, nicht zuletzt aufgrund der Zunahme der Wildschweine, die ein schmackhaftes Mahl für den König der italienischen Wälder darstellen.

Das Heulen ist gewiss die typischste Lautäußerung der Wölfe. Man braucht es nur auszusprechen und schon ahnt man, wie es klingt. Doch ihr Stimmrepertoire ist viel größer. Wölfe sind soziale Tiere, sie leben in Rudeln von fünf bis zehn Individuen (in Italien meist nur von sechs bis sieben), die aus den Elterntieren, sogenannten Alphatieren, und deren Nachkommen bestehen, sowohl Welpen als auch Halbwüchsigen bis zu einem Alter von ca. drei Jahren.

Kommunikation spielt für sie alle eine entscheidende Rolle: Wölfe unterhalten sich mit einem breiten Repertoire von Lauten, von denen manche harmonisch sind und in Unterwerfungs- und

Sozialisierungssituationen eingesetzt werden, manche dagegen unangenehm und laut wie Knurren und Bellen, die bei Angriffen oder wenn sie auf der Hut sind, verwendet werden. Laute wie Stöhnen, Jaulen und Winseln sind typisch für Welpen, andere wie das Heulen – das bekannteste Signal – kommen im Erwachsenenalter hinzu.

Dank einer genialen Idee des Kanadiers Douglas Humphreys Pimlott werden Wölfe seit den 1960er-Jahren mithilfe der Technik des *wolf-howlings* gezählt. Man imitiert das Heulen oder spielt mit dem Megafon eine Aufnahme ab und wartet auf die Antwort. Eine sehr einfache Methode, deren Effizienz, wie man noch sehen wird, auch von der Jahreszeit abhängt. Dank dieser Technik hat man herausgefunden, wie Wölfe mithilfe von Heulen kommunizieren. Die harmonischen Laute in einem Frequenzbereich zwischen 300 und 1.800 Hz können sich über weite Strecken verbreiten. Im Wald sind sie in einer Entfernung von bis zu zehn Kilometern zu hören, in der Tundra verbreiten sie sich über 16 Kilometer weit.[266]

Es gibt jedoch unterschiedliche Arten von Heulen. Flaches *(flat)* Heulen ist fast eintönig, rau und niederfrequent, während die *breaking howls* – das Heulen, das wir alle schon einmal, zumindest im Film, gehört haben – viel modulierter, unregelmäßiger und mit spitzen Tönen versetzt ist.[267] Doch man darf sich das Heulen nicht als eine Serie von Tönen vorstellen, die anschwellen und abschwellen und miteinander verbunden sind. Sehr oft erkennt man in ein und demselben Geheul mindestens sechs verschiedene Laute, die auch in anderen Situationen zum Einsatz kommen, etwa niederfrequentes Bellen *(bark)*, harmonisches und sehr kurzes Winseln *(whimper)* und Knurren *(growl)*.[268] Das Heulen unterscheidet sich jedoch von Indi-

---

266 F. H. Harrington und C. S. Asa, *Wolf Communication*, in L. D. Mech und L. Boitani (Hrsg.), *Wolves: Behavior, Ecology, and Conservation*, University of Chicago Press, Chicago, 2003.

267 D. Passilongo et al., *The Acoustic Structure of Wolf Howls in Some Eastern Tuscany (Central Italy) Free Ranging Packs*, in "Bioacoustic", 19, 2010, S. 159–175.

268 D. Passilongo, M. Marchetto und M. Apollonio, *Singing in a Wolf Chorus: Structure and Complexity of a Multicomponent Acoustic Behaviour*, in "Hystrix", 28, 2017,

viduum zu Individuum, und bei der Analyse des Spektrogramms entdeckt man Unterschiede, die man mit bloßem Ohr nicht hören würde. Ähnlich unserem Timbre: Jeder Mensch hat aufgrund der Form des Kehlkopfs und der Stimmbänder, aber auch des Brustkorbs ein eigenes. Deshalb erkennen Wölfe einander an der Art des Heulens, an der akustischen Struktur. Doch Vorsicht: Sie unterscheiden zwar zwischen bekanntem und unbekanntem Heulen, allerdings weiß man nicht, ob sie das jeweilige Heulen mit der Vorstellung eines bestimmten Individuums in Verbindung bringen.[269] Das wäre so, wie wenn Sie eine vertraute Stimme hören, sie jedoch nicht einem Freund oder Verwandten zuordnen können. Womöglich kommen Wölfe – anders als Elefanten – über diese Hürde nicht hinaus.

Jedes Heulen klingt also je nach Anatomie und Jahrgang anders.[270] Auch die Stimme eines Säuglings ist schrill und wird erst mit dem Älterwerden tiefer. Dasselbe ist bei den Wölfen der Fall: In den ersten Lebenswochen heult der Welpe – so gut er eben kann – mit einer Mindestfrequenz von 1.1000 Hz, doch mit sechs bis sieben Monaten hat der tiefste Ton nur noch eine Frequenz von 350 Hz. Wenn man also aufmerksam zuhört, wie ein Rudel heult, weiß man auch, aus wem es besteht: Man braucht sich nur das Spektrogramm der Aufnahme anzusehen. Auf der x-Achse befindet sich die Zeit, auf der y-Achse befinden sich die Frequenzen, und die grafische Darstellung des Heulens besteht aus einer Reihe schwarzer Linien, die in Grau übergehen, eine über der anderen, von unten nach oben. Wenn die durchschnittliche Frequenz, die unsere Grafik in der Mitte zweiteilt, niedrig (ca. 600 Hz) ist, gibt

S. 180–185, https://doi.org/10.4404/hystrix-28.2-12019.

269 V. Palacios et al., *Recognition of Familiarity on the Basis of Howls: A Playback Experiment in a Captive Group of Wolves*, in "Behaviour", 152, 2015, S. 593–614, https://doi.org/10.1163/1568539X-00003244; H. Root-Gutteeridge et al., *Identifying Individual Wild Eastern Grey Wolves (Canis lupus lycaon) Using Fundamental Frequency and Amplitude of Howls*, in "Journal of Bioacoustics", 23, 2014, S. 55–66 https://doi.org/10.1080/09524622.2013.817317.

270 S.K.Watsona, S. W. Townsend und F. Range, *Wolf Howls Encode Both Sender- and Context-specific Information*, in "Animal Behaviour", 145, 2018, S. 59–66, https://doi.org/10.1016/j.anbehav.2018.09.005.

es keine Welpen im Rudel. Ist die Frequenz jedoch höher als 850 Hz, gibt es kleine Wölfe. Das *wolf-howling* erweist sich also nicht nur als eine effiziente Technik, um die Anzahl der Rudelmitglieder zu zählen und deren Verbreitung zu erkennen, sondern auch, um herauszufinden, ob es Welpen im Rudel gibt, und um die Reproduktionsrate zu berechnen.[271]

Wie gesagt, heulen Wölfe nicht immer, nicht den ganzen Tag und nicht das ganze Jahr. Und Rudel und Einzeltiere weisen auch eine unterschiedliche Bereitschaft auf, auf das *wolf-howling* zu reagieren. Für einen Einzelgänger ist es nämlich riskant, auf das Heulen eines Rudels zu antworten, für gewöhnlich wartet er erst mal schweigend ab und kommt näher, um zu schauen, was los ist. Wenn man Teil eines Rudels ist, hängt es von der Zahl und dem Alter der eventuellen Welpen ab, wie schnell man auf das Heulen reagiert. Kleine Rudel mit schon etwas größeren Welpen im Alter von ungefähr vier Monaten antworten schneller als große Rudel, deren Welpen noch keine vier Monat alt sind, möglicherweise weil die Ersteren ängstlich darauf warten, dass die Mitglieder von der Jagd zurückkehren.[272] Und wir können einen Mythos entkräften. Wölfe heulen nicht den Mond an. In der Nacht, in den ersten Stunden nach dem Sonnenuntergang und im Morgengrauen hört man sie bloß *öfter*, denn mit dem Heulen teilen sie den anderen mit, dass sie zur Jagd aufbrechen oder von der Jagd zurückkehren.[273] Wenn Sie also einen Wolf heulen hören wollen, warten Sie bis nach Sonnenuntergang, doch achten Sie darauf, dass Sie sich am richtigen Ort befinden und die richtige Saison gewählt haben.

---

271 V. Palacios et al., *Decoding Group Vocalizations: The Acoustic Energy Distribution of Chorus Howls is Useful to Determine Wolf Reproduction*, in "Plos One", 11, 2016, https://doi.org/10.1371/journal.pone.0153858.

272 D. E. Ausband, S. B. Bassing und M. S. Mitchell, *Environmental and Social Factors Influencing Wolf (*Canis lupus*) Howling Behavior*, in "Ethology", 126, 2020, S. 890–899, https://doi.org/10.1111/eth.13041.

273 A. Gazzola et al., *Temporal Changes of Howling in South European Wolf Packs*, in "Italian Journal of Zoology", 69, 2002, S. 157–161, http://dx.doi.org/10.1080/11250000209356454.

Die höchste Wahrscheinlichkeit, ein spontanes Wolfsheulen zu hören, besteht im Spätsommer, wenn die Nachkommenschaft ins *Rendezvous* übersiedelt: an einen Ort, der als Kinderkrippe fungiert, wo die Welpen spielen können und einen Überblick über das Geschehen rundherum haben, während sie auf die Rückkehr der jagenden Eltern warten. In den Wäldern im Casentino, im Herzen des Apennins, hört man sie am ehesten zwischen Juli und Oktober und vor allem im August, im Chor mit den Welpen, die in diesem Jahr zur Welt gekommen sind. Dasselbe gilt auch für andere europäische Orte, etwa den Białowieża-Wald in Polen,[274] wo Einzelgänger nur 40 Sekunden heulen, während Rudel mit fünf bis sieben Wölfen ungefähr eineinhalb Minuten bis höchstens vier Minuten heulen. Im Übrigen hat das Heulen überhaupt nichts mit Stress zu tun. Anders als gedacht, ist es keine Klage, keine Reaktion auf ein Gefühl oder eine unangenehme Situation. Das haben die Wölfe im österreichischen *Wolf Science Center* bewiesen. Die Menge des Stresshormons Cortisol, das im Speichel der Wölfe gefunden wurde, korrelierte nicht mit der Häufigkeit des Heulens, also mit Signalen, die immer eine Absicht verfolgen und für einen bestimmten Empfänger bestimmt sind.[275]

Wölfe heulen, um Mitgliedern des Rudels mitzuteilen, dass ein Individuum oder mehrere sich zum Jagen vom Rudel entfernen, oder um deren Rückkehr anzuzeigen. Man heult auch, um sich auf der Jagd oder bei Streifzügen zu koordinieren, um einander die Position mitzuteilen sowie in der Paarungszeit. Mit einem Wort, um in Kontakt zu bleiben und die Beziehungen in der Gruppe zu stärken. Doch man heult auch und vor allem, um mit Rudeln in der Nähe zu kommunizieren: um das Revier zu markieren, um sich ein länger nicht genutztes Gebiet wieder anzueignen, um die

274 S. Nowak et al., *Howling Activity of Free-ranging Wolves* (Canis lupus*) in the Białowieża Primeval Forest and the Western Beskidy Mountains (Poland)*, in "Journal of Ethology", 25, 2007, S. 231–23, http://doi.org/10.1007/s10164-006-0015-y.

275 F. Mazzini et al., *Wolf Howling is Mediated by Relationship Quality Rather Than Underlying Emotional Stress*, in "Current Biology", 23, 2013, S. 1677–1660, https://doi.org/10.1016/j.cub.2013.06.066.

Nachkommenschaft zu verteidigen und um zu verhindern, dass das eigene Jagdrevier von anderen beansprucht wird.[276]

Noch etwas gibt es zum Heulen der Wölfe zu sagen. Vielleicht entspricht unsere Vorstellung von diesem Geräusch am ehesten dem Heulen der nordamerikanischen Wölfe, das in vielen Filmen und Romanen vorkommt. Das Heulen der nordamerikanischen Wölfe unterscheidet sich zwar nicht sehr von jenem des Italienischen, der viel kleiner ist und ein anderes Fellkleid hat. Doch die vielen Unterarten des Wolfs, die vom Himalaya bis zu den Rocky Mountains heimisch sind, sprechen leicht unterschiedliche Sprachen. Jedes Heulen hat einen eigenen Akzent, der Unterschiede des Habitats und der Körpergröße widerspiegelt. Die kleinsten Unterarten mit einem Gewicht von 19–25 Kilo, wie der Indische Wolf *(Canis lupus pallipes)* und der Arabische *(Canis lupus arabs)*, heulen kürzer als die europäischen und nordamerikanischen Wölfe, und die Mindestfrequenz ist durchschnittlich höher. Während der große Mongolische Wolf *(Canis lupus chanco)* mit einem Gewicht von bis zu 35 Kilo tiefer und weniger moduliert heult.[277] Doch man muss nicht in die Ferne schweifen, um richtiggehende Wolfsdialekte zu hören, man braucht nur in die Gegend von Arezzo zu fahren. Hier haben fünf Rudel mindestens drei verschiedene Varianten übernommen: Im Norden Arezzos, in Camaldoli, hat das Heulen eine höhere Frequenz und ist modulierter; im Süden Arezzos hingegen sind die Frequenzen niedriger und weniger moduliert, während das Heulen dazwischen eine Mischung aus beiden Dialekten ist. Noch weiß man nicht, ob diese Dialekte aufgrund kultureller Tradition erlernt werden oder ob sie angeboren sind. Oder eine Mischung aus beidem darstellen.[278]

---

276  F. H. Harrington und L. D. Mech, *Wolf Howling and Its Role in Territory Maintenance*, in "Behaviour", 68, 1979, S. 207–249, https://doi.org/10.1163/156853979X00322.

277  L. Hennelly et al., *Howl Variation Across Himalayan, North African, Indian, and Holarctic Wolf Clades: Tracing Divergence in the World's Oldest Wolf Linea-ges Using Acoustics*, in "Current Zoology", 63, 2017, S. 341–348, http://doi.org/10.1093/cz/zox001.

278  M. Zaccaroni et al., *Group Specific Vocal Signature in Free-ranging Wolf Pack*, in "Ethology Ecology & Evolution", 24, 2012, S. 322–331, http://dx.doi.org/10.1080/03949370.2012.664569.

Spaziergänger in Wäldern mit großen Lichtungen kennen einen anderen begnadeten Sänger: den Rothirsch *(Cervus elaphus)*. Der männliche Hirsch, der ein Gewicht von bis zu 200 Kilo erreicht, entwickelt in der Paarungszeit ein gewaltiges verzweigtes Geweih, das höher als einen Meter wird, ein Gewicht von acht bis zehn Kilo erreicht und ein paar Monate, nachdem es seine Funktion, die körperliche Auseinandersetzung mit Rivalen, erfüllt hat, abfällt. Der Hirsch versucht Kämpfe allerdings so gut wie möglich zu vermeiden, indem er sein tiefes Röhren anstimmt.

Doch der Reihe nach: Ende August bewirkt der Testosteronspiegel im Blut der Hirsche eine Reihe von Veränderungen. Die Basthaut, die das Geweih bedeckt und es im Frühling und Sommer genährt hat, wird nicht mehr durchblutet, stirbt ab und fällt in Fetzen ab, darunter wird der nackte Knochen sichtbar. Gleichzeitig werden Hoden und Halsmuskel größer, der Kehlkopf wächst und die Zunge verändert die Form. So bereiten sich die Hirsche auf die erschöpfende Paarungszeit vor. Zwischen September und Oktober fressen sie nur noch sehr wenig und verwenden ihre ganze Energie darauf, mit Ritualen und genau festgelegten Signalen einen Harem von fünf bis 15 Kühen zu bilden.

Im September suchen sie erst mal die Äsungsstelle der Hirschkühe auf und stolzieren auf und ab. Der Hirsch markiert das Brunftterritorium mit Urin und anderen Sekreten und verteidigt es vor anderen Hirschen durch Röhren: einem tiefen, mächtigen Gesang, der ein wenig wie Muhen klingt und bis zu achtmal in der Minute wiederholt wird.

Die Hirsche fordern einander heraus, röhren manchmal sogar stundenlang. Und wenn das nicht genügt, um herauszufinden, wer der Stärkere ist, greifen sie auf Imponiergehabe zurück: Sie stolzieren in einer bestimmten Distanz nebeneinander auf und ab, beurteilen die Größe des Rivalen und dessen Fitness. Und erst nach diesem Ritual, wenn keiner der beiden klein beigibt und zurückweicht, beginnen sie Körper an Körper, bzw. Geweih an Geweih zu kämpfen: Sie kreuzen die verzweigten Stangen mit lauten

Kopfstößen, versuchen zu schieben, einander zu verletzen und den Rivalen zum Aufgeben zu bewegen. Der Hirsch, der den anderen in die Flucht schlägt, verkündet den Hirschkühen und Hirschen in der Umgebung seinen Sieg, indem er wieder zu röhren beginnt. Niemand möge ihn noch einmal herausfordern! Zwischen Mitte September und Mitte Oktober, dem Höhepunkt der Paarungszeit, muss ein Hirsch mindestens fünf Kämpfe ausfechten. Eigentlich nicht viele, doch sie bewirken, dass 23 Prozent der Hirsche Narben und sechs Prozent schwerwiegende Verletzungen davontragen, etwa gebrochene Knochen oder ein ausgestochenes Auge.

Das Röhren spielt also die wichtigste Rolle bei der Kommunikation der Rothirsche. Bevor die Hirsche beschließen, einander herauszufordern, bewerten sie aufmerksam die Stimmgewalt des Rivalen und Anzahl und Abstand zwischen den einzelnen Brunftrufen – bzw. die Resonanzfrequenz mit maximaler Amplitude. Diese Parameter zeigen an, wie tief der Kehlkopf während des Röhrens zum Brustbein abgesenkt wird, was wiederum von der Länge des Halses und des Kopfes abhängt, und beide lassen eine realistische Einschätzung der Körpergröße der Rivalen zu.[279] Das Röhren ist ein ehrliches Signal, man kann dabei nicht bluffen, und es ist sehr verlässlich, wenn man entscheiden muss, ob man einen Kampf riskieren soll[280], um einem Platzhirsch seinen Harem wegzunehmen.

Auch die Kühe hören aufmerksam zu: Bei der Paarung bevorzugen sie Individuen, die mit einer möglichst hohen Mindestfrequenz röhren,[281] sie bewerten die oben erwähnten Parameter, um die Qualität der Böcke einzuschätzen und sich zu

---

279 M. Garcia et al., *Do Red Deer Stags (Cervus elaphus) Use Roar Fundamental Frequency (F0) to Assess Rivals?*, in "Plos One", 8, 2013, https://doi.org/10.1371/journal.pone.0083946; D. Reby et al., *Red Deer Stags Use Formants as Assessment Cues During Intrasexual Agonistic Interactions*, in "Proceedings of the Royal Society B", 272, 2005, S. 941–947, https://doi.org/10.1098/rspb.2004.2954.

280 D. Reby und K. McComb, *Anatomical Constraints Generate Honesty: Acoustic Cues to Age and Weight in the Roars of Red Deer Stags*, in "Animal Behaviour", 65, 2003, S. 519–530.

281 D. Reby et al., *Oestrous Red Deer Hinds Prefer Male Roars With Higher Fundamental Frequencies*, in "Proceedings of the Royal Society B", 277, 2010, S. 2747–2753.

Röhren

Stolzieren

Kampf

In der Paarungszeit verteidigen die Hirsche ihren Harem mit Röhren,
wenn nicht anders möglich auch mit einem Kampf.

entscheiden[282] oder sich unter Umständen beim Auftauchen eines neuen vielversprechenden Anwärters umzuorientieren.

Die Kühe können im Übrigen nicht nur das Röhren des Platzhirsches von jenem der Beihirsche unterscheiden,[283] sondern achten auch sehr auf den Rhythmus des Röhrens. Die Dauer des Röhrens ist ein guter Indikator für die augenblickliche Fitness, die im Lauf der Saison zu- und abnimmt. Für gewöhnlich steigert sich der Rhythmus des Röhrens im September und erreicht Ende des Monats oder Anfang Oktober seinen Höhepunkt, wenn der Testosteronspiegel im Blut der Hirsche ungefähr neun Nanogramm/ml beträgt. Danach nimmt es wieder ab.[284]

Das Röhren hat jedoch noch eine andere wesentliche Funktion, wie 1987 in der Fachzeitschrift „Nature" nachgewiesen wurde: Es beschleunigt den Eisprung der Kühe. Die Kühe, die dem Liebesgeflüster lauschen, haben ihren Eisprung früher als jene, die nicht von einem Ständchen angeregt werden. Wenn ein Hirsch bereits einen Harem hat, dient die Frequenz des Röhrens also auch dazu, seinen Fortpflanzungserfolg zu erhöhen[285] und dafür zu sorgen, dass die Mühe sich auszahlt. Die Kühe sind nur jeden 18. Tag für 24 Stunden empfängnisbereit, deshalb kommt es sehr darauf an, den richtigen Augenblick zu erwischen. Wird jedoch ein Harem in Hinblick auf die fruchtbare Zeit der Kühe zu früh oder zu spät erobert, muss man versuchen, die Wartezeit zu verkürzen, und verhindern, dass man von einem anderen Hirsch verdrängt wird. Ein Harem ist nämlich nicht für die Ewigkeit gemacht. Die Brunftzeit

282 B. D. Charlton, D. Reby und K. McComb, *Female Red Deer Prefere the Roars of Larger Males*, in "Biology Letters", 3, 2007, S. 382–385; B. D. Charlton, D. Reby und K. McComb, *Female Perception of Size-related Formant Shifts in Red Deer,* Cervus elaphus, in "Animal Behaviour", 74, 2007, S. 707–714.

283 D. Reby et al., *Red Deer* (Cervus elaphus*) Hinds Discriminate Between the Roars of Their Current Harem-Holder Stag and Those of Neighbouring Stags*, in "Ethology", 107, 2001, S. 952–959.

284 T. H. Clutton-Brock und S. D. Albon, *The Roaring of Red Deer and the Evolution of Honest Advertisement*, in "Behaviour", 69, 1979, S. 145–170.

285 K. McComb, *Roaring by Red Deer Stags Advances the Date of Oestrus in Hinds*, in "Nature", 330, 1987, S. 648–649.

dauert ungefähr sechs Wochen oder länger, doch ein Hirsch kann einen Harem nur wenige Minuten bis höchstens zwei Wochen um sich scharen. Um ihre Chancen zu erhöhen, setzen die Hirsche deshalb alles auf eine Karte. Sie röhren mehr und regelmäßig, außerdem fügen sie dem normalen Röhren noch heiserere und härtere Laute hinzu, die wie Husten klingen und höchstwahrscheinlich die Funktion haben, die Aufmerksamkeit der Kühe zu erregen und zu verhindern, dass sie sich ablenken lassen.[286]

Für gewöhnlich stellen wir uns Hirsche als königliche, elegante, sanfte Tiere vor. Kraft und Eleganz im Reinzustand. Doch es gibt einen Augenblick, in dem jeder Bock alles Edle abstreift und mit heraushängender Zunge und einem Gesichtsausdruck wie dem des italienischen Komikers Fantozzi die Kühe belästigt. Für dieses merkwürdige Verhalten gibt es eine Erklärung. Kurz vor dem Eisprung entwickelt das Vaginalsekret der Kuh einen schimmeligen Geruch, den der Hirsch so schnell wie möglich zu entdecken versucht. Also streckt er die Zunge heraus, rümpft die Nase, hebt die Oberlippe und entblößt dabei das Vomeronasale Organ bzw. Jacobson-Organ, um damit die Pheromone aufzuschnappen, die die Kuh abgibt.

Hirsche sind also zwischen September und Oktober schwer beschäftigt, um sich mit so vielen Kühen wie möglich zu paaren und sie zu befruchten. Röhren ist außerdem eine ermüdende Tätigkeit, bei der sich die Brustmuskeln anstrengen müssen, die auch bei einem eventuellen Kampf zum Einsatz kommen. Am Ende der Saison, nach Wochen des Fastens, langem Röhren, Paarungen und Kämpfen, haben die dominanten Hirsche ungefähr ein Fünftel ihres Körpergewichts eingebüßt: 40 Kilo. Und das ist der Moment, an dem die jüngeren oder kleineren Hirsche, die nicht gekämpft haben und noch Kraft zum Röhren haben, von der Schwäche der

---

286 D. Reby und B. D. Charlton, *Attention Grabbing in Red Deer Sexual Calls*, in "Animal Cognition", 15, 2011, S. 265–270, https://doi.org/10.1007/s10071-011-0451-0; B. D. Charlton et al., *Do Red Deer Hinds Prefer Stags That Produce Harsh Roars in Mate Choice Contexts?*, in "Journal of Zoology", 293, 2014, S. 57–62, https://doi.org/10.1111/jzo.12120.

bisher unbesiegbaren Rivalen profitieren und sich mit den Kühen paaren, die einen späteren Eisprung hatten. Im Winter fallen dann die Geweihe ab, und der Krach, der Geruch nach Moschus und Erde, das in den Tälern widerhallende Röhren und die Kämpfe sind nur noch eine ferne Erinnerung.

In europäischen Laubwäldern gibt es noch ein Tier, das bellt: nicht der Hund, sondern das niedlichste Huftier, das Reh *(Capreolus capreolus)*. Mit seinen zarten Hufen, einer Höhe von gerade mal 80 Zentimetern und einem Gewicht von 30 Kilo ist das Reh viel kleiner als der Hirsch und gibt einen mindestens so merkwürdigen Ruf von sich, der im dichten Geäst wie ein Bellen klingt – heiserer und kürzer als das Bellen eines Hundes und weniger laut – und 14-mal in der Minute wiederholt wird. Von einem Augenblick zum anderen verliert das kleine Waldtier, das mit einem hübschen gepunkteten Fell zur Welt kommt, seine Anmut.

Sowohl die Ricken als auch die Böcke bellen, allerdings unterschiedlich, was vielleicht mit der nach Geschlecht und Alter unterschiedlichen Größe zusammenhängt. Das Bellen *(bark)* der Böcke ist tiefer, in einem Frequenzbereich zwischen 200 und 2.500 Hz; das der Ricken ist spitzer und bewegt sich in einem Frequenzbereich zwischen 500 und 3.000 Hz[287], und das der subadulten Böcke ähnelt mehr dem der Ricken als dem der Böcke. Gewiss ist es kein Balzritual, denn alle bellen das ganze Jahr über und nicht nur in der Paarungszeit.

Allein bellen die Rehe für gewöhnlich mehr als im Rudel; Böcke wiederum bellen mehr als die Ricken, und diese bellen häufiger, wenn sie Kitze bei sich haben. Außerdem wird das Bellen bei schlechten Sichtverhältnissen häufiger, also nachts, aber auch, wenn üppige Vegetation die Sicht behindert, vor allem zwischen Februar und September.

---

287  D. Reby et al., *Spectral Acoustic Structure of Barking in Roe Deer* (Capreolus capreolus). *Sex-, Age- and Individual-related Variations*, in "Comptes Rendus de l'Académie des Sciences, Series III, Sciences de la Vie", 322, 1999, S. 271–279, https://doi.org/10.1016/S0764-4469(99)80063-8.

Diese Indizien weisen bereits in die richtige Richtung: Rehe bellen in Situationen, in denen sie sich verletzlich fühlen, allein oder in Gesellschaft ihrer Kitze, oder wenn sie wenig sehen. Wir können noch einen Mosaikstein hinzufügen: Wenn Rehe im Rudel unterwegs sind und eines von ihnen eine schon sehr nahe Gefahr entdeckt, bellt es nicht, sondern sichert, stellt die weißen Haare am Hintern auf und zeigt den Gefährten den weißen Spiegel: ein schweigendes und unmissverständliches Signal, das „Gefahr im Verzug" bedeutet und das ganze Rudel in Alarmbereitschaft versetzt. Ist die Gefahr jedoch weit entfernt und bleibt genug Zeit zur Flucht, dann bellt das Reh.

Das Bellen des Rehs ist also in erster Linie ein Signal zur Abwehr von Raubtieren. Es ist ein zwischenartliches Signal, das dem Raubtier mitteilt, dass es gesehen wurde und sein Angriff wahrscheinlich scheitert, weil es nicht nah genug herankommen konnte. Der Angreifer hat in diesem Augenblick das Spiel verloren, und das Reh teilt ihm dies klipp und klar mit. Das ist die akustische Variante des Spiegels, die nur in einem bestimmten Sicherheitsabstand zum Einsatz kommt, immerhin teilt das Reh auf diese Weise dem Raubtier seine Position mit.

Doch das Bellen könnte auch noch eine andere Funktion haben. Im Frühling fangen die Böcke an, Konkurrenz- und Territorialverhalten an den Tag zu legen. Sie bellen öfter als die Geißen, und vor allem die adulten Böcke antworten auf das Bellen der noch subadulten Böcke, deren Laute aufgrund der Frequenzen deutlich unterscheidbar sind. Ein ständiges Geplänkel. Die Brunftzeit naht und die jungen subadulten Böcke, die sich ein Revier für ihre erste Liebe suchen müssen, werden auf diese Weise zurechtgestutzt. Deshalb glaubt man, dass das Bellen der Böcke auch eine Rolle beim Markieren der jeweiligen Reviere spielt. Als würden sie „Besetzt!" rufen.[288]

---

288 I. Rossi et al., *Barking in Roe Deer (Capreolus capreolus) Seasonal Trends and Possible Function*, in "Hystrix", 13, 2002, S. 13–18; D. Reby, B. Cargnelutti und A. J. M. Hewison, *Contexts and Possible Functions of Barking in Roe Deer*, in "Animal Behaviour", 57, 1999, S. 1121–1128.

Fahren wir fort mit den Warnrufen. Im Frühling bevölkern sich die Alpen mit Murmeltieren *(Marmota marmota)*: rundlichen Nagetieren mit kleinen Ohren, großen Augen und graubraunem Fell. Sie naschen gerne Blumen, deshalb findet man sie zwischen Felsen und auf Wiesen, wo sie an den violetten Blüten des Alpen-Tragant *(Astragalus alpinus)* oder den schirmförmigen weißen der Schafgarbe *(Achillea)* knabbern. Beim geringsten Anzeichen von Gefahr hört man sie pfeifen, hin und wieder laufen sie gleich zu ihren Bauen oder verschwinden darin.

Murmeltiere leben in Kolonien, die aus zahlreichen Familien-verbänden bestehen, die sich ihrerseits aus dem dominanten Elternpaar, den neugeborenen Jungen und subadulten Individuen zusammensetzen. Jede Familie besitzt einen eigenen Bau mit Tunnels und Gängen, der sich über eine Fläche von ungefähr zweieinhalb Hektar erstreckt: einen Bau mit einem Haupteingang und weiteren Nebeneingängen, mit verschiedenen mit Tunnels verbundenen Räumen. Und rundherum eine Reihe Zufluchtsorte: Löcher, die nicht mit dem Bau verbunden und höchstens zwei Meter tief sind und nur einen Eingang haben, der auch als Ausgang dient.

Wenn Sie im Frühling oder Sommer in den Alpen wandern, haben Sie bestimmt schon Murmeltiere gesehen und gehört. Ein Mitglied der Gruppe steht immer auf den Hinterbeinen und schaut aufmerksam und argwöhnisch umher; bei der kleinsten Bewegung stößt es als Warnruf einen mehr oder weniger langen, durchdringenden Pfiff aus: hin und wieder einen einzigen Ton, manchmal mehrere Töne. Und schon laufen alle alarmiert in den Bau.

Murmeltiere sind uns zwar vertraut, dennoch ist die Funktion ihres Pfeifens nicht völlig geklärt. Eine Zeit lang dachte man, unterschiedliche Warnrufe entsprächen unterschiedlichen Raubtieren. Taucht ein Steinadler *(Aquila chrysaetos)* oder ein Rabe auf, geben die Murmeltiere einen eintönigen kurzen Pfiff *(Short Whistle, SW)* von sich, laufen zum Bau oder ins erstbeste Loch. Tauchen jedoch Füchse, Marder, Dachse oder sogar Menschen auf, geben sie für gewöhnlich modulierte, kurze oder lange Pfiffe *(Brief or Long Multiple Whistle,* BMW oder LMW) von sich.

Wie man inzwischen erkannt hat, entspricht dieser Unterschied jedoch nicht der Raubtierart, sondern der augenblicklichen Gefahr: der Entfernung des Raubtiers. Wenn ein Raubtier weit weg ist, gibt das Murmeltier einen langen Pfiff (LMW) von sich, ist es hingegen nah, gibt es einen mehrmals wiederholten kurzen Pfiff (BMW) ab. Hört zum Beispiel eine Murmeltierkolonie, dass eine Nachbargruppe eine Reihe kurzer Pfiffe abgibt, lässt sie sich nicht allzu sehr aus der Ruhe bringen: Die Gefahr befindet sich in der Nähe der anderen Familie, nicht ihrer eigenen.[289] Das Kommunikationssystem der Murmeltiere besteht also auf der Einschätzung der Gefahr und ist keine referenzielle Kommunikation, bei der die Identität des Raubtiers bezeichnet wird. Diese Strategie ist bei allen Populationen der Alpen und Pyrenäen mehr oder weniger gleich. Allerdings gibt es Dialekte: Die vokalen Parameter der Pfiffe variieren geringfügig.[290]

Auch der amerikanische Cousin unserer Murmeltiere, das im Westen der USA, den Rocky Mountains und der Sierra Nevada heimische Gelbbauchmurmeltier, setzt auf diese Art der Signalgebung, wenn auch auf etwas raffiniertere Weise. In Gefahrensituationen warnt das Gelbbauchmurmeltier mit drei verschiedenen Rufen: Am häufigsten ist ein kurzer, eintöniger Pfiff; ein Triller besteht aus vielen schnellen Pfiffen; ein *chuk* ist ein etwas leiserer Pfiff. All diese Laute sind jedoch nicht an die Identität des Raubtiers gebunden. Auch in diesem Fall informieren sie die Artgenossen über das Ausmaß der Gefahr, in der sich der Sender befindet, und fordern sie auf zu reagieren.[291] Die *chuks* kommen hauptsächlich in

---

289 D. Lenti Boero, *Alarm Calling in Alpine Marmot (*Marmota marmota L.*): Evidence for Semantic Communication,* in "Ethology Ecology & Evolution", 4, 1992, S. 125–138, https://doi.org/10.1080/08927014.1992.9525334.

290 D. T. Blumstein und W. Arnold, *Situational Specificity in Alpine Marmot Alarm Communication,* in "Ethology", 100, 1995, https://doi.org/10.1111/j.1439-0310.1995. tb00310.x.

291 D. T. Blumstein und K. B. Armitage, *Alarm Calling in Yellow-bellied Marmots: I. The Meaning of Situationally Variable Alarm Calls,* in "Animal Behaviour", 53, 1997, S. 143–171, https://doi.org/10.1006/anbe.1996.0285.

Situationen zum Einsatz, in denen sich das Murmeltier gestört, jedoch nicht bedroht fühlt. Sie bedeuten so viel wie „Hallo, jemand geht mir auf die Nerven". Die Pfiffe hingegen weisen auf eine echte Gefahr aus der Luft oder am Boden hin, während der Triller auf höchste Alarmbereitschaft schließen lässt, etwa wenn das Murmeltier von einem Hund oder einem Silberdachs verfolgt wird.

Dabei sind die amerikanischen Murmeltiere schlau: Sie wissen genau, was sie tun, und verstehen sogar, ob der Warnruf – je nachdem, von wem er stammt – verlässlich ist.[292] Die Jungen zum Beispiel, die noch nicht so viel Lebenserfahrung haben und Angsthasen sind, pfeifen oft ohne einen wahren Grund zur Aufregung, rufen damit jedoch nicht die Reaktion hervor, die man sich erwarten würde, sondern Gleichgültigkeit. Die Gelbbauchmurmeltiere verstehen, dass das Signal wenig verlässlich ist und schauen lieber persönlich nach, um was es sich handelt, bevor sie davonlaufen oder weiterfressen.

Bei den Nagetieren gibt es jedoch wahre Meister des Warnrufs: in den USA und in Mexiko heimische Präriehunde. Die Sprache dieser kleinen *Sciuridae* mit einem Höchstgewicht von eineinhalb Kilo gehört zu den komplexesten im Tierreich. Sie nennen das Raubtier tatsächlichen „beim Namen" und warnen ihre Artgenossen konkret vor dem, der auftaucht.

Der Gunnisons Präriehund *(Cynomys gunnisoni)* ist imstande, Raubtiere zu erkennen und den Mitgliedern seiner Kolonie mitzuteilen, wer sie bedroht: Er erkennt nicht nur den Angreifer, sondern auch dessen Größe und Farbe und aus welcher Richtung und mit welcher Geschwindigkeit er kommt, und zwar mit einer Treffsicherheit von 85–96 Prozent.[293] Allerdings haben Präriehunde auch kein leichtes Leben und müssen sich gegen verschiedene

---

292 D. T. Blumstein und J. C. Daniel, *Yellow-bellied Marmots Discriminate Between the Alarm Calls of Individuals and Are More Responsive to Calls From Juveniles*, in "Animal Behaviour", 68, 2004, S. 1257–1265, https://doi.org/10.1016/j.anbehav.2003.12.024.

293 J. Placer und C. N. Slobodchikoff, *A Fuzzy-neural System for Identification of Species-specific Alarm Calls of Gunnison's Gunnison's Prairie Dogs*, in "Behavioural Process", 52, 2000, S. 1–9, https://doi.org/10.1016/S0376-6357(00)00105-4.

Raubvögel wie Steinadler, jamaikanische Rotschwanzbussarde *(Buteo jamaicensis)* und Präriefalken *(Falco mexicanus)* vorsehen, außerdem gegen Füchse und Kojoten, Silberdachse, Klapperschlangen und nicht zuletzt gegen Hunde und Menschen.

Deshalb verbringen sie ein Drittel ihres Lebens direkt vor ihrer Höhle, auf einem Hügel von aufgeworfener Erde, und beobachten die Umgebung. Und wenn sie einen Eindringling sehen, setzen sie einen Warnruf ab: eine Art spitzes Schluchzen, wie Bauchredner.

Jedes Signal ruft eine andere, der Gefahr entsprechende Reaktion hervor. Kündigt der Warnruf einen Menschen an, stürzen alle augenblicklich in die Erdhöhlen. Kündigt er einen Falken an, der auf die Kolonie herabstößt, laufen die, die sich auf der Zielgeraden des Vogels befinden, in den Bau, während die anderen auf ihrem Wachposten bleiben. Kommt ein Coyote, laufen alle, je nachdem wie schnell er kommt, zum Eingang der Erdhöhlen und schauen. Die, die drinnen sind, kommen heraus, um die Situation besser im Blick zu haben.[294]

Ihre engsten Verwandten, die Schwarzschwanz-Präriehunde *(Cynomys ludovicianus)*, haben ein sehr ähnliches Warnsystem, außerdem überprüfen sie mithilfe eines merkwürdigen Tests, ob man sich auf das Überwachungssystem verlassen kann. Mehrmals am Tag, oft nach dem Angriff eines Raubtiers, hebt sich ein Wächter mit nach vorne und oben ausgestreckten Vorderbeinen auf die Hinterbeine und stößt einen schluchzenden Pfiff aus. Dieses Verhalten wird *jump-yip* genannt, „Jaulsprung". Die ganze Kolonie reagiert darauf wie auf ein Kommando. Plötzlich stehen alle vor dem Eingang ihrer Höhlen und machen wie verrückt *jump-yip*. Doch sie sind nicht verrückt geworden, sie überprüfen nur, ob alle aufmerksam und bereit sind, die anderen im Fall des Falles zu warnen.

Außer dem Warnruf kennen die Schwarzschwanz-Präriehunde noch mindestens elf Lautäußerungen, die zum Einsatz kommen,

---

294 C. N. Slobodchikoff, *Cognition and Communication in Prairie Dogs*, in M. Bekoff, C. Allen und G. M. Burghardt (a cura di), *The Cognitive Animal*, A Bradford Book, Cambridge (MA) 2000, S. 257–264.

wenn sie einander Parasiten aus dem Fell klauben, Erdhügel vor den Höhlen ausbessern oder trockene Grasbüschel sammeln, die sie in den unterirdischen Höhlen als Kissen für die Neugeborenen verwenden.[295]

Für diese Nager, die in Kolonien mit Tausenden Individuen leben, ist es überlebenswichtig zu kommunizieren, und zwar gut zu kommunizieren. Der evolutionäre Ursprung dieser Signale ist nicht so eindeutig. Sind sie nur für Blutsverwandte bestimmt? Oder richten sie sich altruistisch an alle? Dienen sie auch dazu, Panik in der Kolonie zu stiften und so die eigenen Verwandten zu retten? Die Antwort ist nicht überraschend: Sowohl Weibchen als auch Männchen sind vor allem am Schutz der eigenen Verwandtschaft interessiert. Die Weibchen erhöhen die Zahl der Warnrufe, sobald die Jungen zum ersten Mal die Höhle verlassen, die Männchen machen die Anzahl der Rufe von der Anwesenheit oder Abwesenheit ihrer Blutsverwandten abhängig. Allerdings profitieren alle, manchmal auch Eindringlinge, von diesem Schnellwarnsystem. Denn nicht immer sind alle Mitglieder einer Kolonie verwandt. Es gibt immer eine bestimmte Anzahl an Immigranten, die von nahen Kolonien oder aus anderen Familienverbänden stammen.[296]

Über eine Frage haben sich Wissenschaftler lange den Kopf zerbrochen: Ist das Kommunikationssystem der Schwarzschwanz-Präriehunde angeboren oder erlernt? Erkennen die Jungen von Anfang an verschiedene Raubtiere und können den entsprechenden Warnruf abgeben, oder brauchen sie einen Tutor, der ihnen das richtige Verhalten beibringt? Nun, offenbar brauchen die Jungen ein Training, denn wenn sie einzeln in Gefangenschaft aufwachsen und ausgewildert werden, sind sie verloren. Während die, die in Gefangenschaft aufgewachsen sind, dort jedoch einen Lehrer

---

295 J. L. Hoogland, *Cynomys Ludovicianus*, in "Mammalian Species", 535, 1996, S. 1–10, https://doi.org/10.2307/3504202.

296 J. L. Hoogland, *Nepotism and Alarm Calling in the Black-tailed Prairie Dog (*Cynomys ludovicianus*)*, in "Animal Behaviour", 31, 1983, S. 472–479, https://doi.org/10.1016/S0003-3472(83)80068-2.

hatten, ein Jahr nach dem Auswildern dieselben Überlebenschancen haben wie die in freier Wildbahn aufgewachsenen Schwarzschwanz-Präriehunde.[297]

Auch Mangusten verfügen über ähnliche Kommunikationsnetzwerke mit eindeutigen Signalen. Zu den am besten erforschten Mangusten gehören die Erdmännchen *(Suricata suricatta):* Timon aus *König der Löwen,* der treue Gefährte des Warzenschweins Pumba, damit wir uns recht verstehen.

Erdmännchen leben in Kolonien, die aus fünf bis 30 Individuen bestehen und ein Gebiet von ungefähr fünf Quadratkilometern einnehmen. Sie fressen Insekten, verschmähen aber auch schleimige Würmer, Eier, kleine Säugetiere und sogar Skorpione nicht. Aufrecht vor den Erdhöhlen stehend, beobachten sie auf der Suche nach Beutetieren den Horizont. Die schwarzen Augenhöhlen, als hätten sie Lidschatten aufgetragen, haben die Funktion einer Sonnenbrille und gestatten ihnen, selbst in der Sonnenglut der Kalahari-Wüste auszuspähen. Und wenn Sie glauben, dass das Leben der Wissenschaftler, die sie erforschen, langweilig ist, dann haben Sie sich getäuscht.

Um das Kommunikationssystem der Mangusten genauer zu erforschen, ist die Verhaltensbiologin Marta Manser von der Universität Zürich mit einigen mit Helium gefüllten Ballons, einem ausgestopften Schakal und sonstigen Instrumenten in die Kalahari-Wüste gefahren. Sie wollte herausfinden, wie Erdmännchen auf ein Raubtier auf dem Boden und aus der Luft reagieren … in der Versuchsanordnung auf den an die Luftballons angebundenen Schakal, die von einem Assistenten gezogen wurden. In jahrelangen Studien haben Manser und ihre Kollegen herausgefunden, dass Erdmännchen ein sehr großes Repertoire an „Vokabeln" besitzen, die sie in 12 verschiedenen Kombinationen in vielen alltäglichen

---

297 D. M. Shier und D. H. Owings, *Effects of Social Learning on Predator Training and Postrelease Survival in Juvenile Black-tailed Prairie Dogs,* Cynomys ludovicianus, in "Animal Behaviour", 73, 2007, S. 567–577, https://doi.org/10.1016/j.anbehav.2006.09.009.

Situationen benutzen: wenn sie die Erdhöhlen herrichten, Essen sammeln, das Revier verteidigen, wenn die Gruppe umzieht und sogar zum Babysitten.[298]

Vor allem besitzen Erdmännchen ein komplexes Warnsystem, das je nach Raubtier – am Boden oder aus der Luft – und Gefährlichkeitsgrad den Einsatz unterschiedlicher Vokabeln und Codes vorsieht: je nachdem, wie nahe es ist und wie schnell es sich nähert.[299] Wenn ein Wächter in der Ferne einen Schakal entdeckt, gibt er eine Art metallischen, langsam wiederholten Warnruf von sich. Wenn das Raubtier näherkommt, wird der Rhythmus immer schneller und schließlich wird der Warnruf eine Art Bellen, ein verzweifelter Schrei.

Wenn ein Raubtier vom Himmel herabstößt, ist der Warnruf viel modulierter und ängstlicher: ein „Rette sich, wer kann", bei dem alle Hals über Kopf in die Erdhöhlen stürzen. Jedem Signal entspricht tatsächlich eine eigene Reaktion, bei dramatisch gefährlichen Situationen stürzen allerdings alle direkt in die Höhlen. Doch es dauert eine Zeit, bis man lernt, einen Warnruf mit der jeweiligen Bedrohung und der richtigen Reaktion in Zusammenhang zu bringen. Möglicherweise lernen Erdmännchen in den ersten Lebensmonaten aufgrund von Erfahrung, indem sie die Erwachsenen der Gruppe, die indirekt als Vorbild dienen, beobachten und ihnen folgen.[300]

---

298  K. Collier, S. W. Townsend und M. B. Manser, *Call Concatenation in Wild Meerkats*, in "Animal Behaviour", 134, 2017, S. 257–269, https://doi.org/10.1016/j.anbehav.2016.12.014.

299  M. B. Manser, M. B. Bell und L. B. Fletcher, *The Information That Receivers Extract From Alarm Calls in Suricates*, in "Proceedings of the Royal Society B", 268, 2001, https://doi.org/10.1098/rspb.2001.1772, M. B. Manser, R. M. Seyfarth und D. L. Cheneyc, *Suricate Alarm Calls Signal Predator Class and Urgency*, in "Trends in Cognitive Science", 6, 2002, S. 55–57, https://doi.org/10.1016/S1364-6613(00)01840-4; M. B. Manser, *The Acoustic Structure of Suricates' Alarm Calls Varies with Predator Type and the Level of Response Urgency*, in "Proceedings of the Royal Society B", 268, 2001, https://doi.org/10.1098/rspb.2001.1773.

300  L. I. Hollén und M. B. Manser, *Ontogeny of Alarm Call Responses in Meerkats*, Suricata suricatta: *The Roles of Age, Sex and Nearby Conspecifics*, in "Animal Behaviour", 2006, 72, S. 1345–1353, https://doi.org/10.1016/j.anbehav.2006.03.020.

Raubtier aus der Luft

Sobald sie das Signal empfangen
haben, laufen alle in den Bau.

Wächter

*Jump-yip*/Jaulsprung

Schwarzschwanz-Präriehunde leben in Kolonien und teilen ihren Artgenossen die
Präsenz verschiedener Raubtierarten mit entsprechenden akustischen Signalen mit.

Das Wach- und Warnsystem der Erdmännchen ist äußerst effizient, und zwar so sehr, dass ein noch schlaueres Tier es zum eigenen Vorteil verwendet. Und zwar der Trauerdrongo *(Dicrurus adsimilis)*, ein großer Vogel mit glänzendem schwarzem Gefieder, aus dem rubinrote Augen leuchten. Dieser Sperlingsvogel ist ein fähiger und schlauer Räuber. Wenn er sieht, wie sich ein Erdmännchen an eine saftige Beute wie einen Skorpion oder einen fetten Wurm heranmacht, imitiert er den Warnruf der Erdmännchen, die daraufhin davonrennen und ihm die Mahlzeit überlassen. Nicht umsonst gehören Trauerdrongos zu den Krähenvögeln, den wahrscheinlich intelligentesten Vögeln der Welt. Doch der schlaue Drongo lügt nicht immer: Hin und wieder übernimmt er auch die Aufgabe eines Wächters. Sonst würden die Erdmännchen die Bluffs des Lügners erkennen und ihm nicht mehr auf den Leim gehen.[301]

Derartige Verhaltensweisen erscheinen als „menschlich" – nicht ganz von ungefähr, denn sie sind auch bei unseren engsten Verwandten sehr verbreitet. Viele Affen können verschiedene Raubtierarten unterscheiden, teilen ihrer Gruppe mit, wer sich nähert, und wenden unterschiedliche Fluchtstrategien an. Und viele greifen dabei auf Tricks und Bluffs zurück.

Etwa die Grüne Meerkatze *(Chlorocebus pygerythrus)*. Diese Altweltaffen, die im östlichen und südlichen Afrika in großen Gruppen mit bis zu 70 Individuen leben, verfügen über ein kompliziertes Lautsystem, mit dessen Hilfe sie ihre Gefährten auf Leoparden, Adler, Pythons und Paviane hinweisen. Seit den 1980er-Jahren weiß man, dass jedes Raubtier bei diesen unseren entfernten Verwandten einen eigenen Warnruf und eine eigene Reaktion hervorruft.[302] Mit kurzen, tiefen, mehrmals wiederholten und schnellen

301  T. Flower, *Fork-tailed Drongos Use Deceptive Mimicked Alarm Calls to Steal Food*, in "Proceedings of the Royal Society B", 278, 2010, https://doi.org/10.1098/rspb.2010.1932.

302  R. M. Seyfarth, D. L. Cheney und P. Marler, *Monkey Responses to Three Different Alarm Calls: Evidence for Predator Classification and Semantic Communication*, in "Science", 210, 1980, S. 801–803, https://doi.org/10.1126/science.7433999.

Rufen in einer Frequenzbreite zwischen 200 und 1.000 Hz weisen sie auf einen Adler hin, der sich von einem Baum herabstürzt oder sich im Gebüsch versteckt. Mit acht langen und spitzen Rufen zwischen 1.500 und 2.000 Hz, die so aneinandergefügt werden, dass sie einen Satz ergeben, weisen sie auf einen Leoparden hin, und alle klettern so schnell wie möglich auf einen Baum.

Die Jungen gewöhnen sich schnell an das stressige Leben, an das ständige Rauf und Runter. Sie lernen das richtige Verhalten, indem sie die Erwachsenen beobachten, durch Nachahmung, ohne einen richtigen Tutor. Auch wenn sie am Anfang der Lehrzeit hin und wieder einen Ruf verwechseln oder in die falsche Richtung laufen.[303]

Mittlerweile weiß man, dass die Kommunikation der Meerkatzen mehr als 30 Lautäußerungen umfasst. Doch nicht alle sind im Sinne des Gemeinwohls. Manche lügen oder verschweigen sogar, dass sich ein Fressfeind nähert. Auch wenn die Umstände es ihnen durchaus ermöglichen würden, ein Raubtier oder einen lauernden Fleischfresser auszumachen, neigen rangniedrige Grünmeerkatzen dazu, ihren Warnruf später abzugeben als ranghohe Grünmeerkatzen. Vor allem, wenn gleichgeschlechtliche Exemplare in der Nähe sind, behalten sie die Information für sich. Man weiß nicht, warum sie das machen, doch möglicherweise handelt es sich um zwischengeschlechtliche Konkurrenz. Wenn sie zum Beispiel den Warnruf zu spät abgeben und ein hochrangiges Weibchen beim Angriff des Raubtiers stirbt, kann ein Weibchen von niedrigerem Rang leichter an dessen Stelle treten. Dasselbe machen auch Männchen. In der Gesellschaft von anderen Männchen nehmen sie ihre Aufgabe als Wache weniger ernst. Das ist eine sehr raffinierte Strategie, denn wie soll man wissen, ob ein Raubtier tatsächlich nicht erkannt wurde oder jemand sich geweigert hat, einen Warnruf abzugeben? Wie soll man zwischen „Ich habe ihn

---

303 R. M. Seyfarth, D. L. Cheney und P. Marler, *Vervet Monkey Alarm Calls: Semantic Communication in a Free-ranging Primate*, in "Animal Behaviour", 28, 1980, S. 1070–1094, https://doi.org/10.1016/S0003-3472(80)80097-2.

nicht gesehen" und „Ich habe absichtlich zu spät gewarnt"[304] unterscheiden? Nur der Bluffer kennt die Wahrheit und kommt ungestraft davon.

Andere Affen verwenden eine ähnliche Methode, um sich eine Extramahlzeit zu verschaffen. Unsere nächsten Verwandten, die Schimpansen *(Pan troglodytes),* sind imstande, absichtlich Informationen zur Lage und Menge von Nahrung vor anderen Mitgliedern der Gruppe geheim zu halten, um sie sich selbst unter den Nagel zu reißen.[305] Und dasselbe macht auch der Gehaubte Kapuziner *(Sapajus apella),* der in südamerikanischen Tropenwäldern zwischen Kolumbien und Brasilien heimisch ist. Er ist so verfressen, dass er eine Reihe von Tricks und Bluffs anwendet, um eine Nahrungsquelle nur für sich zu nutzen.

Bei den Gehaubten Kapuzinern darf das dominante Männchen als Erstes essen, dann kommen seine Frauen und seine Nachkommenschaft dran. Doch die Untergeordneten, die zur Nahrungssuche abkommandiert sind, tolerieren die strenge Hierarchie schlecht, und deshalb schnappen sie sich schnell mal einen Bissen, wenn sie einen Baum voller Früchte entdecken, bevor sie die anderen benachrichtigen – vor allem, wenn es in Zeiten der Dürre an Nahrung mangelt und die Artgenossen so weit weg sind, dass sie den Betrug nicht bemerken.[306] Aus Hunger oder Gier gehen sie manchmal sogar noch weiter und lügen schamlos. Wenn sie eine Nahrungsquelle entdecken, rufen sie nicht „Kommt her, hier gibt es was Leckeres", sondern geben einen Warnruf ab, damit die anderen fliehen und sie in Seelenruhe fressen können. Allerdings sind

304 D. L. Cheney und R. M. Seyfarth, *Vervet Monkey Alarm Calls: Manipulation Through Shared Information?,* in "Behaviour", 94, 1985, S. 150–166, https://doi.org/10.1163/156853985X00316.

305 G. Woodruff und D. Premack, *Intentional Communication in the Chimpanzee: The Development of Deception,* in "Cognition", 7, 1979, S. 333–362, https://doi.org/10.1016/0010-0277(79)90021-0.

306 M. S. Di Bitetti, *Food-associated Calls and Audience Effects in Tufted Capuchin Monkeys,* Cebus apella nigritus, in "Animal Behaviour", 69, 2005, S. 911–919, https://doi.org/10.1016/j.anbehav.2004.05.021.

diese Signale nur funktionelle Bluffs: Wenn die Lügner einmal ge-
blufft und die Reaktion ihrer Artgenossen beobachtet haben, lernen sie daraus, ihr Verhalten mit einer Belohnung in Verbindung
zu bringen. Es findet eine positive Verstärkung statt, die keine ko-
gnitiven Fähigkeiten erfordert. Eine Absicht bzw. Vorsätzlichkeit,
vergleichbar mit menschlichem Verhalten, kann ihnen nicht nachgewiesen werden. Absicht ist etwas ganz anderes: Es hieße, zu kal-
kulieren, wie gutgläubig die anderen sind, sodass sie den Bluff
nicht bemerken.[307]

---

307 B. C. Wheeler, *Monkeys Crying Wolf? Tufted Capuchin Monkeys Use Anti-predator
   Calls to Usurp Resources From Conspecifics*, in "Proceedings of the Royal Society B",
   276, 2009, https://doi.org/10.1098/rspb.2009.0544.

# Kapitel 11
## Wie macht es das Krokodil?

Wenn diese Frage des bekannten italienischen Kinderliedes Sie schon immer interessiert und die Antwort „Niemand weiß es" Sie nie zufriedengestellt hat, dann ist der Augenblick gekommen, genauer hinzusehen.

Zuvor müssen wir jedoch eines klären: Wenn wir Krokodil sagen, meinen wir eigentlich die Ordnung der *Crocodylia,* die in die Familie der Alligatoren (Alligatoren und Kaimane), der Echten Krokodile und der Gaviale unterteilt wird. Anhand der Schnauze und der vorstehenden Zähne kann man sie leicht unterscheiden. Alligatoren und Kaimane haben eine breite, runde, von oben gesehen U-förmige Schnauze, und bei geschlossenem Maul sieht man die Zähne nicht. Vor allem der vierte – für gewöhnlich längere und vorstehende – Zahn liegt in einer Grube des Oberkieferknochens. Krokodile hingegen haben eine längere und spitzere, V-förmige Schnauze, und auch bei geschlossenem Maul stehen die Zähne, vor allem der vierte Backenzahn, vor. Die weniger bekannten Gaviale hingegen haben eine unverwechselbare, lange und schmale Schnauze, die nach vorne hin zu den Nüstern breiter wird.[308] Außerdem unterscheiden sich Krokodile und Alligatoren aufgrund der Größe: Erstere sind für gewöhnlich größer und schwerer, erreichen eine Länge von sechs bis sieben Metern; das Leistenkrokodil *(Crocodylus porosus)* erreicht sogar ein Gewicht von bis zu einer Tonne; die Letzteren werden wie der aus Film und Fernsehen

---

308 G. Grigg und D. Kirshner, *Biology and Evolution of Crocodylians*, CSIRO Publishing, 2015; C. A. Ross, *Crocodiles and Alligators* (Hrsg.), in "Blitz", 1992.

bekannte Mississippi-Alligator nicht länger als fünf Meter. Es gibt jedoch noch andere grundsätzliche Unterschiede. Alligatoren und Kaimane leben mit Ausnahme des China-Alligators *(Alligator sinensis)* im Süßwasser, sie sind in den USA, von den Südstaaten bis zum Golf von Mexiko, und in Südamerika heimisch.

Krokodile hingegen leben sowohl im Süß- als auch im Salzwasser, denn sie besitzen spezielle Salzdrüsen zur Osmoseregulation, die es ihnen ermöglichen, überschüssiges Salz auszustoßen. Auch Alligatoren und Kaimane besitzen diese Drüsen, haben aber offenbar die Fähigkeit verloren, sie zu benutzen. Krokodile sind – mit der Ausnahme mancher Arten in Mittelamerika – vor allem in Afrika und Südostasien bis zu den Nordküsten Australiens heimisch. Zu den heute noch lebenden Gavialen hingegen gehört nur der Gangesgavial oder Echte Gavial *(Gavialis gangeticus)*, der in Indien und Myanmar, zwischen den Flüssen Hindus und Ganges, heimisch ist.

Entgegen ihrem Ruf, mürrische und stumme Gesellen zu sein, sind Krokodile im weitesten Sinn des Wortes sehr gesellig, gehören sogar zu den geschwätzigsten Reptilien überhaupt und verfügen über ein großes Repertoire sozialer Laute. Sie bringen bis zu 20 unterschiedliche Stimmäußerungen hervor und beginnen sehr früh zu sprechen. Ihr soziales Leben beginnt eigentlich schon im Ei. Die Jungen wimmern bereits in der weichen, weißen Hülle, machen sich vor dem Schlüpfen bemerkbar, sprechen sich sogar ab, um gemeinsam zu schlüpfen. Danach wird das Repertoire immer umfangreicher. Winseln, Grunzen, Brummen, Murren haben verschiedene Funktionen: soziale Kontaktrufe zwischen Geschwistern, Hilferufe der Kleinsten, bis hin zu Warnrufen und Balzchören der Erwachsenen.[309] Die Lautäußerungen dieser Reptilien unterscheiden sich sehr nach Art, Alter, aber auch Größe und Geschlecht, und Sie werden wahrscheinlich staunen, dass Laute und Kontakt-

---

309 A. L. Vergne, M. B. Pritz und N. Mathevon, *Acoustic Communication in Crocodilians: From Behavior to Brain*, in "Biological Reviews", 84, 2009, S. 391–411, https://doi.org/10.1111/j.1469-185X.2009.00079.x.

rufe mancher Arten wie Fürze klingen oder dass Hilferufe an das Geräusch von Laserpistolen in den Videospielen der 1980er-Jahre erinnern. Laser- und Furzkrokodile, wer hätte das gedacht?

Zu den eloquentesten und am besten erforschten gehört gewiss der Mississippi-Alligator. Sein Drohruf klingt wie Fauchen oder Zischen, doch das typische Geräusch dieses Tiers ist eine Art sehr tiefes Brummen, das, wie man noch sehen wird, einen eigenen Namen hat und eine ganz bestimmte Rolle spielt. Auch innerhalb jedes einzelnen Kommunikationstypus gibt es unterschiedliche Lautäußerungen und somit Botschaften. Die erste Drohstufe, vergleichbar mit einem „Lass mich in Frieden", ist eine Art gefauchtes und sehr kurzes Husten, ein Schnaufen, während der Kopf aggressiv zur Seite, in Richtung der eventuellen Bedrohung, schnellt. Die zweite Stufe besteht aus zwei tiefen Zischlauten, wobei der erste beim Einatmen und der zweite beim Ausatmen ausgestoßen wird. Dieser Ruf dauert ca. zwei Sekunden, mit einer kurzen Pause zwischen Ein- und Ausatmen, ist mitunter sehr laut und wird mehrere Atemzüge lang wiederholt. Sollten Sie ihn in Wirklichkeit erleben, ist es höchste Zeit davonzulaufen: Der Alligator atmet nicht etwa laut, sondern bedroht Sie direkt und wird gleich zum Angriff übergehen. Sein Atmen ist nämlich geräuschlos, Schnauben und Zischen dagegen sind eindeutige Warnlaute. Wie um seine Absicht zu betonen, reißt das Reptil oft das Maul auf und zeigt die Zähne. Und wenn das Ärgernis nicht verschwindet, geht der Alligator zu einem vorgetäuschten oder echten Angriff über.

Der merkwürdigste Laut aus dem Rachen eines Mississippi-Alligators ist allerdings eine Art „puh", das wie gesagt sehr an das Geräusch einer Laserpistole erinnert. Wer macht so ein Geräusch und warum? Alligator-Jungen. Einige Minuten nach dem Schlüpfen erzeugen sie mit zusammengepresstem Kiefer dieses durchdringende Lasergeräusch, das manchmal auch wiederholt wird. Dieselben Laute hört man auch bei Krokodilen, etwa den Jungen des Kubakrokodils *(Crocodylus rhombifer)*, die auf einem berühmten Video des *Dragon Wildlife Conservancy* zu sehen sind. Diese

„Laserkämpfe" – wie die Weltraum-Kämpfe im Videospiel *Galaga* aus den 1980er-Jahren – haben nur einen Zweck: den Kontakt unter Geschwistern aufrechtzuhalten und die Aufmerksamkeit der Eltern, vor allem der Mutter zu erregen (allerdings reagieren auch nicht verwandte Erwachsene[310]). Diese Botschaften dienen dazu, den Empfänger „milde zu stimmen" und Elternverhalten zu provozieren, etwa die Neugeborenen ins Maul zu nehmen und ins Wasser zu transportieren.[311] Eben dieses Verhalten des Krokodilweibchens hat übrigens den Mythos der „Krokodilstränen" begründet. Doch die Weibchen fressen die Kleinen nicht, sie verwenden zum Transport bloß den sichersten Ort, den sie kennen, nämlich ihr Maul. Erst wenn sie das Wasser wieder verlassen haben, weinen sie, denn die Tränen haben die Aufgabe, das Auge zu befeuchten, sodass sich das zweite Lid, das es reinigt, bewegen kann.

Ein Geräusch, das ähnlich wie dieses „puh" klingt, aber tiefer und erregter ist, wird von heranwachsenden Tieren als *distress call,* also als Hilfeschrei eingesetzt. Der Kontaktruf des China-Alligators erinnert sehr an einen Furz, während die *distress calls* der in Westafrika heimischen Panzerkrokodile *(Mecistops cataphractus)* wie eine Mischung aus Laserpistole und Furz klingen und die des Australien-Krokodils *(Crocodylus johnsoni)* Quaklauten ähneln.[312]

Auch die Jungen des Nilkrokodils *(Crocodylus niloticus)*, Inbegriff eines Krokodils, geben bereits im Ei Laute von sich und fahren nach dem Schlüpfen mit einer immer niedrigeren Frequenz fort. In den ersten vier Lebenstagen halbiert sich die Frequenz sogar.[313] Die Jungen des Schwarzen Kaimans *(Melanosuchus niger)* verwenden zwei Arten von Signalen, die bei Mutter und Geschwistern jeweils verschiedene Reaktionen hervorrufen: einen einfachen

---

310  *Ibidem.*

311  J. W. Lang, *Social Behaviour*, in Ross (Hrsg.), *Crocodiles and Alligators*, cit., S. 102–117.

312  Alle diese unglaublichen Laute und noch mehr können hier nachgehört werden: http://crocodilian.com/cnhc/croccomm.html.

313  A. L. Vergne et al., *Parent-offspring Communication in the Nile Crocodile* Crocodylus niloticus: *Do Newborns' Calls Show an Individual Signature?*, in "Naturwissenschaften", 94, 2007, https://doi.org/10.1007/s00114-006-0156-4.

frequenzmodulierten Kontaktruf, ein „Hallo, ich bin hier, wo bist du?" mit bis zu 3.000 Hz und einen ebenfalls frequenzmodulierten echten Warnruf, der eine etwas höhere Frequenz bis zu 5.000 Hz erreicht.[314]

Auf die Frage „Wie macht es das Krodkodil?" gibt es also keine eindeutige Antwort. Krokodile und Alligatoren haben eine sehr große Bandbreite an Lautäußerungen – Laserpistolen, Fürze und Quaklaute –, die der sozialen Kommunikation dienen. Es gibt jedoch noch einen typischen Laut, eine Art tiefes, bebendes Brüllen oder Röhren, das in gewisser Weise jenem der Elefanten oder der Löwen ähnelt. Mississippi-Alligatoren röhren das ganze Jahr über, vor allem aber in der Brunftzeit, und dann täglich und im Chor. Ein lautes, grölendes Geräusch, ein dröhnendes Liebesständchen, das wie bei Hirschen dem Zuhörer genaue Informationen zum Gesundheitszustand des Röhrenden liefert.[315]

Bei den Mississippi-Alligatoren geben jedoch für gewöhnlich die Weibchen den Kammerton an, dann folgen die Männchen.[316] Sie fordern sie zu einer Art Reptilienchor auf. In den Everglades in Florida findet in der Paarungszeit, in lauen Frühlingsnächten, ein einzigartiges Spektakel inklusive „Wassertanz" statt. Die männlichen Alligatoren bilden große Gruppen und beginnen die Weibchen zu umwerben. Zuerst röhren sie mit einer Frequenz von 58 Hz in B-Dur (sie sind dabei sehr präzise, man hat sogar Versuche mit Musikinstrumenten gemacht, um sie zum Röhren zu bringen). Dann geht ihr Gesang in ein niederfrequentes Brummen mit ca. 19 Hz über, das auch vom Menschen gehört werden kann, mitunter jedoch in den Infraschallbereich wechselt. Beim Röhren nehmen die Alligatoren eine Haltung ein, die man auf Englisch als HOTA bezeichnet. *Head oblique tail arched*: Kopf schräg, Schwanz

314  A. L. Vergne et al., *Acoustic Signals of Baby Black Caimans*, in "Zoology", 114, 2011, S. 313–320, https://doi.org/10.1016/j.zool.2011.07.003.

315  S. A. Reber et al., *Formants Provide Honest Acoustic Cues to Body Size in American Alligators*, in "Scientific Reports", 7, 2017, https://doi.org/10.1038/s41598-017-01948-1.

316  L. D. Garrick, J. W. Lang und H. Herzog, *Social Signals of Adult American Alligators*, in "Bulletin of the American Museum of Natural History", 60, 1978, S. 153–192.

gekrümmt. Halb im Wasser und halb aus dem Wasser ragend, recken die Riesenechsen den Kopf und halten den Schwanz gehoben und gebogen wie bei einer Yoga-Stellung. Dazu gesellt sich manchmal auch ein als „Kopfschlag" bezeichnetes Display: Nachdem sie lange in der HOTA-Position verharrt und geröhrt haben, schlagen die Alligatoren mit dem Kiefer auf das Wasser, wobei sie Infraschall-Signale erzeugen. Für gewöhnlich machen das die Männchen in den frühen Morgenstunden, sie bekunden damit ihre Anwesenheit, locken die „Damen" und warnen Kontrahenten.[317] Doch der Höhepunkt der Balz ist der „Wassertanz".[318] Dabei tanzen allerdings nicht die Alligatoren, sondern das Wasser selbst. Nach wie vor röhrend, heben sich die Männchen teilweise aus dem Wasser und tauchen dann wieder unter; wobei sich der Kopf immer über der Wasseroberfläche befindet und der Oberkörper vibriert. Mit bloßem Auge ist das leichte Vibrieren nicht zu sehen, doch der Effekt ist außergewöhnlich: Das Wasser auf dem Rücken des Alligators beginnt zu sprühen wie ein Springbrunnen. So werben die Krokodile um die Weibchen und schicken ihnen Liebesbotschaften.

Die Laute und Botschaften der Krokodile und Alligatoren sind uns nicht sehr vertraut, ganz im Gegensatz zum typischen Geräusch eines anderen Reptils, das wir aus Filmen und Natur-Dokus sehr gut kennen: das Rasseln der Klapperschlange. Oder Zischen – ein Geräusch, das wir immer mit Schlangen in Verbindung bringen.

Schlangen bzw. *Ophidiae,* die zur Ordnung der Schuppenkriechtiere *(Squamata)* gehören, werden in 3.600 Arten unterteilt, die sich aufgrund von Größe, Form, Farben, Gewohnheiten und Habitat extrem unterscheiden. Das typische Zischen, das von der

---

317 K. A. Vliet, *Social Displays of the American Alligator (*Alligator mississippiensis*),* in "American Zoologist", 29, 1989, S. 1019–1031, https://doi.org/10.1093/icb/29.3.1019.

318 L. D. Garrick und J. W. Lang, *Social Signals and Behaviors of Adult Alligators and Crocodiles,* in "American Zoologist", 17, 1977, S. 225–239, https://doi.org/10.1093/icb/17.1.225; V. L. Dinets, *Nocturnal Behavior of the American Alligator (*Alligator mississippiensis*) in the Wild During the Mating Season,* in "Herpetological Bulletin", 111, 2010, S. 4–11.

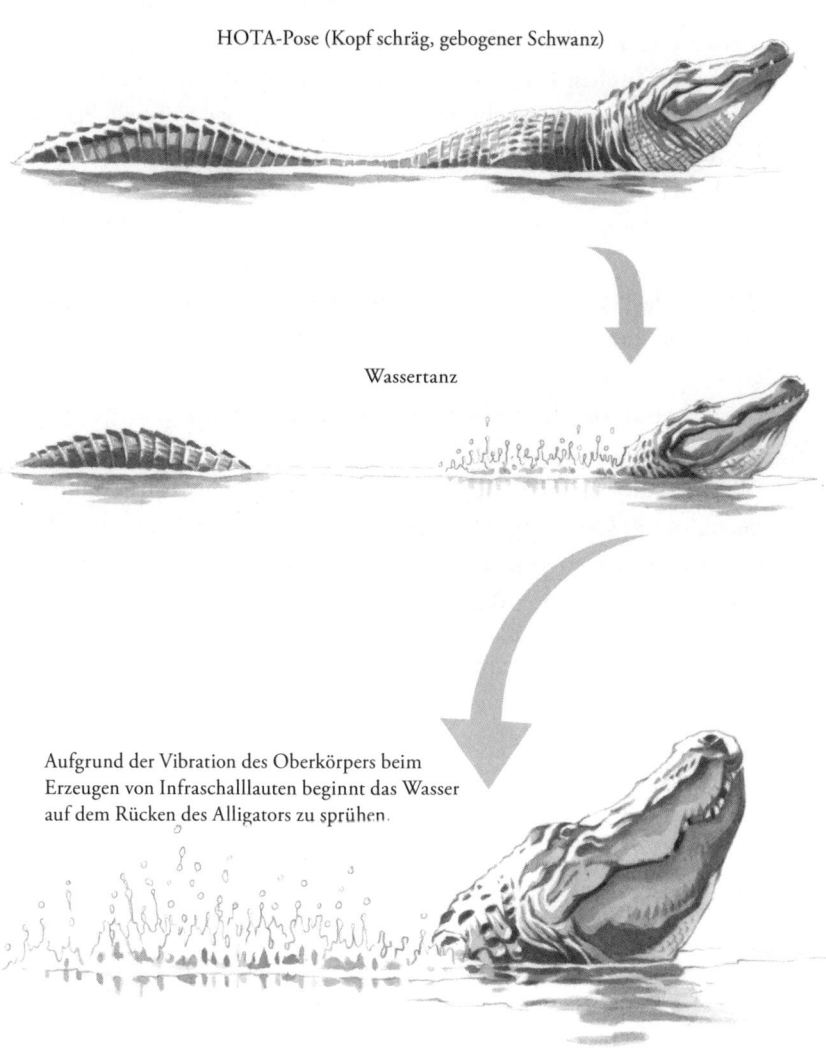

HOTA-Pose (Kopf schräg, gebogener Schwanz)

Wassertanz

Aufgrund der Vibration des Oberkörpers beim
Erzeugen von Infraschalllauten beginnt das Wasser
auf dem Rücken des Alligators zu sprühen.

Das Balzritual, das von den männlichen Mississippi-Alligatoren inszeniert wird,
umfasst Röhren in B-Dur, gefolgt von HOTA-Pose und „Wassertanz".

gespaltenen Zunge erzeugt wird, mit der sie riechen, ist wahrscheinlich das charakteristischste Geräusch dieser Tiere. Je nach Luftmenge und Kraft, mit der sie sie aus der Mundhöhle ausstoßen, kann das Zischen eine Frequenz zwischen 3.000 und 13.000 Hz erreichen, wobei die durchschnittliche Frequenz bei 7.500 Hz liegt. Kiefernnattern *(Pituophis)* können aufgrund ihres zarten und beweglichen Kehldeckels ein kurzes, lautes, heiseres Zischen hervorbringen. Die hochgiftige Königskobra *(Ophiophagus hannah)* gibt im Vergleich zu anderen Schlangen ein viel tieferes Zischen von sich, das fast wie Knurren klingt und eher an den Drohlaut eines wütenden Pumas denn an den einer Schlange erinnert (so ein *growling hiss* hat eine Durchschnittsfrequenz von 600 Hz und ist aufgrund von Luftröhrendivertikeln, die als Resonanzboden fungieren, so tief und leise).[319]

Eine andere große Gruppe von Schlangen, zu denen auch Sandrasselottern *(Echis)* und Afrikanische Eierschlangen *(Dasypeltis)*[320] gehören, erzeugen mit dem Körper Geräusche. Sie reiben ihre Schuppen aneinander, die manchmal verdickt, gekeilt oder fein gesägt sind. Sandrasselottern, zu denen acht hochgiftige, in den tropischen Savannen Afrikas und Asiens heimische Arten gehören, haben am Rücken und an den Flanken gekielte Schuppen, die in einem Winkel von 45 Grad abstehen und deren Kiel zusätzlich gesägt ist. Wenn diese Vipern erschreckt werden oder sich bedroht fühlen, rollen sie sich ein und bilden hypnotisierende Spiralen. Der Kopf bleibt unbeweglich, während der Körper parallel liegende U-förmige Schleifen bildet, die sich vorwärts und rückwärts bewegen. Auf diese Weise reiben die Schuppen aneinander und bringen das typische Zischen hervor, ein Rasseln, das ein Warnruf ist und alle, die sich nähern, vor der Gefährlichkeit der Sandrasselotter

---

319  B. A. Young, *Morphological Basis of "Growling" in the King Cobra,* Ophiophagus hannah, in "Journal of Experimental Zoology", 260, 1991, S. 275–287, https://doi:10.1002/jez.1402600302.

320  C. Gans und N. D. Richmond, *Warning Behavior in Snakes of the Genus Dasypeltis,* in "Copeia", 4, 1957, S. 269–274.

warnt. Und dann gibt es natürlich noch das typische Rasseln der Klapperschlage: das Geräusch der „Rassel" mit einer Frequenzbreite zwischen 2.500 und 19.000 Hz und einer durchschnittlichen Frequenz von 9.000 Hz. Das Überraschende an all diesen Lauten ist, dass der Großteil der Urheber, also der Schlangen, sie gar nicht hört. Sie hören nur in einem Frequenzbereich von 300 bis 600 Hz.[321] Warum also Laute erzeugen, die von den Artgenossen gar nicht gehört werden? Weil die akustische Kommunikation gar nicht die bevorzugte Methode der Schlangen ist, um Artgenossen oder verwandten Arten Botschaften zu schicken. Ihre Kommunikation ist nicht inner-, sondern zwischenartlich. Sie gilt vor allem Säugetieren oder großen Vögeln, Fressfeinden, die in dem Frequenzbereich, in dem die Schlangen ihre Botschaften senden, für gewöhnlich gut oder besser hören.[322]

Die „Rassel" der Klapperschlangen ist eine hohle, aus einem Dutzend Hornringen bestehende Struktur. Bei jeder Häutung kommt ein Ring hinzu. Erst nach einigen Häutungen kann die Rassel das typische Geräusch erzeugen. Und doch kann man von der Anzahl der Hornringe nicht unbedingt auf das genaue Alter der Schlange schließen, denn die Rassel nutzt sich ab und die Spitzen brechen in freier Wildbahn leicht.

Es gibt rund 30 Arten von Klapperschlangen *(Crotalus)* und drei Arten Zwergklapperschlangen, die allesamt in Amerika leben und giftig sind. Wenn eine Klapperschlange sich bedroht fühlt, bewegt sie mithilfe einiger spezieller Muskeln sehr schnell den Schwanz; die Texas-Klapperschlange *(Crotalus atrox)* sogar 90-mal pro Sekunde.[323] Die Hornringe reiben aneinander und erzeugen das typische Geräusch. Die Rassel muss dabei jedoch aufgerichtet

---

321 B. A. Young, *A Review of Sound Production and Hearing in Snakes, With a Discussion of Intraspecific Acoustic Communication in Snakes*, in "Journal of the Pennsylvania Academy of Science", 71, 1997, S. 39–46, www.jstor.org/stable/44149431.

322 Ibidem.

323 P. J. Schaeffer, K. Conley und S. Lindstedt, *Structural Correlates of Speed and Endurance in Skeletal Muscle: The Rattlesnake Tailshaker Muscle*, in "Journal of Experimental Biology", 199, 1996, S. 351–358.

und gut sichtbar sein: Sie ist nicht nur ein akustisches, sondern auch ein optisches Signal. Klapperschlangen sind tatsächlich die einzigen Schlangen, die die Rassel heben und sie bewegen, während andere Schlangen, die Geräusche mit dem Schwanz erzeugen, diesen horizontal bewegen und ihn dabei oft am Untergrund reiben. Außerdem hängt die Geschwindigkeit der Vibration von der Temperatur ab, sie steigt bei höheren Temperaturen und nimmt unter 16 Grad Celsius jäh ab.[324]

Das Rasseln der Klapperschlange ist also ein zwischenartliches Warnsignal, das anderen gilt: ein aposematisches Signal zur Abschreckung von Raubtieren, das einen eventuellen Fressfeind warnt, dass die Klapperschlange giftig ist. Am unteren Ende der Rassel befinden sich schwarzweiße Streifen, eine typische Warntracht. Hin und wieder profitieren aber auch Beutetiere von diesem akustischen Signal, etwa das Kalifornische Ziesel *(Spermophilus beecheyi)*, ein amerikanisches Nagetier, das eng mit den Präriehunden *(Cynomys rafinesque)* verwandt ist. Diese Hörnchen, die wie Präriehunde in Kolonien und Erdhöhlen leben, haben einen auf dem Boden kriechenden Feind: die Westliche Klapperschlange *(Crotalus viridis)*, die gern ihre Jungen frisst und oft auch einfach zur Wärmeregulierung in ihre Baue und Höhlen kriecht. Wenn die Kalifornischen Ziesel eine Klapperschlange sehen, bewerfen sie sie mit Sand, sträuben das Fell und heben zum Zeichen der Warnung den Schwanz. Die angegriffene Klapperschlange – vor allem, wenn sie nicht zum Fressen gekommen ist, sondern nur, um sich zu wärmen – fängt mitunter an zu rasseln, und dieses Signal liefert den Zieseln Informationen darüber, mit wem sie es zu tun haben. Anhand der Intensität und der Frequenz des Rasselns schätzen die Nagetiere die Größe der Schlange und die Gefahr ein, in der sie sich befinden: Ein Rasseln mit hoher Intensität und hoher Frequenz entspricht einem großen erwachsenen Individuum (Westli-

---

324 B. A. Young und I. P. Brown, *The Physical Basis of the Rattling Sound in the Rattlesnake* Crotalus Viridis Oreganus, in "Journal of Herpetology", 29, 1995, S. 80–85, www.jstor.org/stable/1565089.

che Klapperschlangen erreichen eine Länge bis zu 1,20 Meter); während ein Rasseln mit niedriger Frequenz auf ein kleineres Individuum hinweist. Das Geräusch der Rassel, eine Botschaft zur Abschreckung eines Raubtiers, teilt also mit, dass das Tier in der Defensive und die Wahrscheinlichkeit, tödlich gebissen zu werden, gering ist, jedoch gute Chancen bestehen, die Klapperschlange in die Flucht zu schlagen. Tatsächlich hat man beobachtet, dass die zwischenartliche Botschaft, die eigentlich zur Abschreckung dient, nach dem ersten Schrecken einen speziellen Effekt auf die Kalifornischen Ziesel hat. Sobald sie das Geräusch eingeschätzt und herausgefunden haben, dass sie es mit einem mickrigen Exemplar zu tun haben, das sie unter Umständen besiegen können, fahren sie fort zu drohen und werfen noch mehr Sand, als sie es bei größeren Klapperschlangen machen würden, die sich unter Umständen ohne zu klappern und in räuberischer Absicht nähern.[325]

Das abschreckende Signal, das Raubtiere verjagen soll, wird also manchmal vom Beutetier zum eigenen Vorteil genutzt. Auch in den tropischen und subtropischen Wäldern Mittel- und Südamerikas, wo der braune Tungara-Frosch *(Engystomops pustulosus)* lebt, der nur zwei bis dreieinhalb Zentimeter groß wird, kommt es vor, dass Signale sich gegen den Sender kehren. Die Männchen riskieren sogar ihre Haut, um ein Weibchen zu gewinnen. In der Paarungszeit bilden sie nachts in temporären Tümpeln Gruppen und stimmen ihr Ständchen an: ein sehr schrilles „piuh", das bis zu siebenmal von einem metallischen Triller unterbrochen wird – ein Laut, der von Fasergewebe am Kehlkopf erzeugt wird.[326] Das Liebeswerben wird verstärkt, indem der Frosch immer wieder die große Schallblase unterhalb der Kehle und des Bauches aufbläht. Zum akustischen Faktor gesellt sich also ein optischer, der ungewollt

325 M. P. Rowe und D. H. Owings, *The Meaning of the Sound of Rattling By Rattlesnakes To California Ground Squirrels*, in "Behaviour", 66, 1978, S. 252–267, https://doi.org/10.1163/156853978X00134.

326 A. D. Lagorio et al., *The Arylabialis Muscle of the Túngara Frog (*Engystomops pustulosus*)*, in "The Anatomical Record", 303, 2020, S. 1966–1976, https://doi.org/10.1002/ar.24267.

noch ein weiteres Signal hervorbringt: eine Kräuselung auf der Wasseroberfläche, die eine wichtige Rolle spielt.

Die Weibchen, die dem Ständchen ihrer männlichen Artgenossen lauschen, sind wählerisch: Sie bevorzugen komplexe Lautfolgen mit vielen sich wiederholenden und für gewöhnlich niederfrequenten Vibratos. Daran erkennen sie, dass die singenden Männchen kräftig und in der Lage sind, mehrere Eier zu befruchten. Aber sogar diese kleinen Frösche lassen sich von einer Marketingstrategie, dem sogenannten Decoy-Effekt täuschen. Zwischen zwei Rivalen, nennen wir sie A und B – wobei der erste (A) größer ist und tiefer, aber mit weniger Trillern singt, und der zweite (B) mit vielen Trillern und höher singt –, entscheiden sie sich für den zweiten, das Männchen mit dem trillerreichen Gesang. Fügt man jedoch noch einen dritten (C) hinzu, dessen Gesang sich zwischen den beiden anderen befindet, mit tieferen Frequenzen als A, doch fast ohne Triller, entscheiden sich die Weibchen für die Männchen vom Typ A, die sie zuerst links liegen gelassen hatten.[327] Das Auftauchen des dritten Männchens mit durchschnittlichem Gesang ist imstande, die Bewertungsgrundlagen der Weibchen völlig zu verändern und die Karten neu zu mischen. Noch ist nicht völlig geklärt, warum die Weibchen des Tungara-Frosches weniger fitte Männchen wählen, wenn C auf den Plan tritt, doch sobald sie sich entschieden haben, folgen sie den Wellen, die das quakende Männchen auf der Wasseroberfläche erzeugt, und paaren sich mit ihm.[328]

In dieser etwas komplizierten kommunikativen Situation sind die vom singenden Männchen erzeugten Wellen ein großer Nach-

---

327 A. M. Lea und M. J. Ryan, *Irrationality in Mate Choice Revealed by Túngara Frogs*, in "Science", 349, 2015, S. 964–966, https://doi.org/10.1126/science.aab2012.

328 M. J. Ryan und M. Guerra, *The Mechanism of Sound Production in Túngara Frogs and Its Role in Sexual Selection and Speciation*, in "Current Opinion in Neurobiology", 28, 2014, S. 54–59; M. J. Ryan, *The Túngara Frog: A Study in Sexual Selection and Communication*, University of Chicago Press, Chicago, 1985; R. A. Page und X. E. Bernal, *Túngara Frogs*, in "Current Biology", 23, 2006, S. 979–980; M. J. Ryan, M. D. Tuttle und A. S. Rand, *Sexual Advertisement and Bat Predation in a Neotropical Frog*, in "American Naturalist", 119, 1982, S. 136–139.

teil. Sie sind eine echte Landepiste für einen unerwünschten Dritten, einen Profiteur: die Fransenlippenfledermaus *(Trachops cirrhosus)*, die sieben bis acht Zentimeter groß wird, warzenartige Fortsätze auf der Unterlippe und ein charakteristisches spitzes Nasenblatt, bzw. eine Nase in Form eines ovalen, lanzenartigen Blatts hat. In der Paarungszeit der Frösche geht die Fledermaus auf die Jagd. Ihre Ohren sind höchst sensibel und hören sogar die tiefen Laute, die von den Wellen der Tungara-Frosch-Männchen erzeugt werden. Es klingt unglaublich, doch dieses nicht absichtlich gesendete Signal wird von den Froschweibchen, den legitimen Empfängern, als taktiles Signal empfangen, die Fledermaus hingegen empfängt es dank der Echoortung als akustisches Signal. So entdeckt die Fransenlippenfledermaus ihre saftigen Beutetiere und schnappt sie sich bei ihrem Flug über das Wasser. Sie ist ein wahrer „Lauscher an der Wand", der eine nicht für sie bestimmte Botschaft abfängt und davon profitiert. Die Fransenlippenfledermaus ist die einzige Art ihrer taxonomischen Gattung und – soweit man weiß – auch die einzige, der es gelingt, das schwache Geräusch der von den Tungara-Fröschen erzeugten Wellen zu hören, die – sobald sie den Feind kommen sehen – aufhören zu singen und untertauchen. Bisweilen zu spät.[329]

Die Paarungsrufe von Fröschen, Kröten und Laubfröschen gehören wahrscheinlich zu den bekanntesten Naturgeräuschen. Die Ordnung der Froschlurche *(Anura)*, also der schwanzlosen Amphibien, umfasst mehr als 7.400 Arten.[330] Jede hat ihren charakteristischen Gesang, der in der Paarungszeit für die innerartliche Kommunikation eine wichtige Rolle spielt und dazu dient, Raubtiere abzuschrecken. Herpetologen machen sich die Geschwätzigkeit der Amphibien zunutze, um sie zu zählen. Ein Beispiel: In

---

329 W. Halfwerk et al., *Risky Ripples Allow Bats and Frogs to Eavesdrop on a Multisensory Sexual Display*, in "Science", 343, 2014, S. 413–416, https://doi.org/10.1126/science.1244812.

330 D. R. Frost et al., *Anura*, in *Amphibian Species of the World, An Online Reference. Version 6.0*, American Museum of Natural History, New York, 2014.

einem riesigen Gebiet wie Australien – wo mehr als 240 verschiedene, vom Klimawandel, dem Verlust ihres Lebensraums und durch Krankheitserreger bedrohte Froscharten leben – ist es mitunter schwierig, ein ständiges Monitoring durchzuführen. Deshalb haben das australische Umweltministerium und das Australian Museum ein Citizen-Science-Projekt ins Leben gerufen. Sie haben eine Smartphone-App entwickelt, eine FrogID-App[331] mit vielen Fotos und Risikokategorien, die man gratis laden kann und mit der man das Frosch-Quaken aufzeichnen und herausfinden kann, um welche Art es sich handelt. Die Daten, die mithilfe dieser kollektiven Zählung erhoben werden, helfen den Wissenschaftlern, eine genaue Karte anzulegen und in Erfahrung zu bringen, wie es den Fröschen geht, welche Arten weniger werden und welche nicht.

Wie gesagt gibt es weltweit ca. 7.400 Arten und ebenso viele unterschiedliche Quaklaute, die entstehen, wenn Luft durch den Kehlkopf strömt und durch die Schallblase – spezielle Hautmembranen unter der Kehle oder am Rand des Mundes – verstärkt wird. Frösche der Gattungen *Heleioporus*- und *Neobatrachus* besitzen diesen speziellen Resonanzkörper nicht, sondern eine vergrößerte, kuppelförmige Mundhöhle, die den Zweck aber genausogut erfüllt. Wie bei Tungara-Fröschen ist das Quaken eine Liebesbotschaft, Männchen erzeugen in der Paarungszeit diese Signale, um Weibchen anzulocken – ehrliche Signale wie andere Gesänge und Laute, auf die man sich bei der Partnerwahl verlassen kann, weil sie ein Indikator für Größe, Gesundheitszustand und die Fähigkeit sind, die Eier zu befruchten.[332] Für gewöhnlich ist das erste Quaken der Männchen eine Art Reklame, anhand derer die Weibchen feststellen, dass die Männchen Artgenossen sind, und Informationen zu ihrer Paarungsbereitschaft und Größe erhalten. Wenn ein Weibchen Interesse bekundet, gehen die Männchen zum eigentli-

---

331 https://www.frogid.net.au.

332 H. C. Gerhardt, *The Evolution of Vocalization in Frogs and Toads*, in "Annual Review of Ecology and Systematics", 25, 1994, S. 293–324, https://doi.org/10.1146/annurev.es.25.110194.001453.

chen Balzgesang über, der manchmal nur intensiver und komplexer ist, das heißt, unterschiedliche Stimmäußerungen und Triller umfasst.[333] Und natürlich quaken Frösche, Kröten und Unken nicht nur, sondern verwenden spezifische Gesänge, um ihr Revier zu markieren, oder setzen Notrufe ab, wenn sie in Gefahr sind. Diese sind für gewöhnlich sehr spitz und die Frösche haben dabei den Mund offen (Ist Ihnen schon einmal aufgefallen, dass Frösche beim Quaken den Mund geschlossen halten?). Noch weiß man nicht, warum Frösche sogar im Maul eines Raubtiers noch immer diese Laute ausstoßen. Vielleicht aus Angst oder um das Raubtier abzulenken und zu verwirren, oder um die Umgebung vor der Anwesenheit eines missliebigen Eindringlings zu warnen.

Bis hierher scheint alles der Norm zu entsprechen, und niemand würde erwarten, dass Frösche und Kröten muhen oder sogar heulen können. Doch die Evolution überrascht uns immer wieder. Im Frühsommer kann man in Europa ein abgesetztes Heulen hören: ein „Huh, huh, huh", das bis zu 40-mal pro Minute wiederholt wird. Das ist der Balzgesang der Gelbbauch- bzw. Rotbauchunken, kleiner Froschlurche mit von Warzen bedecktem Rücken, gelb-orange oder rot geflecktem Bauch und herzförmigen Pupillen. Die Gelbbauchunke *(Bombina variegata)* ist nördlich der Alpen, in Frankreich und Deutschland und auf dem Westbalkan heimisch, der Lebensraum der Rotbauchunke *(Bombina bombina)* hingegen liegt in Ost- und Mitteleuropa bis Russland. Der gelbe, orange oder rote Bauch der Unken ist eine eindeutige Warnfärbung, die sie dem Raubtier in einer grotesken Pose darbieten, die man als *Unkenreflex* bezeichnet: Schlagartig machen sie ein extremes Hohlkreuz und strecken die Gliedmaßen verdreht nach oben. Allerdings wird es immer schwieriger, diese Arten, die vom Verlust ihres Habitats, der Pilzerkrankung Chytridiomykose und vom Klimawandel bedroht sind, zu beobachten und ihren Ständchen zu lauschen.

---

333 [26] K. Wells und J. Schwartz, *The Behavioral Ecology of Anuran Communication*, in P. Neris, A. Feng und R. R. Fey (Hrsg.), *Hearing and Sound Communication in Amphibians*, Springer Handbook of Auditory Research, 28, 2007, S. 44–86.

Der nordamerikanische Ochsenfrosch *(Lithobates catesbeianus)*, ein großes Amphibium, das ursprünglich aus Kanada und den USA stammt und später in anderen Regionen angesiedelt wurde, verdankt seinen Namen dem Balzruf des Männchens, der an das Muhen einer Kuh erinnert. Die Paarungszeit dieser Amphibien, die eine Größe von 15 Zentimetern und ein Gewicht von einem halben Kilo erreichen, dauert zwei bis drei Monate und die Männchen kommen zu Hunderten auf regelrechten Paarungsplätzen (Leks) zusammen: Sie versammeln sich in einem Abstand von drei bis sechs Metern und beginnen im Chor zu muhen. In diesem Stadium gelten die Rufe nicht nur den zukünftigen Partnerinnen, sondern dienen auch dazu, das Revier gegen Rivalen abzugrenzen, es sind Drohrufe, wie die, die eventuellen Kämpfen vorangehen. Einen guten Platz innerhalb des Leks zu erobern, kann eine wichtige Rolle bei der Fortpflanzung spielen. Die Vorherrschaft wird mithilfe von Provokationen, Drohungen und Kämpfen ausverhandelt, wobei kräftige, adulte Männchen Plätze im Zentrum erobern und junge Männchen an den Rand verbannt werden. Doch es ist nicht einfach, eine Poleposition zu erobern und zu halten. Das Risiko, einem Raubtier zum Opfer zu fallen, ist höher, die Aussicht auf Nahrung geringer, man verbraucht Energien beim Quaken und muss ständig Rivalen abwehren, die einem den Platz wegschnappen wollen. Die Konkurrenz zwischen Männchen ist mitunter sehr hart, es ist kein Kinderspiel, ein Weibchen zu erobern, denn die Ochsenfroschweibchen sind nur sehr kurze Zeit empfängnisbereit, manchmal nur eine Nacht. Und im Gegensatz zu anderen aggressiven Amphibien (bei manchen Arten überfallen mehrere Amphibienmännchen mitunter ein Weibchen und ertränken es) wollen sich die Ochsenfroschmännchen nicht um jeden Preis paaren, sondern warten, bis das Weibchen den ersten Schritt macht. Die Position innerhalb des Balzplatzes spielt dabei eine wichtige Rolle: Wenn die Anzahl der Männchen an einem Gewässer gering ist und sie genau definierte Reviere haben, wählen die Weibchen sehr sorgfältig das Männchen mit dem besten Revier; wenn es hingegen eng wird am Brutplatz, wählen sie ihren Partner aufgrund seiner Position innerhalb des Chors. Und da werden Individuen im Zentrum bevorzugt.[334]

Das sehr spezielle Muhen des Ochsenfrosches[335] ist jedoch nicht die einzige Besonderheit in der Welt der Amphibienkommunikation. Der aus China stammende Stromschnellenfrosch *Odorrana tormota* ist – abgesehen von den Säugetieren – das erste Wirbeltier, bei dem man die Fähigkeit beobachtet hat, Ultraschall wahrzunehmen und zu erzeugen. Der Großteil der Frösche hört Frequenzen unter 12 kHz, doch diese Art macht eine Ausnahme: Die Weibchen hören Frequenzen bis 16 kHz, und die Männchen haben ein noch feineres Gehör, das Laute bis zu 35 kHz wahrnimmt. Ihr Trommelfell ist sehr dünn, eingewachsen und von außen nicht zu sehen. Die Männchen können offenbar eine schier grenzenlose Vielzahl von Trillern produzieren; wahrscheinlich hat sich diese bizarre innerartliche Kommunikation aufgrund ihres Habitats entwickelt. Diese Art lebt an schnell strömenden Flüssen, Kanälen und Bächen, wo es ständige Lärmquellen mit breiter Frequenz gibt. Kurz und gut, um nicht ständig Botschaften zu senden, die vom Geräusch des fließenden Wassers übertönt werden, haben sich diese Frösche auf das Senden von Ultraschalllauten verlegt. Allerdings handelt es sich dabei nicht um eine bewusste Entscheidung von einem oder mehreren Individuen, sondern um Evolution. Im Lauf der Zeit wurden aufgrund von sexueller und natürlicher Auslese die Individuen mit feinerem Gehör und besserem

---

334 S. T. Emlen, *Lek Organization and Mating Strategies in the Bullfrog*, in "Behavioral Ecology and Sociobiology", 1, 1976, S. 283–313, https://doi.org/10.1007/BF00300069; T. A. Wiewandt, *Vocalization, Aggressive Behavior, and Territoriality in the Bullfrog*, Rana catesbeiana, in "Copeia", 2, 1969, S. 276–285, https://doi.org/10.2307/1442074; M. J. Ryan, *The Reproductive Behavior of the Bullfrog (*Rana catesbeiana*)*, in "Copeia", 1, 1980, S. 108–114, https://doi.org/10.2307/1444139; K. A. Judge und R. J. Brooks, *Chorus Participation by Male Bullfrogs*, Rana catesbeiana: *A Test of the Energetic Constraint Hypothesis*, in "Animal Behaviour", 62, 2001, S. 849–861, https://doi.org/10.1006/anbe.2001.1801.

335 B. Hilton Jr, *Jug-o-Rum: Call of the Amorous Bullfrog*, in "The Piedmont Naturalist", 1, Hilton Pond Center for Piedmont Natural History, 1986.

Gaumenzäpfchen bevorzugt, bis sich die heutigen „Ultraschallfrösche" herausgebildet haben. Erneut ein Beispiel für konvergente Evolution: Kommunikation mithilfe von Ultraschall ist im Lauf der Evolution aus unterschiedlichen Gründen und auf unterschiedliche Art und Weise, jedoch analog und parallel aufgetreten. Auch Wale und Fledermäuse haben denselben Weg eingeschlagen und dieselbe Lösung gefunden, um Botschaften zu senden.[336]

In der musikalischen und polyamourösen Welt der Amphibien greifen manche auch auf Tricks zurück, um eine Botschaft möglichst weit zu senden und sie wirksamer zu machen. *Microhylidae* sind eine sehr große Familie von winzigen Fröschen, zu der mehr als 680 Arten und 16 verschiedene Gattungen gehören, von denen viele kleiner als eineinhalb Zentimeter sind. So etwa die winzigen, auf Madagaskar heimischen Stumpffia-Frösche, die im Laub auf dem Boden leben, oder die zu den *Platypelis-, Cophyla-* und *Anodonthyla*-Gattungen gehörenden Frösche, die Baumhöhlen als Resonanzkörper für ihren Balzgesang nutzen. Auf diese Kunst hat sich auch ein anderer Frosch aus der Familie der *Microhylida* spezialisiert, der kleiner als zweieinhalb Zentimeter ist: der auf Borneo heimische Baumfrosch *Metaphrynella sundana*, der in Regenwäldern der Ebene bis zu einer Meereshöhe von 700 Metern lebt. Der Gesang der Männchen dieser Art kann aufgrund einer speziellen Modulationstechnik in der dichten Vegetation bis zu einer Entfernung von 50 Metern gehört werden und wird nachts in tiefen Baumlöchern angestimmt, die sich in einer Höhe zwischen einem und fünf Metern über dem Boden befinden.

Um die Chancen zu erhöhen, ein Weibchen anzulocken, suchen die Männchen dieser Baumfrösche eine möglichst perfekte Höhle

---

336 A. S. Feng et al., *Ultrasonic Communication in Frogs*, in "Nature", 440, 2006, S. 333–336, https://doi.org/10.1038/nature04416; R. A. Suthers et al., *Voices of the Dead: Complex Nonlinear Vocal Signals From the Larynx of an Ultrasonic Frog*, in "Journal of Experimental Biology", 209, 2006, S. 4984–4993, https://doi.org/10.1242/jeb.02594; J.-X. Shen et al., *Ultrasonic Frogs Show Extraordinary Sex Differences in Auditory Frequency Sensitivity*, in "Nature Communications", 2, 342, 2011, https://doi.org/10.1038/ncomms1339.

in einem Baumstamm, die für gewöhnlich teilweise mit Regenwasser gefüllt ist, sodass nach vollzogener Paarung die Eier abgelegt werden können. Doch sie beschränken sich nicht einfach darauf, eine Höhle auszuwählen. Bevor sie ihren Balzgesang anstimmen – der eigentlich eher einem lauten Schluchzen, einem spitzen „yep" ähnelt –, stellen sie die Stimmlage auf die von der Wassermenge abhängige Resonanzfrequenz in der gewählten Höhle ein.

Björn Larnder und Maklarin bin Lakim haben ihr außergewöhnliches Gefühl für Akustik und Stimmlagen entdeckt, indem sie die winzigen Männchen im Labor einem einfachen Test unterzogen. Sie haben sie in wassergefüllte Plastikzylinder gesetzt. Zuerst hat der Baumfrosch sein Liebeslied in verschiedenen Tonarten angestimmt, bis er die richtige Frequenz gefunden hat, mit der er den Behälter als Resonanzboden nutzen konnte. Die Wissenschaftler haben daraufhin die Wassermenge verändert, worauf die Froschmännchen ihre Tuning-Operation wiederholten, bis sie die richtige Tonlage fanden und tatsächlich zu „schluchzen" begannen, um ein Weibchen anzulocken.[337] Im dichten Regenwald ertönt nachts zwischen Dutzenden Blumen und Regen dieser merkwürdige Gesang und verbreitet die Botschaft auf einer Entfernung, die 2.500-mal so groß ist wie der winzige Frosch.

Mehr als 2.500 Kilometer entfernt, in Taiwan, genauer gesagt in Norden der Stadt Taipeh, verwendet der Miantian-Bergfrosch *(Kurixalus idiootocus)* auf weniger romantische Weise Abflüsse und Regenrinnen zu demselben Zweck. In der Brunftzeit, von Februar bis Oktober, suchen die Männchen geeignete Brutplätze auf und quaken. Sie benutzen die besten Plätze mit perfekter Akustik, die ihre Gesänge nicht nur verstärkt, sondern aufgrund des Echos auch verlängert.[338] Gullys und Abflüsse sind für sie das Höchste der Gefühle.

337  B. Lardner und M. bin Lakim, *Tree-hole Frogs Exploit Resonance Effects*, in "Nature", 420, 2002, https://doi.org/10.1038/420475a.

338  W. H. Tan et al., *Urban Canyon Effect: Storm Drains Enhance Call Characteristics of the Mientien Tree Frog*, in "Journal of Zoology", 294, 2014, S. 77–84, https://doi.org/10.1111/jzo.12154.

# Kapitel 12
## Stumm wie ein Fisch, fleißig wie eine Ameise

„Stumm wie ein Fisch." Nie war eine Aussage weniger zutreffend. Denn auch Fische sprechen. Eigentlich sind sie sogar sehr geschwätzig. Erst in den letzten Jahrzehnten ist es der Wissenschaft gelungen, das Vorurteil zu widerlegen, Meeresbewohner seien so gut wie stimmlos. Wenn es eine Walsprache gibt, gibt es auch eine Fischsprache. Allerdings wird bei den Fischen, ebenso wie bei den Walen, dabei kein Stimmband in Schwingung versetzt. Knochenfische, Krustentiere und einige Insekten, von denen später in diesem Kapitel die Rede sein wird, haben sich seltsame Kommunikationsmethoden einfallen lassen, die ausschließlich auf stimmlosen Lauten beruhen.

Bevor wir auf spezielle Fälle eingehen, drängt sich eine Frage auf: Haben Fische eigentlich Ohren? Natürlich. Sie haben keine Ohrmuschel, doch ein Ohr im Inneren des Körpers. Im Wasser verbreitet sich Schall schneller als in der Luft, deshalb brauchen sie, um Schallwellen aufzufangen, kein äußeres Ohr, das die Hydrodynamik vielmehr nur stören würde. Bei manchen Arten ist das innere Ohr mithilfe von Knöchelchen – dem sogenannten Weberschen Apparat, der den Schall leitet und verstärkt – mit der Schwimmblase verbunden. Das Ganze wird durch ein sehr spezielles Organ ergänzt: das Seitenlinienorgan, das nur Fische besitzen und das imstande ist, Bewegungen, Vibrationen und Druckunterschiede im Wasser wahrzunehmen. Dieses Organ erlaubt es einem Schwarm, gleichzeitig die Richtung zu ändern, sich eng zusammenzudrängen oder getrennt vor einem Raubtier zu flüchten, sich synchron zu bewegen.

Das Seitenlinienorgan besteht aus einem Kanal direkt unter der Haut. Er beginnt mit mehreren Verzweigungen am Kopf und verläuft entlang der Seiten, nach denen es benannt ist. Dieser Kanal ist mithilfe von Poren, die auch mit bloßem Auge unter den Schuppen zu erkennen sind, mit der Außenwelt verbunden und besteht aus Sinneszellen, die auf mechanische Reize reagieren, sogenannten Neuromasten. Die Neuromasten bestehen aus mehreren Haarsinneszellen, die von einer gallertartigen Masse umhüllte Cilien besitzen.

Wenn Wasserdruck oder Strömung auf die Poren des Seitenlinienorgans einwirken, werden die Neuromasten angeregt, die Cilien der Haarzellen nehmen den Druckunterschied wahr und leiten die Information an das Nervensystem weiter. Schall ist ja im Grunde nur eine Welle, die sich in einem Medium (Wasser oder Luft) fortsetzt und Druck auf dessen Teilchen ausübt. Das Seitenlinienorgan ist somit ein hervorragendes Organ zur Wahrnehmung von Druckunterschieden, ein ganz spezielles „Ohr".

Fische sind also ganz und gar nicht stumm, sondern kommunizieren mithilfe von Schall. Wenn Sie schon einmal an einem Riff getaucht haben, zwischen Seegras *(Posidonia oceanica)* geschwommen sind oder die Farben eines Korallenriffs bewundert haben, ist Ihnen gewiss ein Geräusch aufgefallen: ein Zischen wie von Öl in einer Bratpfanne. Ein Konzert, das für unsere Ohren nicht sehr abwechslungsreich klingt und aus unwillkürlichen Geräuschen, aus spezifischen Signalen, besteht, die bei der Bewegung oder beim Fressen erzeugt werden.

Mit etwas Glück und gespitzten Ohren kann man sogar den Geräuschen der einzelnen Meeresbewohner lauschen. Das häufigste ist wahrscheinlich das des allgegenwärtigen Mönchsfisches *(Chromis chromis)* aus der Familie der Riffbarsche *(Pomacentridae)*. Mönchsfische sind klein und dunkel, haben einen gespaltenen Schwanz und bewegen sich in Schulen von Hunderten Individuen; sicher haben Sie sie schon einmal am Meeresboden oder zwischen archäologischen Funden oder Schiffwracks gesehen. In der Paarungszeit zwischen Juni und September beschäftigen sich die Männchen mit dem Bau des Laichfelds und danach führen sie einen Balztanz namens *signal jump* auf. Sie entfernen sich vom zukünftigen Laichfeld, steigen entlang der Wassersäule ein paar Meter auf, wobei sie nur mit den Brustflossen schwimmen, dann drehen sie um und schwimmen rasch zum Laichplatz zurück, wobei sie pulsierende Laute in einem breiten Frequenzbereich erzeugen, die jedoch nicht höher als 2.000 Hz sind.[339] Schnelles Schwimmen, intensives Tanzen und vor allem Anzahl und Frequenz der vom Männchen erzeugen Lautimpulse, eine Art Knarren, sind die Parameter, aufgrund derer die Weibchen ihre Wahl treffen: ehrliche Signale, die Auskunft über die Qualitäten und Fortpflanzungsfähigkeit des Männchens geben.[340] Der Tanz und das „Knarren" verfolgen das Ziel, ein Weibchen zu verführen, es dazu zu bewegen, sich auf dem Meeresboden niederzulassen, der als Laichplatz fungiert, und abzulaichen. In nur zehn Minuten legt das Mönchsfischweibchen mehr als 6.000 Eier, um die sich ausschließlich das Männchen kümmert, es verteidigt sie vor Fressfeinden und befächelt sie. Aus diesen Eiern schlüpfen wunderschöne Jungfische mit elektrisch blauer Farbe, die sich nach ca. zehn Tagen ins Schwarzbraun wandelt.

Doch Fische sprechen nicht nur, hin und wieder singen sie auch, sogar im Chor. In den Seegraswiesen im Mittelmeer singen sie sieben Monate im Jahr, von April bis Oktober. Nacht für Nacht steigt Gesang auf, der zwei Stunden nach Sonnenuntergang am intensivsten ist. Doch zwischen den in der Strömung wogenden

339 M. Picculin et al., *Sound Emissions of the Mediterranean Damselfish* Chromis chromis (Pomacentridae), in "Bioacoustics: The International Journal of Animal Sound and its Recording", 12, 2002, S. 236–238, https://doi.org/10.1080/095246 22.2002.9753707.

340 R. A. Knapp und J. T. Kovach, *Courtship as an Honest Indicator of Male Parental Quality in the Bicolor Damselfish,* Stegastes partitus, in "Behavioral Ecology", 2, 1991, S. 295–300, https://doi.org/10.1093/beheco/2.4.295; R. A. Knapp und R. R. Warner, *Male Parental Care and Female Choice in the Bicolor Damselfish,* Stegastes partitus*: Bigger is not Always Better,* in "Animal Behaviour", 41, 1991, S. 747–756, https://doi. org/10.1016/s0003-3472(05)80341-0.

Gräsern verbergen sich keine geheimnisvollen Sirenen, sondern Fische, Krustentiere, Stachelhäuter wie Seeigel und Seesterne und Muscheln wie die Edle Steckmuschel *(Pinna nobilis)*: die größte Meerwasser-Muschel im Mittelmeer, eine Art Riesenmuschel, die mittlerweile aufgrund des parasitischen Einzellers *Haplosporidium pinnae* vom Aussterben bedroht ist. Seegrasgärten im Mittelmeer stellen das Klimaxstadium dar bzw. den am weitesten entwickelten und komplexesten Zustand, den ein Ökosystem erreichen kann, und werden von der Fauna-Flora-Habitat-Richtlinie geschützt.[341] Und wer singt die ganze Nacht lang in diesen Wiesen, mit einer Frequenz von 750 Hz? Wenn wir alle 38 im Mittelmeer lebenden Arten in Betracht ziehen, die nachgewiesenermaßen Laute produzieren, wie Grundeln *(Gobiidae)*, Umberfische *(Sciaenidae)*, Riffbarsche *(Pomacentridae)*, kommen aufgrund ihrer Nachtaktivität[342] doch am ehesten die Drachenköpfe aus der Familie der *Scorpaenidae* infrage. Wenn Sie erfahren, dass diese Unterwasserwiesen die Strände schützen und die Bühne der bedrohten Drachenköpfe sind, werden Sie vielleicht die toten, an den Strand gespülten Gräser mit anderen Augen betrachten: nicht mehr als etwas, das man unbedingt entfernen muss, weil es nicht schön ist, sondern als eine Art Teppich, der den Sand vor dem Furor des Meeres schützt.

Doch wie singen Fische, wenn sie keine Stimmbänder haben, und wie erzeugen sie Laute, die ganz konkrete Botschaften transportieren? Manche von ihnen schließen mehrmals Ober- und Unterkiefer, klappern also mit den Zähnen, andere wie Karpfenfische und *Haemulidae,* zu denen Süßlippen und Grunzer gehören,

---

341 Seegras spielt darüber hinaus eine sehr wichtige Rolle: Es verhindert die Erosion unserer Strände. Die Wurzeln und Rhizome dieser Pflanzen (es sind keine Algen) bilden einen wahren Teppich, der den Sand festhält und als unterirdischer Wellenbrecher fungiert, die Kraft der Strömungen und der Wellen abschwächt. Auch das tote Seegras erfüllt eine wichtige Funktion: Es bedeckt den Strand und hindert die Wellen an der Erosion.

342 L. di Iorio et al., *'Posidonia Meadows Calling': A Ubiquitous Fish Sound With Monitoring Potential*, in "Remote Sensing in Ecology and Conservation", 4, 2018, https://doi.org/10.1002/rse2.72.

erzeugen mit den Schlundzähnen – Knochen, die sich von den Kiemenbögen ableiten und im Schlund befinden – grunzende Laute. Manche reiben Knochen aneinander und erzeugen so Stridulationsgeräusche und Klicklaute. Der Großteil der Fische erzeugt Laute, indem sie rasch die Muskeln um die Schwimmblase oder die der Brustflossen kontrahieren und die Schwimmblase als Resonanzboden benutzen. Und manche erzeugen sogar Laute mit dem ... Anus. Der Hering *(Clupea harengus)* pupst, allerdings ist er der Einzige, der derart spezielle Laute erzeugt. Und die Geschichte hinter dieser Entdeckung ist zum Schreien komisch.

Anfang 2000 bat das schwedische Militär die Wissenschaftler Magnus Wahlberg und Hakan Westerberg vom National Board of Fisheries herauszufinden, was sich hinter dem geheimnisvollen Ticken verbarg, das man hin und wieder in der Bucht von Stockholm hörte. Die Befürchtung der Schweden lautete, es handle sich um russische U-Boote. Doch Wahlberg und Westerberg kamen 2003 zu einem anderen Schluss. Verantwortlich für dieses Geräusch waren Heringe, die sowohl beim Aufsteigen und Abtauchen in tiefere Gewässer als auch in stressigen Situationen Bläschen aus dem Analtrakt ausstießen.[343] Mithilfe von Untersuchungen fand man heraus, dass das Ticken aus sehr schnellen Abfolgen von ca. 50 Impulsen besteht, die bis zu 133 Millisekunden dauern und deren Frequenz ständig abnimmt. Es waren also Fürze, die allerdings nicht von Verdauungsgasen verursacht werden, sondern von Luft, die die Fische an der Oberfläche absichtlich schlucken, oder von dem Gas, das sie von der Schwimmblase in den Analtrakt leiten. Bei Heringen ist die Schwimmblase nämlich sowohl mit dem Nahrungskanal als auch mit dem Analtrakt verbunden. 2004 haben weitere drei kanadische und schottische Wissenschaftler eine Studie veröffentlicht, in der sie die Fürze des atlantischen Herings *(Clupea harengus)* mit jenen des Pazifischen Herings *(Clupea pallasii)*

---

343 M. Wahlberg und H. Westerberg, *Sounds Produced by Herring* (Clupea harengus) *Bubble Release*, in "Acoustics in Fisheries and Aquatic Ecology", 16, 2003, S. 271–275, https://doi.org/10.1016/S0990-7440(03)00017-2.

verglichen.[344] Die englischsprachige Forschergruppe hat sich als Erste bemüht, einen eleganten Namen für ein derart skurriles Phänomen zu finden. Sie bezeichneten die Salven der Lautbläschen als *Fast Repetitive Tick* (sich schnell wiederholende Ticklaute), abgekürzt FRT. Leider ähnelt die Abkürzung fatal dem Wort *fart,* Furz. Das Lustigste an der ganzen Geschichte ist, dass die Pazifischen Heringe furzfreudiger sind als ihre atlantischen Cousins. Ihre FRT's bestehen aus bis zu 65 Fürzen, dauern bis zu siebeneinhalb Sekunden und bewegen sich in einem Frequenzbereich zwischen 1.700 und 22.000 Hz.

Als Auszeichnung für diese merkwürdigen Forschungsarbeiten sind alle Autoren 2004 mit dem IgNobelpreis für Biologie ausgezeichnet worden – eine satirische Auszeichnung, die Jahr für Jahr für wissenschaftliche Leistungen vergeben wird, die die Menschen zuerst zum Lachen und dann zum Nachdenken bringen soll. Doch warum „gebrauchen sie den Steiß als Trompete", wie Dante gesagt hätte? Die drei kanadischen und schottischen Wissenschaftler haben herausgefunden, dass Heringe nur in Gesellschaft FRT's ausstoßen – wenn sie allein sind, herrscht Stille. Die glaubwürdigste These lautet also, dass die Fürze als Kontaktrufe fungieren, Heringe also mithilfe dieser Laute ihre Position durchgeben, einen Partner auswählen und die Artgenossen vor einer eventuellen Gefahr warnen. Vielleicht sind die FRT's auch eine Aufforderung, sich zum Schutz vor einem Raubtier zum Schwarm zusammenzuschließen.

Doch wie gesagt, spricht der Großteil der Fische miteinander, indem sie die Schwimmblase als Resonanzboden benutzen. An manchen Orten in der Bucht von San Francisco, in Santa Monica in Kalifornien, oder in Magdalena Bay in der Baja California hört man in Sommernächten ein andauerndes Summen, das sich aus dem Wasser erhebt, ein Geräusch, das an einen Bienenschwarm

---

344 B. Wilson, R. S. Batty und L. M. Dill, *Pacific and Atlantic Herring Produce Burst Pulse Sounds*, in "Proceedings of the Royal Society B", 271, 2004, https://doi.org/10.1098/rsbl.2003.0107.

oder ein monotones Didgeridoo erinnert. Hin und wieder ist es so ohrenbetäubend laut, dass es die Menschen in der Gegend stört. Dieses lästige Geräusch ist nichts anderes als Liebesgeflüster, ein Ständchen, das der Nördliche Bootsmannfisch *(Porichthys notatus)* seinem Weibchen bringt. Diese Fische gehören zur Familie der Froschfische *(Batrachoididae)* und sind kein Ausbund an Schönheit: Sie haben keine leuchtenden Farben, schimmern allenfalls bronzen und sind unproportioniert, Kopf und Maul sind im Verhältnis zum Rest des Körpers riesig. Und genau deshalb müssen sie sich fast wie Bauchredner auf die „Stimme" verlassen, um Eindruck zu machen.

Die Männchen singen oder brummen, um ihr Revier – für gewöhnlich eine Höhle im Felsen – zu verteidigen und Weibchen anzulocken.[345] Das typische Brummen entsteht, indem sie die „Lautmuskeln" am Rande der Schwimmblase kontrahieren, die auf diese Weise in Schwingung versetzt wird und als Resonanzboden fungiert. Die Muskeln gehören zu den schnellsten und widerstandsfähigsten in der Natur. Obwohl das Geräusch mitunter unerträglich ist – die Fische können eine Stunde lang ein Brummen mit einer Frequenz von 100 Hz erzeugen –, gelingt es den Männchen, sich aufgrund des eigenen Brummens nicht selbst Hörschäden zuzufügen: Solange sie am Grunde ihrer Schwimmblase das Geräusch erzeugen, sind sie so gut wie taub.[346]

Nachdem das Weibchen die Eier abgelegt hat, überlässt es sie der Fürsorge des Männchens, das ihnen frisches, sauerstoffreiches Wasser zufächelt, das Nest sauber hält und den Jungfischen bis

---

345 D. G. Zeddies, *Sound Source Localization by the Plainfin Midshipman Fish,* Porichthys notatus, in "The Journal of the Acoustical Society of America", 127, 2010, https://doi.org/10.1121/1.3365261; R. M. Ibara et al., *The Mating Call of the Plainfin Midshipman Fish,* Porichthys notatus, in D. L. G. Noakes et al., *Predators and Prey in Fishes. Developments in Environmental Biology of Fishes,* Band 2, Springer, Dordrecht, 1983, https://doi.org/10.1007/978-94-009-7296-4_22.

346 J. G. Forbes, H. Douglas Morris und K. Wang, *Multimodal Imaging of the Sonic Organ of* Porichthys notatus, *the Singing Midshipman Fish,* in "Magnetic Resonance Imaging", 24, 2006, S. 321–331, https://doi.org/10.1016/j.mri.2005.10.036.

zum 45. Tag nach ihrer Geburt beisteht. Eine schwierige Aufgabe, denn jedes Weibchen legt ca. 400 Eier ab, und ein Männchen kann sich mit mehreren Weibchen paaren und muss pro Saison bis zu 1000 Eier versorgen. Doch das Leben des Nördlichen Bootsmannfisches ist auch aus einem anderen Grund schwierig. Für gewöhnlich singen nur große Individuen gut, die ungefähr achtmal so groß wie der Durchschnitt sind und gut entwickelte „Stimmorgane" haben. Diese werden als Typ-I-Männchen bezeichnet, haben jedoch kleine Fortpflanzungsorgane und müssen es mit Typ-II-Männchen aufnehmen. Die Typ-II-Männchen sind klein, manchmal sogar kleiner als die Weibchen, haben jedoch gemessen an ihrer Körpergröße riesige Fortpflanzungsorgane. Und während sich die Typ-I-Männchen abplagen, ein Weibchen zu gewinnen und Nacht um Nacht brummen, warten die Typ-II-Männchen geduldig in einer Ecke, und wenn ein Weibchen kommt und ablaicht, geben sie noch vor dem Typ-I-Männchen, dem Eigentümer des Nests[347], ihr Sperma ab.

Grunzerfische hingegen, die in allen tropischen und subtropischen Meeren und auch im Mittelmeer heimisch sind, erzeugen eine Reihe von schrillen Lauten, die ca. 47 Millisekunden dauern und eine Durchschnittsfrequenz von ca. 700 Hz haben, indem sie die Schlundzähne aneinanderreiben. Noch weiß man wenig darüber, warum diese Laute produziert werden. Vielleicht dienen sie dazu, während des nächtlichen Äsens andere Gruppenmitglieder zu erkennen, oder vielleicht haben sie eine Funktion bei anderen Zusammenkünften, etwa beim Ablaichen. Vielleicht dienen die Signale aber auch dazu, die sozialen Aktivitäten zu synchronisieren und Erfolg beim Fressen und bei der Fortpflanzung zu gewährleisten. Manche Autoren weisen jedoch darauf hin, dass die schrillen Laute in Gefahrensituationen abgegeben werden, und deshalb ist es auch durchaus möglich, dass sie in der zwischenartlichen Kommu-

---

347 P. M. Craig et al., *Coping With Aquatic Hypoxia: How the Plainfin Midshipman* (Porichthys notatus) *Tolerates the Intertidal Zone*, in "Environmental Biology of Fishes", 97, 2014, S. 163–172.

nikation als Warnruf fungieren. Was auch immer ihre Bedeutung ist, mit Sicherheit kann festgestellt werden, dass die Bewegung der oberen und unteren Schlundzähne sowohl beim Kommunizieren als auch beim Fressen sehr ähnlich ist. Warum ist das wichtig? Nun, diese Ähnlichkeit ist kein nebensächliches Detail, sondern weist darauf hin, dass wir es wahrscheinlich mit dem Phänomen der *exaptation,* der „Zweckentfremdung" zu tun haben: Eine Eigenschaft wird im Lauf der Evolution für eine Funktion nutzbar gemacht, für die sie ursprünglich nicht vorgesehen war und mit der sie auch nichts zu tun hat.[348] Im Grunde handelt es sich um eine Art evolutionäres Recycling. Wie gesagt steht die Kommunikation im Zeichen der Sparsamkeit, und die Nutzung der Schwimmblase als Resonanzboden ist ebenfalls ein Beispiel für Zweckentfremdung.

Fische plaudern aber nicht nur im Salzwasser, sondern auch im Brackwasser und im Süßwasser von Flüssen und Bächen. Etwa die berühmten Piranhas, die im Amazonasbecken heimischen, großen, gierigen fleischfressenden Fische, die zwischen 28 und 50 Zentimeter lang werden. Aufgrund ihrer Aggressivität, ihrer spitzen, nachwachsenden Zähne und einem nicht sehr sympathischen Äußeren sind sie zu Protagonisten von Legenden geworden, in denen sie Menschen und große Kühe fressen und bis auf die Knochen abnagen, sobald sie einen Fuß ins Wasser setzen. Doch Piranhas sind keine Ungeheuer, die augenblicklich alles fressen, was sich ins Wasser wagt, sie sind einfach gut organisierte fleischfressende Fische. Ihre Methode nennt sich *fullblown.* Große Schwärme umzingeln die Beute und beißen sie immer wieder. Vor allem in der Dürrezeit, wenn die Schwärme größer und hungriger sind, sollte man tatsächlich aufpassen. Diese so gefürchteten Fische sind auch sehr geschwätzig: Wenn sie um Nahrung konkurrieren, bei der Fortpflanzung und um einander auf Distanz zu halten, schicken sie einander akustische Botschaften. Vor allem der Rote Piranha

---

348 F. Bertucci et al., *New Insights into the Role of the Pharyngeal Jaw Apparatus in the Sound-producing Mechanism of* Haemulon flavolineatum (Haemulidae), in "Journal of Experimental Biology", 217, 2014, S. 3862–3869, https://doi.org/1242/jeb.109025.

*(Pygocentrus nattereri)*, grau mit rotem Bauch und bis zu 30 Zentimetern lang, sendet drei akustische Signale: einen harmonischen Laut mit einer Dauer von ca. 140 Millisekunden und einer Frequenz von 120 Hz, der wie Hundegebell klingt und für gewöhnlich zum Einsatz kommt, wenn zwei Individuen einander frontal begegnen, als würden sie sich herausfordern, jedoch ohne anzugreifen. Ein zweiter kürzerer (36 Millisekunden) und tieferer (ca. 40 Hz) Einzellaut, der wie Trommelwirbel klingt, kommt beim Konkurrieren um Futterplätze zum Einsatz, wobei die Piranhas einander herausfordern, umeinander herumschwimmen und sich beißen. Beide Laute werden durch das Vibrieren der Schwimmblase erzeugt. Der dritte Einzellaut, ein sehr kurzer Impuls, der nur drei Millisekunden dauert und eine sehr hohe Frequenz (1.740 Hz) hat, wird von den Piranhas abgegeben, wenn sie einen Artgenossen verfolgen und ihn zu beißen versuchen. Dieses Signal wird auf möglichst einfache Art und Weise erzeugt: Sie klappern mit den Zähnen[349] wie mit einem Spielzeug-Gebiss.

Piranhas sind sehr gesprächig, allerdings auch große Raufbolde. Ganz anders als Schallers Knurrender Gurami *(Trichopsis schalleri)*, ein thailändischer Fisch mit blauen Augen, gerade mal vier bis fünf Zentimeter groß, mit einem einzigartigen Balzritual. Die Fische spielen aufgrund eines in der Familie der *Osphronemidae* einzigartigen Mechanismus auf ihren Brustflossen wie auf einer Geige. Um die Wahrheit zu sagen, klingt der erzeugte Ton nicht so melodisch wie ein Geigenton, sondern eher wie ein knarzendes Radio, wie ein Knistern, das aus zwei bis 30 Impulsen besteht. Die Instrumente dieser kleinen Fische sind ihre Brustflossen, deren Flossenstrahlen wie Saiten gezupft werden. Vor allem die Weibchen schnurren, wenn sie die Eier in das Schaumnest ablegen, das aus

---

349 E. Kastenhuber und S. CF Neuhauss, *Acoustic Communication: Sound Advice From Piranhas*, in "Current Biology", 21, 2011, https://doi.org/10.1016/j. cub.2011.10.048; S. Millot, P. Vandewalle ed E. Parmentier, *Sound Production in Red-bellied Piranhas* (Pygocentrus nattereri, Kner)*: An Acoustical, Behavioural and Morphofunctional Study*, in "Journal of Experimental Biology", 2011, 214, S. 3613–3618, https://doi. org/10.1242/jeb.061218.

Luft und Speichel besteht und vom Männchen gebaut wurde, damit es sich um die Eier kümmern kann, aus denen innerhalb einiger Tage die Jungfische schlüpfen werden. Ähnliche Laute werden allerdings auch bei antagonistischen Interaktionen erzeugt, etwa wenn zwei Männchen oder zwei Weibchen einander anknurren. Derartige Signale sind ein charakteristisches Merkmal der *Trichopsis*-Gattungen: daher Knurrender Gurami. Bei allen drei Arten kommunizieren beide Geschlechter auf diese Weise, allerdings mit kleinen Unterschieden in der Anzahl der Impulse, bei Rhythmus und Frequenzen. Doch aufgrund dieser „verstimmten Geigen" können sie (einander bezirzen und) ihre Konflikte lösen, ohne einander zu verletzen. Ein wenig wie das Röhren der Hirsche: Dank dieser Duette, einem Mix optischer und akustischer Signale, können Herausforderer und zukünftige Partner Faktoren wie Körpergewicht und Größe ihres Gegenübers einschätzen.[350]

Auch Krustentiere können mit Lauten kommunizieren. Der Pistolenkrebs aus der Familie der Knallkrebse *(Alpheidae)* hat ein Ass im Ärmel oder besser gesagt in der Schere. Haben Sie vor sich, wie man im Meer oder im Pool einen Wasserstrahl erzeugt, indem man schnell die Hand schließt? Auch der Pistolenkrebs macht das mehr oder weniger so, doch im Verhältnis zu seiner Größe (ca. fünf Zentimeter) ist sein Strahl wirklich beachtlich. Eine Schere, meistens die rechte, ist viel größer als die linke, und wenn er die Schere mithilfe eines Sperrmechanismus sehr schnell zuschnappen lässt, erzeugt er einen kräftigen Wasserstrahl und einen Laut in einem Frequenzbereich zwischen ein paar Dutzend und 200.000 Hz, schon fast im Ultraschallbereich, begleitet von einer verheerenden Druckwelle. Für gewöhnlich wird der Knall für die innerartliche Kommunikation benutzt. Der schnelle Wasserstrahl wird von den Artgenossen zur Kenntnis genommen und bewertet, doch oft ist er

350 F. Ladich et al., *Communication in Fishes*, Science Publishers Inc., Enfield (NH) 2006; F. Ladich und I. P. Maiditsch, *Acoustic Signalling in Female Fish: Factors Influencing Sound Characteristics in Croaking Gouramis*, in "Bioacustics", 28, 2018, S. 377–390, https://doi.org/10.1080/09524622.2017.1359669.

auch eine mächtige Waffe: eine hervorragende Methode, um das Revier zu verteidigen oder sogar Beutetiere zu töten. Die Pistolenkrebse *Alpheus heterochaelis* und *Synalpheus pinkfloydi*[351], beide nicht einmal fünf Zentimeter groß, sind imstande, beim Zuschnappen ihrer Knallschere einen Wasserstrahl zu erzeugen, der sich mit einer Geschwindigkeit von 114 km/h bewegt und eine Kavitationsblase bildet, die implodiert und dabei einen Knall mit einer Lautstärke von 210 Dezibel erzeugt[352] – eines der lautesten Geräusche überhaupt, vergleichbar mit einem Raketenstart oder Vulkanausbruch.

Die Gewöhnlichen Langusten *(Palinurus elephas)* können keinen derart lauten Knall erzeugen, vor allem deshalb nicht, weil sie (im Gegensatz zu den Hummerartigen) keine Scheren haben. Man weiß jedoch, dass sie zwischenartliche Signale senden, die zur Abschreckung von Raubtieren dienen. Bei einer italienischen Studie[353] hat man im Wasserbecken die Reaktion von ca. 20 Langusten auf Meeraale und Tintenfische untersucht. Die bedauernswerten Langusten gaben ein „rasp" von sich: einen kurzen, heiseren und metallischen Ton, wie wenn man eine alte Spieluhr aufzieht. Außerdem schwammen sie mit einem schnellen Schlag des Schwanzes weg, schlossen sich zusammen, hoben sich auf die Hinterbeine, hielten die Vorderbeine ausgestreckt und streckten die langen, zackenbewehrten Antennen in Richtung der Angreifer aus. Die akustischen Botschaften, die normalerweise Raubtieren gelten, könnten also auch eine Aufforderung an die Artgenossen sein, sich zusammenzuschließen. Doch wie schaffen es die Langusten, ohne Scheren dieses Geräusch zur Verteidigung zu erzeugen? Mithilfe der Antennen und eines Stridulations-Mechanismus. Am unteren

---

351 A. Anker, K. M. Hultgren und S. De Grave, Synalpheus Pinkfloydi sp. nov., *A New Pistol Shrimp From the Tropical Eastern Pacific* (Decapoda: Alpheidae*)*, in "Zootaxa", 4254, 2017, S. 111–119, https://doi.org/10.11646/zootaxa.4254.1.7.

352 M. Versluis et al., *How Snapping Shrimp Snap: Through Cavitating Bubbles*, in "Science", 289, S. 2114–2117, https://doi.org/10.1126/science.289.5487.2114.

353 G. Buscaino et al., *Acoustic Behaviour of the European Spiny Lobster* Palinurus elephas, in "Marine Ecology Progress Series", 441, 2011, S. 177–184.

Ende der Antennen befindet sich ein Plektrum, ein Vorsprung aus weichem Gewebe, der gegen eine kleine – scheinbar glatte, doch gerillte – Rippe gerieben wird, die vom unteren Ende der Antenne bis zu einer Stelle unter dem Auge reicht, und das auf beiden Seiten. Das Plektrum schabt somit an dieser Rippe, die Feile genannt wird, und erzeugt den charakteristischen Laut. Stridulation, das Reiben zweier Körperteile aneinander, ist bei vielen Tieren, von Vögeln bis zu Fischen, und bei vielen Gliederfüßlern eine beliebte Methode, um Laute zu erzeugen: von Käfern zu Ameisen, bis zu Krustentieren, Tausendfüßlern und Spinnen.

In einer Welt, die mit Lauten kommuniziert, ist Lärm jedoch ein schrecklicher Feind. Wie für viele andere Arten stellt die Lärmverschmutzung für Fische ein ernst zu nehmendes Problem dar. Einige von ihnen wie *Cyprinella venusta,* ein kleiner nordamerikanischer Süßwasserfisch, der einen schwarzen Fleck auf dem Schwanz hat und zur Familie der Karpfenfische *(Cyprinidae)* gehört, erhöhen bei einem Hintergrundgeräusch die Anzahl der Botschaften, die sie einander schicken, unterliegen also ebenfalls dem Lombard-Effekt.[354] Bei Schwarzgrundeln *(Gobidae),* der Zweifleckengrundel *(Gobiusculus flavescens)* und der Fleckengrundel *(Pomatoschistus pictus)* wirkt sich die Lärmverschmutzung negativ auf den Fortpflanzungserfolg, das Balzen und Ablaichen ab. Die Männchen dieser Arten umwerben weniger Weibchen, geben weniger Laute von sich und zeigen weniger Displays, während die Weibchen in derselben Situation eine geringere Bereitschaft zeigen abzulaichen.[355] Der menschengemachte Lärm, der Lärm von Handelsschiffen, Freizeitbooten sowie die Geräusche infolge der Erkundung des Meeresbodens, hat die akustische Landschaft von Meeren und Ozeanen verändert, mancherorts sogar auf dramatische Weise.

354 D. E. Holt und C. E. Johnson, *Evidence of the Lombard Effect in Fishes*, in "Behavioral Ecology", 25, 2014, S. 819–826, https://doi.org/10.1093/beheco/aru028.

355 K. de Jong et al., *Noise Can Affect Acoustic Communication and Subsequent Spawning Success in Fish*, in "Environmental Pollution", 237, 2018, S. 814–823, https://doi.org/10.1016/j.envpol.2017.11.003.

Millionen Jahre lang hat sich die akustische Evolution entwickelt, indem sie von Frequenz-„Fenstern" profitiert hat, die von natürlichen Lauten offengelassen wurden, doch die menschengemachten Geräusche überlagern diese Fenster, wodurch die Kommunikation vieler Arten beeinträchtigt wird. Doch damit nicht genug. Die Konsequenzen reichen von erhöhtem Stress bis zur Notwendigkeit, die Art der Kommunikation zu ändern, zu schreien oder auf andere, etwa optische Signale zurückzugreifen; auch direkte Auswirkungen auf Fortpflanzungsfähigkeit und Fitness[356] eines Individuums sind möglich. Allerdings ist es für Fische komplizierter als für andere Tierarten, etwa Vögel, sich an neue, lautere Umgebungen anzupassen.[357] Viele Arten können zwar das Muster ihrer Lautsignale leicht abändern oder die Lautstärke erhöhen, doch die Wahrscheinlichkeit, dass eine bestimmte Art imstande ist, trotz zunehmendem Lärm eine effiziente Kommunikation aufrechtzuhalten, hängt davon ab, wie der Laut erzeugt wird: durch Vibration der Muskeln und somit der Schwimmblase oder mithilfe von Flossen und Antennen. In Zeiten des Klimawandels und der Übersäuerung der Ozeane sollte man nicht vergessen, dass auch die Menge des im Wasser als Kohlensäure gelösten $CO_2$ fatale Auswirkungen selbst auf die lautesten Krustentiere, die bereits erwähnten Pistolenkrebse, hat. Wenn sie lange (zwei oder drei Monate reichen) in übersäuertem Wasser leben, reduzieren die Krustentiere sowohl Lautstärke als auch Anzahl der Knallgeräusche.[358]

---

356 *Fitness*, vom englischen *fit* (tauglich), gibt die Fortpflanzungs- und Überlebensfähigkeit eines Organismus (eines Genotyps) in einem bestimmten Ambiente im Vergleich zu einem Artgenossen an. Fitness entspricht nicht der Gesamtanzahl der aufgezogenen Jungen (das ist der Fortpflanzungserfolg), sondern nur der Anzahl der Jungen, die sich ebenfalls fortpflanzen.

357 A. N. Radfors et al., *Acoustic Communication in a Noisy World: Can Fish Compete With Anthropogenic Noise?*, in "Behavioral Ecology", 25, 2014, S. 1022–1030, https://doi.org/10.1093/beheco/aru029; F. Ladich, *Ecology of Sound Communication in Fishes*, in "Fish and Fisheries", 2019, https://doi.org/10.1111/faf.12368.

358 T. Rossi, S. D. Connell und I. Nagelkerken, *Silent Oceans: Ocean Acidification Impoverishes Natural Soundscapes by Altering Sound Production of the World's Noisiest Marine Invertebrate*, in "Proceedings of the Royal Society B", 2016, https://doi.org/10.1098/rspb.2015.3046.

Nachdem wir festgestellt haben, dass auch die Unterwasserwelt entgegen ihrem Ruf kein „Reich des Schweigens" ist, müssen wir einen Sprung an Land machen. Denn wie Fische „sprechen" auch Insekten, zum Beispiel Grillen und Heuschrecken. Auch sie haben keine Stimmbänder, also wie erzeugen sie Töne bzw. singen sie? Und wo befinden sich ihre Ohren?

Grillen sind sogenannte *Ensifera,* Langfühlerschrecken oder wörtlich Schwertträger (vom lateinischen *ensis,* Schwert, und dem griechischen Verb *fero,* tragen), denn der Legeapparat der Weibchen hat eine schwertförmige Form; Heuschrecken hingegen gehören wie die Wanderheuschrecke zu den *Caelifera* (Kurzfühlerschrecken).

Bei beiden Gruppen unterlegen die Männchen Sommertage und -nächte mit ihrem Liebesgesang, Stridulationsgeräuschen, die mit zwei verschiedenen Methoden erzeugt werden, und lauschen mit Ohren, die sich an verschiedenen Körperstellen befinden. Die Ohren der Grillen und Laubheuschrecken befinden sich in den Schienbeinen der Vorderbeine und bestehen aus einem Spalt, über den eine trommelfellartige, mit dem Hörnerv verbundene Membran gespannt ist, dem Tympanalorgan; bei Kurzfühlerschrecken, wie den Feldheuschrecken, befinden sich die „Ohren" am ersten Hinterleibsegment.

Bei Grillen zirpen bzw. singen vor allem die Männchen und vorwiegend in der Nacht. Um ihr charakteristisches Cri-cri-cri zu erzeugen, heben die Grillen die kleinen, verhärteten Flügel, Tegmen genannt, und reiben sie aneinander, legen sie übereinander wie Scherenfinger. Eine gezähnte Schrilllader – Bogen genannt – auf der Unterseite des rechten Vorderflügels wird rasch über die Hinterkante des anderen Vorderflügels gezogen. Das so erzeugte Cri-cri-cri wird von einem Resonanzboden verstärkt, der zwischen den zum Zirpen gehobenen Tegmen und dem Rücken der Grille entsteht. Kurzfühlerschrecken hingegen rattern, produzieren einen viel stärker vibrierenden und schnellen Laut, und zwar Männchen wie Weibchen, vor allem am Tag, sie reiben die Tegmen auf den Oberschenkeln der Hinterbeine an den Vorderflügeln.

Doch das Geräusch des Sommers schlechthin ist das Zirpen der Zikaden: ein unaufhörlicher Gesang, genauso romantisch wie durchdringend. Vor allem in Italien hört man dieses Geräusch im Juli und im August ununterbrochen. Wenn der Herbst naht, wird das Zirpen immer müder und schwächer, bis es völlig versiegt, genauso plötzlich, wie es sich in der Macchia und den Wäldern erhoben hat. Bei Singzikaden singen nur Männchen, wie Bauchredner. Sie erzeugen den Laut, indem sie zwei konvexe Membranen kontrahieren und entspannen: das Trommelorgan *(Tymbalorgan)* am Beginn des Hinterleibs. Durch ansetzende Muskeln und Sehnen werden Membranen in diesem Organ in Schwingung versetzt, ein Luftsack unter dem Singmuskel sorgt für die notwendige Resonanz.[359] Haben Sie jemals eine Zikade aus der Nähe gesehen? Mit ihrem Blick wie ein Alien? Zikaden haben gläserne, geäderte Flügel, die länger als der plumpe, dicke Körper sind, einen abgeflachten Kopf und hervorstehende Augen seitlich am Körper. Wenn Sie schon einmal ein Männchen in Aktion gesehen haben, wissen Sie, dass sie sich an Baumstämme oder Büsche klammern und dabei den Bauch bewegen. Der Gesang dient natürlich dazu, Weibchen anzulocken. Die Familie der Singzikaden umfasst mehr als 3.200 Arten auf der ganzen Welt. Obwohl die Methode der Lauterzeugung bei allen gleich ist, hat doch jede Art ihren charakteristischen Gesang mit eigenen Frequenzen und eigenem Rhythmus.

Die in Italien am weitesten verbreiteten Arten sind die Mannasingzikade *(Cicada orni)* und die Gemeine Singzikade *(Lyristes plebejus)*. Der Gesang der Ersten ist typischer und besser bekannt: eine Reihe von monotonen, schrillen Lauten, die mehrere Minuten mit derselben Kadenz wiederholt werden. Genauso stellen wir uns das Zirpen der Zikade vor. Der Gesang der Gemeinen Singzikade besteht jedoch aus einer langen, gleichförmigen und wiederholten

---

359  H. C. Bennet-Clark und D. Young, *A Model of the Mechanism of Sound Production in Cicadas*, in "Journal of Experimental Biology", 173, 1992, S. 123–153; H. C. Bennet-Clark und D. Young, *The Scaling of Song Frequency in Cicadas*, in "Journal of Experimental Biology", 191, 1994, S. 291–294.

Phrase, die aus drei Teilen besteht, wobei die Lautstärke des ersten Teils ansteigt, die des zweiten Teils konstant bleibt und die des dritten abfällt. Die beiden Arten haben auch unterschiedliche Gewohnheiten. Die Männchen der Mannasingzikaden bilden beim Singen Gruppen, während die Männchen der Gemeinen Zikade Einzelgänger sind und einen Abstand von mindestens zehn Metern zueinander halten.[360] Das ganze Zirpen, das einen Monat oder eineinhalb Monate dauert, dient nur dazu, sich zu paaren. Wenn die Weibchen sich den Männchen nähern, beginnt die Balz, die aus „Umarmungen" und Anstupsen mit den Beinen besteht. Nach der Paarung legen die Weibchen die Eier im Boden ab, dann sterben Männchen und Weibchen, erschöpft von einem intensiven Liebessommer. Keine Zikade singt länger als einen Sommer, und die Nachkommen der Zikaden, die man im letzten Sommer gehört hat, werden erst viele Jahre später singen.

Zikaden gehören tatsächlich zu den merkwürdigsten, geheimnisvollsten und faszinierendsten Lebewesen des Planeten. Die Jungen schlüpfen Ende des Sommers aus den Eiern, die die Eltern nach dem vielen Zirpen in die Erde gelegt haben, doch sie verbringen Jahre, wenn nicht gar Jahrzehnte unter der Erde, bevor sie das Tageslicht erblicken. Die Zikadenlarven leben unter unseren Füßen, graben in der Erde und ernähren sich vom Pflanzensaft in den Wurzeln der Bäume. Doch wie auf ein Kommando kommen sie dann alle gleichzeitig ans Tageslicht, klettern auf Bäume und verlassen mühsam ihre Larvenhaut. Sie verwandeln sich, bekommen Flugel und ihre Beine werden ganz zart im Vergleich zu den dicken Maulwurfsbeinen der Larven, die sich dazu eignen, in der Erde zu graben. So werden sie erwachsen und verbringen einen Sommer mit Zirpen, bevor sie sich ebenfalls fortpflanzen und sterben. Wenn wieder Schweigen in die Wälder einkehrt, bleibt nur ein Geist von ihnen übrig: die Exuvia, die bei der Häutung abgelegte Chitinhaut.

---

360 M. F. Claridge, M. R. Wilson und J. S. Singhrao, *The Songs and Calling Sites of Two European Cicadas*, in "Ecological Entomology", 4, 1979, S. 225–229.

Bei den italienischen Zikaden dauert der Zyklus nur ein paar Jahre, die in Nordamerika verbreiteten *Magicicada*-Gattungen hingegen haben einen außergewöhnlich langen Lebenszyklus von 13 oder 17 Jahren. Der schwedische Naturforscher Pehr Kalm hat auf einer Reise in die USA als Erster diesen langen Lebenszyklus der periodisch auftretenden Singzikaden entdeckt. 1749 stellte Kalm fest, dass in den Wäldern Pennsylvanias und New Jerseys – wie auch schon einige Ureinwohner bemerkt hatten – Ende Mai plötzlich Millionen von Zikaden in einer unheimlichen Dichte auftauchten: gut 300 pro Quadratmeter. Die adulten Tiere mit schwarzem Köper und roten Augen begannen zu singen, nach einigen Wochen legten sie Eier ab, und Ende Juli waren sie wieder verschwunden. Doch dem schwedischen Naturforscher fiel noch eine weitere beunruhigende Tatsache auf. Fast zwei Jahrzehnte lang waren die Zikaden daraufhin wie vom Erdboden verschluckt. Erst nach 17 Jahren tauchten sie im selben Wald wieder auf. Die Zikaden verbrachten das Larvenstadium, das im Vergleich zu anderen Zikaden sehr lang dauert, unter der Erde. Wieder zu Hause, teilte Kalm seine Beobachtung seinem Landsmann Karl von Linné mit und schenkte ihm einige Exemplare. Linné ordnete sie in seinem *Systema Naturae* unter dem Namen *Cicada septendecim* ein. Heute heißt die Art *Magicicada septendecim*, und alle 17 Jahre wiederholt sich das Schauspiel der „Periodischen Zikaden", wie sie in den USA genannt werden. Zum Glück tauchen sie jedoch nicht in den ganzen USA synchron auf, man muss also nicht 17 Jahre warten, um sie zu sehen und zu hören, sondern nur im richtigen Augenblick am richtigen Ort sein. 30 unterschiedliche Populationen, *broods* genannt, leben im Nordosten der USA, und jede taucht zu einem anderen Zeitpunkt, jedoch immer Ende Mai auf. Man muss nur wissen, in welchem Staat und in welchem Wald die *Magicicada* ihren Zyklus vollendet, damit man ihren Gesang hören kann.

Auf der anderen Seite des Planeten, auf Madagaskar, hören die Einwohner andere vertraute Geräusche: Pfeifen und Zischen. Die Madagaskar-Fauchschabe *(Gromphadorhina portentosa)* erzeugt

diese Laute, indem sie Luft aus Atemlöchern im vierten Bauch-
segment ausstößt. Auf den Flanken der Insekten, die keine Lungen
besitzen, befinden sich viele solche Atemlöcher. Das vierte Atem-
loch der Madagaskar-Fauchschabe – die gerne als Haustier gehalten wird – ist zu diesem Zweck modifiziert, es weist eine Engstelle
auf, und der Laut entsteht beim Durchströmen der Luft. Nach der
vierten Häutung fauchen sowohl Weibchen als auch Männchen im
Fall einer Bedrohung, doch die Männchen geben noch zwei andere Zischlaute von sich: einen „verführerischen", um Weibchen zu
gewinnen, und einen aggressiven, um Feinde abzuschrecken. Er
kommt bei Auseinandersetzungen mit anderen Männchen zum
Einsatz, bis der dominante Sieger feststeht und der Unterlegene
sich zurückzieht.[361]

Unbedingt erwähnenswert sind auch Ruderwanzen *(Corixidae)*,
eine Familie von winzigen Wasserwanzen – die größte wird eineinhalb Zentimeter –, die sehr niedlich sind: Sie haben einen Kopf
mit zwei sehr großen Augen, zwei kleine Vorderfüße mit großem
flachen, zweigliedrigem, borstigem Fuß *(Tarsus)* und zum Schwimmen geeigneten Hinterbeinen. Sie fressen pflanzliche und tierische
Überreste, leben vor allem in stehenden Gewässern und schwimmen auf der Wasseroberfläche, mit dem Bauch nach unten, im
Gegensatz zu ihren größeren Verwandten, den Rückenschwim-
mern *(Notonectidae)*, die, wie der Name schon sagt, Meister im
Rückenschwimmen sind.

Ruderwanzen sind für den Menschen völlig unschädlich, und
unter ihnen befindet sich das in Relation zur Größe lauteste Insekt:
*Micronecta scholtzi*. Diese winzigen Insekten, die kaum zwei Millimeter lang werden, bleiben nicht ungesehen und schon gar nicht
ungehört. Wenn man im Sommer an einem Teich oder See vorbeigeht, kann man ein metallisches „tzzz, tzzz" mit einer Frequenz
von 10.000 Hz hören: das unglaubliche Liebeslied der Männchen

---

361 M. C. Nelson, *Sound Production in the Cockroach,* Gromphadorhina portentosa: *The
Sound-producing Apparatus,* in "Journal of Comparative Physiology", 1979, 132,
S. 27–38.

dieser Art. Unglaublich aufgrund zweier Eigenschaften. Erstens der Lautstärke ihres Gesangs, der in einer Entfernung von einem Meter 99,2 Dezibel erreicht: wie ein vorbeidonnernder Zug. Als diese Laute zum ersten Mal mit Unterwassermikrofonen aufgenommen wurden, dachte man an eine fehlerhafte Aufnahme, nicht zuletzt, weil ungefähr 99 Prozent der Lautstärke im Wasser verlorengeht und nur ein Prozent von den Mikrofonen registriert wird. Doch das reichte, damit das Insekt als das in Relation zur Körpergröße lauteste Insekt der Welt ins Guinness Buch der Rekorde einging. Die zweite Eigenschaft, die das Ganze noch absurder macht, ist die Art und Weise, wie der Laut erzeugt wird. Um Weibchen zu verführen, erzeugen die Männchen Stridulationsgeräusche, reiben also zwei Körperteile aneinander. Genauer gesagt, sie erzeugen den Lärm, indem sie den 50 Mikrometer kleinen Penis am Bauch reiben.[362] Nicht gerade ein Ausbund an Eleganz, doch den Weibchen gefällt es.

362 J. Sueur, D. Mackie und J. F. C. Windmill, *So Small, So Loud: Extremely High Sound Pressure Level from a Pygmy Aquatic Insect* (Corixidae, Micronectinae), in "Plos One", 2011, https://doi.org/10.1371/journal.pone.0021089.

**Teil III**
Feine Nasen und zarte Berührungen

# Kapitel 13
## Bestialischer Gestank

Tierische Kommunikation besteht nicht nur aus Lauten, Gesängen, Posen und Displays. Eine wichtige Rolle spielt auch der Geruch: Gestank und Düfte, chemische Botschaften, kleine Moleküle oder übler Mief, um ein Revier zu markieren, um die Mitglieder einer Kolonie zusammenzurufen, einander zu erkennen oder einen Partner zu finden, indem man einer „Duftspur" folgt.

Das ist eine sehr alte Art der inner- und zwischenartlichen Kommunikation. Tatsächlich hat sich die olfaktorische Kommunikation auf unserem Planeten als Erste entwickelt. Schon die ersten Einzeller waren in der Lage, chemische Verbindungen zu erkennen. Als sich dann die Fähigkeit entwickelt hat, zwischen dem Geruch von „Nahrung" und dem von Artgenossen oder anderen Organismen hinterlassenen „Abfallprodukten" zu unterscheiden, war der Grundstein für die olfaktorische Kommunikation gelegt.

Auch heute noch kommunizieren unsere Zellen und die Zellen anderer Lebewesen hauptsächlich mithilfe chemischer Signale: mithilfe von Hormonen, die von Drüsen produziert werden und eine wesentliche Rolle bei der Regulierung fast aller Körperfunktionen, auch des Wachstums, spielen. Und viele Tiere auf diesem Planeten benutzen chemische Signale, um die Abgabe von Geschlechtszellen (Gameten) zu synchronisieren. Olfaktorische Kommunikation begleitet uns also schon seit Milliarden Jahren und unterscheidet sich beträchtlich von den bisher beschriebenen Methoden.

Ein chemisches Signal kann aus einem Geschmack bestehen, der mit dem Geschmacks- oder Tastsinn (nicht alle Tiere haben eine Zunge mit Geschmackspapillen) wahrgenommen wird, oder aus Gerüchen, deren flüchtige Moleküle sich in Luft und Wasser verbreiten. Chemische Signale sind vorteilhaft, denn sie sind nicht aufwendig herzustellen und verbreiten sich auch in der Dunkelheit und auf große Entfernungen (bis zu mehreren Kilometern), zwar langsam, aber beständig. Geruch kann sich nur mithilfe einer Strömung in der Luft oder im Wasser verbreiten, und die Geschwindigkeit ist nicht im Geringsten mit der des Schalls oder des Lichts vergleichbar, andererseits dauert es ziemlich lange, bevor ein Geruch schwächer wird und die Geruchspartikel sich so sehr verdünnen, dass sie nicht mehr wahrgenommen werden. Außerdem kann man ein chemisches Signal modulieren: Es kann explosiv ausgestoßen werden oder eine beständige, intensiver werdende Spur sein, der man folgt.

An dieser Stelle muss man jedoch eine Unterscheidung treffen, denn es gibt „öffentliche" chemische Signale, die auch von anderen Arten wahrgenommen werden und unter Umständen als Abschreckung gegen Raubtiere dienen, und „private" chemische Signale: die sogenannten Pheromone, bzw. alle chemischen Verbindungen, die nur für Artgenossen bestimmt sind.

In einem Zeichentrickfilm spielt ein berühmtes stinkendes Signal, das Raubtiere abschrecken soll, eine Hauptrolle. 1950 hat der Produzent Fred Quimby gemeinsam mit William Hanna und Joseph Barbera die meisten Oscars für animierte Kurzfilme wie *Yogi-Bär* und *Fred Feuerstein*, nicht zuletzt *Tom & Jerry*, eingeheimst. Seit 1943 waren die drei Amerikaner mit den Abenteuern der beiden Erzfeinde Katz und Maus unschlagbar: Sechs von sieben Kurzfilmen haben einen Oscar bekommen. Die Erfolgsserie wurde von einer Ausnahme unterbrochen: *For Scent-imental Reasons (Dicke Luft)*. Der unübersetzbare englische Originaltitel spielt mit dem Wort *scent*, Duft, und *sentimental*. Tatsächlich erzählt der Film die Geschichte einer Liebe, die aufgrund eines widerwärtigen Geruchs nicht erwidert wird.

Schauplatz ist eine Pariser Parfümerie, wo Pepé Le Pew, ein Stinktier mit französischem Akzent, vor dem besorgten Besitzer an verschiedenen Parfum- und Eau-de-Toilette-Fläschchen schnuppert. Um das Stinktier zu vertreiben, greift sich der Besitzer eine schwarze Katze, Penelope Kitty, und hetzt sie auf das Stinktier. Bei einer Verfolgungsjagd stößt die schwarze Katze einen Tisch um und ein Haarfärbemittel färbt ihren Kopf, ihren Rücken und ihren Schwanz weiß. Nun schießt Amor einen Pfeil ab. Pepé erblickt Penelope, die mit dem weißen Streifen entlang des Rückens wie ein Stinktier aussieht, und tut von nun an alles, um das Herz der unglückseligen Katze zu erobern. Er umwirbt sie auf absurde und oft auch aufdringliche Weise, während sich Penelope vor seinem Gestank graust. Pepé ist tatsächlich ein Streifenskunk *(Mephitis mephitis)*[363], ein Insektenfresser, der zu Familie der Skunks oder Stinktiere *(Mephitidae)* gehört, die in Kanada, den ganzen USA und dem nördlichen Mexiko verbreitet sind. Nicht zu verwechseln mit dem europäischen Iltis, der wie Mauswiesel und Hermeline zu den Mardern *(Mustelidae)* gehört. Mit den Skunks teilen Iltisse allerdings die Eigenschaft, in Gefahrensituationen unangenehme Gerüche zu versprühen, um Raubtiere zu vertreiben.

Alle Stinktiere besitzen eine mächtige chemische Waffe: eine stinkende Flüssigkeit, die – bei Bedarf verspritzt – einen Gestank nach faulen Eiern, Knoblauch und verbranntem Gummi verbreitet, der alle Raubtiere mit Ausnahme des Virginia-Uhus *(Bubo virginianus)* vertreibt, der nicht gerade eine feine Nase hat. Die Flüssigkeit, die von Stinktieren wie Pepé Le Pew verspritzt wird, besteht vor allem aus drei schwefelhaltigen organischen Verbindungen[364] mit niedrigem Molekulargewicht – besser als Mercaptane bekannt –, die von der menschlichen Nase auch schon in geringen

---

363 Stinktiere sind in Disneyfilmen sehr beliebt: z. B. Fiore in *Bambi.*
364 Die Hauptbestandteile sind 2-Buten-1-thiol, 3 Methyl-1-butanthiol und Thioessigsäure-S-(2-butenyl)ester. K. Andersen und D. T. Bernstein, *Some Chemical Constituents of the Scent of the Striped Skunk (*Mephitis mephitis*)*, in "Journal of Chemical Ecology", 1, 1978, S. 493–499; K. Andersen und D. T. Bernstein, *1-Butanethiol and the Striped Skunk*, in "Journal of Chemical Education", 55, 1978, S. 159–160; W. F. Wood et al., *Volatile Components in Defensive Spray of the Hooded Skunk,* Mephitis macroura, in "Journal of Chemical Ecology", 28, 2002, S. 1865–1870.

Konzentrationen – bis zu 10 Teilen pro Milliarde – wahrgenommen werden. Nicht zufällig werden Thiole unserem Küchengas beigesetzt, das an und für sich geruchlos ist. Abgesehen vom widerwärtigen Geruch, der bei günstigem Wind auch noch in einem Kilometer Entfernung wahrnehmbar ist, kann die Flüssigkeit auch Irritationen oder sogar Blindheit verursachen, wenn sie auf Schleimhäute von Augen, Nase oder Mund gelangt.

Diese Stinkbombe wird von zwei Analdrüsen erzeugt, die viel entwickelter sind als die der europäischen Iltisse. Wenn das Stinktier sich bedroht fühlt, nimmt es zuerst einmal eine abschreckende Pose ein – manche heben gerade mal den Schwanz, zeigen das dichte schwarzweiße Fell und schlagen die Vorderpfoten zusammen, der Fleckenskunk *(Spilogale putorius)* macht sogar einen Handstand und zeigt seine Warntracht – und dann, den Blick fest auf den Eindringling gerichtet, zielt er und verspritzt seine Flüssigkeit in eine Entfernung von bis zu drei Metern. Aufgrund von speziellen Muskeln neben den Analdrüsen können Stinktiere die Distanz und den Winkel des Schusses genau einstellen und verfehlen nur selten ihr Ziel. Doch hin und wieder bluffen die faszinierenden Säugetiere auch. Die Drüsen enthalten maximal 15 Kubikzentimeter Flüssigkeit, das reicht für fünf oder sechs reichhaltige „Stöße". Die leeren Beutel brauchen ungefähr zehn Tage, um sich wieder zu „laden", deshalb setzen die Stinktiere das Wehrsekret nur sehr sparsam ein.

Doch der Großteil der olfaktorischen Kommunikation findet zwischen Artgenossen statt; die Botschaften sind für Gefährten derselben Kolonie, für Verwandte und vor allem für zukünftige Partner und Rivalen bestimmt: Duftspuren, Nebelsprays, oft Exkremente oder verschiedene in der Luft und im Wasser verbreitete Gerüche, die den Zweck verfolgen, gefunden zu werden, zu verführen oder das Revier zu markieren. Die Markierung des Reviers mithilfe von Duftmarken muss so langlebig wie nur möglich sein, sie muss Regen und dem Verdunsten infolge hoher Temperaturen trotzen, sonst wäre die Operation eine aufwendige Verschwendung.

Deshalb haben die chemischen Verbindungen, die zu diesem Zweck zum Einsatz kommen, für gewöhnlich ein hohes Molekulargewicht und werden Urin und Exkrementen beigefügt („Kotmarkierungen" lautet der wissenschaftliche Begriff).

Zu den bemerkenswertesten Kotmarkierungen gehören die würfelförmigen der Wombats, niedlichen grasfressenden australischen Beuteltieren, die jedoch sehr kampfeslustig sind. Wenn ein Raubtier kühn in ihren Bau eindringt, drehen sie ihm den Rücken zu, versetzen ihm mit ihren kräftigen Hinterbeinen Fußtritte und versuchen seinen Schädel am Dach des Baus zu zerschmettern. Berühmt sind Wombats jedoch für ihren würfelförmigen Kot, der eine wichtige Rolle in ihrem Leben spielt. Er ist das Hauptkommunikationsmittel dieser nachtaktiven Säugetiere, die sehr schlecht sehen und mangelnde Sehkraft mit dem Geruchssinn kompensieren. In einer einzigen Nacht können Wombats bis zu 100 würfelförmige Souvenirs produzieren, die sie an jedem Eingang zu ihrem weitverzweigten Bau platzieren. Sie verwenden ihren Würfel-Kot, um das Revier zu markieren, das sich manchmal über mehrere Hektar erstreckt. Ein von Würfeln bedecktes Revier wird von anderen Männchen gemieden.

Der charakteristische Gestank dieser Würfel liefert auch wertvolle Hinweise zur Paarungsbereitschaft eines eventuellen Partners. In der Paarungszeit von August bis November weist der Kot der Männchen einen höheren Testosteronspiegel auf, während die Männchen am Kot der Weibchen aufgrund von Progesteron-Abbauprodukten[365] die Fruchtbarkeit der Weibchen erraten. Doch nicht nur der Inhalt, auch die Form spielt für die Beuteltiere eine wichtige Rolle: Aufgrund der Würfelform bleibt der Kot an seinem Platz und rollt nicht weg, er erfüllt seine Aufgabe.

---

365 R. A. Hamilton et al., *Determination of Seasonality in Southern Hairy-nosed Wombats* (Lasiorhinus latifrons*) by Analysis of Fecal Androgens*, in "Biology of Reproduction", 63, 2000, S. 526–531; M. C. J. Paris et al., *Faecal Progesterone Metabolites and Behavioural Observations for the Non-invasive Assessment of Oestrous Cycles in the Common Wombat (*Vombatus ursinus*) and the Southern Hairy-nosed Wombat (*Lasiorhinus latifrons*)*, in "Animal Reproduction Science", 72, 2002, S. 245–25.

Der Kot der Wombats ist jedoch nicht aufgrund eines vierecki-gen Darms, sondern von Graten in der Darmwand würfelförmig. Das haben 2019 Patricia Yang und David Hu herausgefunden, die für ihre Forschung den IgNobelpreis für Physik erhalten haben. Die beiden haben herausgefunden, dass Wombats einen sehr lan-gen Darm haben und 14 bis 18 Tage brauchen, um Gras, Knollen, Rinden und sonstige Gräser zu verdauen, wobei sie den Großteil der Nährstoffe und des Wassers absorbieren. Der trockene, kom-pakte Kot wird erst im letzten Teil des Darmtraktes geformt, der sich dehnt und zusammendrückt und ihm die typische Würfel-form verleiht.[366]

Für Wombats spielt es eine große Rolle, dass alles an seinem Platz bleibt, Flusspferde sind da anderer Meinung. Nach außen hin sanft und freundlich, mit kleinen Ohren, die sich unabhängig von-einander bewegen, können Flusspferde – wenn die Hierarchie in-nerhalb der Gruppe nicht eingehalten wird – ihre Rivalen bei Kämpfen töten, indem sie ihnen mit ihren langen, spitzen Schnei-de- und Eckzähnen Verletzungen zufügen. Die Dickhäuter leben in Seen, Flüssen und afrikanischen Mangrovenwäldern, in großen Gruppen, die für gewöhnlich nur aus einem dominanten Männ-chen, einem Harem mit fünf bis 30 Weibchen und einigen jungen Flusspferden besteht, die schnell eine beträchtliche Größe errei-chen. Damit jeder auf seinem angestammten Platz bleibt, schicken die Männchen einander chemische Signale … aus Kacke.

Die dominanten Bullen ziehen deutlich die Grenzen ihres „Reichs": Das Individuum nähert sich rücklings einem Fluss- oder Seeufer, und während es defäkiert, bewegt es seinen kleinen Schwanz wie einen Propeller bzw. wie einen Scheibenwischer und verspritzt die Exkremente im Umkreis von zwei Metern. Das Fluss-

366 P. J. Yang et al., *Intestines of Non-uniform Stiffness Mold the Corners of Wombat Feces*, in "Soft Matters", 2020, https://doi.org/10.1039/D0SM01230K; P. J. Yang et al., *How do Wombats Make Cubed Poo?*, in "Bulletin of the American Physical Society: Procee-dings of the 71st Annual Meeting of the APS Division of Fluid Dynamics", 63, 2018; P. J. Yang et al., *How, and Why, Do Wombats Make Cube-shaped Poo?*, IgNobel Prize for Physics, Improbable Research, United States (2019).

pferd verwandelt sich also in eine Art Kotspritze (denken Sie daran, wenn Sie eines im Zoo sehen!). Die untergeordneten Jungen beobachten das Spektakel und kommen gelaufen, um zu schnuppern – und manchmal auch, um die Scheiße des Chefs zu kosten. Und leider ist das nicht das einzige „Scheißsignal". Ein weiteres typisches Sozialverhalten dieser Art, das den Zweck verfolgt, Loyalität gegenüber dem dominanten Bullen zu bezeugen, besteht in der Unterwerfungsdefäkation. Die untergeordneten Männchen scheißen dem dominanten Bullen buchstäblich auf die Schnauze. So erweisen sie dem dominanten Bullen Ehre und bringen ihre Unterwerfung mithilfe einer Praxis zum Ausdruck, die in der Welt von uns Menschen ein Affront wäre, bei den Flusspferden jedoch dazu dient, Frieden zu bewahren oder zu stiften.

Noch schlimmer dran sind die Weibchen des Großen Pampahasen oder Großen Maras *(Dolichotis patagonum)*[367], eines ca. 70 Zentimeter großen Nagetiers, das ein Gewicht von 15 Kilo erreicht und streng monogam in den Grassteppen Argentiniens lebt. Die Großen Maras leben in Kolonien von monogamen Paaren, die ein Leben lang zusammenbleiben und den Partner nur im Todesfall wechseln. Das Männchen folgt dem Weibchen überall hin, und sobald der Hasenmann das Weibchen erobert hat, bespritzt er es mit Urin und markiert das Revier rund um es zusätzlich mit Fäkalien. Kein Diamantring, doch die Botschaft ist dieselbe: „Auf immer und ewig."

Duftmarken – Kot, Urin oder das Sekret der Analdrüsen – dienen dazu, das Revier zu markieren und Artgenossen Informationen zu Identität, Geschlecht und Paarungsstatus zu geben; egal ob es sich dabei um den bedrohten Königstiger *(Panthera tigris tigris)* handelt, von dem wir nicht wissen, wie viele lebende Exemplare es noch gibt, oder um eine Wildkatze *(Felis silvestris)*, den Geist der europäischen Wälder. Wer jemals eine Hauskatze hatte, weiß,

---

367 H. Genest und G. Dubost, *Pair Living in the Mara (*Dolichotis paragonum*)*, in "Mammalia", 38, 1974, S. 155–162.

wovon die Rede ist. Aber es funktioniert auch bei anderen Säugetieren wie Hirschen, deren Duftdrüsen sich an der Stirn unterhalb des Geweihs befinden, das sie an Bäumen und Büschen reiben. Überflüssig zu sagen, dass diese Duftmarkierungen vor allem in der Paarungszeit mehrmals am Tag wiederholte Rituale sind. Und wer an ihnen vorbeigeht, daran schnüffelt oder an der Duftmarke leckt, macht eine typische Grimasse, *Flehmen* genannt.

Beim Flehmen hebt das Tier die Oberlippe, zeigt – hin und wieder mit heraushängender Zunge – Vorderzähne und Zahnfleisch, atmet ein und hält diese Stellung für mehrere Sekunden. Zahlreiche Säugetiere legen dieses Verhalten an den Tag: fast alle Huftierarten, von Pferden bis zu Hirschen, von Bisons bis zu Ziegen, sogar Lamas, Elche, Giraffen und Antilopen, sogar Tapire; und viele Feliden wie Tiger und Hauskatzen. Doch anders, als man glauben könnte, ist diese Grimasse kein Ausdruck des Ekels angesichts eines üblen Geruchs. Vielmehr wittern sie auf diese Weise flüchtige und nicht flüchtige Pheromone, die in Urin, Kot oder Drüsensekreten vorhanden sind. Ohne Pheromone gäbe es kein Flehmen.

Diese Grimasse verfolgt einen ganz konkreten Zweck: Sie transportiert die Pheromone ins vomeronasale Organ, auch Jacobson-Organ genannt, das sich oberhalb des Gaumens, neben dem Riechknochen befindet. Auf diese Weise werden Kanäle und Papillen freigelegt. Das vomeronasale Organ leitet Informationen zum Riechkolben, zur Amygdala und zum Hypothalamus weiter, was eine Reihe von hormonellen Reaktionen auslöst. Flehmen erlaubt Säugetieren, Gesundheitszustand, Geschlecht und Zyklus der Tiere einzuschätzen, die die Duftmarke hinterlassen haben, und sogar zu berechnen, wann sie abgegeben wurde.[368]

Diese chemischen Botschaften liefern dem, der sie zu deuten weiß, und vor allem jenen, die auf der Suche nach einem Partner

---

368 B. L. Hart, *Flehmen Behavior and Vomeronasal Organ Function*, in D. Müller-Schwarze und R. M. Silverstein (Hrsg.), *Chemical Signals in Vertebrates 3*, Springer, Berlin, 1983, S. 87–103.

Ein männlicher Löwe schnüffelt am Urin eines Weibchens. Um die Pheromone besser „kosten" zu können, flehmt er.

Flehmendes Pferd und flehmendes Mufflon

**Flehmen bei mehreren Arten**

sind, eine Menge genauer und verlässlicher Informationen. Wie es so schön heißt, muss bei der Liebe die Chemie stimmen, und das ist auch bei unseren entfernten Verwandten der Fall: den Kattas, einer in Madagaskar heimischen Lemurenart *(Lemus catta)*, die aufgrund der großen bernsteinfarbenen Augen und ihres dichten, schwarz-weiß gestreiften Schwanzes zu den beliebtesten und bekanntesten Primaten gehören. Kattas gehören zur Unterordnung der *Strepsirrhini*, wörtlich Feuchtnasenprimaten, und haben im Vergleich zu einer anderen Primatenunterordnung, den Trockennasenprimaten *(Haplorrhini)*, zu denen alle anderen Primaten, auch der Mensch, gehören, einen sehr guten Geruchssinn. Die olfaktorische Kommunikation der Lemuren beruht auf Sekreten aus Perianal- und Achseldrüsen, mit denen sie das Revier markieren und die Rangordnung fixieren. Offenbar vertrauen sie auch bei der Brautwerbung darauf. Die Männchen setzen ganz auf einen speziellen Duft, eine farblose Flüssigkeit, die eine Drüse am Handgelenk produziert. Blumig-fruchtiges Bouquet, mit einer zitronigen Note und dem Aroma von Birne, Koriander und Gurke im Abgang: So ungefähr duftet das spezielle *Eau de Lémur,* das sie auf ihren weichen Schwanz schmieren, bevor sie ihn in der Paarungszeit den Weibchen unter die Nase halten. Sie verführen sie mit einem Duft, eine Methode, die auch *stink flirting* genannt wird.

Der Duft der farblosen Flüssigkeit, den sich die männlichen Lemuren auf den Schwanz schmieren, hat eine sehr einfache Formel. Sie besteht aus geruchlosem und die Augen reizendem Acetamid und aus drei Aldehyden, Dodecanal, Tetracanal und 12-Methyltridecanal, die jeweils nach Zitrus, süßer Birne mit Moschusgeschmack und „grün" nach Koriander und Gurke riechen. Diese drei flüchtigen Verbindungen sind angeblich die ersten Pheromone, die man bei Primaten erkannt hat. Angeblich, weil es noch nicht sicher ist, ob man sie tatsächlich so bezeichnen kann, bzw. ob sie tatsächlich artspezifisch sind und die Paarungschancen erhöhen: ob sie also tatsächlich als Sexualpheromone fungieren. Sicher ist jedoch, dass sich die Zusammensetzung dieser vier Verbindungen im Lauf des Jahres verändert. Der Mix ändert sich ständig, sodass unterschiedliche *Eaus de Lémur* produziert werden. Meistens riecht der freigesetzte Geruch, zumindest nach menschlichen Kriterien, intensiv nach Leder, doch während der Paarungszeit, wenn der Testosteronspiegel in schwindelerregende Höhen steigt, steigt auch die Produktion der drei Aldehyde und das *Eau de Lémur* nimmt einen süßen, fruchtig-blumigen Duft an. Einen Duft, den die Lemurenweibchen genau in dieser Mischung unwiderstehlich finden: Ihnen nur die einzelnen Ingredienzien zu präsentieren würde nichts bewirken.[369]

Die Männchen der in Mittel- und Südamerika heimischen Sackflügelfledermäuse *(Saccopteryx bilineata)* hingegen setzen ganz auf den Geruch ihrer Achseln. Oder fast. Diese Art ist uns schon bei den „singenden" Fledermäusen begegnet, doch sie sind auch deshalb berühmt, weil sie eine sackförmige Einstülpung in der Flughaut haben – am vorderen Rand des Flügels in der Nähe des Ellenbogengelenks[370] –, die vage an ein Ohr erinnert. Tatsächlich verdanken sie diesen Flügeltaschen ihren lateinischen Namen *Saccopteryx*. Bei der täglichen Fellpflege, auf die die Fledermäuse großen Wert legen, füllen die Männchen ihre Taschen mit einem Dutzend Urintropfen plus einigen Tropfen Genital- und Halsdrüsensekret. Dieser scheinbar widerwärtige Mix ist für die Weibchen gedacht und wird von den Männchen jeden Nachmittag sorgfältig angerührt und im Sack verstaut.

Wenn das Deo fertig ist, präsentieren sich die Männchen am Morgen darauf den Weibchen des Harems, die unbeweglich an den Wänden kleben. Sie fliegen zu ihnen hin, machen Loopings, nähern sich auf fünf bis zehn Zentimeter, um nicht mit den Flügeln gegen die Wand zu klatschen und peinlich abzustürzen, und

---

369 M. Shirasu et al., *Key Male Glandular Odorants Attracting Female Ring-Tailed Lemurs*, in "Current Biology", 30, 2020, S. 2131–2138.

370 Der Knick, der uns als Ellbogen erscheint, ist in Wirklichkeit das Gelenk, das Unterarm und Mittelhand verbindet, während die Finger, die mit Ausnahme des rudimentären Daumens sehr lang sind, wie die Speichen eines Schirms den Flügel spannen.

sobald sie die richtige Position haben, beginnen sie mit dem sogenannten *hover flight,* dem Schwirrflug mit geöffneten Flügeltaschen: Die Fledermaus fliegt auf der Stelle, schlägt sehr schnell mit den Flügeln, bleibt aber immer auf derselben Höhe. So verharrt sie ungefähr 15 Minuten; bei jedem Schlag öffnen und schließen sich die Flügeltaschen, und bei ungefähr jedem siebten Flügelschlag fächelt das Männchen den Weibchen seine einzigartige Essenz zu, bis diese kapitulieren. Die Weibchen leben zwar im Harem, können sich aber trotzdem frei für einen Partner entscheiden, und offenbar machen sie es auf der Grundlage dieses (für uns widerlichen) Duftes, der ihnen ins Gesicht gefächelt wird. Wahrscheinlich gibt er ihnen Informationen zu Gesundheit oder Parasitenlast des Männchens.[371] Doch der versprühte Duft besteht nicht nur aus Urin und verschiedenen Sekreten. Bei der Analyse des Sekrets der *Saccopteryx bilineata* hat man verschiedene flüchtige, von Mikroben produzierte Verbindungen wie Indol-Derivate und Aminoacetophenone entdeckt. Die Flügeltaschen dieser Art beherbergen also Bakterienkolonien wie die allgegenwärtige *Escheria choli,* die *Candida parapsilosis* und eine Bandbreite von Staphylokokken: eine echte Mikroflora, die bei jedem Individuum einzigartig oder fast einzigartig ist.

In den verkümmerten Flügeltaschen der Weibchen, von denen keine spezielle Funktion bekannt ist, finden sich mindesten 50 verschiedene Bakterienarten, während in den männlichen die Mikrobenvielfalt mit ca. 40 Arten etwas geringer ist. Jedes Männchen „züchtet" in seinen Flügeltaschen jedoch nur ein paar der verfügbaren Arten, was einer Auslese gleichkommt. Indem die Männchen Tag für Tag ihre Taschen füllen, wählen sie offenbar eine spezielle Bakterienflora aus, um einen einzigartigen Duft hervorzubringen, der von Männchen zu Männchen verschieden ist. Und wahrschein-

---

371  C. Voigt und O. von Helversen, *Storage and Display of Odour by Male* Saccopteryx bilineata *(*Chiroptera, Emballonuridae*),* in "Behavioral Ecology and Sociobiology", 47, 1999, S. 29–40.

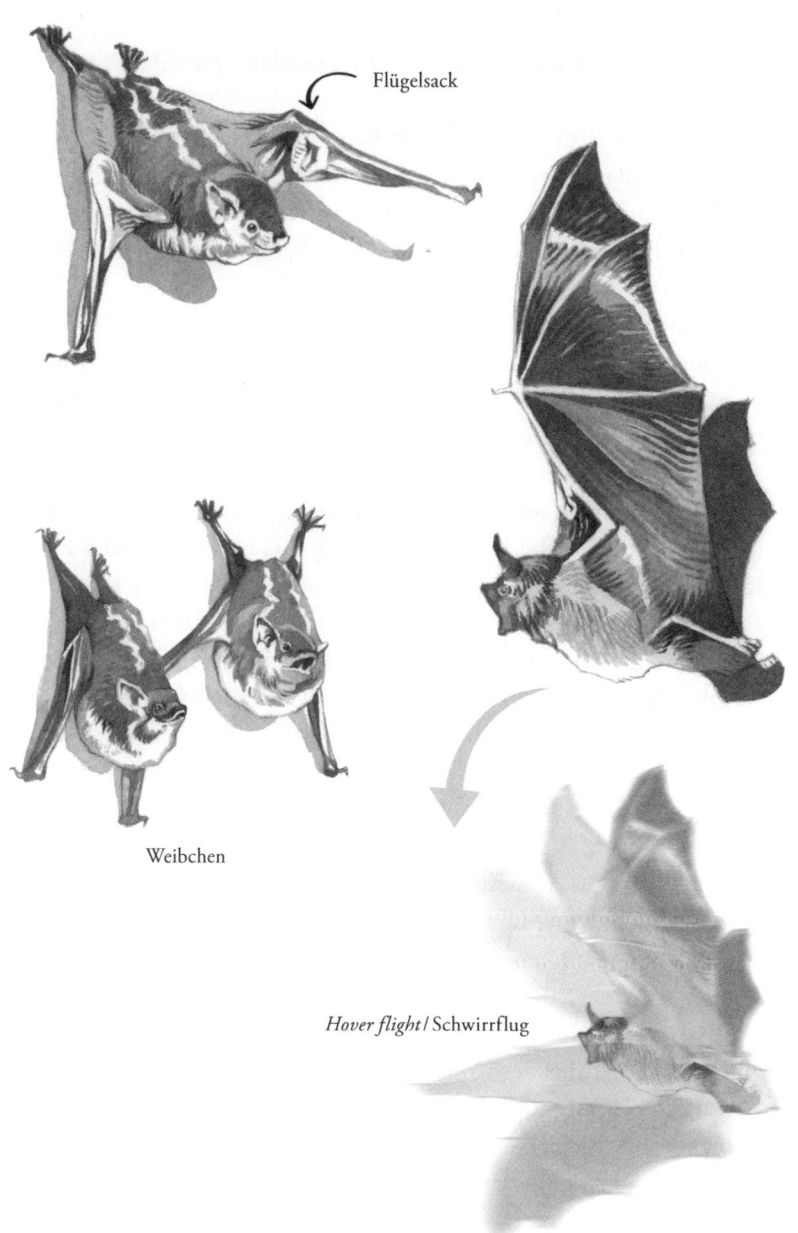

Flügelsack

Weibchen

*Hover flight* / Schwirrflug

Die Sackflügelfledermausmännchen verlassen sich ganz auf den Geruch ihrer „Achseln", um ein Weibchen zu gewinnen.

lich treffen die Weibchen aufgrund dieses ganz speziellen Dufts ihre Wahl.[372]

Bis jetzt haben wir von ehrlichen und verlässlichen chemischen Signalen gesprochen, doch natürlich gibt es auch Bluffs. Auch Gestank und Duft können eingesetzt werden, um zu lügen, sich zu tarnen oder um zu betrügen, vor allem außerhalb der Welt der Säugetiere.

Wenn das Männchen der Strumpfbandnatter *(Thamnophis)* sich mit einem Weibchen paaren und die Rivalen austricksen möchte, gibt es sich hin und wieder als ein anderer aus, ein chemischer Bluff ist das Ass im Ärmel. Die Gewöhnliche Strumpfbandnatter *(Thamnophis sirtalis)* ist eine durchschnittlich knapp einen Meter lange Natter, die in mehreren Unterarten auf Feldern, Wiesen und in Feuchtgebieten Nordamerikas, von Florida bis zum Nordosten Kanadas, lebt. In der kalten Jahreszeit oder in kühleren Klimazonen verbringt sie den Winter in Lagern, Hibernarien genannt, die manchmal Dutzende Exemplare beherbergen. Zu Beginn der warmen Jahreszeit, der Paarungszeit, tauchen die Männchen als Erste aus den Winterlagern auf und warten auf die Weibchen, um einen *mating ball* zu bilden, ein Paarungsknäuel, bei dem ein oder mehrere Weibchen von den Windungen von zehn oder mehr paarungsbereiten Männchen bedeckt werden. Bei dieser Art ist die *sex-ratio* bzw. das Geschlechterverhältnis sehr unausgewogen, es gibt sehr viel mehr Männchen als Weibchen. Wie findet man in einem Meer männlicher Schlangen das Weibchen? Mithilfe von Pheromonen.

Diese amerikanische Schlangenart verfügt über ein komplexes, auf Chemie beruhendes Kommunikationssystem: Die von beiden Geschlechtern abgegebenen Pheromone sind völlig unterschiedlich und augenblicklich erkennbar, und über sie finden Männchen und Weibchen einander in der Paarungszeit. Mit ihrer gespaltenen, zit-

---

372  C. C. Voig, B. Caspers und S. Speck, *Bats, Bacteria, and Bat Smell: Sex-specific Diversity of Microbes in a Sexually Selected Scent Organ*, in "Journal of Mammalogy", 86, 2005, S. 745–749.

ternden Zunge tasten die Schlangen Luft und Boden ab und wittern artspezifische Pheromone, die sie in die Mundhöhle und zum vomeronasalen Organ weiterleiten. Doch 1985 hat man herausgefunden, dass sich manche Männchen zu Beginn der Paarungszeit mithilfe eines Dufts als Weibchen ausgeben: Sie geben Pheromone ab, die andere Männchen anlocken, verwandeln sich also in sogenannte *she-males*. Das ist nicht so absurd, wie es klingt, ganz im Gegenteil. Denn aus evolutionärer Sicht verschafft ihnen die Tarnung mindestens drei Vorteile.

Wenn die Schlangen im Frühling die Hibernarien verlassen, sind sie kalt und fallen leicht einer Krähe, ihrem Hauptfressfeind, zum Opfer. Zwei Tage nach dem Erwachen wirken die *she-males* aufgrund der abgegebenen Hormone auf die anderen Männchen wie Weibchen. Eine Spur von Pheromonen hinter sich herziehend, entfernen sie sich dann vom Lager und werden von Männchen verfolgt, die in die Falle gehen und sich wie bei einem *mating ball* um sie schlingen. Auf diese Weise ist das Individuum nicht nur vor den Angriffen der Krähen geschützt, was ein erster Vorteil ist, sondern wärmt sich auch schneller auf.

Der zweite, erst 2001 entdeckte Vorteil besteht also darin, dass die Männchen, die imstande sind, sich als Weibchen auszugeben, aufgrund der von den Artgenossen aufgenommenen Wärme schneller aktiv werden. Danach kehren sie eilig in ihre Lager zurück, aus denen mittlerweile auch die Weibchen aufgetaucht sind. Und nun ergibt sich der dritte Vorteil: Mittlerweile haben sie den Großteil der Rivalen abgehängt, sind viel aktiver als die in den Lagern gebliebenen Artgenossen und können sich daher mit mehr Weibchen paaren, die zwischen Juli und Oktober (sie sind eine ovovivipare Art) 12 bis 40 Junge gebären. Die Täuschungskünstler haben also eine gute Strategie, wobei sich dieser Bluff natürlich im Lauf der Evolution aufgrund der natürlichen Auslese entwickelt hat. Wer sich als ein anderer ausgibt, vermindert das Prädationsrisiko und hat größere Chancen auf zahlreiche Nachkommenschaft, die ihrerseits diese Fähigkeit erbt und sich häufiger fortpflanzt. Die

Weibchen-Mimikry erhöht also wahrscheinlich den Fortpflanzungserfolg und die Fitness der Verwandlungskünstler.[373]

Zu tun als ob ist eine bewährte Methode, die in vielen Situationen zum Einsatz kommt. Angesichts einer Gefahr stellen sich viele Tiere tot, und die Inszenierung umfasst nicht nur Lähmungserscheinungen und heraushängende Zungen, sondern sogar Gestank wie von verfaulenden Kadavern. Auch die Strumpfbandnattern gehören zu dieser Truppe. Wenn sie von einem Raubtier in die Enge getrieben werden, rollen sie sich ein und geben aus einer Drüse neben der Kloake[374] eine übelriechende moschusartige Flüssigkeit ab. Diese Methode nennt sich Schreckstarre oder Thanatose, vom griechischen *thanatos,* Tod. Auch die europäische Ringelnatter *(Natrix natrix)* greift auf diese Strategie zurück: Wenn es brenzlig wird und sie nicht fliehen kann, legt sie sich mit dem Bauch nach oben hin, lässt die gespaltene Zunge aus dem Mund hängen, als wäre sie tot, lässt Blut aus dem Mund fließen[375] und gibt unbeweglich eine penetrant nach Knoblauch stinkende Flüssigkeit ab. Ein optisches und olfaktorisches Signal, das keine Zweifel zulässt: „Ich bin tot, wahrscheinlich hatte ich eine schreckliche Krankheit, man sollte mich lieber nicht fressen." Wenn das Raubtier den vermeintlichen Kadaver beschnuppert, nützt sie dessen Zaudern und Verwirrung aus und verschwindet.

Der Oscar für Schreckstarre gebührt allerdings dem Nordopossum *(Didelphis virginiana).* Nicht zufällig heißt „in Schreckstarre fallen" auf Englisch *playing possum.* Wenn ein Nordopossum sich bedroht fühlt, fällt es in einen komaartigen Zustand: Es legt sich mit aufgerissenem Mund, aufgerissenen Augen und heraushängen-

---

373  R. T. Mason und D. Crews, *Female Mimicry in Garter Snakes,* in "Nature", 316, 1985, S. 59–60; R. Shine et al., *Benefits of Female Mimicry in Snakes,* in "Nature", 414, 267, 2002, https://doi.org/10.1038/35104687.

374  Bei Amphibien, Reptilien, Vögeln und vielen Fischen ist die Kloake der gemeinsame Körperausgang für Geschlechts- und Verdauungsorgane.

375  P. T. Gregory et al., *Death Feigning by Grass Snakes (*Natrix natrix*) in Response to Handling by Human "Predators",* in "Journal of Comparative Psychology", 121, 2007, S. 123–129.

der Zunge auf die Seite, halbiert die Herzfrequenz und der Atem wird so schwach und langsam, dass er nicht mehr wahrnehmbar ist. Dieser ohnehin schon unschlagbaren Darbietung fügt das Nordopossum einen Duft hinzu: Die Analdrüsen verspritzen eine grüne, übelriechende Flüssigkeit, die den Großteil der Angreifer abschreckt.

Die meisten Duftmarken verfolgen den Zweck, das Revier zu markieren, die Hierarchie festzulegen, einen Partner zu finden oder einer Gefahr zu entkommen, doch manche Duftspuren werden auch hinterlassen, um sich auf der Migration nicht zu verirren. Sie sind ein spezielles, duftendes Straßenschild.

Zwischen dem Naturschutzgebiet Masai Mara in Kenia und dem Serengeti-Nationalpark in Tansania findet eine der berühmtesten und beeindruckendsten Tierwanderungen statt: die der Streifengnus *(Connochaetes taurinus)*. Mehr als eine Million dieser Antilopen verbringen die Feuchtzeit – die ersten Monate des Jahres – im Süden der Serengeti und die Trockenzeit – unseren Spätsommer – im Norden, auf den üppigen, feuchten Weiden des Naturschutzgebietes Masai Mara. Auf ihrer ungefähr 1.500 Kilometer langen Wanderung waten sie durch wilde Flüsse voller Flusspferde und Krokodile und durchqueren die Wiege der Menschheit: die Olduvai-Schlucht, wo viele Fossilien von frühzeitlichen Verwandten des Menschen gefunden wurden, und die Fundstelle Laetoli, wo die berühmtesten Fußabdrücke unseres Vorfahren, des *Australopithecus afarensis*, entdeckt wurden, die dieser dort vor · 3,65 Millionen Jahren im Schlamm hinterlassen hat.

Die kreisförmige und zyklische Wanderung der Gnus wiederholt sich Jahr für Jahr, wobei die Route je nach Regenfällen, Jahreszeitenwechsel, dem Nachwachsen der gefressenen Pflanzen und Gräser gerinfgügig variiert. Doch vier Millionen Hufe hinterlassen gut sichtbare Spuren, und genau diese Abdrücke spielen eine wichtige Rolle, um bei der Wanderung ans Ziel zu gelangen und sich nicht in den endlosen afrikanischen Savannen und Prärien zu verirren. Doch anders, als wir es machen würden, folgen die Gnus nicht den Spuren derer, die vor ihnen gezogen sind. Die migrierenden Gnus verlassen sich auf Stigmergie:[376] Wie Ameisen, die entlang ihres Weges eine Spur von Pheromonen hinterlassen, um den ihnen folgenden Artgenossen mitzuteilen, wohin sie gehen sollen, um eine Nahrungsquelle zu finden, weisen auch Gnus ihren Artgenossen mithilfe von Duftstoffen den Weg. Sowohl Männchen als auch Weibchen dieser Art haben – wie andere Huftiere auch – Duftdrüsen an den Hufen der Vorderbeine, die eine Art klares, „duftendes" Öl abgeben. Wie bei anderen Arten werden diese Duftdrüsen vor allem von den Männchen verwendet, um gemeinsam mit Kothaufen das Revier zu markieren, doch während der Wanderungen markiert dieser Duft eine Straße, er ist eine Botschaft wie die Steinchen des Däumlings im Märchen, die es den Gnus ermöglicht, nicht vom Weg abzukommen, auch wenn sie einander aus den Augen verlieren.[377]

---

376 Stigmergie ist eine Art indirekter Kommunikation bzw. Selbstorganisation, die soziale Insekten anwenden, um ihre Aktivitäten zu koordinieren, und dabei ihre Umwelt verändern. Ein Individuum hinterlässt Pheromone, die einem anderen Individuum sagen, was es tun soll. Das Hinterlassen einer Markierung, eines Pheromons, gilt als Umweltveränderung.

377 C. J. Torney et al., *From Single Steps to Mass Migration: The Problem of Scale in the Movement Ecology of the Serengeti Wildebeest*, in "Philosophical Transactions of the Royal Society B: Biological Science", 373, 2018, https://doi.org/10.1098/rstb.2017.0012.

## Kapitel 14
## Tödliche Düfte

Im Frühling 1875 machte der berühmte französische Entomologe und Verhaltensforscher in seinem privaten Labor eine überraschende Entdeckung: Ein eben geschlüpftes Weibchen des Wiener Nachtpfauenauges *(Saturnia pyri)* lockte 40 Männchen an.

Das wunderbare Nachtpfauenauge mit einer Flügelspannweite von 15 Zentimetern und zwei Augen auf den Flügeln zur Abschreckung von Raubtieren war in einer tuchumhüllten Glasglocke eingesperrt, in der der Entomologe seine Exemplare beobachtete; trotzdem flatterten am Tag darauf 40 männliche Exemplare im Zimmer. Wer sie angelockt hatte, war klar, die große Frage bestand im Wie. Schließlich erriet Fabre – ganz richtig –, dass die Truppe von einer flüchtigen Substanz angelockt worden war: von der „Quintessenz" des Nachtpfauenaugenweibchens, wie er sie bezeichnete.

Doch er konnte seine Theorie nicht beweisen, und erst 1959 gelang dem deutschen Biochemiker Adolf Butenandt, der 1939 für seine Sexualhormonforschung den Nobelpreis für Chemie erhalten hatte, der Nachweis, woraus diese Quintessenz bestand. Zu diesem Zeitpunkt erforschte Butenandt einen anderen, viel kleineren und dennoch weltberühmten Schmetterling, den *Bombyx mori,* besser als Seidenspinner bekannt. Der flugunfähige mehlweiße Falter, der aus der verpuppten Seidenraupe kriecht, hat nur die Aufgabe, sich fortzupflanzen.[378] Und genau wie beim Nachtpfauenauge

---

378 Die Raupe des Seidenspinners verpuppt sich, nachdem sie die Blätter des Maulbeerbaums gefressen und sich viermal gehäutet hat: Aus zwei Öffnungen neben dem Maul gibt sie einen proteinhaltigen Schaum ab, der von zwei Drüsen produziert wird und bei Luftkontakt aushärtet. Das ist Wattseide, mit der die Raupe einen Kokon um sich spinnt.

verströmen die Weibchen eine Quintessenz, die die Männchen anlockt. 1959 gelang es Butenandt, aus den Drüsen von etwa 500.000 Seidenspinnerweibchen einige Milligramm zu gewinnen: eine flüchtige chemische Verbindung, 16 Kohlenstoffatome, 30 Wasserstoffatome und ein Sauerstoffatom, in einer langen Kette verbunden, mit nur zwei Doppelbindungen: Bombykol, das erste je entdeckte Pheromon. Auf einen Schlag war es gelungen, einen direkten Beweis für die chemische Kommunikation der Tiere zu erbringen. Die Chemiker Peter Karlson und Martin Lüscher prägten dafür das Wort „Pheromon", vom griechischen *pherein,* tragen, und *hormon,* stimulieren.

Heute weiß man, dass sich in nur einem Kubikzentimeter Luft bis zu 14.000 Moleküle des von Butenandt entdeckten Bombykols befinden können und dass ein Seidenspinner-Männchen mit seinen Fühlern, die wie eine Nase funktionieren, sogar ein einziges Molekül wahrnehmen kann; um sich zu seiner Partnerin hinzubewegen, braucht er allerdings einige Hundert.

Die Fühler sind phänomenale chemische Rezeptoren (wie auch Beine und Mundfortsätze vieler anderer Insekten). Im Mikroskop sieht man, dass sie von Sensillen, winzigen Härchen, bedeckt sind, zwischen denen sich Poren verbergen, in die die Duftmoleküle eindringen. Diese werden von Geruchsbindeproteinen *(Odorant Binding Protein, OBP)*[379] gebunden und zu den Nervenzellen transportiert, die ihrerseits das Signal ans Hirn weiterleiten. Um als feine Nasen zu funktionieren, sind bei einigen Arten, etwa den Pfauenspinnern, zu denen auch das Wiener Nachtpfauenauge gehört, die Fühler der Männchen viel stärker entwickelt als die der Weibchen, damit sie die Luft besser „kosten" und jedes einzelne Pheromonmolekül aufschnappen können. Bei den Pfauenspinnern zum Beispiel sind die Fühler der Weibchen fadenförmig, während die Männchen gekämmte Fühler bzw. zweifach oder vierfach ge-

---

379 W. S. Leal, *Pheromone Reception,* in S. Schulz (Hrsg.), *The Chemistry of Pheromones and Other Semiochemicals II,* Topics in Current Chemistry Book Series, Band 240, Springer, Berlin, 2004.

kämmte Fühler haben: Entlang der Hauptachse der Fühler entspringen zwei oder vier Reihen winziger Härchen, die es den Männchen erlauben, die Duftstoffe aufzufangen, die von den Weibchen abgegeben werden, und 80 Prozent der Moleküle wahrzunehmen. Pheromone sind also in erster Linie sexuelle Botenstoffe: eine sehr komplexe Aufgabe für ein Molekül oder einen Mix verschiedener Moleküle, die den Empfänger darüber informieren sollen, welche Art, welche Gattung das Pheromon abgegeben hat, wie paarungsbereit das Individuum ist und wo es sich befindet. Und auch in diesem Fall hat wie immer im Lauf der Evolution das effizienteste und sparsamste Signal das Rennen gemacht, das mit dem geringsten Risiko für den Sender einhergeht und garantiert, dass die Botschaft ihren Empfänger erreicht. Die beste Methode besteht darin, dass nur eines der beiden Geschlechter einen speziellen artspezifischen Lockstoff abgibt und zwar nur, wenn es paarungsbereit ist: ein eindeutiges „Bereit? Dann los!".

Chemische Kommunikation beruht allerdings nicht nur auf Pheromonen. Diese sind nur ein Teil der großen Familie der Semiochemikalien, der Botenstoffe, mithilfe derer Tiere kommunizieren. Mit dem Begriff „Pheromone" bezeichnet man für gewöhnlich private chemische Botschaften, die nur von Artgenossen verstanden werden, während es drei verschiedene, unterschiedlich bezeichnete Verbindungen gibt, die der interspezifischen Kommunikation dienen oder sogar der Kommunikation zwischen Tier- und Pflanzenreich.

Das Beta-Farnesen, das von der Grünen Pfirsichblattlaus *(Myzus persicae)* abgegeben wird, ein für Artgenossen bestimmtes Warnsignal, ist ein Pheromon. Doch dasselbe Beta-Farnesen wird auch von einigen Kartoffelarten freigesetzt, um Blattläuse fernzuhalten; in diesem Fall wird es als Allomon bezeichnet, bzw. als chemische Substanz, die vorteilhaft für den Sender ist.[380] Der faulige Geruch,

---

380 R. Gibson und J. Pickett, *Wild Potato Repels Aphids by Release of Aphid Alarm Pheromone*, in "Nature", 302, 1983, S. 608–609.

den manche fleischfressenden Pflanzen abgeben, um Fliegen und andere Zweiflügler anzuziehen, ist ein Allomon. Und um die Schwarze Schildwespe – ihren Bestäuber, der gern Bienen frisst – anzulocken, setzt die auf der chinesischen Insel Hainan endemische Orchidee *Dendrobium sinense* dieselbe flüchtige Verbindung frei, mit der die Bienen das Nest vor einer Gefahr warnen.[381] In diesem Fall handelt es sich um einen richtigen chemischen Bluff – keine einzige Form der Kommunikation ist vor Lügnern und Bluffern gefeit. Ein Allomon ist für den Sender vorteilhaft, ein Kairomon dagegen für den Empfänger. Klassisches Beispiel ist das Phenylethylamin, das im Urin vieler Katzenarten vorhanden ist, bei Mäusen eine unmittelbare Panikreaktion hervorruft und sie zur Flucht bewegt. Ist ein chemisches Signal sowohl für den Sender als auch für den Empfänger vorteilhaft, spricht man von Synomon. Klassisches Beispiel ist der Duft der Blumen, die Bestäuber wie Bienen anziehen. Der Vorteil ist beidseitig: Die Blume wird bestäubt, die Biene erhält Nektar und Pollen, die sie in den Bienenstock transportiert.

Pheromone sind wasserlöslich und fettlöslich, manche sind an Proteine gebunden, andere wie Bombykol sind leicht und flüchtig, und wiederum andere so schwer, dass sie nur durch Reiben verteilt werden können. Das ist bei einigen Schmetterlingen der Fall. Die Weibchen geben flüchtige Pheromone ab, um Männchen anzuziehen, die während der Balz ein schweres Pheromon produzieren, das sie mithilfe von Ausstülpungen am Abdomen, den Coremata, auf den Fühlern der Weibchen anbringen. Diese Ausstülpungen haben unterschiedliche Formen. Meistens sind es Büschel von Drüsenhaaren, die wie kleine Besen aussehen, manchmal aber auch, wie bei der in Südostasien und in Australien heimischen Tigermotte *(Creatonotos gangis)*, spektakuläre Formen haben: Die Coremata sehen aus, als würden vier Arme aus dem Abdomen wachsen.

Eines der berühmtesten Insekten-Pheromone ist Danaidon, das nach den Monarchfaltern *(Danaidae)* benannt ist, bei denen es

---

381 J. Brodmann et al., *Orchid Mimics Honey Bee Alarm Pheromone in Order to Attract Hornets for Pollination*, in "Current Biology", 19, 2009, S. 1368–1372.

zum ersten Mal entdeckt wurde. Allerdings setzen es nicht alle Monarchfalterarten frei. Für den amerikanischen Monarchfalter *Danaus gilippus* ist Danaidon ($C_8H_9NO_2$) ein starker Liebestrank: Männchen, die größere Mengen an Danaidon produzieren, sind wahre Casanovas, während diejenigen, die weniger produzieren, einen geringeren Paarungserfolg haben. Die Männchen des bekanntesten Monarchfalters *Danaus plexippus,* eines Wanderfalters, dessen Migrationen zwischen den USA und Mexiko mehrere Generationen umspannen[382], produzieren offenbar gar kein Pheromon, reiben ihre Coremata jedoch trotzdem an den Fühlern der Weibchen, vielleicht nur zum Zweck der taktilen Stimulation.[383]

Danaidon wird aus toxischen Verbindungen, wie Pyrrolizidin-Alkaloiden, synthetisiert, die in Pflanzen vorkommen, die von den Raupen der Monarchfalter gefressen werden. Die Raupen nehmen die Alkaloide mit der Nahrung auf und setzen sie zweifach ein. Im Larvenstadium schützen sie sich auf diese Weise vor Fressfeinden, denen sie mithilfe aposematischer Färbung ihre Ungenießbarkeit anzeigen. Sobald sie ihren Lebenszyklus vollendet haben, im adulten Stadium, werden die Alkaloide noch einmal benutzt, um Pheromone zu erzeugen.

Auch der Bärenfalter *Utethesia ornatrix* verwendet diese sparsame und vorteilhafte Strategie. Die Weibchen dieses ebenso wunderschönen wie hochgiftigen Falters mit schwarz-rot-weißen Flügeln verführen ihre Partner mithilfe von Hydroxydanaidal ($C_8H_9NO_2$), das aus den Alkaloiden von Pflanzen der Gattung *Crotolaria* (Schmetterlingsblütlern) synthetisiert wird. Die Weibchen sind polygam und paaren sich während ihres einmonatigen Lebens mit

---

382 Über diese Wanderungen habe ich in „Grenzenlos. Die erstaunlichen Wanderungen der Tiere", Folio, Wien · Bozen 2021, erzählt.

383 J. Myers und L. P. Brower, *A Behavioural Analysis of the Courtship Pheromone Receptors of the Queen Butterfly,* Danaus gilippus Berenice, in "Journal of Insect Physiology", 15, 1969, S. 2117–2120; J. Meinwald et al., *Sex Pheromone of the Queen Butterfly: Chemistry,* in "Science", 164, 1969, S. 1174–1175; T. E. Pliske und T. Eisner, *Sex Pheromone of the Queen Butterfly: Biology,* in "Science", 164, 1969, S. 1170–1172; J. Myers, *Pheromones and Courtship Behavior in Butterflies,* in "American Zoologist", 12, 1972, S. 545–551.

vier bis fünf Männchen. Doch sie sind auch sehr anspruchsvoll und wählen ihre Partner aufgrund der Menge an Hydroxydanaidal: Wer mehr davon freisetzt, hat mehr giftige Alkaloide gefressen und gibt während der langen und komplexen Balz auch dem Weibchen davon ab, sodass es und die Eier vor Fressfeinden geschützt sind. Je stärker ein Männchen „duftet", desto besser eignet es sich zum Vater und perfekten Partner.

Die Balz zwischen Faltern beginnt so: In der Paarungszeit geben die *Utethesia-ornatrix*-Weibchen ein flüchtiges Sexualpheromon ab, das von den Männchen auf große Entfernungen wahrgenommen wird, manchmal bilden sie richtige „Duftchöre". Mehrere verwandte Weibchen bilden Gruppen und hinterlassen eine Pheromonspur. Sobald das Männchen da ist, vollführt es das übliche Balzritual, reibt die Coremata an den Fühlern der Weibchen und gibt ihnen Hydroxydanaidal ab. Nach dieser „Vorstellung" beginnt die eigentliche Paarung, die bis zu zwölf Stunden dauern kann. Die ersten beiden Stunden verbringt das Männchen damit, ein wertvolles Geschenk, eine Spermatophore, zu verpacken: ein mit Nährstoffen und den heißbegehrten Alkaloiden angereichertes Spermapaket. Sobald das Weibchen die Spermatophore erhalten hat, befruchtet es ungefähr 30 Eier, die aufgrund dieser Substanzen ungenießbar werden. Das ist der erste Grund, warum die Weibchen „duftende" Männchen bevorzugen. Wer mehr Hydroxydanaidal produziert, verschenkt auch Spermatophoren mit einer größeren Menge an Alkaloiden, die den Eiern größeren Schutz bieten. Der zweite Grund ist schnell erklärt: In den restlichen zehn Stunden schmiert das Männchen das Weibchen mit weiteren giftigen Alkaloiden ein, um es vor Raubtieren zu schützen. Eine fürsorgliche Geste, die sehr geschätzt wird.[384]

---

384 W. E. Conner et al., *Courtship Pheromone Production and Body Size as Correlates of Larval Diet in Males of the Arctiid Moth*, Utetheisa ornatrix, in "Journal of Chemical Ecology", 16, 1990, S. 543–552; W. E. Conner et al., *Precopulatory Sexual Interaction in an Arctiid Moth (*Utetheisa ornatrix*): Role of a Pheromone Derived From Dietary Alkaloids*, in "Behavioral Ecology and Sociobiology", 9, 1981, S. 227–235; C. Rossini et al., *Fate of an Alkaloidal Nuptial Gift in the Moth* Utetheisa ornatrix: *Systemic Al-*

Pheromone bestehen nicht unbedingt aus einzelnen Molekülen oder einzelnen chemischen Verbindungen. Vor allem Sexuallockstoffe, bei denen es darum geht, sich mit einem Artgenossen zu paaren, sind vielmehr ein Bouquet vieler Substanzen. Um die chemische Botschaft zu „personalisieren" und nicht irrtümlich einen Partner einer mehr oder weniger verwandten Art zu wählen – die das Revier teilt –, bietet die Chemie eine Vielzahl an Möglichkeiten.

Für gewöhnlich werden einem Grundmolekül verschiedene Gruppen, Doppelbindungen, ringförmige oder verzweigte Strukturen hinzugefügt. Um sicherzustellen, dass die Botschaften privat und verschlüsselt bleiben und nur von der richtigen Art entschlüsselt werden können, sind die Unterschiede mitunter noch feiner. So kommen zum Beispiel Isomere zur Anwendung, chemische Verbindungen mit der gleichen Summenformel, aber unterschiedlicher chemischer Struktur, die dieselbe Anzahl an Kohlenstoff-, Wasserstoff-, Sauerstoffatomen usw. haben, bei denen die Atome jedoch in leicht unterschiedlichen dreidimensionalen oder spiegelgleichen Strukturen angeordnet sind, sodass Eigenschaften und sogar Gerüche leicht variieren. Somit werden sie nur von der richtigen Art wahrgenommen und empfangen. Das ist eine häufig anzutreffende Methode, etwa bei den kleinen braunen, zu den Palpenmotten gehörenden Schmetterlingen der Gattung *Bryotropha*. Die Art *Bryotropha dryadella*, die in ganz Europa heimisch ist, und die in Nordeuropa heimische *Bryotropha mundella* setzen zwei unterschiedliche Tetradecadienylacetat-Isomere frei, ein Molekül mit 16 Kohlenstoffatomen, 30 Wasserstoffatomen und 2 Sauerstoffatomen. Der winzige Unterschied zwischen den beiden Isomeren besteht in der unterschiedlichen Position der Doppelbindung zwischen den beiden Kohlenstoffatomen[385]: Das reicht, damit sich in

location for Defense of Self by the Receiving Female, in "Journal of Insect Physiology", 47, 2001, S. 639–647; L. Hangkyo und M. D. Greenfield, *Female Pheromonal Chorusing in an Arctiid Moth*, Utetheisa ornatrix, in "Behavioral Ecology", 18, 2007, S. 165–173, https://doi.org/10.1073/pnas.90.14.6834.

385  R. Mozûraitis et al., *New Sex Attractants and Inhibitors for 17 Moth Species From the Families* Gracillariidae, Tortricidae, Yponomeutidae, Oecophoridae, Pyralidae *and*

Revieren, in denen beide Arten leben, die richtigen Exemplare paaren.

Hin und wieder kommt auch ein „Blend" zum Einsatz, ein Mix aus identischen Verbindungen, die jedoch unterschiedlich abgemischt werden. Falter aus der Familie der Wickler *(Tortricidae)* verwenden dasselbe Pheromonpaket mit denselben Tetradecadienylacetat-Isomeren, mischen es jedoch unterschiedlich ab, sodass verschiedene Eau de Parfums entstehen. Und dasselbe gilt für die ungefähr 40 zwischen Südamerika und den USA heimischen *Heliconius*-Falter, die unterschiedliche, aber ähnliche Färbungen aufweisen: ein hervorragendes Beispiel für Batessche und Müllersche Mimikry.[386] Die Arten, die einander nachahmen, verwenden mehr oder weniger dieselben Verbindungen, erzeugen jedoch wie erfahrene Parfümeure unterschiedliche Bouquets mit unterschiedlichen Duftnoten. Sogenannte sympatrische Arten hingegen, die im gleichen Gebiet vorkommen, stellen ihre Pheromonparfums mit jeweils anderen Ingredienzien her, damit sie sich bei der Partnerwahl nicht irren.[387]

Pheromone sind nicht nur Sexuallockstoffe, sondern erfüllen noch viele andere Funktionen. Sie können den Empfänger zu Angriff oder Flucht auffordern oder einen Alarmzustand bewirken; sie können sogar Brutpflegeverhalten auslösen, einen Wirt markieren, Artgenossen überreden, einer Spur zu folgen, oder sie zusammenrufen.

Aggregationspheromone dienen der geschlechtsunspezifischen Anziehung aus Sicherheitsgründen: Eine große Gruppe zu bilden ist ein nicht zu vernachlässigender Vorteil, die Gefahr, von einem

---

Gelechiidae, in "Journal of Applied Entomology", 122, 1998, S. 441–452; M. Tóth et al., *Sex Attractants for Male Microlepidoptera Found in Field Trapping Tests in Hungary*, in "Journal of Applied Entomology", 113, 1992, S. 342–355, https://www.pherobase.com/database/compound/compounds-detail-Z10-14Ac.php; https://www.pherobase.com/database/compound/compounds-detail-Z11-14Ac.php.

386 Der Unterschied zwischen den beiden Mimikry-Arten wurde in den ersten Kapiteln dieses Buches erklärt.

387 F. Mann et al., *The Scent Chemistry of Heliconius Wing Androconia*, in "Journal of Chemical Ecology", 43, 2017, S. 843–857.

Raubtier gefressen zu werden, sinkt, und man findet leichter einen Partner, um sich zu paaren. Deshalb werden Aggregationspheromone sowohl zu Land als auch im Wasser benutzt: etwa von den Schwimmlarven der Seepocken und anderen Rankenfußkrebsen, die an Felsen oder Schiffsrümpfen, an Muscheln und sogar am Panzer von Meeresschildkröten oder den Flossen großer Wale kleben. Um Artgenossen zu finden und sich in deren Nähe anzusiedeln, verwenden die Larven ein Glykoprotein, das von sessilen adulten Artgenossen abgegeben wird: Jede Art hat ihr eigenes chemisches Aggregationssignal, hinterlässt eine Spur im Meer, der die Larven folgen, um geeignete und sichere Plätze zu finden, an denen sich auch andere Larven schon niedergelassen haben.[388] Chemische Aggregations- und Erkennungspheromone werden auch von Gliederfüßern wie Spinnen und Skorpionen verwendet, bei denen die Mütter die Jungen auf dem Rücken tragen, oder auch von Insekten wie dem Asiatischen Marienkäfer *(Harmonia axyridis)* oder Wüstenheuschrecken *(Schistocerca gregaria)*.

Asiatische Marienkäfer sind eine ursprünglich in Asien heimische Art, die sich mittlerweile auf der ganzen Welt verbreitet hat. Sie unterscheiden sich sehr von unserem Siebenpunktmarienkäfer *(Coccinella septempunctata):* Sie erreichen eine Größe zwischen fünf und acht Millimeter und haben sehr unterschiedliche Färbungen. Manche haben gelbe, orange oder rote Deckflügel, die bis zu 21 oder gar keine schwarzen Punkte aufweisen, oder sie sind schwarz und haben zwei bis vier gelbe, orange oder rote Punkte. Im Oktober-November, wenn es kalt wird, versammeln sich die Marienkäfer zu Dutzenden oder Hunderten an warmen Orten, um zu überwintern, auch in Fensterspalten und Hauswinkeln. Der Grund ist klar: um mehr Chancen zu haben, den Winter zu überleben, die

---

388 N. Lagersson und J. Høeg, *Settlement Behavior and Antennulary Biomechanics in Cypris Larvae of* Balanus amphitrite (Crustacea: Thecostraca: Cirripedia), in "Marine Biology", 141, 2002, S. 513–526; R. D. Burke, *Pheromones and the Gregarious Settlement of Marine Invertebrate Larvae,* in "Bulletin of Marine Science", 39, 1986, S. 323–333.

Kälte zu bekämpfen und das Prädationsrisiko zu verringern. Die wichtigste Rolle bei ihrer Kommunikation spielt Pyrazin, eine aromatische organische, stickstoffhaltige Verbindung: Als Schutz produzieren die Marienkäfer hohe Mengen an 2-Isopropyl-3-Methoxypyrazin, das sie in Form eines gelben Tropfens abgeben, der auf Geweben und Wänden einen nicht zu entfernenden Fleck hinterlässt und beim Menschen sogar allergische Reaktionen hervorrufen kann. Allerdings ist IPMP keine besonders schädliche Substanz: Sie gehört zu den Methoxypyrazinen, die teuren Sauvignons den typischen Geruch nach Katzenurin verleihen. Mit einem Wort, nicht gerade der beste Duftstoff. Doch diese auf Pyrazin beruhenden Duftspuren, die von den Fäkalien und der Hämolymphe (dem „Blut" der Insekten) Jahr für Jahr in ihren Winterverstecken zurückgelassen werden, bilden die Duftspur, der die Marienkäfer folgen, um gemeinsam zu überwintern.[389]

Auch die gefürchtete Wanderheuschrecke verwendet ein spezielles Pheromon, um Schwärme mit Millionen Individuen zu bilden. 4-Vinylanisol ist ihr Aggregationspheromon, das die Artgenossen dazu bewegt, sich zu versammeln und riesengroße Schwärme zu bilden, die über lange Entfernungen wandern, als auch dazu, Melanin zu produzieren, wodurch sich ihre Färbung von grün zu gelbschwarz ändert. In der Trockenzeit sind Wüstenheuschrecken Einzelgänger, doch kaum beginnt es zu regnen und das Grün sprießt, vermehren sie sich und bilden Schwärme, verändern sich also sowohl in ihrem Verhalten wie in ihrem Aussehen. In dieser Phase frisst der Schwarm alle Pflanzen, die er findet, und die Darmflora beginnt eine wichtige Rolle zu spielen: Dank *Pantoea-agglomerans*-Bakterien, die im Darm sowohl von Larven als auch von adulten Tieren vorhanden sind, wird Guajakol ausgeschieden,

---

389 R. L. Koch, *The Multicolored Asian Lady Beetle,* Harmonia axyridis: *A Review of its Biology, Uses in Biologic Control, and Non-target Impacts,* in "Journal of Insect Science", 3, 32, 2003; C. A. Nalepa et al., *The Multicolored Asian Lady Beetle (*Coleoptera: Coccinellidae*): Orientation to Aggregation Sites,* in "Journal of Entomological Science", 35, 2000, S. 150–157.

ein wesentlicher Bestandteil des Aggregationspheromons, das auch in Fäkalien zu finden ist.[390]

Pheromone eignen sich auch dazu, sichere Plätze anzuzeigen, die sich gut zur Eiablage eignen: am besten in ruhigem Wasser und vor Raubtieren geschützt, genau neben denen anderer Weibchen derselben Art. Das wissen auch die lästigen und verhassten Stechmücken. Wenn die ersten abgelegten Eier 24 Stunden überleben, geben sie ein Pheromon ab, das andere Weibchen anzieht und sie veranlasst, hier ebenfalls Eier abzulegen. Diese Art von Pheromonen wird für gewöhnlich als MOP bezeichnet, als *Mosquito Oviposition Pheromone,* doch es handelt sich um eine Mischung aus verschiedenen artspezifischen Substanzen.[391] Bei der Südlichen Hausmücke *(Culex quinquefasciatus),* die in tropischen und subtropischen Regionen vorkommt und viele Krankheiten wie die St.-Louis-Enzephalitis überträgt, scheint 6-Azetoxy-5-Hexadecanol eine wichtige Rolle zu spielen.[392] Beim Pheromon der bekannteren und gefährlicheren Gelbfiebermücke *(Aedes aegypti),* die Gelbfieber, Denguefieber und Zikafieber überträgt, spielen hingegen Buttersäure, Capronsäure, Palmitinsäure und Palmitoleinsäure eine wichtige Rolle. Capronsäure hat sich als sehr effizient erwiesen, um Stechmücken in eine tödliche Falle zu locken. Sie besteht aus mit Capronsäure versetztem Wasser und Temephos, einem Insektizid aus der Gruppe der Thiophosphorsäureester, das die Larven im Wasser abtötet. Wenn Stechmückenweibchen mit Capronsäure in die Falle gelockt werden, schlüpfen aus 92 Prozent der Eier keine Larven.[393]

---

390  R. Dillon et al., *Exploitation of Gut Bacteria in the Locust,* in "Nature", 403, 851, 2000.

391  A. Afify und C. G. Galizia, *Chemosensory Cues for Mosquito Oviposition Site Selection,* in "Journal of Medical Entomology", 52, 2015, S. 120–130; C. E. Osgood, *An Oviposition Pheromone Associated with the Egg Rafts of* Culex tarsalis, in "Journal of Economic Entomology", 64, 1971, S. 1038–1041.

392  Y. Mao et al., *Crystal and Solution Structures of an Odorant-binding Protein From the Southern House Mosquito Complexed With an Oviposition Pheromone,* in "Proceedings of the National Academy of Sciences", 107, 2010, S. 19102–19107.

393  S.-Q. Ong und Z. Jaal, *Investigation of Mosquito Oviposition Pheromone as Lethal Lure for the Control of* Aedes aegypti (L.) (Diptera: Culicidae), in "Parasitic Vectors", 8, 28, 2015.

Es kann sehr nützlich sein, die chemischen Signale zu kennen, mit denen Insekten kommunizieren, die schädlich für den Menschen oder für die Ernte sind. Ob es sich nun um Sexuallockstoffe, um Aggregations- oder Eiablagepheromone handelt: Mithilfe des synthetisch hergestellten Pheromons lassen sich die Insekten täuschen. Pheromonfallen locken entweder Männchen an und verhindern zum Beispiel die Fortpflanzung von Schädlingen in einem Obstgarten; oder man lockt Weibchen an und verhindert, dass die Jungen schlüpfen, oder man lockt beide Geschlechter mit Aggregationspheromonen an. Der Vorteil gegenüber Insektiziden besteht darin, dass die Pheromonfallen selektiv, effizient und ökologisch sind: Sie wirken lokal und vernichten nur die schädliche Art. So wird verhindert, dass Pestizide großflächig verteilt werden und unterschiedslos viele Arten, auch Bestäuber, vernichten, während die schädliche Art langfristig Resistenzen entwickelt. Tatsächlich wird diese Methode schon in großem Stil in der Landwirtschaft eingesetzt, etwa gegen die Geißel der Obstgärten, den gefürchteten Apfelwickler *(Cydia pomonella)*, einen Falter aus der Familie der *Tortricidae,* dessen Raupe Gänge in Äpfeln, Birnen, Marillen und Quitten, Kirschen, Kastanien und Nüssen gräbt, wodurch sie ungenießbar werden und vom Baum fallen.

Eine weitere wichtige und merkwürdige Rolle spielen Pheromone bei der Übermittlung der Information „besetzt" oder „frei". Doch nicht von Toiletten ist die Rede, sondern von Wirten für Eier oder Larven, die gnadenlos von innen aufgefressen werden.

Für alle parasitoiden Arten[394] spielt es eine sehr wichtige Rolle, dass sie den Wirt mit Pheromonen markieren. Für den Parasiten

---

394 Als Parasit bezeichnet man einen Organismus, der sein ganzes Leben oder einen Teil seines Lebens auf Kosten eines anderen Organismus (des Wirts) lebt und ihm einen wenn auch nur minimalen Schaden zufügt. Parasit und Wirt sind aufgrund antagonistischer Symbiose – Parasitismus – verbunden, aus der nur der Parasit einen Vorteil zieht. Parasitoide hingegen beenden ihr Leben oder ihre parasitische Phase unweigerlich mit dem Tod des Wirtsorganismus. Die Larven der parasitoiden Insekten entwickeln sich im Körper anderer Insekten, fressen und töten sie. Bei Parasiten wird der Wirt parasitiert.

oder besser gesagt den Parasitoiden ist es sehr wichtig zu wissen, ob der eventuelle Wirt schon vom Ei oder der Larve eines Artgenossen oder einer anderen Art besiedelt wurde, damit sich kein Superparasitismus ergibt, wobei der Körper des Wirts keine ausreichende Nahrung bietet, um alle Larven zu sättigen, sie also verhungern. Im Lauf der Evolution wurden also bestimmte Pheromone eingesetzt, um zwischen besetzten und noch freien Wirten zu unterscheiden, sie werden als „Wirtmarkierungspheromone" bezeichnet. Die plausibelste Erklärung ist, dass sich eine derartige chemische Kommunikation ursprünglich als Form der Autokommunikation entwickelt hat, wobei die chemischen Signale von den Weibchen verwendet wurden, um zu vermeiden, dass ein und dasselbe Individuum zweimal besetzt wurde und die eigene Nachkommenschaft ums Überleben kämpfen musste. Im Lauf der Zeit hat sich diese Methode verfeinert und ausgeweitet und sich unabhängig voneinander bei mindestens 500 Arten von Zwei- und Hautflüglern entwickelt.[395]

Die Ordnung der Zweiflügler, zu denen Fliegen und Mücken gehören, umfasst auch die Familie der Schmarotzerfliegen, die unter dem sprechenden Namen *Larvevoridae,* Larvenfresser, bekannt ist: Unter ihnen gibt es besonders viele Parasitoide. In der Ordnung der Hautflügler, zu der Bienen, Wespen und Ameisen gehören, sind Parasitoide vor allem unter den Schlupfwespen, Brackwespen und Erzwespen verbreitet.

Doch damit nicht genug der Schrecken, denn zu den Parasiten gehören auch Wespenarten, die die Eier von Wanzen parasitieren, etwa der kleine *Trissolcus basalis* aus der Familie der *Platygastridae,* der mit Ausnahme der gelben Beine völlig schwarz ist. Wespen der Gattung *Trissolcus* sind eine wahre Plage für die Wanzen und die ganze Gruppe der *Pentatomomorpha.* Diese kleinen Wespen sind den Wanzen natürlich nicht sehr sympathisch. Der Mensch

---

395 H. C. J. Godfray, *Parasitoids: Behavioral and Evolutionary Ecology,* Princeton University Press, Princeton (NJ) 1994.

wiederum nützt sie zur biologischen Bekämpfung; sie werden in Neuseeland, Australien und den USA eingesetzt, um Wanzenpopulationen zu verringern

Die Weibchen von *Trissolcus basalis* verwenden ihre Fühler, um die von ihrem Wirtstier, vor allem der Grünen Reiswanze *(Nezara viridula)*, abgelegten Eier abzutasten. Wenn das Ei der Wanze besetzt ist bzw. schon von einem Parasitoiden bewohnt wird, beginnt die Suche von vorne; ist es hingegen frei, holt das Weibchen seinen winzigen Legebohrer hervor, steckt ihn ins Wanzenei und legt sein Ei ab. Nach begangener Tat zieht die Wespe den Legebohrer zurück und wischt ihn am Wanzenei ab, so wie man ein schmutziges Messer an einem Taschentuch abwischt. Die Dufoursche Drüse am unteren Ende des Legeapparats hat dabei wahrscheinlich die Aufgabe, das Wirtsei zu markieren. Diese Drüse produziert ein öliges Sekret, das über den Legestachel fließt. Sobald das Sekret auf dem Ei abgelegt ist, markiert es das Wirtstier, und das mittlerweile besetzte Ei wird nicht mehr von einem anderen Weibchen derselben Art beansprucht werden.

Manchen gelingt es sogar, mithilfe der Dufourschen Drüse ein Pheromon abzugeben, mit dessen Hilfe der persönliche Wirt markiert wird: Das klingt außergewöhnlich, wie *Intelligent Design,* ist aber doch nur dem Zufall der Evolution zu verdanken.

Die Schlupfwespe *(Venturia canescens)* ist eine kleine kosmopolitische Wespe, die die Larven von ungefähr 20 Käferarten parasitieren kann, die häufig Getreide und gelagertes Mehl befallen. Sie ist imstande, auf ihrem Wirtstier eine einzigartige, gewissermaßen persönliche chemische Markierung zu hinterlassen, die es ihr nicht nur erlaubt, die besetzten Raupen von den freien zu unterscheiden, sondern auch den Verwandtschaftsgrad der besetzten Raupe zu erkennen; also zu erkennen, wie die Verwandtschaftsbeziehungen mit den Nachkommen anderer Weibchen derselben Art sind, und – wenn die Verwandtschaft eindeutig ist – den Wirt zu superparasitieren, also sogar in einer besetzten Raupe ein Ei abzulegen und darauf zu vertrauen, dass der Stärkere gewinnt: hoffentlich das eigene Ei! Wie erkennt sie die Verwandtschaftsbeziehung? Dank des Pheromons, das das Wirtstier markiert: Markierungspheromone weisen bei verwandten Weibchen eine sehr ähnliche Zusammensetzung von flüchtigen Verbindungen auf, mit winzigen, vernachlässigbaren Unterschieden, während bei nicht verwandten Weibchen die Kohlenwasserstoffe sehr unterschiedlich sind. Genau das erlaubt es der Schlupfwespe, eine Entscheidung zu treffen: eine andere Raupe zu suchen oder zuzulassen, dass die eigene Nachkommenschaft mit der einer andern Wespe ums Überleben kämpft.[396]

Helikoptermütter sind hingegen die Weibchen der *Gargaphia solani*, Wanzen aus der Familie der *Tinguidae*, die sich um ihre zahlreiche Nachkommenschaft kümmern. Sie befallen Pflanzen und schützen die Jungen vor den Angriffen von Ameisen und Marienkäfern, indem sie auf- und ablaufen und ihre Larven in Sicherheit bringen. Um ihre Geschwister vor einer Gefahr zu warnen, sondern auch die Larven selbst bei all diesen Operationen aus ihren Rückendrüsen ein Bouquet von Pheromonen ab, das Geraniol und Linalool enthält, während ihre Mutter schnell die netzartigen Flügel bewegt, um eine kleine Strömung zu erzeugen, die dazu beiträgt, den Warnruf zu verbreiten.[397]

Pheromone können nämlich auch zu diesem Zweck eingesetzt werden. Nach den Sexuallockstoffen sind Alarmpheromone am meisten verbreitet. Alle Lebewesen haben ja zwei Hauptziele: sich fortzupflanzen und zu überleben. Wahrscheinlich waren die Warnpheromone ursprünglich chemische Verbindungen, die zur persönlichen Verteidigung, später jedoch auch als Warnsignal an die Nachkommenschaft oder an enge Verwandte eingesetzt wurden. Nicht selten werden diese Pheromone von Drüsen erzeugt, die mit dem Stechapparat oder ähnlichen Waffen verbunden sind.

---

396 G.C. Marris et al., *The Perception of Genetic Similarity by the Solitary Parthenogenetic Parasitoid* Venturia canescens, *and its Effects on the Occurrence Of Super-parasitism*, in "Entomologia Experimentalis et Applicata", 78, 1996, S. 167–174.

397 J.R. Aldrich et al., *Chemistryvis-à-vis Maternalism in Lace Bugs (*Heteroptera: Tingidae): *Alarm Pheromones and Exudate Defense in Corythucha and Gargaphia Species*, in "Journal of Chemical Ecology", 17, 1991, S. 2307–2322;

Das bekannteste Warnpheromon ist wahrscheinlich das der Bienen *(Apis mellifera)*, das von der Koschewnikow-Drüse in der Nähe des Stachels freigesetzt wird und mehr als 40 verschiedene Verbindungen enthält, Isoamylacetat, daneben Butylacetat, 1-Hexanol, 1-Butanol, 1-Octanol, Hexylacetat, Octylacetat und 2-Nonanol.

Dieses Alarmpheromon macht den Schwarm aggressiv, ruft Gefährtinnen aus dem Nest und zeigt ihnen, wer oder was gestochen werden soll, jeder Bestandteil hat eine eigene Funktion. 1-Benzilazetat löst das Flugverhalten aus, während drei Verbindungen – 1-Butanol, 1-Octanol und Hexylacetat – die Gefährtinnen zusammenrufen. Isoamylacetat, 1-Hexanol, Butylacetat und 2-Nonanol erfüllen ebenfalls diese Funktionen, während Octylacetat den Wespen ermöglicht, das Ziel zu erkennen; dieses wird allerdings auch erkannt, weil es sich bewegt.[398]

Vor allem für soziale Insekten sind Alarmpheromone eine mächtige Waffe: Sie dienen dazu, Verstärkung zu holen, die anderen Mitglieder der Kolonie zu warnen oder zum Angriff aufzufordern. Unglaublich, dass ein kleines flüchtiges Molekül Dutzenden oder Hunderten von Empfängern derart viele Informationen übermitteln kann: „Hilfe, kommt her, wir müssen kämpfen, wer ist der Feind, usw." Bei den sozialen Insekten geben die Pheromone ihr Bestes.

---

398  B. R. Wager und M. D. Breed, *Does Honey Bee Sting Alarm Pheromone Give Orientation Information to Defensive Bees?*, in "Annals of the Entomological Society of America", 93, 2000, S. 1329–1332.

## Kapitel 15
## Stallgeruch

Wenn ein Tier im Kampf verletzt wird, stellt das ein großes Problem dar. Außer für die Matabele-Ameise (*Megaponera analis)*, eine Ameisenart, bei der die Verletzten nach Hause transportiert und sogar von ihren Gefährtinnen gepflegt werden, wahren Sanitäterinnen, die sich um die Verwundeten kümmern.

Diese ungefähr zwei Zentimeter langen und in ganz Afrika südlich der Sahara verbreiteten Insekten führen nicht gerade ein ruhiges Leben. Tag für Tag suchen sie zwei- bis viermal ein Termitennest, greifen an und plündern. In langen Reihen, die aus 200 bis 600 Individuen bestehen, verlassen sie den Ameisenhaufen, erreichen den Termitenbau und beginnen den Kampf. Ziel des Raubzugs sind die Arbeiterinnen, die getötet, in den Ameisenbau gebracht und verspeist werden. Doch bevor sie den Sieg verkünden können, müssen die Matabele-Ameisen es mit den Soldaten der Termiten aufnehmen, die fast so groß wie die Ameisen sind und riesige Mandibeln haben, mit denen sie ihren Feindinnen Beine und Fühler abbeißen. Nach zehn Minuten ist der Raubzug beendet, die größeren Arbeiterinnen haben die überwältigten Termiten im Mund und die Gruppe ist bereit, in den Ameisenbau zurückzukehren. Und genau jetzt passiert etwas Unglaubliches.

Am Ende jedes Kampfes rufen die im Kampf versehrten Matabele-Ameisen ihre Gefährtinnen, damit sie sie in Sicherheit bringen. Die Kieferdrüse setzt ein Pheromon frei, das aus Dimethyldisulfid und Dimethyltrisulfid besteht und die Aufmerksamkeit der Gefährtinnen erregt: Diese nähern sich den verletzten

Arbeiterinnen, untersuchen sie, heben sie auf und tragen sie in den Ameisenbau, wo sie behandelt werden.

Die Erste Hilfe wird jedoch nicht allen zuteil: Schwer verletzte Ameisen, denen die Termiten mehr als drei Beine abgebissen haben, lässt man liegen. Sie würden allein nicht mehr laufen können und werden deshalb zurückgelassen. Nur die Ameisen, die eine Chance auf Überleben haben, denen nur ein Bein oder zwei Beine fehlen, werden in Sicherheit gebracht. Doch die Triage ist nicht die Aufgabe der Sanitäter, sondern der verletzten Ameisen selbst.

Eine Ameise, die ein Bein oder zwei Beine verloren hat, nimmt augenblicklich eine Art Embryohaltung an: Sie zieht die verbliebenen Beine an, damit sie leichter abtransportiert werden kann. Schwer verletzte Ameisen hingegen schlagen um sich, kollaborieren nicht, wenn Helfer kommen, und werden daher zurückgelassen. Diese Triage mag grausam erscheinen, erhöht jedoch die Überlebenschance der Einzelnen und verhindert, dass Energien auf Sterbende verschwendet werden. Sobald die Verletzten im Ameisenbau in Sicherheit sind, beginnt die „Verarztung": Die Mundwerkzeuge der Termiten, die noch immer in den Ameisen stecken, werden abgetrennt, und die Gefährtinnen lecken mehrere Minuten lang intensiv die Wunden. Man weiß nicht, ob diese Behandlung nur prophylaktisch ist, ob sie dazu dient, die Wunde zu säubern und Schmutz zu entfernen, oder ob sie tatsächlich therapeutisch ist und die Krankenschwestern antimikrobielle Substanzen auftragen, um die Gefahr von Infektionen mit Bakterien und Pilzen zu bannen. Ohne diese Behandlung würden 80 Prozent der verletzten Ameisen innerhalb von 24 Stunden sterben, nach der Behandlung sind es nur zehn Prozent.[399]

Allerdings sind nicht alle Ameisen selbstlose Krankenschwestern. Unter ihnen befinden sich auch Sklavenjägerinnen, wie schon

---

399 E. T. Frank, M. Wehrhahn und K. E. Linsenmair, *Wound Treatment and Selective Help in a Termite-hunting Ant*, in "Proceedings of the Royal Society B", 285, 2018; E. T. Frank et al., *Saving the Injured: Rescue Behavior in the Termite-hunting Ant Megaponera analis*, in "Science Advances", 3, 2017.

Charles Darwin und Edward O. Wilson erkannten, der Vater der Soziobiologie, die das soziale Verhalten von Tieren untersucht.[400] Sie sind Kriegerinnen, echte Kampfmaschinen mit kräftigen Kauwerkzeugen, die allerdings nicht imstande sind, die einfachsten, für die Aufrechterhaltung der Kolonie nötigen Aufgaben zu erledigen: Sie können weder die Jungen großziehen noch sich selbst ernähren. Zur Erledigung dieser Notwendigkeiten haben sie eine aus Sicht des Menschen nicht allzu originelle, doch sehr effiziente Lösung gefunden: Sie versklaven die Arbeiterinnen anderer Ameisenarten, die für sie alle für die Aufrechterhaltung eines Ameisenbaus und einer Kolonie nötigen Arbeiten erledigen. Sie sind soziale Parasiten, die andere versklaven.

Zu den 60 Sklavenameisenarten gehört unter anderem die rotbraune und fast einen Zentimeter große Amazonenameise *(Polyergus rufescens)*, die in Mittel- und Südeuropa lebt. Sie unternimmt regelmäßig Raubzüge in die Nester bestimmter Formica-Arten, etwa die der Rotrückigen Sklavenameise *(Formica cunicularia)*. Innerhalb weniger Minuten greifen Tausende Amazonenameisen ein Formica-Nest an und plündern es, indem sie Larven und Puppen wie kleine weiße Reiskörner mit den Mundwerkzeugen in den eigenen Bau transportieren. Nach dem Raubzug kehrt jede Amazone in ihr Nest zurück, doch die Beute wird nicht gefressen. Nach dem Schlüpfen werden die Puppen Haussklaven und erledigen die Hausarbeit, kümmern sich um den geraubten Nachwuchs und die Königin, verteidigen das Nest der Sklavenjägerinnen und sammeln Nahrung. Im Bau der Amazonenameise leben mehr oder weniger friedlich zwei Arten zusammen: Sklavenjägerinnen und Sklaven. *Polyergus* bedeutet tatsächlich „viele Arbeiten", der Name bezieht sich auf die zahlreichen Aufgaben, die von den unfreiwilligen Mitbewohnerinnen übernommen werden.

Diese unglaublichen Raubzüge und Unterwerfungen werden von einer intensiven inter- und intraspezifischen Kommunikation

---

400 O. Wilson, *Slavery in Ants*, in "Scientific American", 232, 1975, S. 32–36.

gesteuert. Die Amazonenameisen, die das eigene Nest verlassen, um ein anderes anzugreifen, hinterlassen eine beständige Duftspur. So wie der Däumling Kieselsteine auf den Weg fallen ließ, markieren sie den Weg mit Pheromonen, denen sie auf dem Nachhauseweg folgen. Im Augenblick der Plünderung setzen die Sklavenjägerinnen ein sogenanntes Propagandapheromon frei, das von einer Drüse unterhalb der Kauwerkzeuge produziert wird und für Panik bei den Bewohnern des überfallenen Nests sorgt. Im allgemeinen Durcheinander wird das Nest in aller Ruhe, ohne Kampf, geplündert. Die in jungem Alter „geraubten" Ameisen erkennen ein Leben lang den Geruch des Nests der Sklavenjägerinnen als ihren eigenen *(Imprinting)*, sie halten deren Nest für ihr eigenes Zuhause. Und die Sklavenjägerinnen halten sie für eine Art Schwestern, denen sie hingebungsvoll dienen.

Nach der Paarung dringt die Königin der Amazonenameisen mit einer Schar Soldaten in ein fremdes Nest ein und wendet eine weitere Strategie an. Sie setzt kein Propagandapheromon, sondern ein Befriedungspheromon frei: Dezil-Buttersäure, die von der Dufourschen Drüse erzeugt wird und die Aufgabe hat, die angegriffenen Ameisen weniger aggressiv zu machen, sodass sie leichter unterworfen werden können. So können die Ameisensoldaten in aller Ruhe die Hausherrin aufspüren und sie umbringen, und schon gehört die Kolonie ihnen. Innerhalb weniger Stunden wird die Thronräuberin von den Arbeiterinnen akzeptiert und umrundet, sie pflegen und nähren sie und kümmern sich auch um die Eier, aus denen neue Legionen von Sklavenjägerinnen schlüpfen werden.[401]

Hin und wieder lehnen sich die Sklavinnen jedoch auf, enthaupten ihre Unterdrückerinnen, werfen deren Eier aus dem Nest und legen nicht befruchtete ab, aus denen haploide Männchen mit

---

401 A. Mori et al., *Mating and Post-mating Behaviour of the European Amazon Ant,* Polyergus rufescens (Hymenoptera, Formicidae), in "Bolletino di Zoologia", 61, 1994, S. 203–206; A. Mori et al., *Colony Founding in* Polyergus rufescens: *The Role of the Dufour's Gland,* in "Insectes Sociaux", 47, 2000, S. 7–10.

einfachem Chromosomensatz schlüpfen. So sichern sie sich eine Nachkommenschaft, die sie bei ihrem Aufstand unterstützt. Zu den am besten erforschten Heldinnen dieser Aufstände gehört die Sklavin *Temnothorax longispinosus*, die sich gegen die Despotin *Temnothorax americanus* auflehnt: Nach einer Revolte überleben durchschnittlich 30 Prozent der Sklavenjägerinnen, gerade so viel, dass neue Raubzüge möglich sind. Die Rebellion führt also nicht zur Befreiung der Sklavinnen und auch nicht zum Zusammenbruch der Kolonie der Sklavenjägerinnen, sondern verringert nur kurzfristig die Anzahl und den Paarungserfolg der Sklavenjägerinnen. Das Ziel besteht nicht darin, sich endgültig von den Ketten zu befreien, sondern – zumindest eine Zeit lang – die Nester der anderen potenziellen Sklavinnen in der Umgebung, mit denen sie höchstwahrscheinlich verwandt sind, zu schützen. Das ist eine alternative Verteidigungsstrategie, ein Anpassungsverhalten, mit dem das genetische Erbe der Sklavenart, nicht das einzelne Individuum, geschützt wird.[402]

Was die Individuen anbelangt, so verhalten sich Ameisen wie ein Super-Organismus. Ein Ameisenbau besteht aus Tausenden Individuen, die Kasten angehören und wie Zellen eines Körpers unterschiedliche Rollen und Aufgaben haben: Die einen kümmern sich um die Fortpflanzung, die anderen um die Betreuung des Nests, wiederum andere um die Aufzucht der Nachkommenschaft oder um Nahrungsbeschaffung. Alle diese Prozesse werden von einer chemisch-taktilen Kommunikation gesteuert:[403] von der Duftspur am Boden zu freigesetzten Pheromonen, die mit den

---

402 T. Pamminger et al., *Geographic Distribution of the Anti-parasite Trait 'Slave Rebellion'*, in "Evolutionary Ecology", 27, 2013, S. 39–49; T. Pamminger et al., *Oh Sister, Where Art Thou? Spatial Population Structure and the Evolution of an Altruistic Defence Trait*, in "Journal of Evolutionary Biology", 28, 2014, S. 2443–2456; R. Savolainen und R. J. Deslippe, *Facultative and Obligate Slavery in Formicine Ants: Frequency of Slavery, and Proportion and Size of Slaves*, in "Biological Journal of the Linnean Society", 57, 1996, S. 47–58.

403 D. E. Jackson und F. L. W. Ratnieks, *Communication in Ants*, in "Current Biology", 16, 2006, S. 570–574.

Fühlern aufgenommen oder mithilfe von Trophallaxis, also wenn Nahrung von Mund zu Mund weitergegeben wird. Für manche Kasten einiger Ameisenarten ist das sogar die einzige Art der Nahrungsaufnahme, weil ihre Mandibeln zu spezialisiert sind und sich nur für andere Aufgaben eignen. Vor allem der Geruch der Kolonie wird bei der Trophallaxis weitergegeben, er wird von einer Drüse hinter dem Rachen produziert; die neugeborenen Arbeiterinnen erhalten ihn von den alten Arbeiterinnen, die sie nähren.

Chemie ist auch das Geheimnis der langen Ameisenstraßen, die uns als Kinder so fasziniert haben. Sie funktionieren genau wie bei den Amazonenameisen, die auf ihren Raubzügen Sklavinnen erbeuten. Eigene Scouts haben die Aufgabe, Nahrungsquellen zu finden, die für die Kolonie nützlich sind. In den 1960er-Jahren hat man herausgefunden, dass die bei der Suche erfolgreichen Ameisen chemische Spuren hinterlassen, um zurückzufinden: eine Duftspur, ein Pheromon, das von der Dufourschen Drüse, der Giftdrüse oder auch von der Brustbeindrüse und anderen Drüsen an den Beinen produziert wird. Mindestens zehn Drüsen können bei verschiedenen Arten das Spurpheromon hervorbringen. Das bedeutet, dass sich diese Methode mehrmals unabhängig voneinander entwickelt und einen hohen Perfektionsgrad erreicht hat, denn die Gefährtinnen erkennen aufgrund dieser chemischen Signale auch Qualität und Quantität der gefundenen Nahrungsquelle. Mit ein paar Ausnahmen. In kleineren Gesellschaften, etwa jener der *Temnothorax albipennis,* zeigt man den Gefährtinnen zuerst direkt, welcher Weg der beste zu der entdeckten Nahrungsquelle ist. Es handelt sich um eine richtige Anleitung, „Tandem" genannt: Die Ameise, die Nahrung gefunden hat, läuft zum Nest, berührt mit ihren Fühlern die Fühler einer Gefährtin[404] und fordert sie auf, ihr zu folgen, indem sie ihr den Weg buchstäblich Schritt für Schritt

---

404 Betrillerung ist die typische Kommunikationsmethode der Hautflügler: Mit den Fühlern betasten sie die Antennen und den Körper anderer Individuen, senden und erhalten auf diese Weise Signale.

zeigt: Die „Lehrerin" verzögert oder beschleunigt unterwegs den Schritt je nach Tempo ihrer Schülerin.

In den großen Kolonien, die Millionen Individuen umfassen können, funktioniert es etwas anders. Angenommen, zwei Scouts finden dieselbe Nahrungsquelle auf zwei unterschiedlichen Wegen: einem geradlinigen, kurzen und einem gewundenen, längeren. Die Ameise, die den linearen Weg genommen hat, kehrt früher ins Nest zurück und benachrichtigt eine Gefährtin; die, die den gewundenen Weg genommen hat, braucht länger. Inzwischen ist schon eine Gruppe von Scouts auf dem geraden und kürzeren Weg losgezogen, und jede einzelne markiert diesen Weg, indem sie ihr Spurpheromon abgibt. So wird der kürzere Weg immer mehr beschritten und ausgetreten, während der andere Weg ausgelassen wird. Weniger Ameisen sind auf ihm unterwegs, er wird nicht markiert, und die Spur verliert sich, weil die Duftspur verdunstet. Deshalb sieht man so oft Ameisen im Gänsemarsch einen geraden Weg verfolgen, hin und zurück. Und je nach Nahrungsmenge hat auch das Pheromon eine unterschiedliche Lebensdauer: von wenigen Minuten bis zu Jahren.

Zu den langlebigsten und beständigsten Duftspuren gehören die der Blattschneiderameisen *(Atta sp.)*, die in den USA, vor allem in Texas, in Mexiko und im Norden Südamerikas heimisch sind. Diese für tropische Wälder Amerikas typischen Ameisen ernähren sich ausschließlich vom Myzel eines Pilzes, den sie in ihren Nestern auf einem Substrat züchten, das aus gekauten Blättern und anderen Pflanzenresten besteht. Die größeren Arbeiterinnen haben die Aufgabe, Blätter zu sammeln, die als Substrat für den Pilz dienen. Mit ihren Mandibeln zerschneiden sie die Blätter der Laubbäume in große Stücke, die manchmal dreimal so schwer wie sie selbst sind, und transportieren sie ins Nest. Jede Art züchtet ihren eigenen Pilz, sie beißen regelmäßig die Enden der Pilzfäden ab und verhindern so die Bildung von Fruchtkörpern. Eine Kolonie kann Millionen Individuen umfassen, die manchmal eine Geißel für die Landwirtschaft sind: Sie sind nicht wählerisch und nutzen tatsächlich alle

Blätter. Und um den Weg zu der Pflanze zu markieren, hinterlassen sie natürlich ein Spurpheromon: Bei vielen Arten, etwa der *Atta texana* und der *Atta cephalotes,* besteht es aus reinem Methyl-4-Methylpyrrol-2-Karboxylat, Hexanal, 1-Hexanol, 3-Udecanon oder 2-Butyl-2-octanol. Bei anderen Arten, etwa der *Atta sexdens rubropilosa,* ist diese Verbindung nur in kleinen Mengen vorhanden, gemeinsam mit Methyl und Ethylphenylazetat, übertönt von 3-Ethyl-2,5-Dimethylpyrazin.[405]

Egal, ob es sich um Sklavenjägerinnen, Sanitäterinnen oder Gärtnerinnen handelt, die Methode ist immer dieselbe. Jeder Ameisenkolonie liegt eine genaue Organisation zugrunde. Das ist das Geheimnis der eusozialen Insekten. Es reicht nicht, einfach nur zusammenzuleben, die Individuen müssen zusammenarbeiten, um die Nachkommen aufzuziehen, es muss eine strenge Arbeitsteilung geben, eine Königin, die sich fortpflanzt, und eine unfruchtbare Kaste, Arbeiterinnen mit verschiedenen Aufgaben und Funktionen wie die vielen Zellen ein und desselben Organismus, außerdem muss es in einer Kolonie eine Überlagerung von mindestens zwei Generationen geben. Deshalb gehören vor allem Isoptera wie Termiten zu den eusozialen Insekten und Stechimmen wie Ameisen, Bienen und Wespen. Und die Grundlage jeder Kolonie, die wie ein Uhrwerk funktioniert, ist eine perfekte Kommunikation, ein ständiger – manchmal einseitiger, manchmal in beide Richtungen funktionierender – Austausch von Informationen.

Für alle, die in solchen sozialen Strukturen leben, spielt die Kommunikation eine entscheidende Rolle. Vor allem dient sie dazu, die Mitglieder der eigenen Kolonie zu erkennen, damit keine Fremdlinge eindringen und Sozialleistungen in Anspruch nehmen, die ihnen nicht zustehen; aber natürlich dient sie auch der

---

405 J. H. Tumlinson et al., *Identification of the Trail Pheromone of a Leaf-cutting Ant,* Atta texana, in "Nature", 234, 1971, S. 348–349; J. H. Tumlinson et al., *A Volatile Trail Pheromone of the Leaf-cutting Ant,* Atta texana, in "Journal of Insect Physiology", 18, 1972, S. 809–814; J. H. Cross et al., *The Major Component of the Trail Pheromone of the Leaf-cutting Ant,* Atta sexdens rubropilosa forel, in "Journal of Chemical Ecology", 5, 1979, S. 187–203.

Fütterung und Fortpflanzung und dazu, den artgerechten Partner zu wählen. Und es gibt auch einen regen Informationsaustausch, der die Koordination der Aktivitäten regelt: angefangen bei der Betreuung der noch hilflosen Jungen bis zum Bau und der Wartung der Nester.

Optische Signale sind nicht ideal, um gleichzeitig mit vielen Individuen zu kommunizieren: Sie sind einseitig, ab einer bestimmten Entfernung nicht mehr zu sehen, und vor allem ist es in 90 Prozent der Ameisenbaue, Termitenhügel und Bienenstöcke dunkel, und sie sind reich an Gängen. Es macht keinen Sinn, ein Licht anzuknipsen, wenn es im Stockwerk darüber nicht gesehen werden kann. Nicht einmal ein akustisches Signal ist empfehlenswert, denn es würde abgelenkt, deshalb ist die chemische Kommunikation das Mittel der Wahl.

Um einander zu erkennen und einen anderen als Mitglied der eigenen Art, der eigenen Kolonie und somit des eigenen Familienverbands zu identifizieren, um herauszufinden, welcher Kaste er angehört, welches Geschlecht er hat, wie alt und wie fit er ist, und in zweiter Linie nicht verwandte Artgenossen, Parasiten oder Fressfeinde zu erkennen, die in die Kolonie eindringen möchten, verlässt man sich auf Gerüche und spezielle Verbindungen, die von Drüsen im Exoskelett der Insekten und vor allem in der obersten Hautschicht gebildet werden.

Insekten haben nämlich kein Innenskelett, sondern ein lederartiges Exoskelett, das die inneren Organe schützt. Die oberste Schicht ist die Cuticula, die aus totem Gewebe ohne Zellen, vor allem Chitin – einem Polysaccharid wie Zellulose oder Agar Agar –, aus Fetten, Proteinen und anderen organischen Verbindungen besteht. Die spezielle Mischung aus Substanzen, die in der äußersten Schicht der Cuticula, der Epicuticula, vorhanden sind, die gerade mal ein paar Mikrometer dick ist, verleiht dem Individuum einen speziellen Geruch, der dafür sorgt, dass die eigenen Artgenossen und die Mitglieder der Kolonie erkannt werden. Vor allem Kohlenwasserstoffe und Fette spielen dabei eine wichtige Rolle: Vielleicht haben diese Fette im Lauf der Evolution zuerst eine physiologische Funktion erfüllt, nämlich eine undurchdringliche Schicht zu bilden, die Dehydrierung und Austrocknen verhindert, und wurden später für die Kommunikation zweckentfremdet.[406]

Eine Kolonie sozialer Insekten ist wie eine Festung, und Zugang wird nur den Mitgliedern gewährt, die das „Losungswort" kennen, einen in ihr Hautprofil eingeschriebenen Code, der aus der Art der Kohlewasserstoffe, Fette und Proteine in der Cuticula und ihrem jeweiligen Anteil besteht. Ein artspezifisches und koloniespezifisches Rezept, dessen Ingredienzien und Zusammensetzung man mithilfe einer Gaschromatografie/Massenspektrometrie (GC/MS) erkennen kann: einer Analyse, mit der man die einzelnen Komponenten identifizieren und quantifizieren kann.

Von den mehr als 206 Feldwespenarten (Gattung *Polistes)*, kennt man bei einem Dutzend amerikanischer und europäischer Arten die Zusammensetzung des cuticulären Profils, etwa bei der weitverbreiteten Haus-Feldwespe *Polistes dominula*: Zu ihrer Ausstattung gehören verschiedene Kohlenwasserstoffe, die für gewöhnlich aus einer langen geradlinigen Kette aus Kohlenstoffatomen, aber auch anderen Verbindungen wie Aldehyden bestehen.[407] Das Duftprofil der rotschwarzen *Polistes annularis* zum Beispiel, die im Osten der USA lebt, besteht zum Großteil aus 13,17-dimethylentriacontan, 3-Methyl-Nonakosan und 3-Methylheptacosan.[408] Das epikutikuläre Profil ist auch koloniespezifisch, es ermöglicht, zwischen unterschiedlichen Kolonien und Populationen zu unterscheiden: Das Profil der auf der Insel Capraia heimischen *Polistes dominula* ist dem der Populationen auf Korsika sehr ähnlich, wäh-

---

406 C. Bruschini et al., *Cuticular Hydrocarbons Rather Than Peptides Are Responsible for Nestmate Recognition in* Polistes dominulus, in "Chemical Senses", 36, 2011, S. 715–723.

407 F. Romana Dani, *Cuticular Lipids as Semiochemicals in Paper Wasps and Other Social Insects*, in "Annales Zoologici Fennici", 43, 2006, S. 500–514.

408 K. E. Espelie und H. R. Hermann, *Surface Lipids of the Social Wasp* Polistes annularis (L.) *and its Nest and Nest Pedicel*, in "Journal of Chemical Ecology", 16, 1990, S. 1841–1852.

rend das Profil der Kolonien auf Elba und der Isola del Giglio jenem der Populationen an der toskanischen Küste ähnelt.[409]

Doch die im Exoskelett vorhandenen Kohlenwasserstoffe erlauben nicht nur, zwischen unterschiedlichen Arten und Populationen, zwischen Koloniegefährtinnen und Fremden zu unterscheiden, sie liefern auch Informationen über Geschlecht und Alter der jeweiligen Koloniemitglieder. Larven und adulte Tiere haben unterschiedliche Gerüche,[410] so wie auch Individuen, die unterschiedlichen, fruchtbaren und nicht fruchtbaren Kasten angehören.

In einer Haus-Feldwespenkolonie gibt es: eine Königin, das Alphatier, das sich fortpflanzt; eine oder mehrere untergeordnete Betaweibchen mit entwickelten Eierstöcken; und natürlich mehrere einfache Arbeiterinnen, die die harte Arbeit erledigen. Um zwischen diesen drei Kasten zu unterscheiden, zu erkennen, wer sich fortpflanzt, und wer nicht, braucht man nur am cuticulären Profil schnuppern: In einer neugegründeten Kolonie ist das Profil des Alpha-Weibchens kaum von jenem der Beta-Weibchen zu unterscheiden, doch sobald sich die Arbeiterinnen entpuppen, wird der „chemische" Unterschied zwischen Königin, untergeordneten Weibchen mit entwickelten Eierstöcken und Arbeiterinnen ganz deutlich. Wenn die Königin abgesetzt wird oder stirbt, tritt eine neue Königin an ihre Stelle: Ein untergeordnetes Betaweibchen wird zur neuen Königin und nimmt ein ähnliches chemisches Profil an wie die ursprüngliche Königin, womit sie ihren Gefährtinnen ihren neuen Rang mitteilt.[411]

---

409 L. Dapporto, E. Palagi und S. Turillazzi, *Cuticular Hydrocarbons of* Polistes dominulus *as a Biogeographic Tool: A Study of Populations From the Tuscan Archipelago and Surrounding Areas*, in "Journal of Chemical Ecology", 30, 2004, S. 2139–2151.

410 C. Cutoneschi et al., Polistes dominulus (Hymenoptera: Vespidae) *Larvae Possess Their Own Chemical Signatures*, in "Journal of Insect Physiology", 53, 2007, S. 954–963.

411 M. Sledge, F. Boscaro und S. Turillazzi, *Cuticular Hydrocarbons and Reproductive Status in the Social Wasp* Polistes dominulus, in "Behaviour of Ecology and Sociobiology", 49, 2001, S. 401–409; L. Dapporto et al., *Timing Matters When Assessing Dominance and Chemical Signatures in the Paper Wasp* Polistes dominulus, in "Behavioral Ecology and Sociobiology", 64, 2010, S. 1363–1365.

Wenn man am Eingang einer Kolonie ohne den richtigen Schlüssel, ohne das richtige Codewort auftaucht, das für gewöhnlich aus Alkanen und Alkenen besteht, droht Ungemach[412]: Der Eindringling wird gnadenlos angegriffen. Würde man mit einem apolaren Lösungsmittel die Kohlenwasserstoffe von der Cuticula entfernen, könnte der Eindringling allerdings ungehindert eintreten: Er wäre geruchlos, ginge hinein wie mit einem Dietrich.

Es ist jedoch nicht so einfach, einen Geruch zu erkennen. Wir Menschen erkennen zum Beispiel den Geruch des Brotes, auch ohne es zu sehen, und können uns seine Form vorstellen. Wir verwechseln es zum Beispiel nicht mit Schokolade. Auch bei Wespen funktioniert es so: In den ersten Stunden nach der Geburt oder vielleicht sogar noch als Puppe erlernen sie den Geruch der Kolonie und somit ihren eigenen. Kaum sind sie geschlüpft, reichert sich die Cuticula der Neugeborenen mit hauptsächlich aus langen Ketten bestehenden Kohlenwasserstoffen an, sie imprägnieren die Haut gegen andere Gerüche.

Aufgrund genomischer Prägung, Imprinting, wobei Gene aufgrund von Umweltfaktoren verändert werden, lernen sie den Geruch der Kolonie kennen, akzeptieren ihn als vertraut und entwickeln eine Art Unverträglichkeit gegen alle nicht vertrauten Gerüche. So entsteht eine Art „Matrize": ein Geruchsmodell, das dem eigenen Geruch und dem der Kolonie entspricht und das immer, wenn jemand an die Tür klopft, abgerufen wird. Wenn dieser Lernprozess nicht stattfindet, behandeln die Puppen alle Wespen, unabhängig vom Verwandtschaftsgrad, wie Schwestern.[413]

---

412 Für das Wiedererkennen spielen weniger Kohlenwasserstoffe mit linearer Atomkette eine Rolle als vielmehr Kohlenwasserstoffe mit verzweigter Kette, Alkane mit Methylgruppen und Alkene; F. R. Dani et al., *Deciphering the Recognition Signature Within the Cuticular Chemical Profile of Paper Wasps*, in "Animal Behaviour", 62, 2001, S. 165–171.

413 G. J. Gamboa et al., *Nestmate Recognition in Social Wasps: The Origin and Acquisition of Recognition Odours*, in "Animal Behaviour", 34, 1986, S. 685–695; M. C. Lorenzi et al., *Cuticular Hydrocarbon Dynamics in Young Adult* Polistes dominulus *(Hymenoptera: Vespidae) and the Role of Linear Hydrocarbons in Nestmate Recognition Systems*, in "Journal of Insect Physiology", 50, 2004, S. 935–941.

Am Eingang der Bienenstöcke der überaus organisierten und immer fleißigen Honigbienen *(Apis mellifera)* stehen die sogenannten Wächterinnen: Arbeiterinnen, denen die überaus wichtige Aufgabe zufällt, die zurückkehrenden Arbeiterinnen mit den Fühlern abzutasten und ihren Geruch mit der Matrize abzugleichen. Die Matrize wird mithilfe von *self inspection* erzeugt: Bei ihrer Geburt schnuppern die Bienen aneinander und kreieren aufgrund ihres Geruchs ein Modell. Merkwürdigerweise scheint bei der Definition des Koloniegeruchs die Darmflora eine größere Rolle zu spielen als Genetik und Umweltfaktoren: die Gesamtheit der Mikroorganismen, die in ihrem Verdauungstrakt leben und buchstäblich von Mund zu Mund, von Magen zu Magen mithilfe von Trophallaxis weitergegeben werden. Alle Bienen einer Kolonie haben demnach dieselbe Darmflora, und jede Kolonie hat eine eigene, was für die Produktion unterschiedlicher Pheromone sorgt. Möglicherweise beeinflusst die Darmflora die quantitativen und qualitativen Aspekte der einzelnen cuticulären Profile, indem bestimmte Stoffwechselabbauprodukte der cuticulären Kohlenwasserstoffe und Fette freigesetzt werden oder nicht, oder indem die Expression und die Aktivität der Gene verändert werden, die für die Synthese dieser organischen Verbindungen verantwortlich sind.[414]

Auch in der Tierwelt gibt es nicht nur ehrliche Individuen, bereits bei den Ameisen hat man gesehen, wie sehr sie manipulieren können. Doch wie es so schön heißt: Wer anderen eine Grube baut, fällt selbst hinein. Es gibt Myrmecophagen, ameisenfressende Tiere, die in den Ameisenbau eindringen und ungestört die Larven der Ameisen fressen, als würden sie ihnen auf dem Silbertablett serviert. Wie machen sie das? Ganz einfach: Sie „verkleiden" sich als Ameisen und bluffen. Der drei bis vier Zentimeter große Kreuzenzian-Ameisenbläuling *(Phengaris rebeli)* ist ein Falter aus der Familie der Bläulinge (*Licaenidae*), der auf Bergwiesen zwischen

---

414 C. L. Vernier et al., *The Gut Microbiome Defines Social Group Membership in Honey Bee Colonies*, in "Science Advances", 6, 2020, https://doi.org/10.1126/sciadv. abd3431.

1000 und 2000 Metern anzutreffen ist, Die Rote Liste der IUCN führt ihn als bedrohte Art. Er legt seine Eier auf dem Kreuzenzian *(Gentiana cruciata)* ab, und die Raupe nährt sich zuerst einmal vom Enzian. Dann fällt sie zu Boden, verkleidet sich als Ameise, oft als Knotenameise *(Myrmica schencki),* indem sie eine chemische Substanz freisetzt, die Ameisen anlockt und dazu bringt, sie in ihr Nest zu tragen. Sobald die Raupe mit dem richtigen chemischen Schlüssel in den Ameisenbau eingedrungen ist, wird sie wie ein Pascha von den Ameisen gefüttert, die ihre eigene Brut vernachlässigen und sie sogar dem Parasiten zum Fressen anbieten. Dieser lebt im Bau weiter, verpuppt sich und fliegt schließlich als schöner Schmetterling mit himmelblauen Flügeln davon.

Die Raupe des Kreuzenzian-Ameisenbläulings *(Phengaris rebeli)* ist eine Schwindlerin, sie ergaunert sich gesellschaftliche Anerkennung, indem sie chemische Substanzen abgibt, die perfekt dem Erkennungscode der Wirtsart entsprechen. Bei allen anderen Ameisenarten würde der Trick nicht funktionieren, denn jede Schmetterlingspopulation ist darauf spezialisiert, eine eigene Ameisenart der Myrmica-Gattung zu täuschen. Sobald die hinterhältige Larve eingeschleppt worden ist, gibt sie sich als Ameisenlarve aus und wird nahezu mit bedingungsloser Liebe als solche behandelt, genährt und aufgezogen.[415]

Doch damit ist längst noch nicht alles über die chemische Kommunikation der sozialen Insekten gesagt, sie kann weder in diesem Kapitel noch in diesem Buch erschöpfend behandelt werden. Unbedingt erwähnen müssen wir allerdings noch die Königinnensubstanz, die mehr als alle anderen Pheromone der sozialen Insekten die Macht hat, zu beeinflussen und zu manipulieren: Das Pheromon der Königin hindert deren Töchter an der Eiablage, bis

---

415 J. Thomas und J. Settele, *Butterfly Mimics of Ants,* in "Nature", 432, 2004, S. 283–284; T. Akino et al., *Chemical Mimicry and Host Specificity in the Butterfly* Maculinea rebeli*, a Social Parasite of* Myrmica *Ant Colonies,* in "Proceedings of the Royal Society B", 266, 1999, S. 1419–1426; M. K. Hojo et al., *Lycaenid Caterpillar Secretions Manipulate Attendant Ant Behavior,* in "Current Biology", 25, 2015, S. 2260–2264.

sie selbst dem Tod nahe ist und jemand anderer, oft nach heftigen Kämpfen, an ihre Stelle tritt.

Die Rote Feuerameise (*Solenopsis invicta),* die so genannt wird, weil ihr Stich ein heftiges Brennen unter der Haut hervorruft, ist in den Regenwäldern Brasiliens heimisch, wurde aber auch in viele andere Länder, allerdings noch nicht nach Europa, eingeschleppt. In Natur-Dokus wird diese Ameise oft dafür gerühmt, dass sie imstande ist, Flöße aus ... Ameisen zu bilden. Wenn aufgrund von schweren Regenfällen das Nest überschwemmt wird, verketten sich Einzeltiere und Larven zu einer Art Floß, wobei sie genug Luft in den Zwischenräumen lassen, damit das Floß auf der Wasseroberfläche schwimmt, und transportieren so tage- und wochenlang Eier, Larven und Königin, bis sie wieder an Land gehen. Die Königinnensubstanz besteht aus 6-E1-Pentenyl-2-Pyranon – ein sehr komplizierter Name, um ein Molekül mit 10 Kohlenstoff-, 12 Wasserstoff- und 2 Sauerstoffatomen zu bezeichnen –, wird gleichzeitig von mehreren Drüsen freigesetzt und hat verschiedene Wirkungen: Sie bewegt die Arbeiterinnen dazu, die Königin anzuerkennen, sich um deren Eier zu kümmern (aus denen weitere sterile Arbeiterinnen hervorgehen), verhindert die Produktion männlicher Eier und bewirkt bei potenziellen zukünftigen Königinnen den Verlust der Flügel, sodass sie sich nicht an das bequeme Leben als Königin gewöhnen.[416]

Bei Honigbienen hingegen produziert die Königin in den Mandibeldrüsen die Königinnensubstanz, das *Queen Mandibolar Pheromone* (QMP), das aus mindestens 17 Hauptverbindungen und anderen, weniger wichtigen Verbindungen besteht, darunter 9-ox-2-decen-Säure (9ODA) + cis & trans 9-hydroxydec-2-enoic-Säure (9HDA) + methyl-p-hydroxybenzoat (HOB) und 4-hydroxy-3-methoxyphenylethanol (HVA). Dieses nicht sehr flüchtige Pheromon bewirkt, dass die Arbeiterinnen die Fühler der Königin

---

416 E. L. Vargo und C. D. Hulsey, *Multiple Glandular Origins of Queen Pheromones in the Fire Ant* Solenopsis invicta, in "Journal of Insect Physiology", 46, 2000, S. 1151–1159.

ablecken, und wird anderen Bienen per Trophallaxis weitergegeben. Man könnte die Königinnen als wahre Despotinnen bezeichnen, denn ihr Pheromon – das der Bienen sowie aller anderen in
Kolonien lebenden Insekten – hat vor allem einen hemmenden
Effekt: Es dient hauptsächlich dazu, Arbeiterinnen zu unterwerfen,
sich bedienen und respektieren zu lassen[417], und vor allem sorgt
es dafür, dass kein anderes Weibchen sich fortpflanzt oder eine
neue Königin zur Welt kommt. In zweiter Linie zieht es natürlich
Drohnen an, haploide Bienenmännchen, die aus nicht befruchteten
Eiern stammen. Wenn die Königin kein Pheromon mehr produzierte oder stürbe, würden die Arbeiterinnen ihre Eierstöcke akti-
vieren und innerhalb von 24 Stunden neue Königinnenzellen im
Bienenstock bauen. Auch wenn die Königin altert, verändert sich
langsam ihre Pheromonproduktion, und neue Königinnen werden
herangezogen. Wenn eine Königin stirbt, wird ohne viel Auf-
hebens eine neue gekürt.[418]

Auch Termiten erkennen sich dank cuticulärer Kohlenwasserstoffe. Jede Kolonie hat ihren eigenen Geruch, der von genetischen
und Umweltfaktoren und auch von symbiontischen Bakterien im
Darm bestimmt wird, mit deren Hilfe Pflanzenmaterial verdaut
wird.[419] Bei diesen Insekten erinnern die Königinnen an die Herz-

---

417  Manchen Autoren zufolge löste das *Queen Retinue Pheromone* (QRP) – das sich aufgrund von drei Fetten, die nicht von den Kieferdrüsen erzeugt werden, leicht von der
Königinnensubstanz unterscheidet – das Verhalten der Arbeiterinnen aus, die sich um
die Königin scharen, einen perfekten Kreis bilden, sie pflegen und nähren. C. Keeling
et al., *New Components of the Honey Bee (Apis mellifera L.) Queen Retinue Pheromone*,
in "Proceedings of the National Academy of Sciences", 100, 2003, S. 4486–4491.
418  D. Jarriault und A. R. Mercer, *Queen Mandibular Pheromone: Questions That Remain
to be Resolved*, in "Apidologie", Springer Verlag, 43, 2012, S. 292–307; K. N. Slessor
et al., *Pheromone Communication in the Honeybee (Apis mellifera L.)*, in "Journal of
Chemical Ecology", 31, 2005, S. 2731–2745.
419  F.-J. Richard und J. H. Hunt, *Intracolony Chemical Communication in Social Insects*,
in "Insectes Sociaux", 60, 2013, S. 275–291; A. M. Costa-Leonardo et al., *Chemical
Communication in Isopteran*, in "Neotropical Entomology", 38, 2009, S. 747–52;
S. Dronnet et al., *Cuticular Hydrocarbon Composition Reflects Genetic Relationship
Among Colonies of the Introduced Termite Reticulitermes santonensis Feytaud*, in
"Journal of Chemical Ecology", 32, 2006, S. 1027–1042.

königin aus *Alice im Wunderland*: Sie sind praktisch unbeweglich und dirigieren doch alle, können sogar die Anordnung im Termitenbau mithilfe minimaler chemischer Signale ändern. Termitenköniginnen sind physiogastrisch, der Hinterleib ist aufgrund der entwickelten Eierstöcke so angeschwollen, dass die Königin unbeweglich wird. Sie muss ständig geputzt und genährt werden. Allein kann sie gar nichts tun, doch sie kommandiert die ganze Kolonie mit ihrem Pheromon, das nicht mithilfe oraler, sondern analer Throphallaxis weitergegeben wird: Es wird durch den Anus ausgeschieden und dann den Arbeiterinnen und Soldatinnen oral verabreicht.[420]

Auch in diesem Fall übt der Duft, der sich bis in den letzten Winkel des Termitenbaus verbreitet, eine hemmende Wirkung aus: Er verhindert die Entwicklung neuer Königinnen, die erst beim Tod der Königinmutter „gekrönt" werden, wenn der König ein wiederum anderes Pheromon abgibt, um im Bau eine neue Gefährtin zu finden. Bei den Termiten gibt es nämlich zwei Herrscher und das Königspaar lebt in einer eigenen Ehekammer, deren Errichtung vom Königinnensekret gesteuert wird: Die Arbeiterinnen legen mit Speichel geformte Erd- und Kotkügelchen ab, wobei sie der Intensität der Pheromonspur folgen, bis sie rund um die unbewegliche Königin einen kugelförmigen Raum gebaut haben. Und wenn die Königin weiterwächst, wird die Kammer vergrößert und die Wände werden verrückt, sodass genügend Abstand zwischen dem Körper der Herrscherin und den Wänden besteht.

Eigentlich wird die Architektur des ganzen Termitenbaus vom Pheromon gesteuert. Bereits 1959 untersuchte der französische Zoologe Pierre-Paul Grassé das Verhalten der Termiten und beobachtete, wie sie ihr Nest bauen. Zuerst laufen alle Arbeiterinnen scheinbar chaotisch mit Kügelchen aus Erde, verfaultem Holz, Speichel und Kot zwischen den Mandibeln herum und legen sie wie zufällig ab.

---

420 A.M. Costa-Leonardo und I. Haifig, *Pheromones and Exocrine Glands in Isoptera*, in "Vitamins & Ormones", 83, 2010, S. 521–549.

Nach einem vom Zufall gesteuerten Schema legt jede ihren Ziegelstein neben einen anderen und erzeugt so einen attraktiven Pol. Je mehr Erdkügelchen aneinandergelegt werden, desto attraktiver wird der Pol, und so entstehen die ersten Säulen. Vom totalen Chaos geht man zu einer Phase der Selbstorganisation über, und der Termitenbau nimmt aufgrund der Interaktion mehrerer Individuen Form an, ohne vorherige Planung.

Die Termiten haben kein architektonisches Konzept, doch alles wird von einer Art Stigmergie gesteuert: einer Reaktion auf ein Duftsignal, ein Pheromon. Die ersten im Raum errichteten Säulen beeinflussen die Strömung des Pheromons: Hinter einer Säule ist das Pheromon konzentrierter und die Arbeiterinnen legen dort weiterhin Kügelchen ab, bis eine Wand entsteht.[421] Und so entwickelt sich der Termitenbau und wird von jeder Generation erweitert. Immer der Nase nach.

---

421 A.M. Costa-Leonardo und I. Haifig, *Termite Communication During Different Behavioral Activities*, in G. Witzany (Hrsg.), *Biocommunication of Animals*, Springer, Berlin, 2014.

# Epilog
## Eine Sache der Vibrationen

Am 12. Dezember 1973 erhalten drei Pioniere der Verhaltensforschung in Stockholm den Nobelpreis für Medizin und Physiologie. Nikolaas Tinbergen und die Österreicher Konrad Lorenz und Karl von Frisch teilen sich diesen Preis. Karl von Frisch ist 87 Jahre alt, hat weiße Haare mit Geheimratsecken und trägt eine runde Brille. Er liest aus seinem Werk *Über die „Sprache" der Bienen. Eine tierpsychologische Untersuchung.*[422]

Seit 70 Jahren beschäftigt sich von Frisch bereits mit Bienen. Er hat den Geruchs- und Sehsinn der Insekten erforscht, aufs Neue – nach Charles Henry Turner – bewiesen, dass Bienen Farben sehen und auf UV-Strahlen reagieren, hat die Wirkung der Königinnensubstanz untersucht, die im Inneren des Bienenstocks – dem Gesetz der Sparsamkeit folgend – für die Aufrechterhaltung der Hierarchie sorgt, beim Hochzeitsflug Drohnen anzieht und als Pheromon fungiert. Vor allem aber hat Karl von Frisch als Erster bewiesen, dass der Bienentanz bei der Rückkehr in den Bienenstock eine Art Kommunikation ist, die den Zweck hat, Gefährtinnen zu rekrutieren und ihnen den Weg zur Futterquelle zu weisen. Das gelang ihm mithilfe eines sehr eleganten Experiments: Er sorgte dafür, dass einige Bienen immer an derselben Stelle Futter fanden, und während die Bestäuberinnen tanzend in den Bienenstock zurückkehrten, ließ er den Teller mit dem Nektar verschwinden. Er täuschte sie. Tatsächlich gingen die von den Bestäuberinnen informierten Gefährtinnen leer aus: Sie flogen zu der Stelle, wo sich

---

422 *Zoologische Jahrbücher (Physiologie).* Band 40, 1923, S. 1–186.

für gewöhnlich Nahrung befand, inzwischen jedoch keine mehr war. Damit erbrachte von Frisch den Nachweis, dass die rekrutierten Bienen Hinweisen folgen, dass es eine Übermittlung von Informationen gibt und dass sie ihre Nahrung nicht „mit der Nase" suchen, wie man jahrhundertelang geglaubt hatte.

Ungefähr 100 Jahre vor von Frisch hatte bereits Nicholas Unhoch den Bienentanz beschrieben, allerdings zugegeben, dass er dessen Bedeutung nicht verstand. Für Ernst Spitzner hingegen handelte es sich nur um eine ausgefeilte Art und Weise, den Gefährtinnen im Nest den Duft der aufgesuchten Blumen zu überbringen. Karl von Frisch war es jedoch schon viele Jahrzehnte vor dem Nobelpreis in seinem Buch *Aus dem Leben der Bienen* (1927) gelungen, dessen Bedeutung zu erkennen: Mithilfe des Tanzes erzählen die Bestäuberinnen buchstäblich Schritt für Schritt ihren Gefährtinnen, was für eine Futterquelle sie erschlossen haben, welche Futterart, welche Blumen sie dort vorgefunden haben, wie weit die Quelle vom Nest entfernt ist und in welcher Richtung sie sich befindet.

Für die erste Information reicht ein kurzes Beschnuppern: Der Duft der in den Bienenstock zurückgebrachten Pollen, der Duft, mit dem die Biene imprägniert ist, teilt den Gefährtinnen augenblicklich mit, um welche Blumen es sich handelt. Doch um Informationen über Distanz und Lokalisation weiterzugeben, müssen sie tanzen.

Laut von Frisch, der sich vor allem mit der Carnica-Unterart *(Apis mellifera carnica)* der in Europa und Afrika heimischen Westlichen Honigbiene *Apis mellifera* beschäftigt hat, kann man je nach Entfernung der Futterquelle zwei Tänze unterscheiden.[423] Der *Rundtanz* dient als Information, dass sich die Futterstelle (ohne Richtungsangabe) im näheren Umkreis des Bienenstocks

---

423 K. von Frisch, *The Dance Language and Orientation of Bees*, Harvard University Press, Cambridge (MA) 1967; K. von Frisch et al., *Honeybees: Do They Use Direction and Distance Information Provided by Their Dancers?*, in "Science", 158, 1967, S. 1072–1077.

befindet, etwa im Abstand von 50 bis 70 Metern. Die Tänzerin läuft dabei im Uhrzeigersinn und gegen den Uhrzeigersinn schnell im Kreis. Für Informationen über entferntere Nahrungsquellen jenseits der 70 Meter wird hingegen der *Schwänzeltanz* benutzt.

Wenn die Biene von der Futterquelle zurückkehrt, hält sie auf einem genau definierten Areal inne, einer „Tanzfläche" am Eingang des Bienenstocks, die gerade mal zwei bis fünf Zentimeter groß ist und von chemischen Duftsignalen begrenzt wird. Nun ruft sie die Gefährtinnen, indem sie mit den Flügeln schlägt und mit dem Hinterleib schwänzelt. Sobald sie deren Aufmerksamkeit erregt hat, tanzt sie wie ein Derwisch. Sie *scheint* gerade nach vorn zu laufen, wobei sie ungefähr 15-mal in der Sekunde schwänzelt, dann wendet sie sich nach rechts und läuft zum Ausgangspunkt zurück, wobei sie einen Halbkreis beschreibt. Sie beginnt wieder von vorne, dann wendet sie sich nach links und kehrt wieder zum Ausgangspunkt zurück. Das Ganze wiederholt sie mehrere Male, sie beschreibt mit ihrem Tanz eine Art 8.

Karl von Frisch beschrieb nicht nur perfekt die „Schritte" dieser komplizierten Choreografie und deren Abfolge, sondern fand auch heraus, dass jeder einzelne Schritt einer Botschaft entsprach. Die Entfernung der Futterquelle wird durch die Anzahl der Wiederholungen und die des Schwänzelns angegeben, also durch die Zahl der Durchläufe der geraden Strecke pro Zeiteinheit. Die Richtung, in die die Bienen fliegen müssen, wird hingegen durch die Ausrichtung des Schwänzeltanzes mitgeteilt.

Karl von Frisch hat die Verhaltensforschung revolutioniert, und die meisten seiner Entdeckungen und Intuitionen haben sich als wahr erwiesen.

Heute weiß man jedoch viel mehr, als von Frisch herausgefunden hat. Man weiß zum Beispiel, dass die beiden Tänze, die von Frisch als unterschiedlich beschrieb, der Rundtanz und der Schwänzeltanz, im Grunde ein einziger variabler Tanz sind, wobei Rundtanz und Schwänzeltanz die Extreme einer einzigen

Bewegungsart sind.[424] Je größer die Distanz zwischen Bienenstock und Nahrungsquelle ist, desto mehr wird der Rundtanz zu einem Übergangstanz, und wenn die Distanz noch größer ist, wird er zu einem echten Schwänzeltanz. Die Italienische Biene *(Apis mellifera ligustica)* vollführt bei einer Entfernung bis zu 20 Metern einen Rundtanz, darüber hinaus einen Übergangstanz, und wenn die Entfernung größer als 40 Meter ist, vollführt sie einen Schwänzeltanz. Wenn Sie es noch genauer wissen wollen: Die Distanz, die über die Art des Tanzes entscheidet, variiert von Unterart zu Unterart, während es bei einzelnen Populationen kleine Unterschiede beim Schwänzeltanz und der Form des Halbkreises der 8 gibt. Und seit von Frischs Zeiten hat man auch herausgefunden, dass nicht nur Vögel und Wale, sondern auch Honigbienen Dialekte sprechen. Doch offenbar stellen diese kein Hindernis beim wechselseitigen Verständnis dar. 2008 hat man in einer Studie herausgefunden, dass eine sowohl aus Östlichen Honigbienen *(Apis cerana)* als auch aus Italienischen Bienen bestehende Kolonie sogar imstande ist, sich eine „Fremdsprache" anzueignen. Das ist ein Indiz, dass bei diesem Tanz das Erlernen eine wichtige Rolle spielt, die genaueren Umstände hat man jedoch noch nicht herausgefunden.[425]

Karls von Frischs Annahmen – dass der Tanz Informationen zur Art der Futterquelle, dessen Lage und der Menge und Verfügbarkeit an Futter liefert[426]– wurden mehr oder weniger bestätigt, allerdings mit Einschränkungen. Bezüglich der Parameter, mit

---

424 K. E. Gardner et al., *Do Honeybees Have Two Discrete Dances to Advertise Food Sources?*, in "Animal Behaviour", 75, 2008, S. 1291–1300; T. E. Rinderer und L. D. Beaman, *Genic Control of Honey Bee Dance Language Dialect*, in "Theoretical and Applied Genetics", 91, 1995, S. 727–732;

425 S. Su et al., *East Learns From West: Asiatic Honeybees Can Understand Dance Language of European Honeybees*, in "Plos One", 3, 2008; J. L. Gould und W. F. Towne, *On the Evolution of the Dance Language: Response to Dyer and Seeley*, in "American Naturalist", 134, 1989, S. 156–159; F. C. Dyer und T. D. Seeley, *Dance Dialects and Foraging Range in Three Asian Honey Bee Species*, in "Behavioral Ecology and Sociobiology", 28, 1991, S. 227–233.

426 K. von Frisch, *Aus dem Leben der Bienen*, 1927.

denen die Bienen Distanz und Richtung der Nahrungsquelle angeben, hatte von Frisch viel, aber nicht alles verstanden.[427] Er hatte angenommen, die Frequenz der Kreise und die Dauer des Schwänzelns hätten etwas mit der Distanz zu tun. Doch in jüngster Zeit hat man herausgefunden, dass nur das Schwänzeln mit der Distanz zu tun hat: Je länger es dauert, desto weiter ist die Nahrungsquelle entfernt. Doch die Bienen sind nur dann exakt, wenn die Entfernung nicht größer als einige Hundert Meter ist – ein Schwänzeln von einer halben Sekunde zum Beispiel entspricht einer Entfernung von 300 Metern –, doch je weiter die Futterquelle entfernt ist, desto ungenauer werden ihre Angaben.

Doch wie messen die Bienen die Entfernung? Mit Flügelschlägen? Als von Frisch die Sprache der Bienen entschlüsselte, nahm er an, die Insekten würden die Entfernung aufgrund des Energieverbrauchs berechnen. Das ist gewiss eine interessante Hypothese, doch wie berechnet man den Energieverbrauch? Aufgrund der Müdigkeit? Schon leichter Gegenwind kann die Wahrnehmung völlig verfälschen, ganz zu schweigen davon, dass jüngere und fittere Bienen auf demselben Weg vielleicht weniger Energie verbrauchen. Hier irrte von Frisch also. Inzwischen weiß man, dass die Bienen die Entfernung zwischen Bienenstock und Nahrungsquelle dank eines komplizierten optischen Kilometerzählers buchstäblich „auf Sicht" berechnen: Das an den fliegenden Bienen vorbeiziehende Bild der Umgebung, der sogenannte optische Fluss, dient ihnen als Kilometerzähler. Nach ihm berechnen sie ihre Geschwindigkeit und die zurückgelegte Entfernung. So wie wir die Landschaft aus dem Zugfenster betrachten und anhand der Schnelligkeit, mit der ein Baum vorbeizieht, erkennen, wie schnell der Zug fährt.

Doch dieser optische Kilometerzähler wird nur nach der Mahlzeit, beim Rückflug in den Bienenstock aktiviert. In diesem Augenblick wird die zurückgelegte Entfernung im Gedächtnis

---

427 A. Michelsen et al., *How Honeybees Perceive Communication Dances, Studied by Means of a Mechanical Model*, in "Behavioral Ecology and Sociobiology", 30, 1992, S. 143–140.

gespeichert. Das ist eine schlaue Lösung, denn der Rückflug in den Bienenstock ist geradlinig und kürzer, während der Hinflug ein Erkundungsflug ist. Die Entfernung während des Hinflugs zu speichern, würde das Ergebnis verfälschen, der Weg würde länger erscheinen und die Gefährtinnen würden zu weit fliegen.

Die Dauer des Schwänzeltanzes ist somit ein Hinweis auf die Distanz, die die Bienen ihrer Messung nach auf dem Rückflug zurückgelegt haben. Doch es gibt immer ein „aber": Der optische Kilometerzähler wird sehr von der Art der Landschaft beeinflusst, die sie durchfliegen. Zwei identisch lange, 200 Meter lange Strecken in unterschiedlichen Landschaften werden unterschiedlich bewertet: Die Strecke in einer abwechslungsreichen, landwirtschaftlich genutzten Landschaft mit Feldern, Bäumen, Häusern, Ställen und Straßen erscheint den Bienen viel länger als eine genauso lange eintönige Strecke über eine Wiese. Die erste Strecke wird demnach in einen viel längeren Schwänzeltanz „übersetzt". Je strukturierter und abwechslungsreicher die Umgebung ist, desto länger ist die wahrgenommene Strecke, da die Biene mit ihren Augen mehr Objekte „zählt". Die wahrgenommene Entfernung wird durch Überfluss verfälscht.

Doch diese scheinbare Fehlerhaftigkeit des Kilometerzählers bereitet den Bienen überhaupt keine Probleme: Alle haben denselben Kilometerzähler, sie nehmen die Umgebung auf dieselbe Weise wahr und bemessen die Entfernung auf dieselbe Weise. Außerdem fliegen die rekrutierten Bienen in dieselbe Richtung, durchfliegen also dieselbe Landschaft und sehen dieselben Bilder. Sie durchfliegen dieselbe Strecke wie die Tänzerin, machen also denselben „Fehler".

So hat man zum Beispiel berechnet, dass eine Millisekunde Schwänzeltanz im Fall der Italienischen Honigbiene einer Bildverschiebung von 17,7 Grad entspricht.[428] Bei diesem Tanz wird also

---

428 M. V. Srinivasan et al., *Honeybee Navigation: Nature and Calibration of the "Odometer"*, in "Nature", 287, 2000, S. 851–853.

nichts dem Zufall überlassen, auch nicht die Hinweise für die Richtung, in die die Bienen fliegen müssen, die immer in der Schwänzelphase abgegeben werden.

Eine ganz einfache Situation: Eine Biene, etwa die Zwerghonigbiene *(Apis florea)*, tanzt außerhalb des Bienenstocks auf einer horizontalen Fläche. In diesem Fall zeigt die Tänzerin während des Schwänzelns in die Richtung, in die ihre Gefährtinnen fliegen müssen. Bezugspunkt ist der Sonnenstand. Wenn sich die Blumen – vom Bienenstock aus gesehen – in einem Winkel von 30 Grad rechts der Sonne befinden, dann führt die Tänzerin den Schwänzeltanz in einem Winkel von 30 Grad zur Horizontalen, mit dem Kopf nach oben, auf.

Die heimische Westliche Honigbiene baut ihr Nest hingegen von Natur aus in Baumhöhlen und die Waben mit der „Tanzfläche" hängen vertikal. Das sieht auf den ersten Blick nach einer totalen Katastrophe aus, doch die Bienen haben eine außergewöhnliche Lösung gefunden: Sie nehmen die Schwerkraft als Bezugspunkt.

Der Winkel zwischen Sonne und Nahrungsquelle wird als Winkel zwischen dem Lot und der Richtung dargestellt, in die die Biene beim Schwänzeltanz zeigt. Wenn sich die Nahrungsquelle 30 Grad rechts der Sonne befindet, dann zeigt die Biene, die auf der Vertikalen tanzt, in eine Richtung, die sich in einem Winkel von 30 Grad zur Lotrichtung befindet, mit dem Kopf nach oben.

Wenn man sich den Tanz auf einer Uhr vorstellt, zeigt die Biene auf Eins, während die Schwerkraft dem auf Zwölf zeigenden Minutenzeiger entspricht. Doch damit nicht genug. Bienen nehmen den sich verändernden Stand der Sonne zur Kenntnis, die sich pro Stunde um 15 Grad nach Westen bewegt. Wenn es schon eine Zeit lang her ist, dass die Biene die Blumen gesehen hat, dann korrigiert sie bei ihrem Tanz den Winkel und passt ihn an den aktuellen Sonnenstand an. Wie Matrosen beim Navigieren berechnen die Bienen die Route aufgrund der Gestirne, bzw. des Gestirns schlechthin, und korrigieren ihn ständig nach der verflossenen Zeit. So zeigen sie ihren Gefährtinnen die richtige Richtung.

Es gibt unterschiedliche Tänze, manche sind sehr lebhaft, manche weniger. Bienen beschränken sich nicht darauf, die Lage der Futterquelle und die Art der Blumen anzuzeigen, sie teilen den Gefährtinnen auch noch eine Art persönlicher Einschätzung mit, wie eine Rezension auf TripAdvisor. Sie geben ein summarisches Urteil über die Qualität des Futters, aber auch über eventuelle Schwierigkeiten an der Futterstelle ab. Je reichhaltiger die Nahrungsquelle und je höher der Zuckergehalt des Nektars ist, desto lebhafter ist der Tanz, bzw. desto länger dauert er und desto zahlreicher sind die Schwänzelphasen. Die Tänzerin kehrt schneller zum Ausgangspunkt zurück, um auf der geradlinigen Strecke wieder mit dem Schwänzeln zu beginnen, dessen Länge und Dauer bleiben jedoch gleich. Mit einem Wort, wenn die Futterquelle die Mühe wert ist, dann tut die Tänzerin alles, um die Gefährtinnen zu überzeugen, und legt einen enthusiastischen Tanz hin. Wenn die Futterquelle hingegen nicht optimal ist oder wenn es Schwierigkeiten auf dem Weg gibt (etwa Gegenwind oder viele Fressfeinde wie die Bienenfresser *Merops apiaster,* bunte Vögel, die gern Bienen und Wespen fressen), ist der Tanz weniger lebhaft und weniger überzeugend.[429]

Wie aber hat sich eine derart komplexe und vielschichtige Kommunikationsform entwickelt, die sogar Dialekte umfasst und unter Berücksichtigung des Sonnenstands und des Erdmagnetfeldes äußerst genaue Informationen übermittelt?

Laut dem deutschen Zoologen und Verhaltensforscher Martin Lindauer, der als Erster eine Hypothese zur Evolution des Bienentanzes aufgestellt hat, ist der Tanz entstanden, um einen idealen Ort zum Bau eines neuen Stocks anzugeben, und ist wie immer unter dem Aspekt der Sparsamkeit erst später als Information über Nahrungsquellen zweckentfremdet worden. Tatsächlich kommt der Schwänzeltanz auch während des Schwärmens und der Wohnungssuche beim Schwärmen zum Einsatz: Während der Großteil

---

429  T. Seeley et al., *Dancing Bees Tune Both Duration and Rate of Waggle-run Production in Relation to Nectar-source Profitability,* in "Journal of Comparative Physiology A", 186, 2000, S. 813–81.

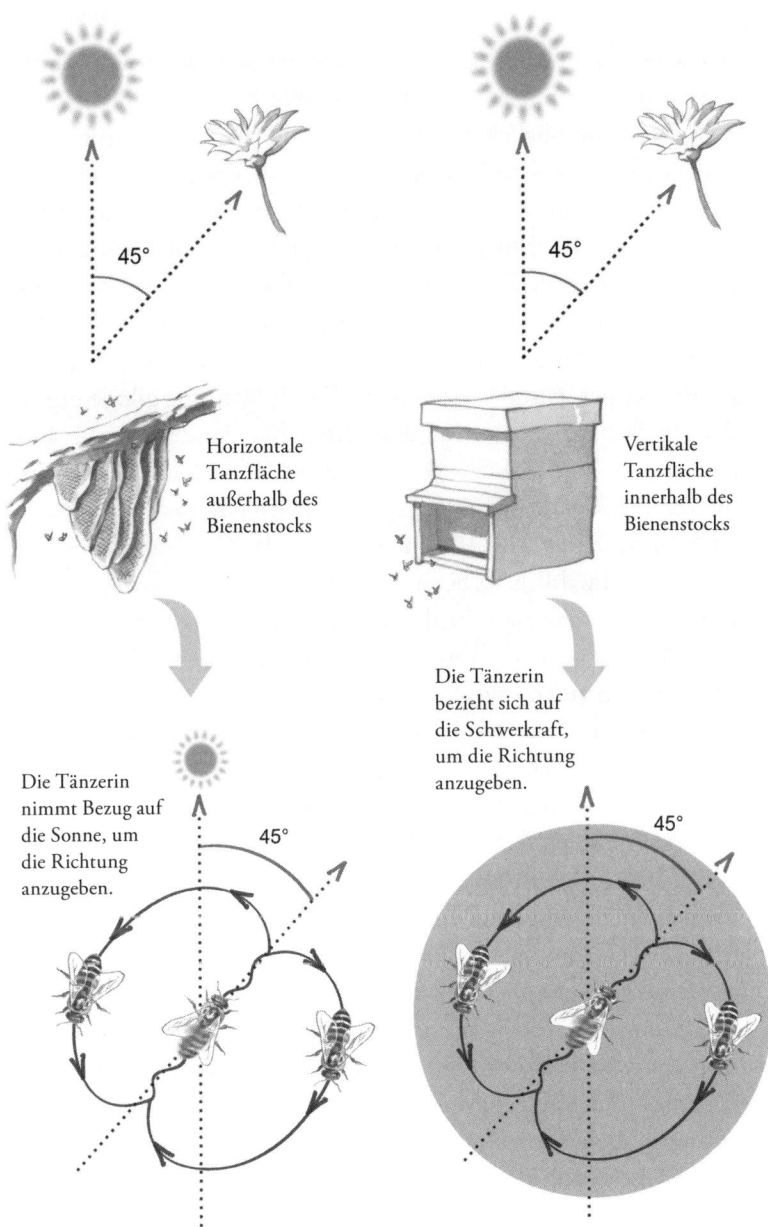

45°

45°

Horizontale
Tanzfläche
außerhalb des
Bienenstocks

Vertikale
Tanzfläche
innerhalb des
Bienenstocks

Die Tänzerin
bezieht sich auf
die Schwerkraft,
um die Richtung
anzugeben.

Die Tänzerin
nimmt Bezug auf
die Sonne, um
die Richtung
anzugeben.

45°

45°

**Bienen teilen ihren Gefährtinnen mithilfe eines komplexen Tanzes
die Lage einer Nahrungsquelle mit.**

des Schwarms als Traube auf einem Zweig wartet, suchen die Spur- oder Scoutbienen – ca. fünf Prozent aller Bienen – einen neuen Nistplatz, und möglicherweise bewerten sie die Ausgesetztheit, die Feuchtigkeit, die Größe, den Abstand vom Boden, die Nähe zu Wiesen und Blumen, wie gut er beschützt ist., usw. In einem Schwarm von 1000 Bienen gehen rund 50 Scouts auf Erkundungs- tour, und wenn ein Teil von ihnen mit Informationen zu potenziel- len Nistplätzen zurückkehrt, muss entschieden werden, welcher der beste ist, um mit dem Bau zu beginnen. Jeder Scout tanzt zuguns- ten des eigenen Nistplatzes, und wie für die Nahrung gilt: Je besser der Nistplatz bewertet wird, desto lebendiger ist der Tanz. Dank einer Studie von Kirk Visscher wissen wir heute, dass die Scouts die von den Gefährtinnen angegebenen Nistplätze nach und nach auch besuchen und es sich unter Umständen „anders überlegen", das heißt, allmählich aufhören, zugunsten ihres Nistplatzes zu tan- zen, der offenbar auch in ihren Augen mangelhaft ist, und der Schwarm wie bei einer Abstimmung versucht, zu einer Mehrheits- entscheidung zu gelangen.[430]

Soweit man heute weiß, hat die erste im Lauf der Evolution auf- getretene Rekrutierung wahrscheinlich aus einfachen Bewegungen wie Schütteln, Zick-Zack-Bewegungen, Summen und Schubsen bestanden, die einfach die Absicht verfolgten, die Gefährtinnen aufzufordern, loszufliegen und Nahrung zu suchen, allerdings noch nicht, derart genaue und umfangreiche Informationen zu ge- ben. Ungefähr so, wie wenn wir jemanden mit einem Ellbogenstoß auf etwas aufmerksam machen. Aus diesen ersten unkoordinierten und plumpen Schritten hat sich dann wahrscheinlich der Schüttel- tanz entwickelt: Die Bienen haben begonnen, den Hinterleib in Richtung der Nahrungsquelle zu schütteln, wie um zu sagen: „Fliegt in diese Richtung!" Und schließlich hat sich die Form der 8 entwickelt, damit die Tänzerin mehr Kreisbewegungen auf ein

---

430 T. Seeley und P. K. Visscher, *Group Decision Making in Nest-site Selection by Honey Bees*, in "Apidologie", 35, 2004, S. 101–116, https://www.americanscientist.org/article/group-decision-making-in-honey-bee-swarms.

und derselben Stelle ausführen kann und damit ihr die Gefährtinnen folgen können, womit die Methode, genaue Hinweise zu Richtung und Entfernung zu geben, immer mehr perfektioniert wurde. Der Schütteltanz ist wahrscheinlich auf einer horizontalen Tanzfläche entstanden, außerhalb des Stocks und im Licht, und erst später hat sich die vertikale Variante in der Dunkelheit mit Berücksichtigung des Erdmagnetfeldes entwickelt. Arten wie die Zwerghonigbiene und die Buschhonigbiene *(Apis andreniformis)*, die horizontale Tanzflächen im Freien haben, vollführen einen etwas einfacheren Schütteltanz; die Bienen hingegen, die in der Höhle vertikale Nester bauen, wie die Westliche Honigbiene *(Apis mellifera)* und die Östliche Honigbiene *(Apis cerana)* oder von Ästen hängende Nester wie die Riesenhonigbiene *(Apis dorsata)* oder die Kliffhonigbiene des Himalajas *(Apis laboriosa)* vollführen einen komplexeren Tanz.[431]

Der Schwänzeltanz ist gewiss eine komplexe Kommunikationsart, doch es gibt Zweifel, ob man ihn als eine richtige Sprache ansehen kann (bei der jedes Zeichen eine Bedeutung hat). Der Schwänzeltanz wäre demnach der Signifikant, das „Symbol", mit dessen Hilfe der Signifikat, die Bedeutung, also die Lage der Nahrungsquelle bezeichnet wird. Doch abgesehen davon ist der Schwänzeltanz keine Sprache mit Grammatik und Syntax, und manche äußern sogar Zweifel an seiner Effizienz.

Kritiker haben angemerkt, dass Honigbienen einem Tanz beiwohnen, dessen Informationen sie eigentlich nicht verstehen, und dass nahezu 93 Prozent der Bienen weiterhin die altbekannten Nahrungsquellen frequentieren.[432] Manche Bienen beobachten sogar mehr als 50 Schwänzeltänze, ohne zu dem angegebenen Ort zu fliegen, während andere schon nach fünf Tänzen dorthin fliegen.

---

431 A. B. Barron und J. A. Plath, *The Evolution of Honey Bee Dance Communication: A Mechanistic Perspective*, in "Journal of Experimental Biology", 220, 2017, S. 4339–4346; M. Lindauer, *Communication Among Social Bees*, Harvard University Press, Cambridge (MA) 1961.

432 C. Grüter et al., *Informational Conflicts Created by the Waggle Dance*, in "Proceedings of Biological Sciences", 275, 2008, S. 1321–1327.

In anderen Studien wurde sogar bewiesen, dass die Arbeiterinnen nur in zehn Prozent aller Fälle die von der Tänzerin erhaltenen Informationen nutzen.[433]

Hat von Frisch sich also geirrt? Haben Lindauer und Visscher umsonst mit unendlicher Geduld die Brust von Hunderten von Bienen gefärbt, um sie wiederzuerkennen und die Informationen ihrer Tänze zu interpretieren? Ist das ganze Durcheinander gar keine Kommunikation?

Doch, natürlich handelt es sich um echte Kommunikation, allerdings werden die Angaben des Schwänzeltanzes unter Umständen nicht so genau befolgt wie bisher angenommen. Wenn eine Biene ins Nest zurückkommt und einen sehr lebhaften Tanz aufführt, folgen ihr die anderen nicht blindlings. Wahrscheinlich spielt die persönliche Erfahrung eine große Rolle, oder vielleicht gibt es einen Widerspruch zwischen privater und sozialer Information, die mithilfe des Tanzes übermittelt wird. Unter dem Aspekt des Energieaufwands kann es außerdem aufwendiger sein, Aufforderungen zu befolgen als auf unabhängige Weise Futter zu suchen. Solange die eigene Quelle vielversprechend und die Beute ergiebig ist, lohnt sich ein Wechsel nicht, nicht zuletzt, weil es vorteilhafter ist, die Nahrungsquellen aufzuteilen und keine Konkurrenz zu schaffen. Wenn die private Quelle jedoch allmählich versiegt oder neue Probleme wie Wetterverhältnisse oder Raubtiere auftauchen, neigen die Bienen eher dazu, zuzuhören und die Anregungen der anderen aufzunehmen.[434]

Dasselbe könnte auch für das Suchgebiet gelten. In gemäßigten Klimazonen, in denen die Nahrung gleichmäßiger verteilt ist, nei-

---

433 C. Grüter und M. W. Farina, *The Honeybee Waggle Dance: Can We Follow the Steps?*, in "Trends in Ecology & Evolution", 24, 2009, S. 242–247; A. Dornhaus und L. Chittka, *Why do Honey Bees Dance?*, in "Behavioral Ecology and Sociobiology",55, 2004, S. 395–401.

434 H. Al Toufailia et al., *Persistence to Unrewarding Feeding Locations by Honeybee Foragers (*Apis mellifera*): The Effects of Experience, Resource Profitability and Season*, in "Ethology", 119, 2013, S. 1096–1106; C. Gruter und F. L. Ratnieks, *Honeybee Foragers Increase the Use of Waggle Dance Information When Private Information Becomes Unrewarding*, in "Animal Behaviour", 81, 2011, S. 949–954.

gen die Bienen dazu, ihren Gewohnheiten treu zu bleiben. In den Tropen hingegen besteht die Nahrungsquelle mitunter aus einem einzigen blühenden Baum, der bald verblüht, die Bienen sind unter Umständen weit entfernt, deshalb ist es lebensnotwendig für die ganze Kolonie, den Anweisungen zu folgen. Im Wesentlichen garantiert der Schwänzeltanz im Fall von Nahrungsnot das Überleben der Kolonie: Wenn eine einzelne Biene ausreichend Nahrung findet, reicht das, damit sie die ganze Kolonie in fruchtbarere Gebiete führt und sie unergiebige Bereiche meiden.[435]

Doch in einer Sache hatte von Frisch sich tatsächlich geirrt. Beim Schwänzeln bewegt sich die Biene nicht, sondern bleibt auf der Stelle. Oder besser gesagt, sie bewegt sich nicht schwänzelnd, sondern sie geht entweder oder sie schwänzelt. Mit modernen Zeitlupenaufnahmen konnte man nachweisen, dass die Biene in dem Augenblick, indem sie ihren Hinterleib schüttelt, unbeweglich und fest mit den Beinen an der Wabe verankert ist und sich nach vorne beugt. Und die Brustmuskulatur – die auch zum Fliegen benötigt wird – bringt den Hinterleib in einer Frequenzbreite zwischen 230 und 270 Hz zum Schwingen. Genau diese Vibrationen spielen eine entscheidende Rolle: Sie setzen sich vom Hinterleib zu den Beinen fort, und von dort weiter zu den Wabenzellen. Sie laufen an den Zellrändern entlang, versetzen Zellen und Wachs in Schwingung und werden von den Beinen der „Zuschauerinnen" wahrgenommen. Dank des bebenden Bodens verstehen sie, wo die Tänzerin ist, und folgen dem Tanz. Sobald sie bei ihr sind, befühlen sie mit ihren Antennen den Körper der Tänzerin, die schwänzelt und rhythmisch ihre Fühler hin- und herbewegt.[436] Offenbar sendet die

435 M. Beekman und J. B. Lew, *Foraging in Honeybees—When does it Pay to Dance?*, in "Behavioral Ecology", 19, 2008, S. 255–261; F. C. Dyer, *The Biology of the Dance Language*, in "Annual Review of Entomology", 47, 2002, S. 917–949; C. Grüter et al., *Informational Conflicts Created by the Waggle Dance*, in "Proceedings of Biological Sciences", 275, 2008, S. 1321–1327.

436 K. Rohrseitz und J. Tautz, *Honey Bee Dance Communication: Waggle Run Direction Coded in Antennal Contacts?*, in "Journal of Comparative Physiology A", 184, 1999, S. 463–470.

Tänzerin während des Tanzes auch elektrische Impulse aus, die ebenfalls eine wichtige Rolle bei dieser komplexen sozialen Kommunikation spielen.[437] Die Rekrutierung der Gefährtinnen erfolgt also mithilfe eines mechanischen Signals, mithilfe von Vibrationen, in dem auch die Botschaften bezüglich der Lage kodifiziert sind, und nicht nur nach Augenschein.

Doch die Kommunikation der Bienen ist kein Sonderfall und auch nicht selten. Es gibt zahlreiche Arten, die mithilfe von Vibrationen kommunizieren.

*Gerridae* sind Wasserläufer, die ihren Namen der Fähigkeit verdanken, über das Wasser zu gleiten, indem sie die Oberflächenspannung ausnützen und nur die mittleren und hinteren Beinpaare aufsetzen. Ihre Kommunikation und ihre Balz beruhen auf den Vibrationen – feinen Wellen –, die sie mit den Beinen auf der Wasseroberfläche erzeugen. Männchen und Weibchen leben in getrennten Revieren; um sich einem Weibchen zu nähern, schicken die langbeinigen Insekten zuerst einmal ein Abstoßungssignal mit 25 Hz, und wenn das Weibchen nicht antwortet und seinerseits ein Abstoßungssignal sendet, beginnt das Männchen es mit Vibrationen mit drei Hz zu umwerben. Bis das paarungsbereite Weibchen den Hinterleib senkt und dem Männchen erlaubt, es zu besteigen.

Bei vielen Spinnen besteht die Balz darin, dass sie wie bei einem perfekten Arpeggio zart an Fäden zupfen, bis sie artspezifische Vibrationen hervorrufen, an denen sie als Artgenossen und nicht als Beute erkannt werden. Bei den Winkerkrabben, der in Mittel- und Südamerika heimischen Gattung *Uca*, haben die Männchen eine riesige Schere, die viel entwickelter ist als die andere; mit ihr kämpfen sie und führen spezielle Tänze auf, um die Weibchen zu verführen. Bei diesen Liebestänzen halten die Männchen die entwickelte Schere in die Luft und schwenken sie, und hin und wieder klopfen sie damit auch auf den Sand, um verführerische Vibratio-

---

437 U. Greggers et al., *Reception and Learning of Electric Fields in Bees*, in "Proceedings of Biological Sciences", 280, 2013.

nen zu erzeugen. Auch in diesem Fall sind die Vibrationen artspezifisch. Sie reichen, um eine reproduktive Isolation zu erzeugen, dank der die Weibchen ihre Artgenossen erkennen und sich nur mit denen paaren, die dieselbe Sprache sprechen – oder klopfen.[438]

Hin und wieder sind die Vibrationen auch ein Warnsignal, das wie ein Erdbeben wirkt. Das ist bei den afrikanischen Termiten (*Macrotermes bellicosus*) der Fall, mit ihrer Körperlänge von gut einem Zentimeter die größten der Welt. Ihr Alarmsignal wird als *drumming* bezeichnet, sie trommeln so laut auf den Boden, dass die ganze Kolonie in Aufruhr versetzt wird. Jede Termite, die die Vibrationen zur Kenntnis nimmt, reproduziert das Signal, das wie die Welle eines Erdbebens der Länge und Breite nach durch das Nest läuft.[439]

Doch die Vibrationen sind kein Exklusivrecht der Wirbellosen, weit gefehlt. Sie sind ein in allen Tiergruppen verbreitetes Kommunikationsmittel, sodass anzunehmen ist, dass sie im Lauf der Evolution sogar früher als Lautsignale aufgetreten und zumindest bei Gliederfüßern auch weiter verbreitet sind. Allerdings sind Klänge und Vibrationen eng miteinander verwandt und überlagern sich sogar manchmal.[440] Biotremologie ist der Wissenschaftszweig, der erforscht, wie mechanische Vibrationen erzeugt, verbreitet und empfangen werden. Eine sehr junge Disziplin, ursprünglich Teil der Bioakustik, die erst in letzter Zeit in einen eigenen Stand erhoben wurde, eben aufgrund der speziellen Qualität der Vibrationen,

---

438 H. O. von Hagen, *Vibration Signals in Australian Fiddler Crabs, a First Inventory*, in "The Beagle: Records of the Museum and Art Galleries of the Northern Territory", 2000; F. Takeshita und M. Murai, *The Vibrational Signals That Male Fiddler Crabs (Uca lacteal) Use to Attract Females Into Their Borrows*, in "The Science of Nature", 103, 2016, p. 49.

439 A. Röhrig et al., *Vibrational Alarm Communication in the African Fungus-growing Termite Genus Macrotermes (*Isoptera, Termitidae*)*, in "Insectes Sociaux", 46, 1999, S. 71–77; F. A. Hager und W. H. Kirchner, *Vibrational Long-distance Communication in the Termites* Macrotermes natalensis *and* Odontotermes sp., in "Journal of Experimental Biology", 216, 2013, S. 3249–3256.

440 P. S. M. Hill und A. Wessel, *Biotremology*, in "Current Biology", 26, 2016, S. 187–191; R. B. Cocroft und R. L. Rodríguez, *The Behavioral Ecology of Insect Vibrational Communication*, in "BioScience", 55, 2005, S. 323–334.

die oft wahre seismische Wellen sind, und der Methoden, mit denen sie erzeugt und empfangen werden.

Eines der ersten Beispiele, die die Biotremologie behandelt hat, erinnert an die Geschichte Klopfers, des Kaninchens, das mit Bambi befreundet ist, doch eigentlich geht es um einen anderen niedlichen nachtaktiven Nager: Kängururatten *(Dipodomys spectabilis)*, die 30 Zentimeter groß und im Südwesten der USA und in Mexiko heimisch sind. Wie der Name schon sagt, hat dieses Tier unverhältnismäßig lange Hinterbeine und einen langen Schwanz und bewegt sich hüpfend. Doch die Beine können auch ein sehr eigentümliches Signal erzeugen. Wie Klopfer trommeln auch Kängururatten mit den Hinterbeinen auf den Boden, um vor ihrem größten Fressfeind, der Kiefernnatter *(Pituophis melancoleus)*, zu warnen. Das Signal teilt ihr mit, dass sie gesehen wurde und ihr Angriff erfolglos sein wird. Wie die hüpfenden Gazellen senden die Kängururatten den Schlangen ein abschreckendes Signal, eine Vibration, woraufhin diese den Angriff und das Stalking bzw. das typische geräuschlose Verfolgen der Beute abbrechen.[441]

Die Biotremologie gehört gewiss zu den Fachgebieten, mit denen wir uns in Zukunft noch eingehender beschäftigen müssen. Fürs Erste wissen wir noch sehr wenig, doch die Liste der Arten, die auch Vibrationen zur Kommunikation verwendet, wird täglich länger. Wir müssen nur weiter forschen.

---

441 J. A. Randall und M. D. Matocq, *Why do Kangaroo Rats (*Dipodomys spectabilis*) Footdrum At Snakes?*, in "Behavioral Ecology", 8, 1997, S. 404–413.

# Danksagung

Mit *Tierisch laut* erfüllt sich für mich ein kleiner Traum: ein Buch zu veröffentlichen, das mit wunderbaren naturalistischen Illustrationen von der Natur spricht. Ich bedanke mich bei Federico Gemma, einem außergewöhnlichen Illustrator, Freund und Naturwissenschaftler, der meine Worte mit Bleistift und Pinsel illustriert hat.

Großer Dank gebührt der großen Gruppe von Zoologen, Wissenschaftlern, Universitätsprofessoren, Naturforschern und befreundeten Biologen, die mir beim Schreiben geholfen und meine Fragen beantwortet, mir wissenschaftliche Arbeiten empfohlen und schließlich die Druckfahnen gelesen haben. Größter Dank gebührt Sabina Airoldi, Giuseppe Bogliani, Marco Colombo, Rita Cervo, Roberto Cighetti, Barbara Franzetti, Lorenzo Gordigiani, Willy Guasti, Adriano Martinoli und Fabio Russo.

Ohne die Hilfe von Michele Bellone und Enrico Casadei hätte dieses Buch nicht das Licht der Welt erblickt. Wie ein Fährmann hat Enrico mich geduldig zum Ziel gebracht, begleitet von Giuliano Borsa, dem wunderbaren Lektor mit dem Naturell eines Naturwissenschaftlers.

Außerdem möchte ich mich bei meiner Familie bedanken, meinen Eltern und meiner Schwester Daria, die mich immer unterstützt und gefördert haben, obwohl wir so weit voneinander entfernt sind. Ihre Liebe war mir ein Rettungsanker in diesem schwierigen Jahr. Und schließlich möchte ich meiner römischen Familie danken, insbesondere Michele Soprano, der mich beim Schreiben dieses Buches ertragen, unterstützt und mit Leckerbissen versorgt hat. Und natürlich Mina, der „Korrekturleserin", die immer schwanzwedelnd und freudig um mich ist und kontrolliert, was ich am PC schreibe. Oder ob ich nicht doch Kekse auf dem Schreibtisch verstecke.

Die Drucklegung erfolgte mit freundlicher Unterstützung durch
die Abteilung für deutsche Kultur in der Südtiroler Landesregierung.

# Eine Hymne auf die Schönheit und Fragilität der Meere, ein Aufruf, die Wiege unseres Lebens zu schützen.

Meere und Ozeane bedecken 71 % unseres „blauen Planeten". Sie regulieren das Klima, produzieren 50 % des Sauerstoffs, sichern Milliarden Menschen Nahrung und Arbeit. 80 % aller Lebewesen leben im Wasser: Schildkröten und Haie, Seegraswiesen und Korallen, Laternenfische und Yeti-Krabben in lichtlosen Tiefen. Doch wir wissen wenig über das Reich unter Wasser; nur etwa 5 % der Meerestiefen mit ihren Gebirgszügen, Gräben und Vulkanen sind vermessen, die ganze Vielfalt der Lebewesen ist wenig erforscht.
Die Meeresbiologin Bianco macht die Zusammenhänge sichtbar.

- Das Buch zur UN-Dekade der Ozeanforschung für nachhaltige Entwicklung
- Das US-Magazin Origin zählt Mariasole Bianco zu den 100 Ocean Heroes
- 2019 Auszeichnung mit dem italienischen Umweltpreis „DonnAmbiente"

**„Das Buch, das die Meere schützt!"** Io Donna/Corriere della Sera

**„Mit Planet Ozean verliebt man sich sogleich in die versunkene Welt und ihre Bewohner."** Cosmopolitan

WIEN · BOZEN

Übersetzung Ingrid Ickler
Mit zahlreichen Farbabbildungen

Gebunden: ISBN 978-3-85256-841-6
E-Book: ISBN 978-3-99037-124-4

WWW.FOLIOVERLAG.COM

Verschlüsselte Botschaften – Meisterhafte Tänzer – Bleib mir fern – Die Bedeutung d

Ohren und Geigen – Eine Arie auf der sechsten Handschwinge – Das Geheimnis des Vog

Wie macht es das Krokodil? – Stumm wie ein Fisch, fleißig wie eine Ameise – Be